ARAŞT
TEKNİKLERİ
VE RAPOR HAZIRLAMA

6. BASKI

PROF. DR. RAUF ARIKAN

ARAŞTIRMA TEKNİKLERİ ve RAPOR HAZIRLAMA

Prof. Dr. Rauf ARIKAN

ISBN: 975-8784-35-8

6. Baskı: 2007

Kapak Tasarımı & Düzenleme
A. Suna SUBAŞI ♦ ozgsun@gmail.com

Baskı ve Cilt
BARAN OFSET
(0.312) 367 66 92
Mamak Cad. No: 93-D/8 Mamak/ANKARA
(Saimekadın Merkez Camii Pasajı)

Asil Yayın Dağıtım Ltd. Şti.
Fevzi Çakmak 1.Sokak No: 22/A Kızılay/Ankara www.asilyayin.com.tr
Tel: 0(312) 230 28 80 - 81 Fax: 0(312) 230 28 82 asil@asilyayin.com.tr

Altıncı Baskıya İlişkin Önsöz

Bu kitap, ders kitabı niteliğinde mütevazı bir çalışmadır. İki üç yılda bir baskısı yenilenmektedir. Ancak, her baskı döneminde eğitim, araştırma, bilim, bilgi kirlenmesi, araştırma okuryazarlığı, gerçeklerin peşinde olma Türkiye'nin gündeminde olmaya devam etmektedir.

Araştırma faaliyetinin çeşitli boyutları aşağıdaki gibi sayılabilir:

- Ülkelerin araştırmaya ayırdıkları kaynaklar,
- Ülkelerin araştırma düzeyi ve potansiyeli,
- Ülkelerde araştırma eğitimi.

Bunları daha geniş anlamda AR – GE göstergeleri altında toplamak mümkündür. AR – GE göstergelerinin iyileşmesinde, diğer hususlar yanında, araştırmacılık eğitiminin yeri en başta gelmektedir.

İşte bu bağlamda, ders kitabının amacı dört madde halinde sıralabilir:

a. Araştırma ne demektir ve niçin önemlidir?

b. Araştırma nasıl yapılır?

c. Araştırma nasıl raporlaştırılır?

d. Araştırmalar nasıl irdelenir?

Araştırmacı yazar, araştırmacı televizyoncu, araştırmacı gazeteci tanımlamaları eskisine göre daha yoğun şekilde kullanılmaktadır. Demek ki her yazar veya her konuşan gerçekleri ortaya koymamakta ve inandırıcı olamamaktadır. Araştırmacı vurgulaması bir gereksinim haline gelmiştir.

Ancak araştırmacı olabilmek de hemencecik olan, kolay bir şey değildir: Ne araştırılacağını kararlaştırmak, bunun için gerekli **bilimsel yöntem**lere aşina olmak, gerekli ölçütleri ve verileri belirleyebilmek, verilere uyan analiz tekniklerine aşina olmak ve nihayet bu analizleri yorumlayıp raporlaştırabilmek gerekmektedir. Bütün bu süreçte objektif, tarafsız, adil ve sabırlı olabilmek de çok önemlidir.

Araştırmacılık ile ilgili genel esasları vermek amaçlandığı için; eğitim, sosyoloji, psikoloji, vb. gibi diğer konularda ayrıntılı teknikler ve yöntemler için başka kaynaklara başvurulması gerektiği kuşkusuzdur. İleri istatistik analizler için de başka kaynaklar gerekebilir. Diğer yandan, bu baskıda bilgi ve araştırma konularının güncel medyada nasıl ele alındığına ilişkin oldukça bol örnekler aktarılmıştır.

Kitabın daha iyi olması için bir çok eksikliklerin ve yetersizliklerin giderilmesi gereği kuşkusuzdur.

Küçük eklemeler ve düzenlemelerle yeninden yayınlanan altıncı baskının da tüm öğrencilere ve okuyuculara yararlı olmasını diliyorum.

Eserlerinden ve fikirlerinden yaralandığım, bazen yeterince atıflayamadığım tüm yazarlara ve kitabın baskılarını gerçekleştiren Asil Yayın Dağıtım Ltd. Şti. yetkililerine içten teşekkür ediyorum.

Ankara, Eylül 2007

Rauf ARIKAN

İÇİNDEKİLER

Birinci Kısım
ARAŞTIRMA TEKNİKLERİ

İkinci Kısım

RAPOR YAZMA

EKLER

Birinci Kısım

ARAŞTIRMA TEKNİKLERİ

ARAŞTIRMA TEKNİKLERİ

Bilim Soru Sormakla Başlar

1. BİLİM VE BİLGİ

1.1. Bilgi ve Bilginin Kaynakları

Bilmek, bilgi ve bilim aynı kökenli, birbiriyle ilgili kelimeler ve kavramlardır. Bu kavramlar insan yaşamı ve insan toplumlarıyla birlikte gelişmişlerdir. İnsanlar hayatları boyunca bilgi elde etmeye çalışmaktadırlar. İnsanlar bilginin peşinde koşarlar çünkü bilgi bir ihtiyaçtır. Bilgi elde etmek insanları mutlu eder. "Bütün insanlar doğal olarak bilmek isterler" özdeğişi Aristo'nundur. Bilgilenmek yoluyla etrafı ve olan biteni anlamak insanların en temel özelliğidir.

Bilgi, insanla eşya arasındaki bir ilişkidir. Bu ilişkide insan özne, eşyalar veya varlık ise nesnedir. Bu ilişkinin çok önemli boyutları olduğu için BİLİM, SANAT, FELSEFE ve DİN konuya farlık bakış açıları getirmektedirler. Bilimsel bilgiler, felsefi bilgiler ya da dini bilgiler konunun çok boyutlu olduğunu yansıtmaktadır.

İnsan yaşamının bilgi ile anlam ve zenginlik kazandığı da açık bir gerçektir.

Bilmek sadece insana has bir olgudur. Hayvan yavrusunun annesinin peşinden gitmesi, tüm hayvanların yiyeceklerini tanıması ve seçmesi, yemlerden hangisinin daha lezzetli olduğunu bilmesi "hayvan biliyor" anlamına gelir mi? Bunun için hayvanın bazı kavramlara ve kanılara sahip olması gerekir ki, yemleri birbirinden ayırabilsin, mukayese edebilsin ve hangisini reddedip, hangisini tercih edeceğine karar verebilsin. Bir hayvan için kavram ve inanç/kanı söz konusu olmadığına göre, *biliyor* diyemeyiz.

İnsanların bir kanıya sahip olmaları ve ona inanmaları söz konusudur. Kişi aşağıdaki inançları taşıyabilir:

2 x 2 = 4 eder.

Dünya yuvarlaktır.

Yağışlar çiftçinin yüzünü güldürür.

Stres sağlığa zararlıdır.

Bu önermelere hem inanıyor, hem de doğru olduklarını biliyoruz. Falcılar, kahinler veya büyücüler de bazı şeyleri bildiklerini ve yapabildiklerini iddia ederler. Bunlardan bazıları doğru çıkabilir. Bunlara inanan insanlar da olabilir. Böyle şeylere bilgi veya bu kişilere biliyor diyebilir miyiz? Bunlara nasıl güveneceğiz? Bilgi, bir önerme özelliği taşır. Bilimsel bilgi ve bilimsel olmayan bilgi ayırımı vardır. Gerçekçi olmayan ve kanıtlanmayan bilgi bilimsel değildir. Bilimsel bilgi durumunda önermenin doğruluğunu gösteren güvenilir kanıtların olması ve bu önermenin doğruluğuna inanılması gerekmektedir. Bilgi bir üründür ve *bilim* sürecinin sonucudur.

Bilgi teorisi açısından bilgiyi ve özelliklerinin ne olduğunu anlamak ancak BİLGİNİN KOŞULLARINI incelemekle mümkündür. Bilgi felsefesi sayesinde de bilginin sınırlarını ve neleri bilip bilemeyeceğimizi anlayabiliriz. Bilgiyi nasıl elde ederiz veya bilginin kaynakları nedir soruları için; duyu, bellek, sezgi, akıl ve inanç gibi kavramları incelemek gerekir. Bilginin daha iyi anlaşılması için aşağıdaki açıklamalar önemlidir:

a) Söz konusu hususun bir önerme ile ifade edilebilmesi gerekir. Bu önermenin doğru ve yanlış olması farketmez. Bir cümle ile dile getirilen doğru veya yanlış yargıya ÖNERME adı verildiğinden, bilgi için bir önermenin konusu olması şartı vardır.

b) Ancak, önerme ile dile getirilen hususun bilgi olabilmesi için önermenin belgelendirilmesi (veya gerekçelendirilmesi) gerekir.

c) Önermenin doğruluğuna inanılması gerekir.

Burada sözü edilen üç koşulu başka bilim adamları;

DOĞRULUK

İNANÇ

GEREKÇELENDİRME

başlıkları ile de açıklamışlardır. Bunlara ilişkin açıklamalar aşağıda verilecektir.

Doğu Anadolu'yu biliyorum, Almanca konuşmayı biliyorum, Dünyanın yuvarlak olduğunu biliyorum gibi önermelerde *bilme* farklı anlamlarda kullanılmıştır.

Bu ve benzeri nedenlerle bilmeye bilgi diyebilmemiz için sözünü ettiğimiz koşullara ilişkin kısa bilgiler aşağıda verilmiştir:

Doğruluk Koşulu: Bilgi ile doğruluk arasında bir ilgi olması doğaldır. Bir şeyi bilmek onun doğru olmasına bağlıdır. Bilim için bu şart yeterli değildir. Bilimin, dinin, ahlakın, sanatın kendine göre doğruları vardır. Bilgi felsefesinde doğru veya gerçek kavramı üç temel kurama dayanmaktadır: Karşılık, uyumluluk ve yararcı kuram. *Karşılık kuramı,* doğru önermelerin dış dünyadaki olgulara karşılık gelmesidir. Örnek olarak dış dünyada bir çok olgu olmalıdır. *Uyumluluk kuramı* ise, söz konusu önermenin diğer doğru önermeyle veya inançlarla desteklenmesidir. Kitap ciltlidir. Silgi masadadır gibi. Yararcı kurama göre bir inanç yararlı ise doğrudur. Doğruluk, pratik başarı ile eştir. Bu sonuncu kuram, dini inançların yararlarını savunmak için ABD'de geliştirilmiş ve kullanılmıştır.

İnanç Koşulu: Doğru olan şeye inanmak da gerekmektedir. P bir önermeyi gösteriyorsa, P'yi biliyorum demek onun doğruluğuna inanıyorum demektir. Doğruluk objektif ölçüt, inanç ise sübjektif ölçüttür.

Gerekçelendirme Koşulu: P'nin doğruluğunu bilmek ve ona inanmanın dışında bunu kanıtlamak, haklı çıkartmak, sebebini ortaya koymak gerekir. Bunların tümü gerekçelendirme kavramı içerisindedir. Burada sorun olan husus, ne kadar kanıtın yeterli olduğudur, inanmayı gerektirecek kanıt ne kadardır ve kanıtların niteliği ne olmalıdır? Kuşkucu görüşlere göre, bir şeyi bilmek için tüm kanıtları bilmek mümkün olmadığından, kanıtlama her zaman eksik kalacaktır.

Gerekçelendirme ile ilgili kurallar ve diğer ayrıntılar için bilgi felsefesi alanındaki yayınlara başvurulabilir (Yazıcı, 1999, Yıldırım, 1973 ve İnam, 1999).

Bilginin Kaynakları

İnsanlar bilgiyi birçok kaynaklardan elde ederler. Tarihi gelişim içerisinde bu kaynaklara verilen önem ve ağırlık farklı olmuştur. İnançların ve otoritenin başlıca kaynak sayılması daha eskilere kadar gitmektedir. Batıdaki aydınlanma çağıyla birlikte akıl, duyu ve deney asıl bilgi kaynakları kabul edilmişlerdir.

1. **DUYU-DENEYİM:** Beş duyu, insan bilgisinin kaynağıdır. Duyu yanılması (algı yanılması) olabilir: Serap gibi. Ancak bunu ayırdetmek mümkündür.

2. **AKIL:** Akıl yürütme 2 şekilde olur: Tümdengelim ve tümevarım. Çok bilindiği üzere, Sokrates'in ve tüm insanların ölümlü olması örneği, tümdengelim ve tümevarımın nasıl kullanıldığına işaret etmektedir. Günlük yaşam ve matematikte önemlidir.

3. **SEZGİ:** Beş duyuyla değil, doğrudan doğruya kavranan ve duyulan bilgidir. Sezgiler çakışırsa ne olacak? Bu takdirde diğer bilgi kaynaklarına başvurulmalıdır.

4. **BELLEK:** Birçok bilgimiz belleğimizdedir. Onları hatırlayarak biliriz. Bellek yeni bilgi vermez diyenler varsa da, akıl yürütmede bellek önemli rol oynar.
5. **İNANÇLAR:** İnançlardan kaynaklanan bilgileri insanlar doğru kabul eder ve inanırlar.
6. **OTORİTE:** Geçmiş dönemlerde başlıca bilgi kaynağı rolünü oynamıştır. Başkanın veya kıral'ın buyruklarına inanılmış ve doğru kabul edilmiştir.
7. **İDEOLOJİ:** İdeoloji de bazı insanlar için bilgi kaynağıdır. Bilginin doğru veya yanlış olması, ya da ispatlanamaması ideoloji sahipleri için önemli değildir.

1.2. Bilim Kavramı, Özellikleri ve Bilimin Amaçları

Şimdi, bilim nedir hususunu kısaca ortaya koymanın zamanı gelmiştir. Bilim insanlık kadar eskidir ve insanlığın başlangıcından beri vardır. Bu nedenle anlamı ve içeriğinin de zamanla değişmiş olması da doğaldır. Bilim, insan ve toplumla ilgili olduğu için anlaşılması ve yorumu da evrim geçirmiştir. İnsanoğlunun hem kendisini ve hem de evreni anlama çabası kesintisiz bir şekilde devam edegelmiştir. Birçok bilim dalının çok yeni olması da gerçeği değiştirmez. Bütün bilimler eskiden felsefe kapsamı içerisindeydi. Fizik adı bile XVIII. yüzyıla kadar "DOĞA FELSEFESİ" olarak adlandırılmaktaydı (Yıldırım, 1991). Fizik, kimya, biyoloji, sosyoloji gibi bilim dallarının ayrılması son 2-3 yüzyılda meydana gelmiştir, ilgi alanlarının farklı olması ve kullandıkları metotların da ayrı olması, değişik bilim dallarının hızla yaygınlaşarak bilgi üretiminin süratlenmesi sonucunu doğurmuştur.

Bilimi anlamaya yardımcı olmak üzere bilim adamı ve felsefeciler kendi bakış açılarından tanımlamalar getirmişlerdir. Belirli yönlere ağırlık veren bu tanımların tümü önemlidir. Çünkü bilim çok yönlü, değişen ve gelişen bir olgudur.

Bilim, evreni anlama ve açıklama gayretlerinin tümüdür. Bilim insan ürünü olduğundan, insanoğlu, başlangıçtan bu yana hep anlama ve açıklama çabası içerisinde olmuştur. Bu, insan doğasının, mantığının ve dürtüsünün sonucudur. İnsan düşünebildiği, algılayabildiği, etkileyip etkilenebildiği için böyledir. İlk insanların birinci faaliyeti, çevrelerini anlama gayretine girmeleri olmuştur. Yaşamlarını sürdürebilmeleri, çevrenin zararlarından veya olumsuzluklarından korunmaları, çevreden yararlanabilmeleri, ancak çevreyi gözlemlemek ve anlamak çabaları ile mümkün olmuştur.

İnsanlar zaman içerisinde kademe kademe arama, gözlemleme, deneme, araştırma, açıklama, hesap etme, genellemeler yapma, yasalar bulma veya kavramlar oluşturma başarısını göstermişlerdir.

Bu nedenledir ki *bilim, soru sormakla başlar* denilmiştir. İhtiyaç, merak, anlama ve açıklama arzusu, insanları soru sormaya sevk etmektedir. Niçin, nasıl, nerede sorularını sorduktan sonra yanıtlarını aramaya koyulduğumuzda, bu arayışı da metotlu ve mantıklı bir şekilde yürüttüğümüz takdirde, bilimsel araştırmayı başlatmış oluruz.

Bilim denilince akla bilimsel yöntem gelir. O halde bilimsel **yöntemle elde edilmiş bilgilerin tümüne bilim** adı verilir. Bilimsel yöntem, gözlem, deney, hipotez oluşturma ve doğrulama süreçlerini içerir. Bilimde metot önemli olduğu için de, bilimde yöntem önce sonuç sonra gelir. Bu nedenle, "bilim, bilginin kazanılması yollarıdır" tanımı da yapılmaktadır.

Bilim gerçeği anlama etkinlikleridir. Gerçek veya doğru dediğimiz şey nedir? Bilginin koşulları arasında önermenin doğru olması şartını ifade etmiştik. Ancak bilim; felsefe, sanat ve edebiyat değildir. Örneğin felsefe de gerçeklerin peşindedir. Ancak kullandığı yöntem salt zihinsel ve mantıksal düşünme gayretleridir. Günlük hayatın doğruları, sanatın veya politikanın doğruları, bilimin doğruları, dinin veya ahlakın doğruları aynı şeyi mi anlatmak istemektedirler? Şüphesiz ki hayır.

"Bilim tasnif demektir" tanımını kullananlar da vardır. Çünkü gerçeği aramada ve bilimsel yöntemi uygulamada ilk ve önemli aşama, bilgilerin ya da olguların tasnif edilmesidir. Sınıflandırma, gözlemlerin daha kolay anlaşılmasını ve mukayeselerinin yapılarak sonuca ulaşılmasını kolaylaştırır.

Yukarıdaki tanımdan yararlanarak **bilim, organize edilmiş (düzenlenmiş) bilgiler** topluluğudur diyebiliriz.

Bilim, evrensel yasaları elde etme çabalarıdır tanımını da benimseyenler vardır. Bilimsel araştırmaların sonucunda genel doğrulara ulaşmak, teoriler geliştirmek olduğuna göre, yukarıdaki tanım da bu özelliği vurgulamaktadır. Gerçekten, tanınmış düşünür Russel da **"bilim, gözlem ve akıl yoluyla olguları ve bu olguları birbirine bağlayan yasaları bulma çabasıdır"** derken, genel doğrulara ulaşma amacını ifade etmiş olmaktadır.

Einstein da bilimi, **algılarla düşünme arasında uygunluk sağlama çabası** olarak görmüştür (Yıldırım, 1991). Algıladıklarımızı bir düzene koymak, bunları sebep ve sonuçları ile anlamak ve açıklayabilmek, bunları bir yöntem dahilinde yapmak mümkün olursa, Einstein'in işaret ettiği uygunluk sağlanmış demektir.

Bilim için yukarıda yapılmış olan tanımlara başkalarını da eklemek mümkündür. Tanımlar zaman içerisinde de aynı kalmamıştır. Çünkü bilimin değişmeyen, sabit, ya da durağan olmadığı bir gerçektir. Buradan yola çıkarak, bilime atfedilen (yöneltilen) özellikler nelerdir? Başlıca özellikleri aşağıdaki gibi sırayla özetlemek mümkündür:

Bilim; gözlemlenebilir, görülebilir, algılanabilir olaylarla ve olgularla uğraşır, bilim hayal ile, efsane ile, mitoloji ile uğraşmaz. Bu bakımdan **olgusal özelliği** vardır.

Bilim **metodiktir.** Bilimde yöntem çok önemlidir.

Bilim **mantıksaldır.** Bilim etkinliklerinin her aşamasında mantıksal ilkeler geçerlidir. Bilindiği gibi muhakeme, akıl yürütme gibi her türlü düşünmede asıl olan mantık kurallarıdır. Her durumda geçerli olan mantığın temel ilkelerinden düşünme yasaları üç ilkeden oluşur:

a) P ile ifade edilen önerme doğru ise, P doğrudur (Başka bir deyişle bir şey A ise A dır)

b) P hem yanlış, hem doğru olamaz (Bir şey hem A, hem de A değil olamaz)

c) P, ya doğru, ya da yanlıştır (Bir şey ya A'dır, ya da A değildir).

Bu ilkeleri benimsemek bilim adamını çelişkiye düşmekten korur. Bilimin, matematiğin ve felsefenin anlaşılması, mantıksal düşünme sayesinde mümkündür. Gözlem ve deney bulgularının açıklanmasında mantıksal düşünceye başvurulur.

Bilim, genel yasaları elde etmeyi amaçladığına göre genelleyicidir. Tek tek olgulardan ziyade, bilim, olgu gruplarıyla ilgilenir. Onları sınıflandırarak bilimsel önermeler geliştirir.

Bilimde ***değişmez kurallar ve doğrular yoktur.*** O halde bilim eleştirilebilir. Bilim hem eleştiriye açıktır, hem de eleştirme yöntemlerini geliştirir.

Bilimsel yöntemin gereği olarak tüm olguların peşinden koşmak yerine, geliştirilen hipotezlerin ve teorilerin gerekli kıldığı olguları seçerek inceler. Hipotezi veya teoriyi test etmek için ilgili olgulardan yararlanır. Bu açıdan bakıldığında, bilgi toplamak bilim adamının asıl uğraşısı değildir. Bilim, bilgi koleksiyonculuğu değildir. Olgulardan hareketle genel yasalara ulaşılmaya çalışılmalıdır.

Buraya kadar anlatılanların ışığında *bilimin özelliklerini* aşağıdaki gibi özetlemek mümkündür:

Bilimin Özellikleri

- **Olgusaldır:** Gözlenebilir, görülebilir olgu/olaylar nesnel bilimin konusudur.
- **Mantıksaldır:** Bilimsel düşünüş ve bilimsel araştırma için esas olan mantık kurallarıdır.
- **Nesnel'dir (Objektif):** Değer yargıları, duygu, beğeni, sezgi, muhayyile, rol oynar. Onun için nesnellik mutlak değildir. Soruşturma ve eleştiriye açık olmalıdır.
- **Genelleyicidir:** Bilim, tek olgulardan ziyade, olgu gruplarıyla (türleriyle) uğraşır. Sınıflandırma/klasifikasyon bu açıdan önemli. Bilimsel önermeler bir tür genellemedir ve bir grup olguyu temsil eder.
- **Bilim Seçicidir:** Sonsuz sayıdaki ve türdeki olgularla ilgilenmek ve onları incelemek gereksiz ve faydasızdır. Bizi sonuca ulaştırmaz. Bir problemle ilgili ise, bir hipotez ya da teorinin test edilmesi gerekiyorsa incelenir. Bilim adamı olgu koleksiyoncusu değildir.
- **Temel İnançlara Dayanır:** Varsayımlar denilen açık veya kapalı bu inançlar, girişim ve çabalarımızın gerekçesini oluşturur. Sinyal vermek, selam vermek, klakson çalmak böyledir. Bilimsel araştırma da böyledir.
- Olguları bol **gerçek bir dünya** vardır ve bu dünya araştırılabilir durumdadır.
- Olgular dünyasını anlamak bilim için **değerli bir uğraştır.**
- Gerçek dünyada **bir düzen** vardır. Bilimin incelediği olgular arasında düzenli ilişkiler vardır. Yağmurun yağması, suyun kaynaması vb. olaylar gibi.
- Olgular, **başka olgulara bağlı** olarak ortaya çıkar. Ön koşullar gerçekleşmiş ise olay meydana gelir.
- Gözlem, zaman ve yer içerisinde yapıldığına göre, **olgunun zaman ve uzay** boyutları bir realite'dir. Olgular, zaman ve uzayla sınırlandırıldığına göre, bir boyutu olmayan nesneler; din, mitoloji, metafizik bu anlamda bilimsel değildir.
- Bilimde **miktar** her zaman vardır. Bu açıdan **ölçme,** tartma, sayma çok önemlidir ve bunların kantitatif olarak kayıt edilmesi gerekir. Bu amaçla ölçme araçları ve ölçme yöntemleri geliştirilmiştir. Yeni ölçme yöntemlerinin bulunması bilimin ilerlemesinin bir işaretidir.

Bilimin Amaçları

Bilimin amacı evreni anlamak ve açıklamaktır. Bunun sonucu olarak da insanlar doğayı kontrol etmek yeteneğini elde etmeye çalışır, insanoğlu başlangıcından bu yana bu görevini sürdürmektedir. Bu işlevini bilimsel yöntemler yardımıyla yapar. Bilimin işlevleri aşağıda belirtilen kademeler halinde yerine getirilmektedir:

a) Bilim gerçekleri tasvir eder ve anlatır. Doğada ve yaşamın her yönünde olaylar ve olguların ne olduğunu saptayıp ortaya koyar.

b) Gerçeğin açıklanması ve anlaşılır halde ifade edilmesi de bilimin görevleri arasındadır. Olaylar ve olguların ne olduğu betimlendikten sonra, bunların açıklanması gerekmektedir.

c) İlişkilerin ve değişmelerin tahmin edilmesi de önemlidir. Değişkenler arasındaki etkileşimin ne yönde değişeceği tahmin edilirse, ona göre davranmak ve önlem almak mümkün olabilir.

d) Olayların ve olguların kontrol edilebilmesi de insanların yararınadır. Gerek doğada, gerekse sosyal hayatta değişkenlerin ve etkileşimin sonuçlarının denetlenebilmesi de önemlidir.

e) Bilim, yukarıda sıralanan işlevlerini yerine getirirken işe soru sormakla ve gözlem yapmakla başlar. Gözlemler arasındaki ilişkileri ve nedensellikleri ortaya koymaya gayret eder. **Hipotez** adı verilen bu ilişkileri kanıtlamaya çalışır. Sonuçta bilimsel teoriler geliştirir. Teori, gözlemlerimizin organize edilmiş veya düzenlenmiş açıklamasıdır. Teori, doğaya ve yaşama ilişkin açıklamalar getirir. Teoriler, bilim adamının faaliyetlerine ışık tutar ve yönlendirir. Hipotezler ve teoriler olmadığı takdirde, bilim adamının önündeki belirsizlik ve kaos artar. Teorinin ispat edilmiş olması ve kesinlik taşıması gerekmez. Yeni bilgi ve yeni gözlemlerle önceki teorileri değiştirmek olasıdır. Dünya düzdür teorisi insanları başka sonuca götürmüştür. Ancak daha sonra bu teori terk edilerek dünya yuvarlaktır teorisi kabul edilmiştir. Günümüzde bu bilgi, teori olmaktan çıkmış, basit bir gözlemle doğrulanabilir hale gelmiştir.

1.3. Bilimsel Açıklama ve Bilimsel Yaklaşımlar

Araştırma yöntemlerinin belirli bir mantıksal düzen ve kalıp içerisinde yürütülmesi doğaldır. Gerçeği aramada ve evreni araştırmada izlenen yollar hızla daha güvenilir hale gelmişlerdir. Bu amaçla ortak kavramlar ve düşünce kalıplan geliştirilmiştir.

Bilimsel düşüncenin çerçevesini teşkil eden bilimsel yaklaşımları daha iyi anlayabilmek için bazı temel kavramlara kısaca gözatmak yararlı olacaktır.

Gözlem: Genel olarak bilgi toplamak ile eş anlamlı olarak kullanılmaktadır. Ancak duyularımız yardımıyla bilgi elde ederiz ve böylece gözlem yapmış oluruz. Görme, işitme, koklama vb. yollarla olayları ve eşyaları saymak, ölçmek, tartmak gibi işlemlerle ve bunları kaydederek ihtiyaç duyulan bilgilere ulaşırız.

Olgu: Gözlem konusu olan olay veya oluşumlardır.

Hipotez: Gözlemlere ilişkin var olan realitenin ifade edilmesidir, ispatlanması gereken yargı cümlesidir. Toplanan verilere dayalı olarak oluşan kanı ve yargılara hipotez adı verilir. Hipotezler araştırmalarla test edilir.

Paradigma: Söylem şeklimiz, bakış açımız demektir. Görüşlerin genel bir çerçevesidir. Gerçeğin durumu konusunda varsayımlardan oluşur ve bu varsayımlara dayanır.

Teori: Olaylar ve olgulara dayanan sistematik bilimsel açıklama. Ortaya konulan teori gözlemlerimizi organize eder. Bilim adamı teoriler sayesinde tesadüflere bağımlı olmaktan kurtulur ve adeta pusula gibi yönünü tayin etmiş olur. Böylece, olaya ilişkin kalıp veya ilişkilerin sistematiği ortaya çıkmış olur. Çabalarımızı somut olarak yönlendirmek ve sonuç almak kolaylaşmış olur.

Yasa: Teoriler kesin olarak ispat edilirse bilimsel yasa haline gelmiş olurlar. Suyun deniz seviyesinde 100°C de kaynaması veya yerçekimi kanunu bilimsel yasalara örnek olarak verilebilir. İktisat biliminde geçerli olan talep yasası veya azalan verimler kanunu da böyledir. Bilimsel yasalar evrenseldir, icat edilmezler. Ancak keşfedilirler. Teori ise böyle değildir. Bu açıdan fen bilimleri ile sosyal bilimler arasında farklılıklar var ise de, sosyal bilimlerin de kendine özgü kanunları ve kalıpları vardır. Sosyal olayları da önceden tahmin etmek ve açıklamak mümkün olabilmektedir.

Tümdengelim: Matematik ve mantık en eski bilim dalları oldukları için, bu bilimlerin araştırdıkları konulara nasıl bir yaklaşımla baktıkları önemlidir. Matematik ve mantık tümdengelim yöntemini kullanır, önceden doğruluğu kabul edilen bilgilerden veya eşitliklerden yola çıkarak yeni bilgiler üretir veya sorulara cevap arar. Düşünceye dayanan bu iki bilim dalından matematik soyut önermeler kurarak sayılar ve biçimler arasındaki ilişkileri araştırmaktadır. Mantık ise kavramları ve sözcükleri ele alır. Kıyaslama veya mukayese etmek en sık başvurulan yöntemdir. Tümdengelime dayanan klasik açıklama, yukarıda sözü edilen yaklaşıma örnek verilebilir. Aşağıdaki örnekler hem bir olayı açıklamaya, hem de öngörünün nasıl yapıldığına yardımcı olacaktır (Yazıcı, 1999, s. 84):

Açıklama: Herkes kırmızı ışıkta durur **(genel yasa)**.
A taşıtı kırmızı ışığın önündedir (Koşul önermeleri)
O halde A taşıtı kırmızı ışıkta duracaktır.

Tahmin (ön görü): Taşıtlar kırmızı ışıkta durur.
A taşıtı kavşağa ulaştığında kırmızı yanmış olacaktır.
O halde A taşıtı kırmızı ışıkta duracaktır.

Böylece olayların ve olguların açıklanması, belirli kuramlar yardımıyla mümkün olacak, ya da bilimsel kuramların kendileri açıklanmış olacaktır. Böylece yeni bilgilere ulaşmanın yolları açılacaktır.

Tümevarım: Mantıksal düşünme yollarından biridir. Bu yöntemde, hareket noktası bir teori ya da hipotez değildir. Gözlemlerden veya olaylardan işe başlar. Gözlem ve deneylerden genellemeler yapılarak teoriye ulaşılmaya çalışılır. Böylece gözlemler arasındaki ilişkiler açıklanır. Başka bir deyişle, araştırmacı topladığı verilerden hareket ederek mevcut ilişkilerin kalıbını saptayarak teoriyi oluşturmaya çalışır.

Tümdengelim ve tümevarımın işleyişi Tablo 1'de örneklerle gösterilmiştir.

Tablo 1: Endüksiyon ve Dedüksiyon Yöntemlerinin İşleyiş Şeması

ENDÜKSİYON YÖNTEMİ "TÜMEVARIM"	**DEDÜKSİYON YÖNTEMİ "TÜMDENGELİM"**
OLAYLARI VE İLGİLİ DEĞİŞKENLERİ SAPTAMA ↓ GÖZLEM YAPMA / VERİ TOPLAMA ↓ İLİŞKİLERİ BELİRLEME ↓ SIRALAMA / GRUPLANDIRMA / TASNİF ↓ OLGULARA İLİŞKİN ŞEMALARI VE KALIPLARI / KURALLARI BELİRLEME ↓ BU KURALLARI YENİ VEYA ÖRNEK OLAYLARLA İRDELEME VE DOĞRULAMA ↓ ANLAMA ↓ AÇIKLAMA / GENELLEME (TEORİ)	KABUL EDİLEN GENEL DOĞRULAR, HİPOTEZLER VEYA YARGILAR ↓ OLGULARI VE ÖZELLİKLERİNİ BELİRLEME ↓ KÜMEYİ VE ÖRNEĞİ BELİRLEME ↓ KAVRAMLARIN VE DEĞİŞKENLERİN SAPTANMASI ↓ DEĞİŞKENLERİN ÖLÇÜLMESİ ↓ KALIP VE ŞEMALARIN İNCELENMESİ VE YORUMU ↓ SAPTANAN ÖZELLİKLERİN VE İLİŞKİLERİN VURGULANMASI ↓ ÖZELLİK VE İLİŞKİLERİN YORUMU VE AÇIKLANMASI ↓ GENELLEME

Tablo 1: (devamı)

ENDÜKSİYON İÇİN ÖRNEKLER	DEDÜKSİYON İÇİN ÖRNEKLER
I • Sokrates ölümlüdür. • Sen, ben ve çevremizdekilerde ölümlüdür. • O halde tüm insanlar ölümlüdür.	I • Bütün insanlar ölümlüdür. • Sokrates de insandır. • O halde Sokrates de ölümlüdür.
II • Öğrenci olarak derslerdeki başarım çok farklı • Bazı derslerde çok başarılı, bazılarında başarısızım • Bazı derslere grup halinde çalışıyorum, bazılarına tek başıma • Grupla çalıştığım derslere ilişkin notları bir tarafa, tek başıma çalıştığım dersleri öbür tarafa alt alta sıralıyorum • Bu iki gruba ilişkin notlar birbirinden çok farklı • Grupla çalıştığım derslere ilişkin notlar her zaman daha yüksek • Diğer arkadaşlar için de aynı sonucu gözlüyorum • Grupla çalışmak başarıyı olumlu etkiliyor	II • Derslerde başarıyı etkileyen değişik çalışma yöntemleri vardır (biliyorum). • Tekrar sayısı, not tutma, yeniden özet çıkarma, baştan itibaren belirli bir tempoyu bozmadan ders çalışma, son bir-iki günde kapanıp çalışma, grup halinde veya tek başına çalışma gibi farklı yöntemleri biliyorum. • Bu yöntemlerin tümünün kendilerine özgü artıları ve eksileri bulunmaktadır. • Bu artıları ve eksileri düşünerek geçmişte aldığım notları karşılaştırdığımda, grup halinde çalışırsam daha başarılı olduğum sonucuna varıyorum. • Bunu bir kez daha sınamak için bu hafta sınavlar için derslerin yarısını yalnız, diğer yarısını grupla çalıştım. • Grupla çalıştıklarımda daha başarılı oldum. • Değişik çalışma yöntemleri benim başarı düzeyimin belirleyicisidir.

Veri toplama esnasında karşılaşılan yeni sorunlara ve durumlara uyum göstermek üzere teori oluşturma aşamasında da gerekli revizyonlar/düzenlemeler yapılabilir. Geleneksel olarak bilimsel açıklama modeli TÜMDENGELİM yöntemidir. Böylece genelden özele gidilerek, teori belirli olaya uygulanır. Ancak buradaki son aşamada, diğer benzer olayların teoriye uyarlılığını sınamak için geriye dönüş yapılması gerektiğinden, tümdengelim ile tümevarım arasında aşağıdaki ARAŞTIRMA ÇEMBERİ'nin bulunduğu varsayılmaktadır (Babbie, 1998, s. 59):

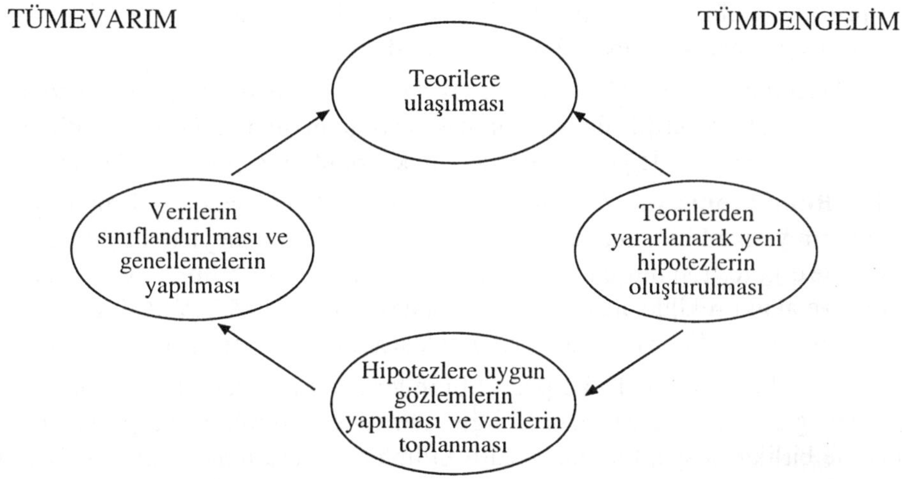

Şekil 1: Araştırma Çemberi

Bu çemberlerden anlaşıldığı gibi, teori ve gözlem arasında kesintisiz etkileşim devam etmektedir. Adeta TÜMDENGELİM-TÜMEVARIM-TÜMDENGELİM sarmalı vardır.

TÜME VARIM VE DÜZEN...

Konfüçyus'un asla akıldan çıkarılmaması gereken bir öğüdü:

"...Eskiler, erdemin ışığıyla ortalığın aydınlanması için, önce devlet işlerini yoluna koyarlardı. Devlet işlerini yoluna koyabilmek için, önce ev işlerini yoluna koyarlardı.

Ev işlerini yoluna koyabilmek için, önce kendi kendilerine çeki düzen verirlerdi.

Kendilerine çeki düzen verebilmek için önce düşüncelerini yoluna koyarlardı.

Düşüncelerini yoluna koyabilmek içinse, önce bilgi eksikliklerini giderirlerdi."

Pozitivizm adı verilen yaklaşım şekli, gözlem ve deneye dayalı olarak sonuçlara ulaşmayı öngörmektedir. Gerek doğa olaylarının, gerekse toplumsal olayların gözlem ve deneye dayalı bilimsel yaklaşımla araştırılabileceğini ileri süren ve buna pozitivizm adını veren **A. Comte** (1798-1857) ismindeki Fransız düşünürüdür. Comte'e göre tarihin 3 aşaması bulunmaktadır (Babbie, 1998, s. 43):

I. Dini aşama (1300 yılına kadar): Toplumdaki farklılıkların açıklanmasında dinsel söylemler hakim durumundaydı. Bütün işlerin ve olayların Tanrının arzusuna uygun olması gerekmekteydi. Her türlü kötülüğün ve inkârcılığın yerine yeryüzü cenneti kurulması esas alınmalıydı.

II. Metafizik aşama (1300-1800): Toplumsal araştırmaların dinden soyutlanarak bilimsel objektifik ile ele alınması gereğinin sunulduğu dönemdir. Bu dönemde Tanrı yerine, doğa ve doğa kanunu kavramları geçmeye başlamıştır.

III. Bilim aşaması (1800 sonrası): Bu dönemde din ve doğa kanunu gibi kavramların yerine bilim geçmiştir. Bilim ise gözlem ve deneylere dayanmaktadır. Comte'e göre, toplum da tıpkı biyoloji ve fizik gibi, bilimsel yöntemlerle mantıklı ve akılcı şekilde araştırılabilir ve anlaşılabilir. POZİTİVİZM adını verdiği bu görüşlere yakın zamanlara kadar çok sistematik eleştiri getirilmemiştir.

19. yüzyılın başlarına kadar pozitif bilimler denilince fizik, kimya, biyoloji, astronomi gibi canlı ve cansızlarla ilgili tüm doğa bilimleri anlaşılmaktaydı. Comte ile birlikte sosyal bilimler pozitif bilimlerin kapsamına alınmıştır. Başka bir deyişle, bilimsel yaklaşım toplum bilimleri için de geçerli sayılmaya başlamıştır. Çünkü, sosyal hayatta da belirli olayların belirli sonuçları doğurduğu, yani olgular için belirli kural ve koşulların varolduğu saptanmıştır. Böylece günümüzde sosyoloji, psikoloji, tarih, siyaset ve iktisat gibi bilim dalları pozitif bilimler arasında yerini almıştır.

Bilimdeki ve toplumsal yapıdaki gelişmelere paralel olarak bilimsel yaklaşımlarda da ilerlemeler ve değişmeler olmuştur. 1858 yılında Charles Darwin adındaki tabiat bilimcisinin **"Türlerin Kökeni"** adlı eserinde canlıların evrimini inceleyerek, bu evrimin DOĞAL SELEKSİYON yoluyla meydana geldiği teorisini ortaya koymuştur. Çevresine en iyi uyum gösterenler çoğalarak uzun yaşamlarını sürdürmekte, çevreye uyum gösteremeyen, ya da az uyum gösteren canlılar kaybolmaya yüz tutmaktadırlar. Böylece kuvvetli olan ve uyum gösteren türler hakim hale gelmektedirler. Darwin'in bu teorisinin insan faaliyetlerine ve sosyal yaşama da uyarlanabileceğini ortaya atanlar olmuştur. Toplumsal yaşamın da benzer evrimi geçirdiğini iddia ederek, başlangıçta toplama ve avcılıkla geçinen basit göçebelerin, sanayileşmiş topluma doğru olan evrimi gerçekleştirmiş oldukları ileri sürülmüştür. **Herbert Spencer** (1820-1903) adlı düşünür, toplumun iyiye doğru geliştiğini, türler arasındaki yaşama rekabetinin ekonomik hayat için de geçerli ve olumlu olduğunu ileri sürerek, **doğal seleksiyon** teorisinin sosyal ve ekonomik hayat için de ileri sürülebileceğini belirterek, toplumdaki rekabetin iyiye işaret olduğunu, en uyumluların ayakta kalmasını SOSYAL EVRİM olarak nitelemiştir. Bunu SOSYAL DARWİNİZM olarak adlandıranlar da vardır.

Endüstriyel gelişmenin yol açtığı toplumsal ve küresel sorunlar, çevre kirlenmesi, nükleer tehlike, küresel ısınma vb. sonuçlar rekabetin ve ekonomik gelişmenin her şart altında savunulmayacağını göstermektedir.

Bilimsel açıklama ve yaklaşımdaki gelişmeler çerçevesinde Fransız düşünürü **Emile Durkheim** (1859-1917) da burada üzerinde durulması gereken bir bilimcidir. Durkheim, sosyolojinin, pozitif bir bilim olarak gelişmesinde önemli katkılar yapmış, toplumsal olgu (fenomen) kavramını kullanmıştır. Bu kavramla Durkheim, toplumsal olguları nesneler gibi ele almış, insanlar bu nesnelere göre davranışlarını oluşturduğundan, bilimsel araştırmalarda ilk koşul, bu düşüncelerden ve bilgilerden arınmaktır. Durkheim'e göre, toplumsal olaylar arasında sebep-sonuç ilişkisi vardır. Böylece toplum bilimlerinde yöntem konusuna ışık tutmuş, olaylar arasındaki ilişkilerin araştırılmasının önemini vurgulamıştır.

Bilimsel yaklaşım getiren önemli isimlerden biri de **Karl Marx** (1818-1883) olup, diyalektik yöntemin kurucusudur. Toplumsal olayların, tarihsel süreç içerisinde **"her şey kendi karşıtını yaratır"** kuralı gereğince gerçekleştiğini öne sürmüştür. Marx'a göre diyalektik yöntem "tez - anti tez - sentez" aşamaları içerisinde oluşur. Tarihteki her olay kendi karşıtını yaratır. Bu karşıtlardan da bir sentez çıkar. Kapitalizmin yarattığı karşıt sonuç sosyalizm olmuştur. Emek ile üretim arasındaki ilişki, toplum hayatını şekillendiren en önemli güçtür. Çünkü, İnsanların tek emeli maddi yaşamlarını ve yaşam koşullarını iyileştirmektir. Tarihi materyalizm adı verilen bu felsefe, toplumları veya işçi sınıfını ayaklandırmada dayanak olabilecek niteliktedir.

Bilimsel kavramlara ve yaklaşımlara ilişkin bu özet açıklamalar göstermektedir ki, bilimsel gelişmeler uzun bir süreçte kendine özgü bir ortam ve düşünce yapısını da beraberinde getirmiştir. Tarihsel olaylar, teknolojinin gelişmesi ile toplumların evrimi gibi etkenler, bilimsel ortamı ve bilimsel gelişmeyi belirleyici olmuştur.

Ortaya konulan bilimsel yaklaşımlara da değişik tepkiler olmuştur. Örneğin dedüksüyon ve endüksiyon yöntemleri, mantıksal düşünüş şemasının işlemesinde neden ve nasıl sorularını sormamakta, bunların yanıtlarını bilmek ihtiyacını duymamaktır. Bazı bilim adamlarına göre, genel yasalardan hareket ederek veya gözlem yaparak bilimsel olguları açıklamak her zaman yeterli olmayabilir. Bir olayın nedenini dışardan anlamaya çalışmak yanıltıcı olabilir, ilişkileri, nedenlerini ve sonuçlarını istatistiksel olarak analiz etmek gerekmektedir.

Nedensellik teorisi: Aynı şekilde gözlem ve deneylere ağırlık veren bilimsel yöntem ve pozitivism de birçok yönlerden yetersiz kaldığı ve çağdaş gelişmelere yanıt vermediği için eleştirilmektedir. Çağdaş sosyal ve ekonomik olayların açıklanması açısından pozitivizme yapılan eleştirilerin başlıcaları kısaca aşağıda ele alınmaktadır.

- Bilim adamları, sanıldığı gibi her zaman objektif ve rasyonel olamamaktadırlar. Olaylardan, çevreden ve gözlemlerden etkilenmektedirler. Bu nedenle olguların değerlendirilmesi ve yorumuyla yetinmek, sağlıklı olmayan sonuçlar verebilmektedir. **Objektiflik,** kişisel görüşlerimize bağlı kalmadan, onun ötesine geçmek, genelleştirebilmek ve başkalarının da kabul edeceği sosyal bir içerik kazandırabilmek çabasıdır. Bunu iletişim sayesinde başarabildiğimiz için, en uygun ve etkili **iletişim** önemli bir sorundur. İnsanların algıları ve deneyimleri kendi duyu organlarıyla olduğu için, başta tüm deneyimlerimiz **sübjektiftir**. İletişim sayesinde bu kişisel sübjektifliğin objektife dönüştürülmesi sosyal bir çabadır.
- 20. yüzyıl ortalarına kadar, objektif realite bilimin tek hakimiydi. Bunun faydalı ve gerçeğin kendisi olduğuna inanılmaktaydı. Zaten, mantıksal düzene ve objektif realiteye inanmak POZİTİVİZM demek olduğundan, bundan sapma olması beklenmezdi. Ancak pozitivizm herşeyi açıklamaya yetmediği gibi, açıkladıkları kadar da örtbas ettiği gerçeklerin farkına varıldı. İşçilerin ve patronların dışında kalan toplumun orta tabakası, kadınların gözardı edilmesi, çocuklar, fakirler, etnik azınlıklar gibi önemli konular, içerik olarak çok mekanik ve indirgeyici olan pozitivizm söyleminde yoktur. Bunlar bireysel deneyimler, yaşamın anlamı v.b. gibi sübjektif olgular sayesinde farkedilebildi.
- Evrendeki ve sosyal hayattaki olgular ve fenomen, pozitivistlerin iddia ettikleri gibi mekanik ve basite indirgeyici değil, yaşayan canlı bir organizmadır. Özgürlük, bireysellik, ahlaki sorumluluk, çevre ve doğa sorumluluğu, zenci hakları, kadın hakları v.b. gibi söylemleri mekanik görüşler çerçevesine oturtmak olanaksızdır. Hayatı fiziksel boyutlarda ölçerek kavramak yerine, yaşayarak ve bireysel deneyimlerle anlamlandırmalıdır.

Bu eleştirileri yöneltenler genel olarak postmodernistler veya pozitivizm ötesi/yorumlamacı söylemler başlığı altında bilinmektedirler. Pozitivist ve pozitivizm ötesi mukayesesine ilişkin aşağıdaki tablo, bu tartışmayı anlamada faydalı olacaktır:

Pozitivist / Akılcı Paradigma	Pozitivizm Ötesi/ Yorumlamacı Paradigma
1. ***Gerçeklik basittir:*** Evren, etkileşimsiz kendi içinde tek düze, farklı ve kendine özgü sistemlerin bir toplamıdır. "Her şey" parçaların toplamıdır.	**1.** ***Gerçeklik karmaşıktır:*** Değişkenlik, çeşitlilik ve karşılıklı etkileşim bütün sistem ve olguların doğal özelliğidir. Her sistem kendine özgü özellikler geliştirir.
2. ***Hiyerarşi düzenin ilkesidir:*** Sistemler en basitten en karmaşığa kadar hiyerarşik bir sırada sınıflandırılabilir.	**2. Hiyerarşi** ***düzendir:*** Sistemler, hiyerarşik ve piramitsel değil, aksine önceden kestirilemez karşılıklı sınırlılık, etkileşim ve harekelerle belirlenen heterarşik düzenlerdir.
3. ***Evren mekaniktir;*** Evren saat gibi çalışan mekanik bir obje ya da bir makinadır. Enerjisi bitinceye kadar belli bir düzeyde devinimini sürdürür.	**3.** ***Evren holografiktir:*** Evren, bileşenlerin ayrıştırılıp tekrar tersi bir süreçle yerlerine yerleştirildiği şekilde mekanik bir biçimde anlaşılamaz. "Her şey" birbiri ile ilintilidir, her parça bütünün bilgisini taşır.
4. ***Gelecek ve yön belirlidir:*** Eğer evren saat ya da makine gibi çalışan bir olgu ise, evrenin geleceği, en kesin biçimiyle, önceden kestirilebilir. Gerekli matematiksel modellerin oluşturulması ve yeterli hesaplama gücü ile herhangi bir sistemin davranışı kesinlikle önceden kestirilebilir.	**4.** ***Gelecek ve yön belirsizdir:*** Olasılıklar bilinebilir, ancak kesin sonuçlar kestirilemez. Geleceğin belirsizliği doğanın koşuludur.
5. ***Nedensellik ilişkisi:*** Newton'cu evrende parçalar arasında nedensellik ilişkisini biliyorsak, bu ilişkinin sonuçlarını da açıklamak mümkündür.	**5.** ***İlişkiler doğrusal değildir ve karşılıklı nedensellik vardır:*** A B'ye neden olmak yerine, belki A ve B 'karşılıklı etkileşerek birlikte evrimleşir ve değişirler.
6. ***Değişim niceliksel ve birikim şeklindedir:*** Sistemler birikim yoluyla gelişirler, yani değişim sisteme yeni bir parça ya da boyut ekler. Niteliksel veya sıçramalı değişim çok seyrektir.	*6.* ***Değişim morfogenetiktir:*** Düzen düzensizlikten doğabilir. Sistemler, nicel değişimlerden çok nitel değişimi yansıtacak şekilde çeşitlilik, açıklık, karmaşıklık, karşılıklı nedensellik ve belirsizlik gösterir.
7. ***Nesnellik zorunluluktur:*** Bilmek akıl yoluyla anlama ile olasıdır ve bu süreçte, gözlemci ve gözlenen kesin sınırlarla birbirinden ayrılmıştır.	**7.** ***Gözlemci belirli bir perspektife sahip katılımcıdır:*** Gözlemci gözlenenden soyutlanmış ve uzak değildir. Nesnellik diye bir şey yoktur, fakat perspektif vardır.

Not: Schuwartz ve Ogilvy (1979)'den tablo olarak özetlenmiştir (Özetleyen, Yıldırım ve Şimşek: Sosyal Bilimlerde Nitel Araştırma Yöntemleri, s. 11).

1.4. Bilim Dallarının Sınıflandırılması

Bilim dallarını çeşitli amaçlarla farklı şekilde sınıflandırmak mümkündür. Çalışma alanlarına, deneysel olup olmadıklarına, kütüphanecilik vb. amaçlarla değişik tasnifler yapılmaktadır. Bunlara aşağıda kısaca değinilecektir.

i. Maddi bilimler/Manevi bilimler (Biyoloji/Ahlak bilgisi gibi)

ii. Fen bilimleri/Sosyal bilimler (Kimya/Sosyoloji gibi)

iii. Deneysel bilimler/Teorik bilimler (Fizik/Felsefe gibi)

iv. Temel bilimler/Uygulamalı bilimler (Matematik/Mühendislik gibi)

v. Fen bilimleri/Sosyal bilimler/Sanat ve Estetik (Kimya/Ekonomi/Sanat gibi)

Başka gruplandırmalar da yapılabilir. Zamanla yeni bilim dalları ortaya çıkabilir. Çevre, genetik, bilgisayar, enformatik en yeni ve popüler bilim dallan arasına girmiştir. Konunun geniş boyutlu olduğunu vurgulamak bakımından ülkemizde Yüksek Öğretim Kurulu (YÖK) tarafından kabul edilen, daha çok akademik amaçlı olan 526 adet bilim ve sanat dalının var olduğunu hatırlamakta yarar vardır. YÖK'ün bu tasnifi, başlıca bilim ve sanat dalları konusunda yaklaşık bir fikir vermektedir. Sanat ve bilimin bazı alanlarda birbiriyle iç içe olduğunu ve arada kesin bir çizginin her zaman çizilemeyeceğini de unutmamak gerekir. Bir mühendisin çalışması değerli bir sanat eseri olabilir. Eğitim, hem bilim hem de sanat olarak ele alınabilir.

BİR ÇİN ŞİİRİ
(7. Yüzyıl)

Davacı zengin davalı yoksulsa,
Zenginden yana işler yasa.
Davacı yoksul davalı zenginse,
Davalıda kalır yine nizalı arsa.

Davacı da davalı da zenginse davada,
Özür diler çekilir aradan kadı.
Davacı da davalı da yoksulsa, bak
Sade o zaman işte yerin bulur hak.

(Can Yücel'in çevirisi ile)

Birleşmiş Milletlere bağlı UNESCO'ya göre bilim ve teknoloji dallarının ayırımı aşağıda verilen 6 grup altında yapılmaktadır (DPT, 1990). Eğitim, Bilim ve Kültürel Kuruluş olan UNESCO'nun bu ayırımı oldukça pratik ve kolay anlaşılabilir niteliktedir.

Tablo 2: UNESCO Bilim ve Teknoloji Dalları:

Doğal Bilimler	Astronomi, bakteriyoloji, biyokimya, biyoloji, botanik, kimya, bilgisayar bilimleri, entomoloji, jeoloji, jeofizik, matematik meteoroloji, mineraloji, fiziki coğrafya, fizik, zooloji bunlarla ilgili diğer konular.
Mühendislik ve Teknoloji	Kimya, inşaat, elektrik, makine mühendisliği gibi asli mühendislik dalları ve bunların ihtisaslaşmış alt bölümleri, orman ürünleri, jeodezi, endüstriyel kimya vb. uygulamalı bilimler, mimarlık, besin maddeleri üretim bilimi ve teknolojisi, ihtisaslaşmış teknolojiler ve disiplinlerarası alanlar (örneğin, sistem analizi, metalürji, madencilik, tekstil teknolojisi ve öbür ilgili konular).
Sağlık Bilimleri	Anatomi, dişçilik, tıp, hemşirelik, kadın doğum, optometri, osteopati, eczacılık, fizyoterapi, halk sağlığı ve ilgili diğer konular.
Tarım Bilimleri	Agronomi, hayvancılık, balıkçılık, ormancılık, bahçıvanlık, veterinerlik ve ilgili öbür konular.
Sosyal Bilimler	(Sosyal ve Kültürel) antropoloji ve etnoloji, nüfusbilim, ekonomi, eğitim ve öğretim, (beşeri, ekonomik ve sosyol) coğrafya, hukuk, dil bilim, işletme, siyasi bilimler, psikoloji, sosyoloji, örgüt ve yöntemler ve bu gruptaki konularla ilgili yöntemsel ve tarihsel bilim ve teknoloji etkinlikleri ve çeşitli sosyal bilimler (fizik antropoloji, fiziki coğrafya, psikofizyoloji, normal olarak doğal bilimler içinde sınıflandırılmalıdır).
Beşeri Bilimleri	Güzel sanatlar (sanatsal araştırma dışındaki sanat tarihi ve sanat eleştirisi), diller (eski ve modern dil ve edebiyatlar), arkeoloji, parabilim, eski yazı bilimi vb. yardımcı tarih disiplinleri, din, beşeri bilimlere ilişkin öbür saha ve konular ve bu gruptaki konularla ilgili yönetimsel, tarihsel etkinlikler, bilim ve teknoloji etkinlikleri.

Kütüphanecilik amacıyla ondalık esasına göre yapılan Dewey endeksinde ise her 100 rakama bir genel konu ayrılmıştır. Buna ilişkin üç rakamlı (yüzlük) ayırım aşağıdaki tabloda 10 sınıf halinde verilmiştir. Bunların alt sınıflarının ay-

Tablo 3: Dewey Sınıflaması

000	Genel (Bibliyografya, Kütüphane, enformasyon bilimleri ve genel ansiklopedik eserler)
100	Felsefe ve Psikoloji
200	Din
300	Sosyal Bilimler
400	Dil
500	Tabiat Bilimleri ve Matematik
600	Teknoloji (Uygulamalı Büimler)
700	Sanat
800	Edebiyat ve Hitabet
900	Coğrafya ve Tarih

Kaynak: M. Dewey, Dewey Decimal Classification, Edited by Wohup. Comaromi, Volume 2, Forest Press, Albany, New York 1989.

rıntılarını da görmek mümkündür. Örneğin 300 endeksi ile gösterilen Sosyal Bilimler'in alt sınıflaması şöyledir:

300 Sosyal Bilimler (Sosyoloji, Kültür, Topluluklar)
310 Genel istatistikler
320 Siyasi Bilimler
330 İktisat
340 Hukuk
350 Kamu Yönetimi
360 Sosyal Hizmetler
370 Eğitim
380 Ticaret, Haberleşme ve Ulaştırma
390 Giyim, Etiket ve Folklor

A.B.Devletleri Kongre Kütüphanesinde kullanılan kitap tasnif sistemi aşağıda belirtildiği üzere harfleri kullanmaktadır:

A	Genel Eserler
B	Felsefe, Psikoloji, Din
C-D	Tarih ve Topoloji (Amerika dışında)
E-F	Tarih ve Topoloji (Amerika)
G	Coğrafya ve Antropoloji
H	Toplumsal Bilimler
J	Siyasal Bilimler
K	Hukuk
L	Eğitim
M	Müzik
N	Güzel Sanatlar
P	Dil ve Edebiyat
Q	Bilim
R	Tıp
S	Tarım ve Hayvancılık
T	Teknoloji
U	Askeri Bilim
V	Deniz Bilim
Z	Kaynakça

Buradaki harflere başka bir harf ve sayılar da eklenerek kitapla ilgili daha ayrıntılı bilgi kaydedilmekte ve kütüphanede kitapların yerlerinin bulunması kolaylaşmaktadır.

2. BİLİMSEL ARAŞTIRMALARIN AMAÇLARI VE ÇEŞİTLERİ

2.1. Araştırma Nedir?

Araştırma denilince burada üzerinde durmak istediğimiz husus **bilimsel araştırmalardır.** Bir amaca yönelik, belirli aşamalar içerisinde ve bir yöntem dahilinde yapılan çalışmalara **araştırma** adı verilir. Düzenli, dikkatli ve belirli esaslar dahilinde yapılan bilimsel çalışmalar **araştırma**'ya tipik örnek teşkil eder. Araştırma sayesinde yeni bilgi, yöntem veya yeni ürünleri daha farklı ve daha elverişli şartlarda elde etmek mümkün olur. Bu nedenledir ki, teknik ve ekonomik gelişmelerin temelinde araştırmalar yer almaktadır.

Araştırma, bilgi arama işinin sistematik şekilde (bir düzen içerisinde) yapılmasıdır. Bilgi arayan kimsenin soru sorması doğaldır. Soruları kendi kendine sorabileceği gibi başkasına da sorabilir. Burada sorulacak soruların da bir sıra ve düzen içerisinde olması gerekir. Bu açıdan, araştırma adeta bir sorgulama süreci gibidir. Bilim adamları için soru sormasını bilmek, soruların cevaplarını verebilmek kadar önemlidir. Bilgi elde etmek için yapılan çalışmalar ve sorgulamalar için özel bir yer veya ortam aramaya gerek yoktur. Kütüphane, okul, laboratuvar, fabrika, atölye, işyeri, hastane, çiftçinin tarlası veya bahçesi bilgi arama ve elde etme ortamlarına bir kısım örneklerdir. Araştırma her yerde yapılabilir ise de amaçları, inançları ve yöntemleri farklı olan kişilerce de yapılabilir. Bu nedenle, sistematik olarak yapılsa bile bütün araştırmalar bilimsel değildir. Eğer sistematik araştırmalar, deneysel ve rasyonel esaslara dayanmakta ise, ancak o zaman bilimsel olurlar.

Daha önce kısaca değinilen araştırmada amaç nedir hususu aşağıda özet olarak açıklanacaktır:

2.2. Araştırmalarda Gözetilen Amaçlar:

A. Bir sorunu çözmek: Karşılaşılan bir soruna çözüm getirmek bir araştırmanın amacı olabilir. Ekonomik, sosyal ve teknik konularda çözüm bekleyen ve araştırılması icabeden sayısız sorunlar vardır. Bu hususta ayrı ayrı örnekler üzerinde durulabilir.

B. Yeni bir ürün ortaya koymak: Gün olmuyor ki yeni ve değişik bir ürünle karşılaşmayalım. Yeni bir ürünün yeni bir icat olması şart değildir. Önceki ürüne göre küçük farkları olması ve değişik bir ihtiyacı karşılaması, bir ürünün yeni sayılması için yeterlidir. Plastik kitap kapağı karton cilde göre yeni bir üründür. 100 km. de 6 litre benzin tüketen bir otomobil, 8 litre benzin tüketen arabaya göre farklı ve yeni bir üründür.

C. Yeni bir yöntem veya teknoloji ortaya koymak: Teknoloji, bilimin endüstriye ve üretime uygulanması demektir. Yeni üretim yöntemleri geliştirmek de araştırmalarda çok önemlidir.

D. Yeni bir bilgi ortaya koymak: Evrenin durumu, canlı organizmanın ve maddenin yapısı konusunda yeni bilgiler elde etmek, araştırmaların başlıca amaçları arasındadır.

E. Ekonomik yarar sağlamak: Yeni bilgiler, yeni yöntemler ve yeni ürünler paraya dönüştürülerek ekonomik yararlar elde edilmektedir. Patent, knowhow ve teknoloji ihracı gibi olaylar, bilimsel araştırmaların ekonomik yarar sağladığına verilebilecek başlıca örneklerdir.

Deneysel Araştırmalar ve Mukayeseli Araştırmalar

Fen bilimleri alanında yapılan araştırmalarda araştırma denilince akla ilk gelen husus **laboratuvar** ve **deney** olgusudur.

Çünkü araştırmada kabul edilen geleneksel varsayımlara en uygun olanı DENEY yöntemidir. Deney yönteminin özellikleri şöyle sıralanabilir:

- Doğal çevre bağımsız olarak kendiliğinden vardır.
- Bu çevre kendisini araştıranlara ilgisiz ve tarafsızdır.
- Bu çevreyi yöneten kanunlar sadece doğru bilimsel yöntemi kullanabilen araştırmacılar tarafından keşfedilebilir.
- Keşfedilen bilgi objektif ve doğrudur, bu durum onu keşfeden kim olursa olsun değişmez.

Bilgi bir kez kazanıldıktan sonra, doğadaki olayları anlamada, açıklamada, doğada neler olacağını önceden tahmin etmede ve böylece doğayı kontrol ederek bilgiyi elde edenin avantajına uygun hale getirmede kullanılır.

Doğayı veya çevresini araştırmak isteyen bir insan, hangi yöntemleri kullanacağını önceden kararlaştırmaya mecburdur. Verilecek karar, araştırmanın konusuna ilişkin varsayımlara dayanacaktır. Bitkiler, hayvanlar ve madenler gibi doğal çevreyi inceleyen bilim adamları varsayımlarında, "araştırdıkları şeyler var olduklarının farkında değildirler ve bu varlıkların davranışları kendi kontrollerinin dışındadır" demektedirler. Ortaya koydukları davranışlar kendi seçimleri değildir. O halde bu varlıklar hakkında bilinen bütün bilgiler onların dışsal davranışları gözlenerek görülebilir.

Sosyal bilimlerde durum farklıdır. Sosyal bilimlerde üzerinde çalışılan şeyin bilinçli olması ve işin farkında olması, sorunun temelidir.

Fen bilimleri ile sosyal bilimlerin konusu çok değişiktir, insan aktif ve bilinçli olup, sosyal ortamda neler olduğunu farkeden ve nasıl davranılacağına karar verebilen kişidir. Doğal fenomen insana bir anlam ifade etmez. Sosyal olayı,

sosyal yapan husus, ona katılanların öyle anlam vermeleridir. Olayları herkes yaklaşık aynı tarzda yorumlamaktadırlar. Böyle olmazsa, sosyal etkileşim olmaz. Sosyal çevredeki bir olayı izah edecek isek, bu açıklamamızda konumuz olan insanın ne düşündüğünü ve hissettiğini hesaba katmak zorundayız.

Doğayı, toplumsal ve ekonomik olayları daha iyi anlamak için bunu mümkün kılacak araştırma metotları geliştirmeliyiz. Veri çeşitleri ve veri toplama yöntemleri araştırmanın en önemli bölümünü oluşturur.

OKUMA PARÇASI: Bilgi ve Yaşam

YÜZÜKPARMAĞI UZUN OLAN DAHA İYİ MATEMATİKÇİ

İngiltere'de yedi yaş grubundan 75 çocuk üzerinde yapılan bir çalışma, yüzükparmağı, işaretparmağına göre uzun olanların matematikte daha başarılı olduğunu ortaya koydu.

Yüzükparmakları işaretparmağından kısa olan çocuklar ise sözel alanda daha başarılı.

Hürriyet Gazetesi 24.06.2007

DÜNYANIN EN MUTLU ÜLKESİ DANİMARKA

Danimarka, bir İngiliz uzmanın araştırmasında dünyanın en mutlu ülkesi seçildi. Leicester Üniversitesinde görevli analitik sosyal psikoloji uzmanı Adrian White'ın yaptığı araştırma, dünyada en mutlu ülkenin Danimarka, en mutsuzunun da Afrika'daki Burundi olduğunu gösterdi.

White'ın 178 ülkeden edindiği verilerin yanı sıra BM ve Dünya Sağlık Örgütü'nün yaptıkları dahil 100 küresel çalışmaya dayandırdığı araştırmasında, mutluluğu etkileyen en temel faktörlerin **sağlık, refah** ve **eğitim** olduğu görüldü.

28.07.2006

AZ PARA KAZANAN ERKEN YAŞLANIYOR

İngiltere'de College London Üniversitesi'nin araştırmasına göre, az kazananlar, geliri iyi düzeyde olanlardan 8 yıl daha erken yaşlanıyor. Bilim adamlarına göre bunun en önemli nedeni iyi bir sosyal hayat ve yaşam tarzına sahip olmaları, daha sağlıklı beslenmeleri ve düzenli spor yapmaları...

Sabah Gazetesi 28.04.2007

DÜNYA GİBİ 20 MİLYAR GEZEGEN DAHA VAR

Amerikan Astronomi Derneği toplantısında konuşan Prof. Geoffrey Marey, güneş sisteminin dışında bilinen dış gezegen sayısının 236'ya yükseldiğini açıkladı. "Samanyolu galaksimizde 200 milyar yıldız var. Onların belki de yüzde 10'unun yerleşilebilir gezegenlere sahip olduğunu tahmin edebiliriz." diyen Marcy, evrende Samanyolu'na benzer yüz milyarlarca galaksi bulunduğunu da söyledi.

2.3. Araştırmaların Türleri

Bilimsel araştırmaları gruplandırmak gerektiğinde, bunu bilim dallarına veya araştırma metotlarına göre yapmak mümkündür. Fen, sosyal, sağlık, teknoloji, beşeri ve doğal bilim dallarındaki araştırmalar gibi. Temel araştırmalar ve uygulamalı araştırmalar da bu grup içerisinde düşünülebilir. Temel araştırmalar salt bilimsel amaçlar ve düşüncelerle yapılır. Bunun pratiğe aktarılması ve ekonomik yarar sağlaması ikinci plandadır. Halbuki uygulamalı araştırmalarda, pratiğe aktarma ve uygulamasından yararlanma asıl amacı oluşturmaktadır. Teorik fizik ile uygulamalı fizik, ya da teorik ekonomi ile uygulamalı ekonomi gibi. Ancak, araştırmaları, uygulanan araştırma yöntemine göre gruplandırmak çoğu zaman daha anlamlı olmaktadır. Bu açıdan araştırma türlerini 8 grup altında incelemek mümkündür:

a) **Kütüphane araştırmaları:** Bunlar mevcut yayınlardan faydalanarak yapılmış olan derleme çalışmalarıdır. Bunun için kütüphanelerde hangi kaynakların mevcut olduğunu ve bunları nasıl bularak kullanılacağının bilinmesi gerekmektedir. Kısacası, derleme araştırmalarında başarı, kütüphanelerden iyi yararlanmaya bağlıdır. Kütüphanelerdeki kaynaklar ve bunlardan en iyi şekilde nasıl yararlanılabileceği daha sonra ele alınacaktır.

b) **Laboratuvar araştırmaları (Deneyler):** Bu araştırmalar, laboratuvada gerçekleştirilen deneylerden elde edilen verileri analiz etmek ve yorumlamak anlamını taşımaktadır. Fen ve mühendislik bilimlerindeki araştırmaların çoğunluğu bu türdedir. Sosyal bilimlerde de deneysel metotlar kullanılmaktadır.

c) **Gözleme dayalı araştırmalar:** Bir kısım bilim dallarında veriler, alanda elde edilen gözlemlerden oluşmaktadır. Gözlemler laboratuvar'ın dışında olmaktadır. Çevre, tarım, astronomi, coğrafya, madencilik gibi konularda alanda elde edilen gözlem değerleri çok önemlidir. Bu veriler, laboratuvar verilerini tamamlamakta çok işe yararlar.

d) **Anket araştırmaları:** Kişi ve kurumlardan bilgi almada anket yönteminin kullanıldığı araştırmalardır. Soruların cevapları yüz yüze görüşme ile elde edilebileceği gibi, yazılı anket formlarını adreslere göndermek suretiyle de istenebilir. Anket metoduna ilişkin ayrıntılı bilgiler daha sonra verilecektir. Gözlem ve anketlere dayalı olarak, laboratuvar veya büro dışında yapılan araştırmalara **alan araştırmaları** da denilmektedir.

e) **Beşeri araştırmalar:** İnsanların yaşam biçimleri, davranışları, tepkileri, sevinçleri, acıları insanların deneyim ve birikimleri gibi konuları in-

celemek ve araştırmak beşeri ilimlerin konusudur. Bunun için şiir, roman, hikâye, hatıra, mahkeme kayıtları, hükümet belgeleri gibi yazılı olan ve olmayan kaynaklar araştırıcı tarafından değerlendirilir. Beşeri araştırmalarda gözlem ve anket yöntemleri de kullanılabilir.

f) **Analitik araştırmalar:** Elde edilen verilerin çeşitli yöntemlerle analiz edilerek mevcut durumun, aradaki ilişkilerin veya ileriye dönük muhtemel gelişmelerin ortaya konulmasıdır. Laboratuvar araştırmalarında, maddeler uygun yöntemlerle kendisini oluşturan yapı taşlarına dönüştürülerek analiz edilir ve böylece daha iyi tanınmış olur. Sosyal ve ekonomik bilimlerde de çeşitli istatistiksel yöntemlerle söz konusu analizler yapılmaktadır. Regresyon analizi, varyans analizi gibi.

g) **Descriptif araştırmalar:** Tasviri araştırmalardır. Örneğin veya kümenin belirgin vasıflarını (karakterlerini) ortaya koyan veya anlatan yöntemler kullanılmaktadır. Bir bölgedeki veya sektördeki işletmeleri izah eden araştırmalar böyledir. Durumu olduğu gibi yansıtır.

h) **Araştırma-Geliştirme araştırmaları:** Ürün veya yöntem geliştirmeye yönelik, endüstri ile iç içe yapılan araştırmalardır. Yeni bir ürünü veya yöntemi, üretim aşamasına hazırlayan araştırmalardır. Toplumsal ve teknolojik değişmeler araştırma-geliştirme araştırmalarını önemli kılmıştır.

Tablo 4: Bilim, Teknoloji ve Yükseköğretimdeki Gelişmelerin Kronolojisi (Tusiad, 1995)

YILLAR	BİLİM	TEKNOLOJİ	YÜKSEKÖĞRETİM
MÖ. 2.000.0000		Taş aletler	
500.000		Ateş	
40.000		Yağ lambası	
12.000		Ehli hayvanlar-hayvansal enerji	
10.000		Ok ve yay	
8.000		TARIM DEVRİMİ	
4.000		Bakır	
3.800		Bronz	
3.500	Yazı	Tekerlek, kayık	
3.000		Piramitler	
1.000		Demir	
650-500	İLK BİLİMSEL DÜŞÜNCELER Miletos'da Thales-İlk geometri ve ilk kozmoloji Anaksimandros- İlk bilimsel eleştiri, ilk harita ve ilk evrim teorisi Anaksimenes-İlk kritik-akılcı bilimsel düşüncenin doğuşu Ephesus'da Heraclitus-İlk referans sistemi Agrigentium'da Empedocles-Toprak su, hava, ateş maddenin tanımı Phytagoras-Matematik, sayılar, geometri		
480-330	Miletos'lu Leucippus-Atom kavramı Abdera'lı Demokritus-Atom kavramı Atina: Socrates, Plato, Aristoteles-İlk sistematik felsefe, mantık ve doğa bilimleri Kos'lu Hippokrates-İlk tıp araştırmaları		
387			Academia-Plato
335			Lyceum-Aristoteles
330-200	Euclid-Aksiyomatik geometri Archimedes-Hidrostatik, kaldıraç, matematik Diophantes-Cebir Erasthotenes-Dünyanın çevresinin ve güneş uzaklığının hesabı, ilk dağ kuşağı ve oluşumu kavramı		İskenderiye müzesi (kamu araştırma kurumu)
214		Çin Seddi	
710		Parşömen	

Tablo 4: (devamı)

127-145	Ptolemaus-İlk nicel astronomi ve kartoğrafya		
124	....	....	Çin İmparatorluk Akademisi
55	Lucretius- "De Renum Natura" (atomik teorik)		
MÖ 200-MS 1200	....	Roma İmparatorluğu-Mühendislik, kamu altyapı yatırımları	
MS. 105	....	Çin'de ilk kağıt	
	Avrupa'nın karanlık çağı İslam alemindeki bilimsel gelişmeler Jabir bin Hayam (721-815)-Kimya Musa El Narezmi (780-850)-Cebir, astronomi, coğrafya El Kındi (Ö. 886)-Aristotales'ten tercümeler, astronomi, fizik, ışık teorisi, matematik Ebubekir El Razi (875-950)-Vakum çalışmaları, müzik teorisi, matematik İbn-i Sina (980-1037)-Tıp anatomi, jeoloji, fizik, astronomi İbn ül Heysen (öl. 1040)-Optik, geometri, fizik, astronomi, El Biruni (öl. 1050)-Minerallerin özgül ağırlık tayinleri, coğrafya, astronomi, tıp, matematik, felsefe El Cezeri (öl. 1206)-Su saati Ömer Hayam (1048-1122)-Cebir, astronomi İbn-i Rüşt (1126-1198)-Aristoteles fiziği ve mantığı	İslam alemindeki teknolojik gelişmeler: Cam ve seramik ürünler, gazyağı, şeker, tekstil, çelik teknolojisi (Damask kılıçlar) parfümler	Medreseler Mütercimlik okulları İhvan-üs Safa Derneği-x. Yüzyılın ikinci yarısında Basra'da ilk Müslüman rasyonalist okul, 56 fasiküllük ansiklopedi, 17'si doğa bilimleri, madenlerin oluşumu, deprem, gel-git, meteoroloji
1000 1088 1100 1175	....	.... Sabana yönlendirici kolun eklenmesi (Orta ve Kuzey Avrupa) Old London Bridge'in yapılışı	Salerno Tıbbiyesi BOLOGNA ÜNİVERSİTESİ Paris (1160/ ve Oxford (1167) Üniversiteleri
1200 1202 1270 1290	.... Fibonacci (1170-1240)-Arap sayılarının Avrupa'ya gelişi Roger Bacon (1120-1292)-İlk ciddi deneysel bilim	Venedik kristalinin yapılışı, İtalya'da ipek iplik bükümhaneleri Büyük renkli cam çağının başlaması (Fransa, Belçika, Hollanda, Luxemburg) Dövme demirden yapılma ince zırh (Milano)	Venedik (1204), Cambidge (1209), Padua (1222) ve Salamanca (1227) üniversiteleri

(**Not:** Bu cetvelin devamı için ilgili kaynağa başvurulabilir)

OKUMA PARÇASI

BİLİM DALLARI TARİHÇESİ

Bilim ile ilim kavramlarını aynı anlamda kullanılanlar olduğu gibi, farklı anlamlar verenler de vardır. Batı dünyasında bilim ve teknoloji, SCIENCE AND TECHNOLOGY anlamında kullanılmaktadır. Böylece gözlem ve deney konusunda olan, ölçülebilen, tartılabilen, ispatlanabilen, evrendeki tüm olaylar ve olgular bilimin konusudur. Bunun dışında kalanlar metafizik konusudur ve **science** karşılığı olan bilim metafizikle uğraşmaz. Maddenin yapısı, evrenin ve ilk canlıların oluşumu konusundaki son teoriler, yukarıdaki ayrımın doğru olmadığını göstermektedir. Önceki teorilerin yetersizliği nedeniyle yeni yeni teoriler geliştirilmekte, bilim-bilim ötesi veya fizik-fizik ötesi boşlukları belki böylece kapatılmaya çalışılmaktadır. Yeryüzünün tek efendisi ve hakimi insan olduğuna göre, insanı etkileyen ve onun hissettiği veya önce hissederken sonra hissedemez olduğu her şey vardır ve gerçektir. O halde, maddi ve manevi bilimleri kapsamak üzere kullanılan İLİM kavramı daha geniş içeriklidir ve daha amaçlıdır. İlim kapsamı, felsefecilere ve teologlara daha cazip ve uygun gelebilir. Bu ayırım üzerinde durmak bizim konumuzun dışındadır. Bilim konusunu felsefi açıklamalara yönlendirmeye burada gerek yoktur. Bilim ile teknoloji arasındaki yakın ilişkiye bakarak kendimizi teknoloji seline kaptırmamaya dikkat etmeliyiz. Ancak felsefe, bilim ve teknoloji arasındaki ilgileri de görmemezlikten gelemeyiz. Bu ilgilerin ilk insanlardan günümüze kadar da önemli olduğunu belirtebiliriz. Yaratılışı ve etraftaki varlıkları anlayabilmek, ilahi ve insani işler bilgisi peşinde koşmak, ölüm sonrası bilinmezliği, tanrı ve insan ayrılmazlığı gibi uğraşlar insanların gündeminden düşmemiştir. Tablo 4'deki bilim-teknoloji-eğitim paralelliği de bunu doğrulamaktadır. Bu tablo, halen mevcut olan bilgilerimize göredir ve ilerde değişmeyeceğini, kimse iddia edemez. M.Ö. 5. ve 4. yüzyıllarda Sokrates, Eflatun ve Aristo gibi felsefeciler ve mantıkçılar, doğa olayları hakkında da önemli açıklamalar yapmışlardı. Kendi adıyla anılan felsefe sistemini kurmuş olan ARİSTO, hemen her alanda araştırma ve analizler yapmıştır. Bilimleri, TEORİK BİLİMLER ve PRATİK BİLİMLER olarak ikiye ayırmıştır. Tanrı ile ilgili bilimleri gerçek bilimler, tabii varlıklarla ilgili bilimleri ise ikinci derecede bilimler olarak görmüştür. Zaman ve mekâna göre değişen, örneğin tarih ve sosyoloji gibi bilimler ARİSTO'ya göre bilim değildir.

Doğu ve İslam coğrafyasında bilimin sınıflandırmaları konusunda aşağıda, alıntı olarak bazı bilgiler verilmiştir (Bayraktar, 1992).

Bilimlerin sınıflandırılması ilk çağlardan beri filozof ve bilim adamlarının üzerinde durdukları bir konudur. Bunun iki önemli faydası vardı; biri, eğitim ve öğretimde metodolojik kolaylık sağlamak; öbürü, ilimler arasındaki ortak bağları kurmak ve onlar hakkında toplu bir bakış sağlamak idi. İlk sistematik bir sınıflama Aristo'da bulunmaktadır. Daha sonra Müslüman düşünürler ve bilim adamları, İslâm anlayışı içinde devrin en önemli ve en gelişmiş sınıflamalarını yaparak bilim eğitiminde çok hızlı mesafeler katettiler ve bir çok yenilikler ortaya koydular. İslâm'da bilim dallarına ilişkin ilk sınıflama **beden ilmi** ve **din ilmi** diye ikiye ayrılarak yapılmıştır. Bir fikir vermesi bakımından, Fârâbî'nin yapmış olduğu sınıflama aşağıda verilmiştir:

Fârâbî'nin Sınıflaması

Fârâbî'nin sınıflaması, gelişmiş bir sınıflamadır ve meşhur eseri "İhyâü'l-Ulûm" adlı eserindedir.

A. Dil İlimleri:
   1. Sentaks ve Semantik,
   2. Gramer,
   3. Konuşma ve Telâffuz,
   4. Şiir.

B. Mantık
   1. Basit tarif ve tanımlar (Pophyry'ın Isagoji'sinin ve Aristo'nun Kategorileri ve Tanımlaması'nın konularının karşılığı),
   2. Kıyas'ın şartlı ölçüleri (Aristo'nun II. Analitiklerinin karşılığı),
   3. Kıyas'ın tarifleri ve diyalektik deliller (Aristo'nun Topikle-ri'nin karşılığı),
   4. Delillerdeki düşünme yollarındaki yanlış ve hatalar (Aristo'nun Sofistleri çürütme yollarının karşılığı konular),
   5. Nutuğun Tarifi (Aristo'nun Retorik'inin karşılığı),
   6. Şiir (Aristo'nun Poetik'inin karşılığı)

C. Alet İlimleri
   1. Aritmetik: a) Teorik, b) Pratik,
   2. Geometri: a) Teorik, b) Pratik,
   3. Optik ve Işık,
   4. Gökyüzü Bilimleri: a) Astroloji, b) Astronomi,

5. Müzik: a) Teorik, b) Pratik,
6. Ağırlık ve Ölçü İlimleri,
7. Basit Mekanik İlimleri.

D. Fizik ve Metafizik İlimleri

1. Fizik
   a. Tabiat varlıklarının principlerinin bilimi,
   b. Cisimlerin ve elementlerin bilimi,
   c. Cisimlerin oluşu ve yokoluşu bilimi,
   d. Cisimlerin çekim ve itim ilimi,
   e. Madenlerin ilmi (Mineroloji),
   f. Bitkiler ilmi (Botanik),
   g. Hayvanlar ilmi (Zooloji).
2. Metafizik
   a. Varlıkların özü ilmi,
   b. Varlıkların principlerinin ilmi,
   c. Şekilsiz, rûhî varlıkların ve Allah'ı ispatlamanın ilmi,

E. Toplum ilimi

1. Hukuk ilmi,
2. Siyaset ve ekonomik ilimler.

Görüldüğü gibi, Fârâbî'nin sınıflaması, çok gelişmiş bir sınıflama olup, sadece kendinden sonraki Müslüman düşünürlere etki etmemiş, aynı zamanda Batı düşünürlerine de etki etmiştir. O'nun "İhyâü'l-Ulûm"u latinceye, Grerard de Cremone tarafından "De Scientis" adı altında çevrilmiş ve yıllarca el kitabı olarak Batı'da okunmuş ve okutulmuştur. Bugün hemen bütün Batı dillerinde de tercüme edilmiştir.

Burada şuna işaret etmek yerinde olur: Bilindiği gibi, Aristocu bir bilim tarifi bütün Ortaçağa hakim olduğu için, tarih ve sosyal ilimler, ilim sayılmamıştır. Bu sebepten de ilimlerin sınıflamasında bu ilimlere yer verilmemiştir. Gerçekten tarih ve diğer sosyal ilimler denen sosyoloji, politika ve ekonominin tam ilim olarak kabulü ilk defa İbn Haldûn ile başlamıştır. İbn Haldûn, bu ilimlere "Medeniyet" veya "Yeni İlimler" adını vermektedir.*

---

* Burada aktarılan konulara ilişkin daha ayrıntılı bilgi için, Mehmet Bayraktar'ın **İslamda Bilim ve Teknoloji Tarihi** adlı eserine başvurulabilir.

3. EKONOMİK GELİŞME VE BİLİMSEL ARAŞTIRMA İLİŞKİSİ

Bilgi paradır...

3.1. Ekonomik Gelişmenin Göstergeleri

Günümüzde bilim ve teknoloji çok hızlı bir gelişme içerisindedir. Bu gelişme insanları ve toplumu yakından etkilemektedir. Ekonomik gelişme ve refah düzeyi teknoloji sayesinde yükselmektedir. Çağımızın bilgi çağı olması bilginin önem kazanmış olmasındandır. Bilgi üretimi o kadar hızlanarak artmaktadır ki, 20. yy.daki buluşlar, insanlık tarihi boyunca yapılan tüm buluşların ve yeniliklerin toplamından fazladır. Hatta, zamanımızda bilginin her 7 yılda bir, ikiye katlandığı ifade edilmektedir.

Ancak günümüzde bilim ve teknoloji de sınırlı sayıda ülkelerin tekelinde bulunmaktadır. Orjinal araştırmaların ve buluşların ortaya konulduğu toplam ülke sayısı 5-10'nu geçmemektedir. Gerçekten de dünyada araştırma-geliştirme giderlerinin %90'ını 5 ülke (ABD, Japonya, Almanya, Fransa ve İngiltere) tarafından yapılmaktadır. Aynı ülkeler AR-GE yoğun ürün ihracatında da aynı sıralarda bulunmaktadır (GÜLEÇ, 1994).

Daha sonra kısaca değinileceği gibi, bir ülkenin zenginliği ve refahı, mal ve hizmet üretim kapasitesi ile özdeştir. Bilimsel araştırmaların sonuçları hızla sanayiye aktarılarak üretim, gerek miktar, gerekse kalite bakımından yükseltilmektedir. Böylece maliyet vb. gibi her açıdan rekabet edebilir ürünler meydana getirilmektedir. Diğer yandan, sanayi geliştikçe ortaya konulan yeni ürünler ve teknikler, araştırmaları kamçılamaktadır. Kısacası, bir ülke ekonomisinin sağlıklı gelişmesi, ülkenin araştırma gücüne (buluş ve uygulama gücüne) dayanmaktadır.

Ülkeler hangi iktisadi sistemi benimsemiş olurlarsa olsunlar, tümünün arzusu ekonomik gelişme sağlamaktır. Çünkü yüksek refah düzeyine ulaşmak ancak ekonomik gelişme ile mümkündür. Bilindiği gibi ülkeler ekonomik açıdan gelişmiş ve gelişmekte olan ülkeler olmak üzere iki büyük gruba ayrılmaktadır. Her iki grup ülkenin kendilerine özgü farklı özellikleri bulunmaktadır. Ekonomik **büyüme** ile ekonomik **gelişme** kavramları birbirinden farklıdır. Ekonomik büyüme, millî gelirin artması demektir. Ekonomik büyüme daha basit ve yalın bir kavramdır. Ekonomik gelişme ise daha karmaşık bir olaydır. Ekonomik gelişmenin var olabilmesi için millî gelirdeki artış yanında, ekonominin yapısal olarak iyileştirilmesi gerekmektedir. Kentleşme, sanayileşme, ihracatta sınai ve yüksek teknoloji ürünlerine yönelme, sermaye teşekkülü, girişimcilik ve iş gücündeki bilgi-beceri iyileşme süreçleri yanında, verimlilikteki artışları da kapsayan ekonomik gelişme, büyümeye de yol açar.

Tablo 5: Ülkelerin Gruplandırılmasında Kullanılan Bazı Göstergeler

Ekonomik Göstergenin Adı	Gelişmekte Olan Ülkelerdeki Durumu	Gelişmiş Ülkelerdeki Durumu
Kişi başına gelir	Genel olarak 2500 Doların altında, genellikle fakir ülkeler	Yüksek gelir düzeyi ve genellikle zengin ülkeler
Ekonomik yapısı	Tarım hala ekonomide başlıca sektör	Sanayi ve hizmetler sektörünün payı yüksek, tarım daha az ağırlıklı
İhracatın yapısı	Tarım ve hammadde ağırlıklı	Sanayi ve yüksek teknoloji ürünleri ağırlıklı
İstihdamın yapısı	İstihdamda tarım ağırlıklı ve İşsizlik yüksek	İstihdamda sanayi ve hizmetler sektörü önemli, arızi ve konjonktürel işsizlik
Nüfus yapısı	Doğum ve nüfus artış oranı yüksek (%2.5'ten yüksek), genç nüfus fazla	Nüfus artış hızı düşük (%1'den az), yaşlı nüfus oranı yüksek
Eğitim durumu	Okur yazar oranı düşük, temel ve meslekî eğitim yetersiz	Genel olarak eğitim sorunları çözümlenmiş
Siyasi ve ekonomik istikrar	Belirsizlikler ve riskler yüksek	Risk ve belirsizlikler daha az
Enflasyon	Genel olarak yüksek enflasyon	Enflasyon düşük ve fiyat istikrarı mevcut
Döviz varlığı	Döviz yetersizliği, dış ticaret ve ödemeler dengesi açığı sürekli	Döviz sorunları genellikle yaşamsal değil
Tüketim ve refah düzeyi	Kişi başına düşen gıda ve sanayi malları tüketimi düşük	Yüksek düzeyde tüketim

Dünya Bankasının 1991 yılı raporuna göre kişi başına düşen millî gelir gelişmekte olan ülkelerde 1100 Dolar, sanayileşmiş pazar ekonomilerinde 13850 Dolar kadardır. Her iki grup ülkeye ilişkin düzenlenen Tablo 5'te temel göstergeler verilmiştir. Bu tablodakilerin dışında bebek ölüm oranı, ortalama ömür, okullaşma oranı ile su, gıda, enerji, sağlık ve hizmet tüketimleri gibi daha birçok göstergeler de kullanılabilir. Ancak bu göstergeler, ülkeleri kesin olarak birbirinden ayırmaya yetmemektedir. Bu açıdan petrol zengini ülkeler ile merkezi plânlamalı ülkelerin durumu ilginçtir.

Bangladeş, Etiyopya, Endonezya, Çin, Hindistan ve Türkiye gibi ülkeler ve benzerleri, gelişmekte olan (az gelişmiş) ülkelerdir. Buna karşılık bazı Avrupa ülkeleri ABD, Kanada ve Japonya gibi ülkeler gelişmiş ülkelerdir. Dünya nüfusunun 3/4'ü az gelişmiş (gelişmekte olan) ülkelerde, ancak 1/4'ü gelişmiş ülkelerde yaşamaktadır. **Hızlı nüfus artışı, düşük gelir, geçimlik tarım** hakimiyeti ve nispeten **düşük tasarruf** oranı gibi dört ana gösterge az gelişmiş ülkelerin ortak özellikleri arasında sayılmaktadır. Afrika ve Güneydoğu Asya ülkelerinde milli gelirin ancak %10-15'i tasarruf edilebildiği halde, bu oran sanayileşmiş ülkelerde genellikle %20-30 kadardır.

Sadece gelir düzeyleri dikkate alınarak ülkelerin dört grup altında incelenebileceği ve her grupta örnek olarak verilen ülkelere ilişkin bazı özellikler de Tablo: 6'da verilmiştir. Tablo: 6'da Türkiye, düşük orta gelir grubundaki ülkeler arasında yer almaktadır. Ancak gerek gelir düzeyi, gerekse nüfusun diğer özellikleri açısından Türkiye'nin yüksek gelirli ülkelerle olan farklılığı çok fazladır. Bu tablolar, ekonomik ve sosyal yapının, ülkenin araştırma düzeyini belirlediğini vurgulamak için verilmiştir.

Ülkemizin gelişme durumunu yansıtmak üzere Hükümet Programlarından alınan aşağıdaki göstergeler dikkatle incelenmeye değer. Bu veriler, Türkiye'nin sosyal, ekonomik ve alt yapı durumuna ilişkin önemli bilgiler vermektedir (Tablo: 7).

Tablo 8'de ise bazı ülkelerin eğitim profilleri verilmiştir. 25 yaş ve üzerindeki nüfusun ortalama öğrenim süresi Türkiye için 3,5 yıl, örneğin ABD için ise 12,3 yıl olarak dikkati çekmektedir. Bu tablonun diğer sütunlarında ise zorunlu temel eğitim süresi ve çeşitli eğitim düzeylerinde okullaşma oranları yer almıştır. Bu göstergeler ülkelerin bilim ve teknoloji düzeyleri ile yakından ilişkilidir.

Tablo 6: Farklı Düzeydeki Ülke Gruplarının Bazı Özellikleri (1990).

ÜLKE GRUBU	ÜLKELER	Nüfus (Milyon)	1980-90 dönemi Yıllık Nüfus Artış Hızı (%)	Ort. Ömür (Yıl)	Okuma Yazma Bilmeyen (%)	Nüfusun Yaş Yapısı %		Kişi Başına GSYİH (Cari Dolar)
						0-14	15-64	
Düşük Gelirli Ülkeler	Hindistan	850	2.1	59	52	36.9	58.7	1150
	Çin Halk. C.	1134	1.4	70	27	27.0	67.2	-
	Pakistan	112	3.1	56	65	44.2	53.0	1770
	Mısır	52	2.4	60	52	39.2	56.6	3100
Düşük Orta Gelirli Ülkeler	Suriye	12	3.6	66	36	48.2	49.1	-
	Türkiye	56	2.4	67	19	34.8	60.9	5020
	Romanya	23	0.4	70	-	23.8	65.9	6780
	Bulgaristan	9	0.0	73	-	19.9	66.6	-
	İran	56	3.6	63	46	44.4	52.6	4360
Orta Gelirli Ülkeler	Brezilya	150	2.2	66	19	35.4	60.2	4708
	Portekiz	10	0.6	75	15	20.7	66.3	7950
	Yunanistan	10	0.4	77	7	19.0	66.9	7340
	Suudi Arab.	15	4.7	64	38	45.5	51.9	-
Yüksek Gelirli Ülkeler	İspanya	39	0.4	76	5	19.8	67.0	10840
	İngiltere	57	0.2	76	(+)	18.9	65.4	14960
	İtalya	58	0.2	77	3	16.4	68.7	14550
	Hollanda	15	0.5	77	(+)	17.6	69.2	14600
	Fransa	56	0.5	77	(+)	20.1	66.2	15200
	Japonya	124	0.6	79	(+)	18.4	69.7	16950

Kaynak: DİE, Türkiye İstatistik Yıllığı 1993, s. 707 ve 711. (+) UNESCO'ya göre yüzde 5'den az. Kişi başına GSYİH (Gayri safi yurt içi hasıla) Birleşmiş Milletlerin Mukayese Programı tahminidir.

Tablo 7: Türkiye'nin Temel Ekonomik ve Sosyal Göstergeleri

Göstergeler	**Birim**	**1990**	**1998**
Toplam Nüfus (sayım tarihi)	Bin Kişi	56.473	63,921
Toplam Nüfus Artış Hızı	Yüzde	2,19	1,48
Bağımlılık Oranı	Binde	667	-
Bebek Ölüm Oranı	Binde	59,3	37,9
Doğuşta Hayat Ümidi	Yıl	66,4	68,8
Kişi Başına GSMH (1998 Fiyatlarıyla)	Bin TL	1.994	3,213
Enerji Tüketimi	Kwh	110	1797
Şehir Nüfusu Yüzdesi	Yüzde	51,0	56,0
Şehirleşme Hızı	Yüzde	4,5	5,0
Eğitimde			
Okullaşma Oranı			
İlköğretim	Yüzde	100,0	100,0
Ortaokullar	Yüzde	57,5	57,7
Genel Lise	Yüzde	20,3	32,6
Mesleki Teknik Lise	Yüzde	15,6	25,1
Yüksek Öğretim			
Açıköğretim Dahil	Yüzde	14,5	25,7
Açıköğretim Hariç	Yüzde	9,1	16,4
İstihdam			
Sivil İstihdam	Bin kişi	18.364	21,084
İşsizlik	Yüzde	8,0	6,3
Eksik İstihdam Oranı	Yüzde	6,4	5,9
İşsizlik+Eksik istihdam Nedeniyle Atıl Durumda Bulunan İşgücü Oranı	Yüzde	14,4	12,2
İstihdamın Sektörel Yapısı			
Tarım	Yüzde	47,5	42,3
Sanayi	Yüzde	15,1	16,8
Hizmet	Yüzde	37,3	40,9
Aktif Sigortalıların Toplam Sivil İst. Oranı	Yüzde	42,2	45,7
İstihdam Kapsamındaki Aktif Toplu İş Sözleşmelerinin Kapsadığı İşçi Sayısı	Kişi	483.852	-
Hastane Sayısı	Adet	-	1,180
Hasta Yatak Sayısı	Adet	-	164,887
Doktor Başına Nüfus	Kişi	1,115	820
Yatak Başına Nüfus	Kişi	410	387
Konut			
İnşaat Ruhsatı Alan (Bin)	Daire Sayısı	381	414
Yapı Kullanma İzni Alan (Bin)	Daire Sayısı	232	220
Köye Götürülen hizmet (2) (6)			
Köy Telefon İrtibatı	Köy Sayısı (1000)	39,2	57,4

Kaynak: DİE, 1998 Türkiye İstatistik Yıllığı, Ankara.
DPT, Ekonomik Göstergeler.
1994 Yılı Hükümet Programı, T.C. Resmi Gazete, 30 Ekim 1993, sayı: 21743 (Mükerrer).
2000 Yılı Hükümet Programı, T.C. Resmi Gazete, 21 Kasım 1999, Sayı: 23883 (Mükerrer).

Tablo 8: Bazı Ülkelerin Eğitim Profilleri

	Tahmini Nüfus, Milyon		25+Nüfusun Ort. Öğr.	Zorunlu Ücretsiz	Okullaşma Oranları *		
	1991	2000	Sür., Yıl	Öğr.Sür.Yıl	İlköğr.	Ortaöğr.**	Yükseköğr.
JAPONYA	124.0	128,1	10,7	9	101	94	39
KANADA	27,0	30,4	12,1	9	105	106	70
NORVEÇ	4.3	4,5	1Î.6	9	99	100	43
İSVİÇRE	6.8	7,2	11,1	9	100	32	2B
İSVEÇ	8.6	9,0	11,1	9	107	91	33
ABD	252,5	275,3	12,3	11	105	92	75
AVUSTRALYA	17,3	19,6	11,5	9	105	83	35
FRANSA	57.0	58,3	11,6	10	100	85	40
HOLLANDA	15,0	16,1	10,6	11	117	103	34
B.KRALLIK	57,6	58.3	11,5	11	107	84	25
ALMANYA	79,9	82.6	11,1	10	105	104	33
DANİMARKA	5,1	5.2	10,4	9	93	109	32
FİNLANDİYA	5,0	5,1	10,6	10	99	114	47
AVUSTURYA	7,7	3,0	11,1	9	100	83	33
BELÇİKA	10,0	10,1	10.7	10	102	104	37
YENİ ZELANDA	3,4	3.7	10,4	9	106	88	41
İSRAİL	4,9	6,3	10,0	11	93	83	33
İRLANDA	3,5	3.4	8,7	9	100	74	26
İTALYA	57,7	53.1	7,3	8	97	79	31
İSPANYA	39,0	39.6	6,8	8	110	94	32
HONG KONG	5,8	6,1	7,0	9	106	73	13
YUNANİSTAN	10,2	10.3	6,9	9	100	99	29
MACARİSTAN	10,5	10.5	9.6	10	94	79	15
KORE	43,3	46,9	3,8	6	107	88	46
SİLİ	13,0	15,0	7,5	VY	36	74	19
PORTEKİZ	9,9	9,9	6.0	8	119	59	17
SİNGAPUR	2,7	3,0	3,9	8	110	69	38
ARJANTİN	32,7	36,2	8.7	7	110	74	41
POLONYA	38,3	39,5	8,0	3	98	82	22
VENEZUELA	19.3	23,6	6,3	10	92	35	29
MEKSİKA	86,3	102.6	4,7	6	-112	53	14
MALEZYA	18,4	22,3	5,3	9	93	56	7
BREZİLYA	151.6	172,3	3,9	3	88	39	12
TÜRKİYE	57,3	69,7	3,5	5	110	54	16***
TAYLAND	55,4	61,2	3,3	6	88	32	16
FİLİPİNLER	63.8	76.1	7,4	6	111	73	27
ÇIN	1.107,7	1309.7	4,3	9	135	48	2
ENDONEZYA	187.7	'218.0	3.9	6	118	45	3
PAKİSTAN	121,5	154.8	1.9	5	37	22	3
HİNDİSTAN	862,7	1.018,7	2.4	5	97	44	7
TAYVAN	20.0	VY	VY	9	100	90	46
DÜNYA ORT.	-	-	5,0	-	99	50	13
SAN.ÜLK.ORT	-	-	10.0	9	102	93	40
GEL. ÜLK.ORT.	-	-	3,7	-	99	42	7

* Brüt Okullaşma oranı = Kayıtlı öğrenci sayısı/ilgili eğitim kademesinin yaş grubundaki nüfus.

** Sanayileşmiş, yüksek gelir grubundaki ülkeler için lise kademesindeki, diğer ülkeler için zorunlu eğitimi izleyen kademedeki oran

*** Türkiye. 1992 Açıköğretim dahil.

3.2. Ekonomik Gelişmede Araştırma ve Teknoloji (AR-GE Göstergeleri)

Ekonomisi gelişmiş ülkeler araştırma ve geliştirme faaliyetlerine daha çok kaynak ayırabilmektedirler. Araştırma ve geliştirme çalışmaları ile teknoloji üreten aynı ülkeler ekonomik gelişmelerini hızlandırmaktadırlar. Gelişmiş ekonomiler araştırma faaliyetlerini ekonomik kazanca dönüştürmektedirler. Aradaki karşılıklı etkileşim devam etmektedir. Bilim ve teknoloji sisteminin karmaşık yapısı ve çevresiyle ilişkisi Şekil 1'de görülebilmektedir. Bilim ve teknoloji sistemi içerisinde yer alan başlıca göstergeler arasında aşağıdakiler yer almaktadır.

Kurumsal Yapı:

Bilim ve teknolojiyle ilgili örgütler ve kurumların varlığı ve yeterliliği ifade edilmektedir. Üniversiteler, bakanlıklar ve özel sektör araştırma kuruluşları gibi.

Araştırma ve Geliştirmede Çalışan İnsan Gücü:

Kamu ve özel sektörde araştırmayla ilgili olan her düzeydeki personel mevcudu ifade edilmektedir.

Araştırma ve Geliştirme Harcamaları:

Bu amaçla ayrılan paranın miktarı ve millî gelire oranı önemlidir.

Teknolojik Yapı ve Seviye:

Teknoloji, bilimin sanayiye uygulanması ve ürünlerin geliştirilmesi demek olduğundan ekonomi için önemlidir. Ülkede gerçekleştirilen bilimsel yeniliklerin ve buluşların ürüne dönüştürülmesi veya başka ülkelerden alınan teknolojilerin ülke şartlarına uyarlanması hızlı bir şekilde yürütülmelidir.

Bilgi Dağıtma ve Yayma Sistemi (Enformasyon):

Bilgi patlaması ile karşı karşıyayız ve bilgi çağında yaşıyoruz. Bilgi üretimi hızlandığı için, bunların dağıtımı ve yayılımını yapacak etkin bir sisteme ihtiyaç vardır. Kütüphaneler, dokümantasyon merkezleri, bilgisayar ağı sayesinde yeterli bilgilere zamanında ulaşmak mümkün hale getirilmelidir.

Uluslararası İlişkiler

Bilim adamlarının bilgi ve deneyimlerini uluslararası arenada paylaşmaları ve birbirlerinden yararlanmaları çok önemlidir. Bu amaçla, bilgi ve teknolojik düzeyleri farklı olan ulusların işbirliği yapması yararlıdır.

Bilimin, üretime ve hayata uygulanmasına teknoloji denildiğine göre, insanın etrafından ve doğadan yararlanması teknoloji ile mümkün olmaktadır. Teknoloji sayesinde bilimin uygulanması o şekilde yapılmaktadır ki günlük hayatta ihtiyaçlar daha kolay karşılanmakta, insan çevresini kontrol etmekte ve değiştirebilmektedir. Bilimsel araştırmalardan elde edilen sonuçlar ile bunlara ilişkin araç, yöntem ve süreçlerin üretime uygulanmasına **teknoloji** adı verilmektedir.

Teknoloji ve teknik kavramları da birbirinden farklıdır. Teknik, genelde bir vasıtaya veya yönteme ilişkin olup, alet yapımı (imalâtı) ve alet kullanarak sonuç alma yöntemleri anlamındadır. Bu olgu, insana özgü olduğu için, tarihin başlangıcından bu yana insan, teknoloji üreten bir varlıktır. Böylece teknolojinin evrimi, insanlığın evrimi ile özdeştir denilebilir.

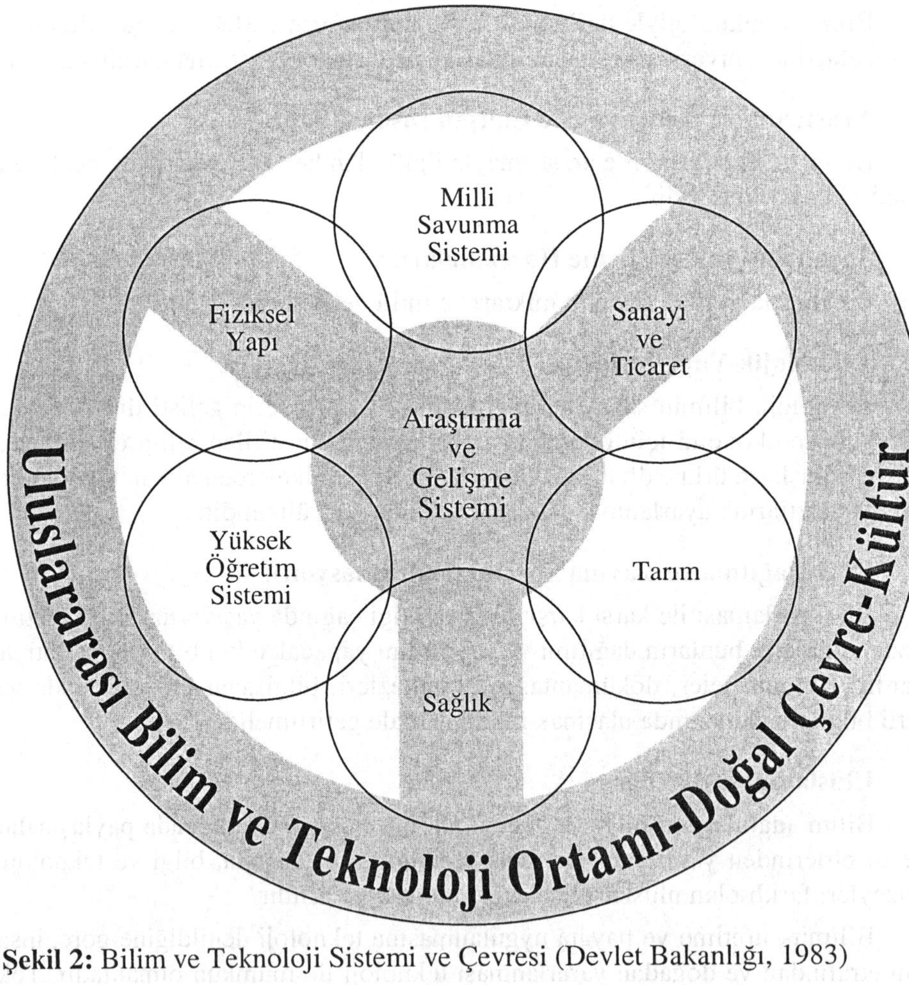

Şekil 2: Bilim ve Teknoloji Sistemi ve Çevresi (Devlet Bakanlığı, 1983)

Tablo 4'de kronolojik olarak görüldüğü gibi ilk uygarlıklarda taş, kil ve tuğlanın alete dönüştürülerek kullanılması, hayvancılığın ve tarımın başlatılması, ateşin, ok, yay ve tekerleğin bulunması başlıca teknolojik ilerlemelerdir. Madenlerin bulunması, yelkenin icadı, sulama yöntemlerini bulunması da bu döneme aittir.

Ortaçağda, İslâm uygarlığı geçmişteki bilimsel ve teknolojik birikimin mirasçısı olmuş, bu birikime önemli katkılarda bulunmuştur. Bu döneme Çin'de barut, kâğıt, demir dökümü, yelkenli gemi, uçurtma, yel değirmeni ve porselen biliniyordu. Avrupa'da ise at nalı ve üzengi, su çarkı, kömür çıkarılması, top ve sabun yapımı, matbaanın bulunması sayılabilir.

1500-1750 arasında ise yeni çağın teknolojik gelişmelerini görüyoruz. Buhar makinesinin bulunması (1712), arkasından sanayi devrimine geçilerek (1750-1900), pistonlu pompa, buharlı gemi ve lokomotif, elektrik motoru, benzin ve dizel motoru bulundu. 1837'de telgraf, 1876'da telefon icat edildi.

20. yüzyılın ilk yarısında elektrik enerjisinin dev boyutlarda üretilmesi, plâstikler, yapay kauçuk, yapay elyaf, vitaminler ve penisilin keşfedildi.

(X) ışınlarının bulunması, atom'un parçalanması, uçak, radyo ve radar da bu dönemde bulundu.

1947'de transistörün bulunması, robotlar, yapay zekâ, uzay uçuşları ve genetik uygulamalar en son teknolojik gelişmelerdir.

Bilim ile teknoloji arasında beklenen ilginin kurulması ancak 19.'ncu yüzyılda gerçekleşmiştir. Böylece buluşlar ve icatlar bilimsel temellere dayandırılmıştır.

Teknolojik gelişmelerde toplumların üç durumu dikkati çekmektedir:

a) **Toplumsal ihtiyaçlar:** Teknolojik gelişmelerde toplumsal gereksinim temel itici güç olmuştur.

b) **Toplumun kaynakları:** Sermaye, gereç ve vasıflı işçi olmadan teknolojik buluşlar ve düşünceler uygulanamaz.

c) **Toplumsal yapı ve ortam:** Yenilikleri anlayıp benimsemeye açık bir toplum ortamının bulunması, toplumdaki egemen güçlerin yeniliklere karşı olumlu bir tavır takınması teknolojik gelişme bakımından çok önemlidir.

Plânlı gayretlerin ve yatırımların sonucu olan araştırma-geliştirme faaliyetleri (AR-GE) teknolojik gelişmelere yol açmaktadır. İleri teknolojiler sayesinde aşağıdaki olumlu sonuçlar elde edilmektedir:

- Gerek toplam üretimde, gerekse prodüktivite adı verilen verimlilikte artış olmaktadır.

- Mal ve hizmet üretiminde kalite artmaktadır.
- Üretim maliyetleri düşmektedir. Çünkü, işgücü, hammadde vb. gibi üretim girdilerinden tasarruf edilmektedir.
- Doğanın korunması ve çevre kirlenmesi konularında daha etkin yöntemler uygulanabilmektedir.

Ancak, teknolojik gelişmeler günümüzde pek çok sorunları da beraberinde getirmiştir. Bu sorunların başında aşağıda sayılan dört temel sorun gelmektedir:

a) Nükleer teknolojinin yol açtığı sorunlar (nükleer güvenlik, radyasyon, çevre kirlenmesi, nükleer silah kullanma tehlikesi vb.).

b) Hızlı nüfus artışına ve kentleşmeye ilişkin sorunlar (gelişen sağlık teknolojisi nedeniyle ölüm oranının düşmesinden kaynaklanan nüfus artışı, işsizlik, kente göç ve artan kent sorunları gibi).

c) Çevre sorunları (gelişen teknoloji çevreye olan baskıyı artırmıştır).

d) İleri teknolojinin yol açtığı az iş gücü ile çalışma veya işten çıkartmalar.

Araştırma ve geliştirme faaliyetlerinin sanayi ve pazarlama açısından diğer önemi, **Ürün geliştirme** ile eş anlamlı olarak algılanmasıdır. Yeni ürünlerle yeni pazarlar bulunmakta ve rekabet üstünlüğü sağlanmaktadır. Bu bakımdan sanayi ve pazarlama, işbirliği içerisinde bulunmak zorundadır. Sanayide, çağdaş teknolojiden yararlanarak yeni ürünler yaratmaya ve eski ürünlerin yeni biçimlerini geliştirmeye yönelik,birbiriyle yakından bağlantılı olan bu olguya **araştırma-geliştirme süreci** adı verilmektedir. Yeni ürün geliştirmenin ancak araştırmalarla mümkün olabileceği, II. Dünya Savaşı sonrası dönemde daha iyi anlaşılmıştır.

Bu durum temel araştırmalar ile uygulamalı araştırmaların ayırımını da teşvik etmiştir.

Temel araştırma, doğanın sırlarını çözme ve saf bilime katkı amacına yönelik olan, uygulama ve pratik yarar elde etme endişesi taşımayan çalışmalardır. Temel araştırmanın teorik araştırma olması şart değildir. Belirli bir sanayi dalındaki anasorunları çözmeye yönelik araştırmalar da temel araştırmadır. Buna karşılık, uygulamalı araştırma, temel araştırmalardan sağlanan bulguları sanayiye ve kullanıma sunma çalışmalarıdır. Belirli bir ihtiyacı karşılamak ve sorunu çözmek esas kriterdir.

Genel olarak sosyal bilimlerde üçüncü bir araştırma türü daha vardır ki buna **alan araştırması** veya **survey çalışması** adı da verilmektedir. Belirli bir yöreden veya bir grup işletme veya topluluktan detaylı bilgi veya materyal toplamak suretiyle gerçekleştirilir. Alan araştırması, laboratuvar dışında ve kendi doğal ortamında yapılan çalışmadır.

Araştırma-geliştirme kavramları birlikte kullanılmakla beraber, geliştirme bir ürünü veya süreci üretim aşamasına hazırlayan gerekli adımlardır.

Bilim ve teknoloji tarihi, araştırma ve geliştirme faaliyetleri sonucunda ortaya çıkarılan ürünlerle doludur. Şirketlere, araştırma kurumlarına veya üniversitelere ait laboratuarlar teknolojik buluşların başlıca kaynağı durumundadır.

Araştırma geliştirme çalışmalarına, dolayısıyla teknolojik gelişmelere ülkelerin verdikleri önemi yansıtan bazı göstergeler kullanılmaktadır. Bunları aşağıdaki gibi sıralamak mümkündür:

1. AR-GE Harcamalarının yıllık tutarı,
2. AR-GE Harcamalarının Gayri Safi Milli Hasıla (GSMH)'daki yüzde oranı,
3. Nüfus başına düşen AR-GE harcaması,
4. Ülkedeki araştırmacı sayısı veya AR-GE personeli,
5. Çalışan 10.000 kişiye düşen araştırmacı sayısı,
6. Her yıl patent başvurusu sayısı,
7. Yılda yapılan bilimsel yayın sayısı,
8. Uluslararası Atıf Endeksinde yer alan araştırmacı sayısı,
9. Proje, Lisans, Patent gibi know-how ve teknoloji ihracatından sağlanan döviz miktarı.

Yukarıdaki göstergelerin tümüne ilişkin detaylı veriler sunmak olanağına sahip değiliz. Ancak, bir fikir vermesi bakımından TÜBİTAK ve DİE'den alınan aşağıdaki tabloyu incelemek faydalı olacaktır (Tablo 9).

Diğer yandan, Yükseköğretim Kurulundan (YÖK) alınan bilgilere göre, 1991 yılında uluslararası dergilerde Türk bilim adamlarınca yayınlanan makale sayısı 1117 kadardır ve bu sayı giderek artmaktadır.

AR-GE faaliyetleri ile ülke ekonomisinin durumu arasındaki ilgi aşağıdaki tablolarda daha ayrıntılı yer almaktadır.

Ekonomik gelişmişlik göstergeleri yanında, beşeri gelişmişlik göstergeleri de kullanılmaktadır. Bu amaçla Birleşmiş Milletlerin geliştirdiği BEŞERİ GELİŞME ENDEKSİ'nin hesaplanmasında; 1. Doğumda beklenen ömür, 2. Okur-yazarlık oranı, 3. Okullaşma Oranı, 4. Kişi başına reel milli gelir değişkenleri dikkate alınmaktadır.

Altıncı Beş Yıllık Kalkınma Planında araştırma-geliştirme alt yapısının kurularak toplumun bilgi toplumu haline getirilmesi amaçlanmıştır. Bunun için araştırmacı personel sayısının iki katına çıkartılarak, her 10 bin kişiye düşen araştırmacı personel sayısının 15 olması, AR-GE harcamalarının GSMH'ye oranının %1'e yükseltilmesi hedeflenmiştir.

Tablo 9: Araştırma-Geliştirme (AR-GE) Göstergeleri (1995)

	Türkiye	ABD	Japonya	Almanya	G. Kore
1. Yılda Toplam AR-GE Harcamaları (milyon $)	639	193780	82816	39624	17251
2. AR-GE Harcamalarının GSYİH'ya Oranı (%)	0,38	2,64	2,83	2,26	2,79
3. Kişi Başına Düşen AR-GE Harcamaları	10.4	781	670	510	397
4. Toplam Araştırmacı Sayısı (AR-GE Personeli)	A-51 193 B-18498	723000	436000	133000	-
5. Çalışan 10000 kişiye Düşen Araştırmacı Sayısı	10	630	133	125	64
6. Yılda Yapılan Patent Başvuru Sayısı	1698	235440	388957	136615	96557
'7. Yılda Bilimsel Yayın Sayısı	5172 (K) 2594 (SY)	181625	43256	38526	-
8. Atıf Endeksinde Yer Alma Sayısı	5109	297795	75997	74156	11514
9. Proje, Lisans, Patent, gibi Know-How ve Teknolojiden Döviz Geliri	Veri Yok	Veri Yok	Veri Yok	Veri Yok	Veri Yok

A=Toplam kişi sayısı olarak, B= Tam zaman eşdeğeri olarak. K= Kitap, SY= Süreli Yayın Sayısı

Kaynak: http://www.tubitak.gov.tr (Bilim ve Teknoloji Göstergeleri) Nisan, 2000.

Araştırma geliştirme harcamalarının muhtelif ülkelerdeki karşılaştırmalı durumu bu tablolarla açık şekilde ortaya konulmuştur.

Ülkeler, AR-GE için yaptıkları harcamalar dikkate alınarak dört grupta toplanmaktadır (GÜLEÇ, 1994):

1. AR-GE harcamaları, GSMH'ın %1.5'inden yüksek olan ükelere **Teknolojide Lider Ülke** adı verilmektedir. ABD, Japonya, İsviçre, İsveç, Almanya ve Güney Kore bu gruba dahildir.
2. AR-GE harcamalarının GSMH'ye oranı %1-1.5 olan ülkeler de **Yüksek Teknoloji** ülkeleridir. İtalya, İrlanda, Çek Cumhuriyeti gibi.
3. Söz konusu oran %0.5-1.0 arasında olan ülkeler de **Orta Derecede Teknolojiye sahip** ülkelerdir, İspanya, Macaristan gibi.
4. Aynı oranın 0.5 den az olduğu ülkeler ise **Düşük Teknoloji** ülkeleridir. Yukarıdaki üç grupta yer almayan diğer ülkeler bu gruba dahil edilebilir.

OKUMA PARÇASI

Türkiye Ar-Ge'de Dünya 17'ncisi oldu

Bilimsel ve teknolojik sistemin en önemli göstergesi olan araştırma – geliştirme (AR-GE) faaliyetlerine en fazla kaynak ayıran ülke 193.8 milyar dolar ile ABD oldu. ABD'yi, 82.8 milyar dolarla Japonya ve 39.6 milyar dolarla Almanya izlerken, Türkiye ise 1.7 milyar dolarlık AR-GE harcaması ile 17'nci sırada yer aldı.

OECD verilerine dayanılarak yapılan araştırmaya göre, ABD 193.8 milyar dolar AR-GE harcaması yaparken, AR-GE harcamasının gayrisafi yurtiçi hasılaya (GSYİH) oranı yüzde 2,64 oldu. ABD'de AR-GE harcamalarına kamu katkısı yüzde 33.6, özel kesimin katkısı ise yüzde 62,5 düzeyinde gerçekleşti.

AR-GE harcamalarında 82.8 milyar dolarla ikinci sırada yer alan Japonya'da da harcamaların GSYİH'ye oranı yüzde 2,83 olurken, kamu katkısı yüzde 18.7, özel kesim katkısı ise yüzde 73,4 oldu.

Almanya'da AR-GE'ye yapılan harcama 39,6 milyar dolarken, harcamalarına kamu katkısı yüzde 37, özel kesim katkısı yüzde 60,8.

Türkiye'de ise AR-GE faaliyetlerine yapılan harcamalar 1.7 milyar dolar düzeyinde gerçekleşirken, harcamaların GSYİH'ye oranı yüzde 0,45 düzeyinde.

Türkiye'de AR-GE harcamalarına kamu katkısı yüzde 58,5, özel kesimin ise yüzde 34,9 oldu.

Tablo 10: Ülkelere Göre Ar-Ge Harcamaları

Ülke	Harcama (Milyon $}	GSYİH'ye Oranı (%)	Ülke	Harcama (Milyon $)	GSYİH'ye Oranı (%)
ABD	193.780,0	2,64	Belçika	3.391,1	1,59
Japonya	82.816,3	2,83	Avusturya	2.594,6	1,54
Almanya	39.624,0	2,26	Finlandiya	2.504,3	2,59
Fransa	27.781,8	2,32	Danimarka	2.373,3	2,02
İngiltere	21.249,4	1,94	Meksika	2.161,6	0,31
G. Kore	17.251,9	2,79	Türkiye	1.731,5	0,45
İtalya	11.794,8	1,06	Çek. Cum.	1.225,4	1,07
Kanada	10.702,2	1,66	İrlanda	866,9	1,40
İsveç	8.948,0	3,59	Yunanistan	545,0	0,48
İspanya	5.103,9	0,87	Macaristan	464,8	0,67
İsviçre	4.957,8	2,75	İzlanda	94,5	1,51

Tablo 11: 1988-1993 Döneminde Bilimsel Makale Sayısı ve Bilimde Uluslararası İşbirliği

Ülke	Toplam Bilimsel Makale Sayısı	Ortak Yazarlı Makale Oranı (%)	Uluslararası Ortak Yazarlı Makale Oranı (%)	Toplam Makalede Ülkenin Payı (%)	Uluslararası Ortak Yazarlı Mak. Ül. Payı (%)	Uluslar-arası Olma Derecesi (%)
ABD	908125	53	14	33,1	22,6	0,69
İngiltere	210685	47	22	7,7	8,3	1,08
Almanya	192629	46	26	7,0	8,9	1,27
Fransa	142805	58	28	5,2	7,1	1,37
İtalya	79833	67	29	2,9	4,1	1,42
Japonya	219280	46	11	8,0	4,3	0,54
Kanada	120454	53	25	4,4	5,4	1,22
Eski SSCB	172854	21	8	6,3	2,5	0,39
İsrail	28927	64	33	1,1	1,7	1,61
Hindistan	52336	29	11	1,9	1,0	0,54
Çin	30437	49	27	1,1	1,5	1,32
Diğerleri	589181	53 (ortalama)	44 (ortalama)	2,1 (ortalama)	3,2 (ortalama)	1,53
TOPLAM	2747576	51	26	100.0	100.0	-

Kaynak; OECD.

Tablo 12: Türkiye'de Sınai Haklar İle İlgili Başvurular

	1995	**1996**	**1997**	**1998**
MARKA	15898	20167	20630	19328
Yerli	12650	15652	15849	14365
Yabancı	3248	4515	4781	4963
PATENT	1698	905	1539	2494
Yerli	178	187	210	214
Yabancı	1520	718	1329	2280
TASARIM	1533	1812	2149	2047
Yerli	1506	1648	1964	1827
Yabancı	27	164	183	220
COĞRAFÎ İŞARETLER	-	31	2	2
Yerli	-	31	2	2
Yabancı	-	_	-	-
FAYDALI MODEL	37	181	224	297
Yerli	34	178	213	279
Yabancı	3	3	11	18
İLAÇ PATENTLERİ	237	109	285	554
Yerli	-	8	3	2
Yabancı	237	101	282	552

Kaynak: 2000 Yılı Programı, T.C. Resmi Gazete, 21.11.1999 Tarih ve 23883 Sayılı (Mükerrer).

Tablo 13 ve 14'deki verilerden ülkemizdeki AR-GE insan gücü sayısını ve muhtelif bilim dallarındaki araştırmacı sayısını izlemek mümkündür. Doktora ve daha üst düzeydeki (yrd. doç., doçent., profesör) araştırmacı sayısının 18892 olduğu görülmektedir. Diğer yandan, yükseköğretimdeki 39900 araştırmacının en büyük kısmının (%30) sağlık bilimleri alanında çalıştığı anlaşılmaktadır (Tablo 15).

Tablo 13: Sektörlere ve Öğretim Durumlarına Göre Türkiye'de AR-GE İnsangücü (1995)

	SEKTÖRLER							
	TOPLAM		TİCARİ		KAMU		YÜKSEK ÖĞR.	
	Sayı	TZE	Sayı	TZE	Sayı	TZE	Sayı	TZE
Doktora ve Üstü	18.892	6.037	163	130	586	1.490	18.143	5.417
Yüksek Lisans	16.578	5.878	864	756	1.026	767	14.688	4.355
Lisans	10.153	4.335	1.94	1.567	1.136	756	7.069	2.012
Lise Üstü	718	416	550	325	168	91	_	_
LİSE	2.206	1.133	1.061	661	1.145	472	_	_
Diğer	2.646	699	437	195	2.209	504	_	_
Toplam	51.193	18.498	5.023	3.634	6.270	3.080	39.900	11.784

TZE: Tam Zaman Eşdeğeri

Kaynak: DİE, Araştırma ve Geliştirme İstatistikleri 1990-1995, Yayın No: 2053, Ankara 1997, s. 10-11.

Tablo 14: Ülkemizde Bilim Dallarına Göre Yüksek Öğretimde Araştırmacı Sayısı (1995)

BİLİM DALI	ARAŞTIRMACI	
	Sayı	TZE
DOĞAL BİLİMLER	4.369	1.381
MÜHENDİSLİK BİLİMLERİ	7.437	2.301
SAĞLIK BİLİMLERİ	11.753	3.426
TARIM BİLİMLERİ	3.027	884
SOSYAL BİLİMLER	9.222	2.553
BEŞERÎ BİLİMLER	4.092	1.239
TOPLAM	39.900	11.784

TZE: Tam Zaman Eşdeğeri

Kaynak: DİE, Araştırma ve Geliştirme istatistikleri 1990-1995, s. 92-93.

Gelişmiş ülkeler araştırma geliştirme potansiyellerini yükselterek, teknolojik üstünlüğe önem vermektedirler. Bilimsel araştırmalara daha çok kaynak ayırmak, alt yapıyı geliştirmek, bu alandaki eğitimi desteklemek yoluna gitmektedirler. Teknolojik rekabeti ve ticareti kendi lehlerine çevirmek gayreti içerisindedir.

Laboratuarda veya başka şekilde başlayan araştırmalar aşağıdaki aşamaları izlerler:

- Araştırma aşaması,
- Prototipin geliştirilmesi,
- Patent alınması,
- Üretime ve ticari uygulamaya geçilmesi.

Bu aşamaların her biri uluslararası ticarete konu olmakta, alınıp satılmaktadır. Gelişmekte olan ülkelerde bilimsel çalışmaların önemini ve sorunları aşağıdaki gibi sıralamak mümkündür:

a) Bilimin kalkınmaya katkısı sağlanmalıdır.

b) Teknolojik uygulamaların ekonomik kalkınma ile ilişkisi kurulmalıdır. Uygun teknoloji seçimi, teknoloji transferi gibi konuların toplumsal uyumu bozmaması gerekir.

c) Kurumsal yapının yeterli hale gelmesi: Ülke içi ve dışı ile örgütlenmenin ve işbirliğinin etkinleştirilmesi.

d) Tarımsal ve diğer doğal kaynakların çevreci bilinçle kullanılması.

e) Enerji darboğazına düşülmemesi.

Altıncı Beş Yıllık Plânda uygulanacak bilim ve teknoloji politikasının aşağıdaki gibi olacağı ifade edilmektedir:

a) Bilimsel ve teknolojik gelişmeye ayrılan kaynaklar ve bu kaynakların etkinliğinin artırılması esas alınacaktır.

b) Bilgi ve teknoloji açığını kapatabilmek için araştırma yapmanın yanı sıra, bilgilere erişme ve bilgi yaymanın yol ve araçları geliştirilecektir.

c) Etkin araştırma yönetimi esasları çerçevesinde, temel araştırmaların üniversitelerce, uygulamalı araştırmaların özel araştırma kurumlarınca yapılması uygun olacaktır.

d) Üniversiteler, araştırma kurumları, sanayi ve diğer tüm kesimlerin ileri bilgi ve teknolojilere erişmeleri teşvik edilecektir.

e) Üniversiteler, araştırma kurumlan ve meslek kuruluşlarının bilim ve teknoloji hedeflerine ulaşmak konusunda etkin bir işbirliği ve koordinasyon içinde olmaları teşvik edilecektir. Bunun için gerekli ortam öncelikle oluşturulacaktır.

Ülkemizde bilim ve teknolojinin örgütsel yapısı devlet ve vakıf üniversiteleri ile resmi veya özel sektör araştırma kuruluşlarından oluşmaktadır.

Buraya kadar, AR-GE faaliyetlerinin önemi ve Türkiye'nin bu tür çalışmalardaki yeri ortaya konulmuştur. Genel olarak Türkiye bilgi üretme ve yayma konusunda arzu edilen düzeyin çok altındadır. Bilimsel potansiyelin geliştirilmesi ve araştırmaların teşvik edilmesi için ne gerekiyorsa yapılmalıdır. Bu konuda özel sektör ve kamu sektörünün yakın işbirliği içerisinde olması zorunludur. Her ülkede olduğu gibi ülkemizde de bilimin asıl yuvası üniversitelerimizdir ve buradaki bilim adamlarımızdır. Üniversitelerimizde bilim adamı olmak için ilk adım araştırma görevlisi olarak işe başlamaktır. 1980 den önce **üniversite asistanı,** bu tarihten sonra **araştırma görevlisi** adı verilen genç bilim adamı adayları sözleşmeli şekilde işe başlamaktadırlar. 2547 sayılı yasanın değişik 33. maddesinde araştırma görevlileri aşağıdaki gibi tanımlanmıştır:

"Araştırma görevlileri, yüksek öğretim kurumlarında yapılan araştırma, inceleme ve deneylerde yardımcı olan ve yetkili organlarca verilen ilgili diğer görevleri yapan öğretim yardımcılarıdır. Bunlar, ilgili anabilim veya anasanat dalı başkanlarının önerisi, Bölüm Başkanı, Dekan, Enstitü, Yüksekokul veya Konservatuvar müdürünün olumlu görüşü üzerine rektörün onayı ile araştırma görevlisi kadrolarına en çok üç yıl süre ile atanırlar."

Yükseköğretim Personel Kanunun 3. Maddesine göre, araştırma görevlileri, Devlet Memurları Kanunu hükümleri uyarınca öğrenim niteliğine ve süresine göre tespit edilecek kazanılmış hak aylık derece ve kademelerine iki derece eklenmek suretiyle belirlenir. Bu demektir ki, 4 yıllık bir Fakülte mezunu ilk göreve 9. derecenin birinci kademesinden işe başladığı halde, araştırma görevlisi 7. dereceden işe başlamaktadır. Bu husus, Devletin bilim adamlığını teşvik etmesi anlamını taşımaktadır.

Devlet Üniversitelerinde araştırma görevlisi olmak için gerekli şartları genel olarak 9 madde halinde toplamak mümkündür:

DEVLET MEMURLUĞU VE ARAŞTIRMA GÖREVLİLİĞİ ŞARTLARI

1. Türk vatandaşı olmak.
2. Genel olarak 18 yaşını tamamlamış olmak.
3. Genel olarak ortaokulu bitirenler memur olabilirler (Bunun istisnası ve ayrıca eğitimle ilgili ek şartlar istenebilir).
4. Kamu haklarından mahrum bulunmamak.

5. Taksirli suçlar hariç olmak üzere, ağır hapis veya 6 aydan fazla hapis veyahut affa uğramış olsalar bile devletin şahsiyetine karşı işlenen suçlarla, zimmet, ihtilas, irtikap, rüşvet, hırsızlık, dolandırıcılık, sahtecilik, inancı kötüye kullanma, dolanlı iflas gibi yüz kızartıcı veya şeref ve haysiyeti kırıcı suçtan veya istimal ve istihlâk kaçakçılığı hariç kaçakçılık, resmî ihale ve alım satımlara fesat karıştırma, devlet sırlarını açığa vurma suçlarından dolayı hürriyeti bağlayıcı ceza ile hükümlü bulunmamak.
6. Askerlik bakımından bir engeli olmamak.
7. Bazı istisnalar dışında, vücut veya akıl hastalığı veya vücut sakatlığı ile özürlü bulunmamak.
8. Memuriyet sınıfının gerektirdiği asgari öğretim ve eğitim şartlarına sahip olmak ve bu eğitim kurumlarının birbirinden diploma almış olmak.
9. Kurumların özel kamu veya diğer mevzuatında aranan şartları taşımak (üniversitelerde araştırma görevlisi olabilmek için, benzer bir eğitim veren 4 yıllık fakülte mezunu olmak, yabancı dil ve bilim sınavlarını başarmak gibi. Bu konuda üniversitelerin şartları arasında farklılıklar olabilmektedir).

Devlet sadece bilim adamı yetiştirmek bakımından değil, bilimsel ve teknolojik faaliyetleri ve yatırımları çeşitli şekillerde teşvik etmekte ve desteklemektedir. Türkiye'de araştırma-geliştirme teşvik politikaları, kalkınma plânlarında belirtilen hedefler doğrultusunda DPT, Hazine ve Dış Ticaret Müsteşarlığı, Türkiye Kalkınma Bankası ve diğer kuruluşlarca yürütülmektedir. Söz konusu teşvikleri de yine 9 madde altında toplamak mümkündür:

1. Vergi erteleme ve taksitlendirme: 31 nolu Kurumlar Vergisi Genel Tebliğine göre uygulanmaktadır. Faaliyetleri içerisinde AR-GE çalışması bulunan kişi ve kuruluşların ödemeleri gereken yıllık gelir ve kurumlar vergisinin %20'si, üç yıl süre ile faizsiz olarak ertelenebilmektedir.
2. Vergi istisnası: Kuruluşların AR-GE faaliyetlerine bazı vergi istisnaları tanınmaktadır.
3. Gümrük muafiyetleri: AR-GE faaliyetlerine ilişkin yapılan ithalatta gümrük vergi ve resimlerinden muaf tutulmaktadır. Halen bunun için özel izin gereklidir.
4. Bağış ve yardımlar: AR-GE için kuruluşlara yapılan bağış ve yardımlar, gelirden düşülebilmekte, veya kurumlar vergisi mükelleflerince gider yazılabilmektedir.

5. Yatırım malları ithalatı: Gümrük vergi ve resimlerinde kolaylık ve indirim sağlanmaktadır.
6. Yatırım indirimi: Gelir ve kurumlar vergisi mükelleflerine tanınan bir vergi istisnasıdır.
7. Bina inşaat harcı istisnası: Bilimsel araştırma ve geliştirme yatırımları da bina inşaat harcı istisnasından faydalanmaktadırlar.
8. Kaynak kullanımı destekleme kredisi: Yatırımda kullanılan özkaynak üzerinden verilen parasal bir teşviktir. Destekleme kredisi ödemeleri toplam sabit yatırım tutarının;

   1. Derecede Kalkınmada öncelikli yörelerde %50, 2. Derecede Kalkınmada öncelikli yörelerde %40 ve diğer yörelerde %33'ünü geçemez.
9. Düşük,faizli yatırım kredisi: Teşvik belgeli yatırımlarda düşük faizli kredi verilmektedir.

Ülkemizde bilimsel yapılanmanın temelinde üniversite yer almakla beraber, TÜBİTAK, DİE, DPT, Makine-Kimya, Maden Teknik Arama Enstitüsü (MTA), diğer Araştırma Enstitüleri veya Merkezleri ile özel sektör araştırma kuruluşları da bu yapılanma içerisinde bulunmaktadırlar.

4. ARAŞTIRMALARIN PLANLANMASI

"Sual de bilgiden doğar, cevap da."

Mevlânâ

Bir konuyu sistematik olarak inceleyen çalışmalar bilimsel araştırmalardır. Bu tanımda yer alan sistematik terimi, araştırmanın belirli bir amaç, tertip ve yöntem izlenerek yapılması durumunu ifade etmektedir. O halde bilimsel bir araştırma aynı zamanda sistematik bir çalışmadır ve aşağıdaki yol izlenmelidir:

- Bir sorunun tanımı yapılır ve çerçevesi çizilir.
- Sorunun çözümüne yarayacak bir hipotez geliştirilir.
- Bu hipotezin ışığı altında hangi gözlemlerin veya verilerin gerektiğine ilişkin bir varsayım yapılır.
- Belirli bir plan ve yöntem içerisinde gerekli gözlem yapılır veya veriler elde edilir.
- Gözlem değerleri ile varsayımlar arasındaki uyuma bakılarak hipotez kabul veya red edilir.

Bilimsel araştırmaların hangi amaçlarla yapıldığına daha önce değinilmişti. Amacı ne olursa olsun, bilimsel araştırmaların en önemli özelliği güvenilir ve objektif olmasıdır. Bilimsel araştırmanın herhangi bir aşamasında bilimsel yöntemler terkedilir veya kişisel görüş ve eğilimler işe karıştırılırsa, bilimsellikten uzaklaşılmış demektir. Deneysel bilimlerde objektif kalmak daha kolay olduğu halde, sosyal bilimlerde araştırıcının kendisini olaydan ve karşısındaki kişiden soyutlayabilmesi daha zordur. İnsanları, ekonomik ve sosyal sistemleri veya sosyal yapıları inceleyen bir araştırıcının kendisini bunlardan soyutlaması deneysel bilimlerdeki gibi kolay değildir. Çünkü kendisi sistemin bir parçasıdır.

Araştırmanın planlanması çeşitli aşamalarda ve farklı amaçlar için yapılabilir. Fen bilimlerinde, sosyal ve ekonomik bilimlerde planlama çalışmaları farklı aşamalarda ele alınabilir. Diğer bir deyişle, bir laboratuar denemesinin ya da bir alan araştırmasının, bir davranış araştırmasından farklı aşamaları ve farklı amaçları olacağı kuşkusuzdur. Burada örnek olarak, ekonomik ve sosyal konulardaki alan araştırmalarını dikkate aldığımızı vurgulamakta yarar vardır.

Araştırmaların kapsamı ve yönetimi çok basit olabildiği gibi çok karmaşık da olabilmektedir. Bireysel araştırmalar konu ve yönetim bakımından çoğu kez basit olabilir. Üniversite son sınıf öğrencilerinin mezuniyet tezleri ile birçok master ve doktora tezleri böyledir. Bir kişi tarafından yürütülen, konunun çerçevesi dar ve ilgili olduğu alan sınırlı ise, böyle bir konunun yönetim ve finansman soruları kolayca çözümlenebilir. İlköğretim öğrencilerinin okul çantalarının aşırı ağır olup olmadıklarını saptamak basit bir araştırmadır. Ankara'daki okullarda yapılacak böyle bir araştırma kişisel olanaklarla ve düşük bir maliyetle gerçekleştirilebilir. Ancak "Türk Halkının Beslenme Durumu ve Yüksek Enflasyonunun Beslenmeye Etkisi" başlıklı bir araştırma ülkesel çapta bir araştırmadır. Böyle bir araştırmanın planlanması ve uygulanması bir araştırma ekibi yardımıyla ve önemli bir harcama ile ancak gerçekleştirilebilir. Bu nedenle araştırmaların yönetim ve uygulama açısından ayrı ayrı planlaması gerekmektedir.

A- YÖNETİM PLANLAMASI

Araştırmanın amacına ve kapsamına uygun olarak finansman, personel ve araç gereç ihtiyaçlarının önceden saptanması ve düzenlenmesidir. Araştırma ekibi için gerekli malzemelerin tedariki, seyahat, konaklama ve her türlü iletişim, güvenlik ve bürokratik işlemlerin yerine getirilmiş olması gerekir.

B- BİLİMSEL AŞAMALARIN PLANLANMASI

Hangi amaçla ve hangi alanda yapılırsa yapılsın, tüm bilimsel araştırmaların aşağıdaki kademelere göre planlaması mümkündür.

4.1. Fikir Üretme Aşaması

Her araştırmanın bir fikir ve düşünce aşaması vardır. Araştırma konusu henüz bilinmeden ve projenin ayrıntıları hiç ortada yok iken, çeşitli şekillerde fikirler oluşmaya başlar. Araştırıcının bir konuya ilgi duyması, merak etmesi, hayranlık, yapılan başka araştırmalar, okunan kitaplar, kişilerin ya da toplumların karşılaştıkları sorunlar ve ihtiyaçlar fikirlerin doğmasına yol açabilirler.

Yeni fikirlerin doğması ve oluşması için belirli bir ortam veya koşulların varlığı gerekmez. Besteciye gelen ilham gibi, her yerde ve her koşulda yeni fikirler üretmek ve bunları araştırma projesine dönüştürmek mümkündür. Bu konudaki en iyi bilinen örnek ise, elmanın ağaçtan yere düşmesine **"Niçin?"** diyerek yerçekimi kanununa ulaşan Newton; ayrıca

Buldum, Buldum O Halde Varım!

havuzda yüzerken suyun kaldırma kuvvetini bulan Arshimet gibi bilim adamlarıdır. Gerçekten de sorulan her soru ve mevcut her sorun, insanları yeni fikirlere ve yeni konulara götürecektir.

Bozuk kentleşmenin kaynakları nedir?

Sağlık sisteminin iyi çalışması ile iş verimliliği arasında bir ilgi var mıdır? Hayat pahalılığındaki (enflasyon) artış ile suçlardaki artış birbiriyle ilgili midir? Ülkeyi ve insanları daha mutlu ve güzel kılmak için neler yapılabilir?

Buna benzer örnekleri çoğaltabiliriz. Fikir ve beyin cimnastiği içerisinde çok değişik görüşler ortaya konulur. Bunlar arasında önem ve öncelik sıralaması ayrıca yapılabilir. Eğitim, insan hakları, işsizlik, çevre, sağlık, tarım, sanayi, hizmetler gibi değişik alanlara ilişkin çok farklı konular ve düşünceler gündeme getirilebilir.

4.2. Araştırma Konusunun Belirlenmesi

Ortaya konulan fikirlerin bir araştırma konusu haline dönüşmesi için daha bir çok gayrete ve çabaya ihtiyaç vardır. Fikirlerin daha da netleştirilmesi, çerçevesinin çizilmesi, açık, net ve belirgin hale getirilmesi gerekmektedir. Bu amaçla önceden yapılmış araştırmaları incelemeli, benzer konuların ne şekilde ele alındığı, hangi tür verilerin kullanıldığı, hangi kavramlardan yararlanıldığı ve fikirlerin nasıl test edildiği ve sonuçların nasıl ölçüldüğü hususunda bilgilenilmelidir. Bir sıra ve düzen içerisinde yapılan bu çalışmalardan sonra sorun **"araştırılabilir"** konuma gelmiş olacaktır. Araştırma konusu aşağıdaki niteliklere sahip olmalıdır:

a. Konu yeni ve özgün olmalıdır. Önceki araştırmaları tekrar etmemelidir.

b. Konu belirgin temel teorik bilgiler açısından anlamlı olmalı ve uygulama yönü olmalıdır.

c. Araştırmanın amacı, araştırma problemi ve hipotezi net olarak ifade edilebilmelidir.

d. Konu araştırılabilir olmalıdır. Yani konuyla ilgili bilgi ve belgelere ulaşılabilmelidir.

e. Konuyu benimsemiş olmanız ve ilginizi çekmesi çok önemlidir.

f. Konu işyerinizin veya danışmanın beklentilerine ve çalışma alanlarına uygun olmalıdır.

g. Size verilen zaman ve bütçe olanakları ile araştırmayı tamamlayabilmeniz gerekir.

Araştırma konusu olabilecek çok sayıda konu vardır. Ancak bir sorunu çözmek, bilgi üretmek, kuramsal açıklamalara katkıda bulunmak gibi amaçların herhangi birine uygun olan ve aynı zamanda yapılabilir (araştırılabilir) bir konu kararlaştırılmalıdır. Araştırma konusunun yapılabilir olması üç açıdan önem taşır:

- Konunun zaman bakımından araştırılabilir olması gerekir. Araştırmaya verilen süre içerisinde çalışmanın tamamlanması beklenir. Üniversitelerde master ve doktora tezlerinin de belirli sürelerde tamamlanması gerekmektedir. Sanayi sektöründe birkaç ayda çözüm istenen bir sorun için birkaç yıl sürecek bir araştırmaya girişmemelidir.
- Araştırmacıya tanınan finansman olanakları da kanunun yapılabilirliğini belirler. Eldeki bütçe olanaklarının elverdiği ölçüde harcama yapılabilecektir. Çok önemli araştırmalar için çoğu kez tek kısıt finansman sorunudur.
- Konunun bilimsel ve teknik açıdan yapılabilir olması da önemlidir. Kuramsal olarak çerçevesi net olarak çizilebilen ve eldeki araç ve gereçlerle teknik olarak ulaşılabilen ya da ölçülebilen bir konu olmalıdır. Mühendislik konuları, davranışlarla ilgili araştırmalar firmaların yayınlanmayan bilgilerini kapsayan konular buna örnek olarak verilebilir.

Sanayi ve ticaretle ilgili araştırma konularının sorun çözmeye yönelik, herhangi bir açıdan faydalı sonuçlar verebilecek ya da işletmelere ekonomik yarar sağlayabilecek durumda olmalıdır. Uygulamaya yönelik ve pratik sonuçlar verebilecek yönler üzerinde de durulabilir.

Akademik düzeydeki master veya doktora tezlerinin ise konu bakımından özgün olması, bilime katkı sağlaması çok önemlidir. Özellikle doktora düzeyinde seçilecek araştırma konularının alan ve konu bakımından yeni olması, yeni yöntem geliştirici nitelikte olması arzu edilir.

Araştırma konusu belirlenirken atılması gereken adımlar sırayla şöyledir. 1. Söz konusu alanda önceden yapılan araştırmaların incelenmesi ve bu amaçla iyi bir kütüphane çalışmasının yapılması, 2. Konuya yakın olan uzmanlarla görüşmek ve yazışmalar yapmak, 3. Araştırma probleminin belirlenerek, yanıtı aranan soruların açık ve seçik olarak ortaya konulması, 4. Araştırma hipotezinin, varsayımların ve sınırlılıkların neler olabileceğinin tasarlanması.

Böylece amaca uygun, yapılabilir ve bir katkı (yarar) sağlayabilecek özgün bir araştırma konusu belirlenmiş olacaktır.

İyi tasarlanmış bir konu, özellikle tez öğrencilerinin başarıyla ilerlemeleri için çok önemli bir adımdır.

4.3. Araştırma Probleminin Belirlenmesi

Araştırmanın amaçlarına bağlı olarak araştırmanın problemi de ortaya çıkmış olacaktır. Üzerinde durulan ve çözümlenmek istenen sorun, araştırmanın problemidir. Araştırmada birden çok araştırma problemi olabilir. Amaçlarınızı ve kanaatlerimizi soru cümlesi halinde yazarak araştırma problemlerini oluşturabiliriz. Birkaç örnek aşağıda verilmiştir:

- Eğitim sisteminin başarısı nelere bağlıdır?
- Firmamızı, benzer firmalarla nasıl mukayese edebiliriz?
- Çiftçinin üretimi bu yıl niçin düşük olmuştur?
- Kazılarda ele geçen eşyalar tarihin hangi dönemine aittir?
- Enflasyonu düşürmek için hangi önlemler alınmalıdır?

Mevcut durumu olduğu gibi ortaya koymak (betimlemek), sebep-sonuç ilişkilerini ortaya koymak, değişkenler arasındaki ilişkileri ölçmek, başkalarıyla karşılaştırmak, standartlara uygun olup olmadığını kontrol etmek şeklindeki değişik amaçlar gözetilerek araştırma problemleri belirlenebilir. Kısaca, araştırma problemi üzerinde durduğumuz olgunun soru haline getirilmiş halidir. Araştırma problemi net olarak ortaya konulursa araştırmacının işi kolaylaşır, gideceği yön tayin edilmiş olur.

4.4. Araştırma Hipotezinin Oluşturulması

Araştırma problemi ile araştırma hipotezinin birbiriyle ilişkili olduğu açıktır. İncelediğimiz değişkenlere ya da olgulara ilişkin sahip olduğumuz kanı hipotezdir. İspat etmeye çalıştığımız durum ya da varlığına inandığımız ilişki, araştırmanın hipotezidir. Hipotez bir yargı cümlesidir. Bu cümle olumlu veya olumsuz olabilir. Araştırma probleminin yargı cümlesi haline dönüştürülmüş şekline hipotez adı verilir. Araştırmanın sonunda hipotezin doğruluğu veya yanlış olduğu kanıtlanmış olmalıdır.

Hipotez de araştırmacıya yardımcı olur. Çok sayıda gözlem, veri veya değişken arasında araştırıcının yolunu kaybetmesini önler. Hipotez araştırmanın dağılmasını önleyerek bütünlüğünü korur. "Bir hipotez, araştırmacının araştırma probleminin değişkenleri arasındaki ilişkiye dair beklentilerini ifade eder (Altunışık ve Ark., 2002). Bazı araştırmalarda ve özellikle bilimsel makalelerde hipotezler ayrı bir başlık halinde yer almamaktadır. Bu gibi durumlarda hipotez üstü kapalı ve dolaylı şekilde ifade edilmektedir. Arkadaşa yazılan bir mektup, "bu mektubu yazmaktaki amacın, ..." diye başlamasa dahi, amacın ne olduğu rahatlıkla anlaşılabilir. Hipotez de böyledir ve dolaylı olarak ifade edilmiş olmaktadır.

Hipotez oluşturulurken hata yapmamalıdır:

a. Daha önce yapılan araştırma bulguları, yayınlar ve eleştirileri dikkatle inceleyen iyi bir kaynak incelemesi hipotez teşkilinde yardımcı olacaktır. Konuyla ilgili kuramdan ve uygulamalardan habersiz olarak hipotez geliştirmek uygun değildir.

b. Bilim mantıksal olduğundan, hipotez de mantıksal olmalıdır.

c. Hipotez kanıtlama gerektirdiğinden, hipotezle ilgili gözlem, deney vb. yoluyla elde edilmiş verilere ulaşılabilmeli ve bu verilerle kanıtlanabilmelidir.

d. Hipotez, anlaşılabilir, net ve açık şekilde ifade edilmelidir.

e. Hipotez, araştırma sürecinin başında veya sonunda oluşturulmaz. Konu ve araştırmanın amacı ve araştırma problemi belirlendikten sonra, bunlara bağlı olarak hipotezler oluşturulur. Veriler toplandıktan sonra, bu verilere göre hipotez oluşturmak doğru değildir. Çünkü, hangi verilere veya değişkenlere ihtiyaç duyacağımızı hipoteze bakarak anlarız. Bu nedenlere hipotez, hem araştırmanın amacıyla hem de toplanacak veriler ve bunların analizleriyle yakından ilgilidir. Kısacası, hipotez araştırmanın odak noktasıdır.

OKUMA PARÇASI

YÖNETEN-YÖNETİLEN ARASINDAKİ KARŞILIKLI GÜVEN VE PERSONEL GÜÇLENDİRME İLİŞKİLERİNİ SAPTAMAYA YÖNELİK BİR ARAŞTIRMA

Araştırma hipotezleri aşağıdaki gibi oluşturulmuştur:

H_{A1}: Astların yöneticilerine duyduğu duygusal güven düzeyi ile demografik özellikleri (cinsiyet, yaş, eğitim düzeyi, pozisyon, bankada çalışma süresi, yönetim pozisyonunda bulunma süresi, yönetici ile bir arada çalışılan süre) arasında ilişki vardır.

H_{A2}: Astların yöneticilerine duyduğu bilişsel güven düzeyi ile demografik özellikleri (yaş, cinsiyet, eğitim düzeyi, pozisyon, bankada çalışma süresi, yönetim pozisyonunda bulunma süresi, yönetici ile bir arada çalışılan süre) arasında ilişki vardır.

H_{A3}: Yöneticilerin astlarına duyduğu duygusal güven düzeyi üe demografik özellikleri (yaş, cinsiyet, eğitim düzeyi, pozisyon, bankada çalışma süresi, yönetim pozisyonunda bulunma süresi yönetici ile bir arada çalışılan süre) arasında ilişki vardır.

H_{A4}: Yöneticilerine astlarına duyduğu bilişsel güven düzeyi ile kişisel özellikleri (yaş, cinsiyet, eğitim düzeyi, pozisyon, bankada çalışma süresi, yönetim pozisyonunda bulunma süresi, yönetici ile bir arada çalışılan süre) arasında ilişki vardır.

H_{A5}: Yöneticilerin psikolojik güçlendirme algıları ile demografik özellikleri (yaş, cinsiyet, eğitim düzeyi, pozisyon, bankada çalışma süresi, yönetim pozisyonunda bulunma süresi yönetici ile bir arada çalışılan süre) arasında ilişki vardır.

H_{A6}: Astların yöneticilerine duyduğu duygusal ve bilişsel güven düzeyi arasında ilişki vardır.

H_{A7}: Yöneticilerin astlarına duyduğu duygusal ve bilişsel güven düzeyi ile astların yöneticilerine duyduğu duygusal ve bilişsel güven düzeyi arasında ilişki vardır.

H_{A8}: Astların yöneticilerine duyduğu duygusal ve bilişsel güven düzeyi ile yönetilen konumundaki yöneticilerin psikolojik güçlendirme algısı arasında ilişki vardır.

H_{A9}: Astların, bir üst kademede yer alan yöneticilerine duyduğu duygusal ve bilişsel güven düzeyi ile, bu yöneticilerin güçlendirmeye yönelik davranışlar sergilemesi konusundaki algılamaları arasında ilişki vardır.

Kaynakça: GÜLER, S., Yöneten-Yönetilen Arasındaki Karşılıklı Güven ve Personel Güçlendirme İlişkilerini Saptamaya Yönelik Bir Araştırma, H.Ü. Yayınlanmamış Doktora Tezi, Ankara 2003.

OKUMA PARÇASI

HANGİ KONULAR NASIL ARAŞTIRILMALI: Basit Örnekler

1. **ARAŞTIRMA KONUSU** : Türkiye'nin Ekonomik Gelişmesi
   Araştırma Problemi : Türkiye ekonomisi batı ülkelerine göre niçin geridedir?
   Araştırma Hipotezleri : a) Osmanlı İmparatorluğu'nun dağılma travmasını henüz atlatamadı.
   b) Cumhuriyet hükümetleri kötü yönetildi.
   c) Yabancı güçlerin aşırı baskılarını engelleyemedi.
   d) Kaynakları yetersizdi.
   Araştırma Yöntemi : Kütüphane araştırması ve örnek ülke analizleri

2. **ARAŞTIRMA KONUSU** : Türkiye'de Mesleki Eğitim
   Araştırma Problemi : Türkiye'de mesleki eğitime ilgi ve destek niçin düşüktür?
   Araştırma Hipotezleri : a) Eğitim politikalarımız hatalıdır.
   b) Eğitime ayrılan kaynak yetersizdir.
   Araştırma Yöntemi : Örnek ülke incelemeleri ve uzman görüşleri

3. **ARAŞTIRMA KONUSU** : Üniversitelerdeki Türban Sorunu
   Araştırma Problemi : Türban ideolojik simge mi, kişi hakları sorunu mu?
   Araştırma Hipotezleri : a) Türban, tarihsel ve kültürel bir olgudur.
   b) Türban, toplumdaki ayrışmaların bir sonucudur.
   c) Türban, kişisel özgürlük kapsamındadır.

4. **ARAŞTIRMA KONUSU** : Türk Halkının Turizme Bakışı
   Araştırma Problemi : Halkın turizme karşı olumsuz bir tutumu var mı?
   Araştırma Hipotezleri : a) Halkımız turistlere karşı hoş görülüdür.
   b) Turizmin yol açtığı kirlenme ve kıyı yağmacılığı bir endişe kaynağıdır.

OKUMA PARÇASI: Toplumsal Gerçekler

GÜZEL OLMAK JÜRİ ÖNÜNDE AVANTAJ OLUYOR

İngiliz uzmanlar tarafından yapılan bir araştırmanın sonuçlarına göre, çekici ve güzel olan kişilerin jüri üyeleri tarafından "suçsuz" bulunma şansı daha fazla! Bath Spa Üniversitesi tarafından yapılan araştırmada denek gruba çirkin ve güzel "şüpheli" fotoğrafları verildi. Her fotoğrafa iliştirilen suçlama, hakkındaki iddialar, savcılığın elindeki deliller aynı olmasına rağmen her seferinde güzel olan şüpheliler suçsuz, çirkin olanlarsa suçlu bulundu. 30 deneğin kullanıldığı araştırmaya başkanlık eden Sandie Taylor, dış görünüşün kişiler hakkındaki yargılarımızda sandığımızdan daha önemli olduğunu söyledi.

Sabah Gazetesi 23.03.2007

ÜŞÜTMEYE KARŞI AYAĞINI SICAK TUT

Bilim adamları, soğuk algınlığına yakalanmamak için, annelerimizin sürekli öğütlediği gibi, sıkı sıkı sarınmak ve vücudu sıcak tutmak gerektiğini destekledi.

Times Gazetesi'nde yer alan habere göre, İskoçya'daki Cardiff Üniversitesi'nin Common Colt Merkezi'nde 180 denek, iki gruba ayrılarak beş gün boyunca deneyler yaptı. Deneklerden yarısı ayaklarını içinde soğuk su bulunan leğene, diğer yarısı ise boş leğene soktu. Ayaklarını 20 dakika boyunca soğuk suda tutan grubun üçte ikisinde soğuk algınlığı semptomları görüldü. Araştırmaya göre, her yetişkin yılda 2-5 defa soğuk algınlığına yakalanıyor. Küçük çocuklarda ise bu sayı yılda 7-10 arasında. Soğuk algınlığına yakalanmamak için birkaç basit öneri şöyle sıralandı:

- Kesinlikle kahvaltı edin. Kahvaltı bağışıklık sisteminizi dirençli kılmaya yardımcı olur.
- Tavuksuyu çorba için.
- Günde bir ya da iki bardak kırmızı şarap sizi soğuk algınlığından korur.
- Soğuk algınlığınız geçse bile, birkaç gün boyunca hastaymış gibi kendinizi koruyun.

Hürriyet Gazetesi 15.11.2005

ÇİFT DİL BUNAMAYI ENGELLİYOR

İnsanın çift dilli oluşunun bunamayı geciktirdiği anlaşıldı. Kanadalı araştırmacılara göre, iki dil konuşan insanlarda bunama belirtileri daha geç ortaya çıkıyor. Toronto Üniversitesi'nden bir ekibin bilişsel sorunları olan 184 yaşlı arasında yaptığı çalışma, iki dile sahip olmakla bunamanın geç ortaya çıkması arasında bağlantı bulunduğunu gösterdi. Araştırmaya göre, tek dilli kimselerde bunama belirtileri ortalama 71,4 yaşında, çift dillilerde ise 75,5 yaşında ortaya çıkıyor. Araştırma sonuçları, "Neuropsycho-logia" dergisinde şubatta yayımlanacak.

Hürriyet Gazetesi 14.01.2007

BATI'DA 25 ERKEKTEN BİRİ "ÖZ" BABA DEĞİL

İngiltere'de yapılan bir araştırmaya göre, her 25 erkekten biri, çocuğun gerçek babası olmayabilir. Liverpool'daki John Moores Üniversitesi araştırmacılarının yaptığı çalışma sonuçlarıne göre, bazı erkeklerin çocuklarının biyolojik babası olmadıkları ortaya çıktı.

Araştırma, İngiltere'nin yanı sıra ABD, Finlandiya, Yeni Zelanda, Güney Afrika ve Meksika'da yapıldı. Yaklaşık 50 yıllık istatistik ve araştırma sonuçlarının taranmasıyla her 25 erkekten birinin, çocuğunun biyolojik babası olmadığı ve bundan da habersiz olduğu belirlendi.

Hürriyet Gazetesi 12.08.2005

OKUMA PARÇASI: Bilim ve Yaşam

ALKOL İÇENLER DAHA ÇOK PARA KAZANIYOR

Alkol içenler ve içmeyenler arasında yapılan bir araştırma, ilginç bir gerçeği gözler önüne serdi. Bu kez araştırmayı gerçekleştirenler doktor veya bilim adamaları değil, ekonomistler.

Time Dergisi'nin "50 milyon Fransız yanlış yapıyor olamaz." yorumuyla yayınladığı habere göre San Jose State Üniversitesi'ne bağlı ekonomistler, farklı sosyal ve ekonomik çevrelerden insanları inceledi. Amerika genelinde, farklı sosyal sınıflar arasında yapılan araştırmaya göre ayrıca sosyal içiciler, bar dışında içenlere oranla yüzde 7 daha fazla para kazanıyor.

Hürriyet Gazetesi 16.09.2006

OKUMA PARÇASI: Ekonomi ve Eğitim

EĞİTİM STANDARTLARIN ALTINDA KALDI

Türkiye'de bir öğrenci için yılda harcanan ortalama para 400 dolar. Bu rakam AB'ye yeni giren Polonya'da bile en az 1.500 dolar.

Avrupa'nın kapısını aralayan Türkiye'de yaklaşık 18.5 milyon öğrenci bir başka deyişle nüfusun dörtte biri herhangi bir okulda eğitim görüyor. Anaokulu, ilköğretim ve liseye giden 12.9 milyon öğrenciye düşen okul sayısı 53 bin 340. 17 bin okulda birleştirilmiş sınıflarda ders verilirken 660 bin öğrenci de 32 bin araçla yaklaşık 200 trilyona taşımalı olarak eğitim hakkından yararlanabiliyor. Türkiye'de öğrenci başına yılda ortalama 400 dolar harcama yapılıyor. Oysa bizim gibi yoğun nüfusa sahip Amerika'da öğrenci başına 6-7 bin dolar, AB ülkelerinden İngiltere'de 5 bin, İspanya'da 4 bin, Portekiz'de 4 bin 500, Fransa ve Almanya'da 6 bin dolar harcanıyor. AB'ye yeni giriş yapan ülkelerde bile öğrenci başına harcama 1.5 ile 3 bin dolar arasında değişiyor. Polonya'da bu rakam ortalama bin 500 iken, Çek Cumhuriyetleri'nde 3 bin, Macaristan'da 2 bin doları buluyor. Üstelik, Türkiye'de öğrenci başına düşen eğitim harcamalarında büyük uçurum var. 53 bini aşkın okulun sadece 2 bini özel ve buralarda sadece bine yakın öğrenci öğrenim görüyor. Geriye kalan 12.5 milyon öğrenci devlet okullarında kısıtlı imkanlarla okumaya çalışıyor.

YOKSUL HARCAYAMIYOR

Devlet İstatistik Enstitüsü'nün (DİE) 2003 yılı Hanehalkı Bütçe Anketi'ne göre, nüfusun en az gelire sahip yüzde 20'lik kesiminin eğitim hizmetleri içindeki payı yüzde 2.6'dan yüzde 1.2'ye düştü. Buna karşılık, en üst gelir grubunun payı yüzde 62.2'den yüzde 69.1'e yükseldi. Yani Türkiye'deki eğitim harcamalarının yüzde 70'ini zengin kesim yapıyor. 2002 yılında en zengin yüzde 20'lik kesimin eğitim harcaması en yoksul yüzde 20'lik kesimden 24 kat daha yüksek iken, 2003 yılında bu oran 58 kata yükselmiş. İşte Avrupa kapısındaki Türkiye...

Sabah Gazetesi 07.10.2004

OKUMA PARÇASI: Öğrenci Araştırmaları

YURT – KUR'UN YAPTIĞI ARAŞTIRMAYA GÖRE; GENÇLER, DERSLERİNDE VE İKİLİ İLİŞKİLERİNDE ÖNELİ SORUNLAR YAŞIYOR

Ekonomik sıkıntılar, dersler ve ikili ilişkilerdeki sorunlar ile yurt ortamındaki olumsuzluklar, üniversite gençliğini strese soktu. Yurtlarda barınan öğrencilerin yüzde 70.3'ü psikolojik sorunu olduğunu belirtiyor. Öğrencilerin en büyük sorunlarını ise "kalabalık odalar", "yemek ücretleri" ile "yurt giriş saatleri" oluşturuyor.

YURT-KUR Genel Müdürlüğü, "öğrencilerin yurt ve üniversitede karşılaştıkları sorunların yaşantılarına nasıl yansıdığını belirlemek" amacıyla Adana, Ankara, Antalya, Bolu, Bursa, Denizli, Diyarbakır, Edirne, Erzurum, Eskişehir, İstanbul, İzmir, Kayseri, Konya, Samsun ve Trabzon'daki yurtlarda kalan 3 bin 551 öğrenciyi kapsayan bir araştırma yaptı. Öğrencilerin yurtları tercih etme nedenlerinin başında ucuzluk yer aldı. Öğrencilerin %60.3'ü maddi durumunun uygun olmaması, yüzde 33'ü ailesinin güvenli bulması nedeniyle yurtta kaldığını bildirdi. Öğrencilerin 51.7'si yurt öğrencilerinin sorunların çözümünde yardımcı olduğunu, yüzde 41.4'ü ise böyle bir desteğin verilmediğini dile getirdi. Odaların kalabalıklığı ve yemek ücretlerinin yüksekliği de öğrencilerin bir başka sorunu. Öğrencilerim yüzde 35.9'u (1277) odalardaki kişi sayısının azaltılmasını, yüzde 44.6'sı (1586) yemeklerin daha ucuzlatılmasını, yüzde 29.3'ü temizliğe önem verilmesini istedi. Öğrencilerin yüzde 47.4'ü yurtlara giriş saatlerine ilişkin kurallara uymakta zorlandıklarını vurguladı.

Sorunları için destek bekliyorlar

Yaşanan psikolojik sorunlar arasında "korku", "hafıza sorunları", "aşırı kaygı ve panik", "uykusuzluk", "kararsızlık", "zor karar verme", "içine kapalı olma", "kızgınlık ve sinirlilik" yer aldı. Psikolojik sorunlardaki etkenler arasında ilk sıraları dersler ve başarı durumu, geleceğe yönelik kaygılar, ekonomik sorunlar ile karşı cinsten arkadaşlarla yaşanan gerginlikler yer aldı.

Yurtların tamamında psiko-sosyal servisler bulunmasına karşın, öğrencilerin yüzde 77.1'i servislere başvurmadığını, yüzde 19'u ise zaman zaman servislerden yardım aldığını belirtti. Bu arada öğrencilerin stres ve kaygılarla baş etme yöntemleri (yüzde 45.7), istedikleri zaman hayır diyebilme (yüzde 30.5), aşkı ve karşı cinsle yakın ilişkiyi daha iyi anlama (yüzde 21.3), AİDS ve cinsellik hakkında daha fazla bilgi edinme (yüzde 11.3) konularında yardıma ihtiyaçlarını olduğunu düşünüyor.

Milliyet Gazetesi

4.5. Araştırmanın Gerekli Kıldığı Varsayımlar

Varsayımlar, araştırmanın başından itibaren var olduğu kabul edilen ve hareket noktası olarak alınan yargı ve kanılardır. Varsayım, geçerli olduğuna inanılan durumlardır. Varsayımın doğruluğu veya yanlışlığı araştırmanın konusu değildir. Bu nedenledir ki varsayımlarla ilgili veri elde etmek yoluna gidilmez. Çünkü araştırmanın amacı bu değildir. Varsayımdan hareket etmenin iki nedeni vurgulanabilir. Birincisi, araştırmanın amacıyla doğrudan bir ilgisi yoktur. İkincisi de araştırmayı kolaylaştırır, hatta mümkün kılar. Geçmiş yüzyıllarda dünyayı düz olarak kabul etmek veya evrenin merkezinde dünyanın var olduğunu varsaymak gibi.

İktisatçılar, tüketicilerin rasyonel (akla uygun) davrandıklarını ve böylece en çok fayda sağladıklarını varsaymaktadır.

Psikologlar da insanların doğuştan itibaren etraflarını öğrenme merakı ve gayreti içerisinde olduklarını ileri sürerler.

Her bilimde ve her alanda varsayımlara çok sayıda örnek verilebilir. Küçük çaplı araştırmalarda varsayımlar daha basit olabilir: Siyaset adamlarının tümünün vatansever oldukları, ilaçların hepsinin az çok olumsuz yan etkileri olduğu, yöneticilik yeteneğinin doğuştan olduğuna inanmak gibi.

Araştırmaların karmaşıklıktan kurtulmaları varsayımlar sayesinde olabilmektedir. Konunun tüm yönlerini ayrıntılı şekilde incelemek güç ve maliyetli olacağından, varsayımlardan hareket ederek konuyu daha basite indirgemek olanaklıdır.

4.6. Araştırmanın Sınırlılıkları

Araştırmanın kapsamını ve sınırlılıklarını belirlemek, araştırmacı için büyük kolaylık sağlayacaktır. Nelerin kapsanacağını, nelerin kapsam dışı bırakıldığını belirlemek, planlamanın önemli bir aşamasıdır.

Araştırmaya getirilen sınırlamaların bir çok nedeni olabilir. Kuramsal olarak bilinemeyen ya da açık olmayan yönlere girmek yararlı olmayabilir. Bilimsel olarak henüz açık ve net olmayan konular araştırmanın dışında bırakılabilir.

Araştırmaya yer ve zaman bakımından da sınırlamalar getirilebilir. Okul ortamlarının araştırıldığı bir çalışmada Ankara'daki okullar incelenir, sonuçlar mümkün olduğu kadar genelleştirilir. Türkiye'nin ekonomi tarihinin incelendiği bir çalışmada ise sadece çok partili dönem veya Planlı Kalkınma Dönemi ele alınabilir. Orta eğitimin incelendiği bir araştırmada yalnız genel liseler ele alınır, meslek liseleri kapsam dışı bırakılabilir. Ancak sınırlamaların makul olması, niçin ve nasıl yapıldığının açıklanması gerekir.

Sınırlama getirmenin başlıca iki sakıncasından bahsedilebilir. Konuyu daraltması ve genelleme yapmayı güçleştirmesi bu sakıncaların en önemlileridir.

4.7. Yöntemi Belirleme Aşaması

Sorunun çerçevesi çizilerek tanımlanması yapıldıktan sonra, artık izlenecek yöntemin kararlaştırılması gerekmektedir. Araştırmada hangi verilere ihtiyaç vardır, bu veriler hangi koşullarda ve nasıl bir yöntemle elde edilecektir? Deney, gözlem veya anket yöntemlerinden hangisi kullanılacaktır? Tam sayım değil de örnekleme yapılacaksa hangi örnekleme yöntemi daha uygundur? Bu bilgiler veya veriler nasıl kayıt edilecektir? Bu verileri elde etmekle iş bitmemektedir. Çünkü verilere bakarak bir sonuç çıkartmak ve değerlendirme yapmak mümkün olmayacaktır. Bu nedenle elde edilen verileri analiz ve değerlendirme yönteminin de bu aşamada kararlaştırılması gerekmektedir. Burada daha çok, kullanılacak istatistiksel analiz yöntemlerinin açıklanması söz konusudur.

O halde **YÖNTEM** denilince, bunun hem veri toplama yöntemi, hem de analiz yöntemi olduğu anlaşılmalıdır. Araştırma metodolojisi derslerinin başlıca konusu da, burada sözü edildiği gibi yöntemlerin tanıtılmasıdır.

4.8. Verilerin Elde Edilmesi (Veri Toplama) Aşaması

Rakam, işaret, harf, kelime, kavram, renk vb. şekillerde ifade edilen her türlü bilgi ve belgeye veri adı verilmektedir. Verilerin her zaman istatistiksel rakamlar halinde olması gerekmez. Veri çeşitleri konusu daha sonra incelenecektir. Ancak elde mevcut olmayan ve ihtiyaç duyulan verilerin deney, gözlem veya görüşme gibi yollardan elde edilmesi gerekir. Bunlar kayıt edilerek veri haline gelir. Bir maddeye laboratuarda uygulanan işlemlerin sonuçları, deneysel yolla elde edilen verilere tipik örnektir. Bir astronom (gök bilimci) gökyüzünü gözler ve gözlemlerini kayıt eder ya da resimlerini çeker. Tabiat bilimcisi de doğayı gözlemler. Bir iktisatçı veya sosyolog, işletme yöneticileriyle, tüketicilerle, işçilerle ya da işsizlerle görüşerek bilgi toplar. Bu görüşmeleri not halinde, resim halinde, ses veya görüntü bantı halinde kayıtlara geçirir. Objektif, doğru, tarafsız ve işe yarar verilerin elde edilmesi, her araştırmanın en can alıcı noktasıdır. Uygun şekilde kaydedilen bilgiler, araştırmanın verilerini teşkil edecektir.

4.9. Verilerin Analiz Edilmesi Aşaması

Çeşitli yöntemlerle elde edilen verilerin düzene konulması, daha kolay anlaşılabilir, mukayese edilebilir veya yorumlanabilir hale getirilmesine **Veri Analizi** denilmektedir. Burada daha ziyade istatistiksel analizler anlatılmak istenmektedir. Bu analizler de, aşağıda işaret edileceği gibi çok basit hesaplamalardan, oldukça karmaşık yöntemlere kadar uzanabilmektedir. Söz konusu istatistiksel analizlerin bir bölümü, basitten karmaşık olanlarına doğru aşağıdaki gibi sıralanabilir:

- Verilerin sıralanması,
- Verilerin gruplandırılması,
- Verilerin en küçük ve en büyük değerlerinin bulunması,
- Verilerin grafik haline dönüştürülmesi,
- Aritmetik ortalama, medyan, mod vb. gibi merkezi eğilim ölçülerinin hesaplanması,
- Çeyrek bölenler, varyans, standart sapma gibi dağılım ölçülerinin hesaplanması,
- Korelasyon ve regresyon analizleri gibi klasik analizlerin yapılması,
- Çeşitli tahminlerin yapılması,
- Z, t, F ve Ki Kare gibi uygun olan çeşitli istatistiksel testlerin yapılması. Bütün bu analizlerden amaç doğru bilgilere ulaşmak ve bu bilgileri kullanarak doğru kararlar alabilmektir. Her kademede en uygun istatistiksel yöntemin nasıl seçileceği ve bunun nasıl kullanılacağı üzerinde ayrıca durulacaktır.

4.10. Yorumlama Aşaması

Verilerin işlenmesi ve analiz edilmesiyle araştırma tamamlanmış olmamaktadır. Ortaya konulan analizle;

- Sorunu çözmeye yapılan katkı,
- Ürün veya teknolojide ortaya konulan yenilik,
- Yeni bir bilgi üretmek, hareket noktası olarak alınan teoriyi doğrulamak,yalanlamak veya düzeltmek,
- Ekonomik yarar sağlamak vb.

gibi amaçlardan hangisinin sağlandığı vurgulanmalıdır. Diğer bir anlatımla, araştırmanın amaçlarına ulaşıp ulaşmadığı bu analizler yardımı ile irdelenmelidir. Ulaşılan pratik sonuçlar veya bilime yapılan katkı açıklanmalıdır.

Analizleri tamamlanmış verilerin yorumlanması gerekir. Verilerden anlam çıkartmak ve ne ifade ettiğini anlatmak suretiyle yorum yapılmış olacaktır. İstatistiksel analiz sonuçları yorumlanırken, araştırmanın bütünlüğünü gözden uzak tutmamalıdır. Araştırmada cevaplanmak üzere ortaya konulmuş olan sorular, kabul edilen varsayımlar, mevcut soruna getirilebilecek çözüm şekilleri, çalışmanın amacı gibi hususlar, yorumlarda hiç unutulmamalıdır. Diğer yandan, belirli analiz sonuçlarından hareket edilerek genel kurallara ulaşmak da mümkün olabilir. Dolayısıyla, yapılan çalışmanın bilime getirdiği katkı ya da yenilik de böylece gündeme getirilebilir.

Bir malın gelir-tüketim esnekliği, analiz sonucunda 0,60 bulunmuş ise, bu sonucun yorumlanmadan böylece bırakılması bir eksikliktir. Bu değer, hangi koşulların sonucudur ve hangi sınırlar içerisinde doğrudur? Hiç değişme göstermeyecek midir? Değişme gösterecekse, hangi faktörlere bağımlı olacaktır sorularına açıklık getirmelidir. Gelirde %10 artış olması, bu malın tüketimini %6 yükseltecek demektir. Ancak bu durum zaman içerisinde ve gelir gruplarına göre değişir ve tüm tüketim mallarında birbirinden farklı değerlere sahiptir. Ayrıca 0,6 katsayısı, 2'den ve sıfırdan farklıdır. O halde, analiz sonuçlarının yorumlanmadan bırakılması yeterli olmamaktadır.

4.11. İletişim Aşaması (Yazım ve Sunum)

Bu kademede yapılacak iş, araştırmayı başkalarına duyurmaktır. Sadece sonuçlarını değil, araştırmanın tümünü amaç, yöntem ve bulgular konusunda ilgili çevreleri veya kamu oyunu bilgilendirmekten kaçınmamalıdır. Araştırmacılar arasında iletişim için muhtelif yöntemler bulunmaktadır. Bunların başlıcaları Tablo 15'deki gibi sıralanabilir:

- Yeni bilginin veya buluşun ulaştırılması,
- Yeni veya değişik yöntemin iletilmesi,
- Yapılan hata veya eksiklik konusunda uyarı almak,
- Aynı çalışmanın tekrarlanmasına mani olmak, böylece kaynak savurganlığını önlemek ve zaman kazanmak,
- Benzer alanda çalışmalar arasında sürekli işbirliği, iş bölümü ve bilgi alışverişi sağlamak,
- Böylece giderleri paylaşmak ve maliyetleri düşürmek,
- Bilimsel ve teknolojik gelişmenin paylaşılması sayesinde yeryüzündeki fakirlik, açlık, hastalık, uyuşturucu kullanımı, terör ve her türlü afetlerle daha etkin mücadele etmek,
- Ülkelerin, toplumların ve kültürlerin bilimsel iletişim yoluyla birbirlerini daha iyi tanıyıp, dostluk ve barış ortamının kurulması.

Bilimsel iletişimi gerçekleştirmek sanıldığı gibi kolay değildir. Ulusal ve uluslararası toplantılar yüksek miktarlarda harcama gerektirmektedir. Vakıf ve demek faaliyetleri için ülkemizde kamu makamlarından izin almak gerekmektedir. Yurt dışına bilimsel amaçlarla çıkmak isteyenlerden de, her çıkışta vergi ve harç alınmaktadır.

Tablo 15: Bilimsel İletişim Yöntemleri

ADI	Kısaca Tanımı veya Amacı	Konuşmacı	Dinleyici S.	Yer/Ortam	Örnek
Konferans	Önc. belirlenmiş konuda yapılan konuşma	Bir Kişi	Çok Sayıda	Salon	Çevre konferansı
Kongre	Çok sayıda konuşmacının, birden fazla konuyu, bildiriler şeklinde sunabildiği toplantı	Bir Çok	"	Salon	15. Kooperatifçilik Kongr.
Panel/ Açıkotu-rum	Birkaç Konuşmacı kişinin, bir başkanın yönetiminde kısa konuşmalarla, dinleyicilerin de soru sorabildiği tartışmalı toplantı	"	"	"	Kazaları Önleme Paneli
Sempozyum	Genel olarak konuşmacıların ve dinleyicilerin belirli düzeyde uzman olduğu ve bilimsel konuların tartışıldığı toplantı	"	"	"	Kalp-Damar Cerrahisi Sempozyumu
Seminer	Eğitim amacına yönelik toplantı. Her konuda düzenlenebilir.	"	"	"	Tarımda Destekleme Sorunları Semineri
Ders	Açıklamalı konuşma	Bir	"	Dershane veya anfi	Genel Fizik Dersi
Şura	Konusu önceden belirlenmiş, katılımcıları belirlenmiş toplantı.	Birçok	"	Salon	XI. Milli Eğitim Şurası
Genel Kurul	Dernek, Vakıf veya şirketlerin yasal olarak belirli aralıklarla düzenledikleri toplantı	"	"	"	Türk-İş Genel Kurulu
Teknik gezi	Belirli konularda yerinde inceleme ve gözlem yapmak üzere düzenlenen ekip veya grup gezileri	Konuşmacı şart değildir rehber olabilir	Katılımcı ve Gözlemci	Alan, işyeri fabrika vb.	GAP Bölgesi Teknik gezisi
Telefon konuşması	İki kişi arasında olur. Maliyet yüksektir. En seri iletişim şeklidir.	İki	İki	-	-
Mektuplaşma	Sınırlı iletişim sağlar, pahalıdır ye yavaştır.	-	-	-	-
Disket veya bant teatisi	Yavaş ve zaman alıcıdır. Maliyeti yüksektir. Karşılıklı diyalog yoktur.	-	-	-	-
Teleks veya fax	Her zaman mümkün olmaz. Diyalog yoktur.	-	-	-	-
Telgraf	Tek taraflı iletişimdir, iletilen bilgi sınırlıdır.	-	-	-	-
Bilgisayarlı iletişim (internet)	Terminal veya link bağlantı sistemiyle ve ekran üzerinden yapılan iletişimdir. Maliyeti yüksektir.	-	Çok sayıda katılım	Bilgisayar ortamı	Telekonferans, e-mail, internet
Gazete makal.	Gazetede yayınlanan kısa yazılar.	-	-	Gazete	-
Dergi makal.	Dergide yayınlanan kısa makale	-	-	Dergi	-
Kitap ve broşürler	Çeşitli yönetmeliklerle ve değişik ebatlarda yayınlanan kitap ve broşürler.	-	-	Kitap	-

KONFERANS: Bilim iddiası taşıyan konuşmadır. Halka bir konuyu aydınlatmak, öğretmek gayesini güttüğü için, öğretici edebiyata girer. Konferans verene **"konferansçı"** denir. Konferansçı istediği konuyu anlatabilir. Söylevde dinleyicileri bir davaya inandırmak veya onları bir telkin altında bulundurmak amacı ön planda olmasına rağmen, konferans öğreticilik niteliğiyle, konuşur gibi konuların açıklanması ile söylevden ayrılır. Konferans çoğunlukla bir kalabalığa sanat, teknik, fikir, duygu öğeleriyle ilgili konuları açıklar. Her çeşit söz türlerinde olduğu gibi konferansta da konunun ilgi çekici olması, birlik, açıklık, ses, güzel konuşulan lisan, dinleyenlerin sabır dereceleri esastır. Konferansda konuyu dağıtmamalı, sözler kolayca anlaşılmalı, dinleyicilerin yaşlarını, anlayış derecelerini göz önünde bulundurmalı; konuşmaya başlarken ve konuşurken dinleyicilerin ilgilerini çekmeli, sıkıcılıktan kaçınmalı; ne fazla bağırmalı, ne yavaş konuşmalı, keskin sesler çıkartmamak; fazla el, kol, yüz hareketlerinden kaçınmalı, cümlelerin dilbilgisi kurallarına uygun olmasına dikkat edilmelidir. Son olarak konferansların en çok bir buçuk saat olabileceği düşünülmelidir.

MAKALE: Literatürde muhtelif anlamlarda kullanılmaktadır. Başlıbaşına bir konu üzerine yazılı eserlerdir. Gazete veya dergilerde yayımlanmak için herhangi bir konuyu inceleyecek şekilde yazılırlar. Gazetenin ilk sahifesinin ilk sütununda çıkan makaleye baş makale, yazarına da baş yazar denilir. Başyazı da denilen başmakalede gazetenin tutumuna uygun fikirlerle birlikte günlük olaylara da yer verilir. Makaleler çoğunluk bilgi vermeye, fikirleri açıklayıp kanıtlamaya çalışan yazılardır ki, bunların temel öğesi fikirdir. Makale didaktik nesrin baş örneğidir. Makaleler gazete boyutlarında düşünülürse iki üç sütunu pek aşmaz. Makalenin fıkra, sohbet, deneme gibi adlarla anılan çeşitleri de bulunmaktadır. Bilimsel makalelerin belirli şekil ve içerik şartları vardır.

PANEL: Bir konunun dinleyiciler önünde sohbet havası içinde bir kaç kişi tarafından tartışılmasıdır. Amaç; karara varmaktan çok, bir meseleyi çeşitli yönleriyle aydınlatmak, çeşitli görüşleri ortaya çıkarmaktır. Panel tartışmalarının faydalı olabilmesi için tartışmalardan biri başkan olmak üzere bir masanın çevresinde, hem birbirlerini hem de izleyicileri görebilecek bir şekilde oturmalıdırlar. Bu tür tartışmalar genellikle küçük bir salonda mikrofonsuz olarak yapılır. Panelin sonunda dinleyiciler panel üyelerine soru sorabilirler. İleri sürülen görüşler üzerinde kısaca fikirler açıklanır. Tartışma dinleyicilere de geçerse "forum" (münazara) adını alır. Panelden önce başkan ve üyeler tartışmanın konu ve sınırları üzerinde hazırlıklı olmalı, bir plan meydana getirilmelidir.

WORKSHOP: Atölye çalışması da denilmektedir. Seyircisi veya dinleyicisi olmayan panel gibidir. Bir sorumlunun yönetiminde 10 ila 30 kişi arasında değişen küçük gruplar halinde olur. Sorun tartışma, eğitim, staj vb. konularda olabilir. Herkes aktif olarak katılır. Fikirler ve deneyimler paylaşılır, ileriye dönük gelişmeler irdelenir.

SEMPOZYUM: Konunun çeşitli yönleri üzerinde, aynı oturumda, değişik kimseler tarafından yapılan bilimsel ve teknik tartışmalardır. Sempozyumda en az üç, en çok da altı konuşma yapılır. Her konuşma beş ila yirmi dakika arasında sürer. Sempozyum sonunda forum olacaksa konuşmaların toplamı bir saati geçmez. Sempozyumda ele alınan konu, çeşitli iş kollarındaki kimseler tarafından incelenir. Sempozyumda konuşmalar birbiriyle ilgili ve diğer konuşmaları tamamlayan bir nitelik taşır. Dikkat edilecek noktalardan biri de, sempozyumun münazara havasından uzak tutulmasıdır. O zaman tartışmalar fikir düzeyinden heyecan ve his düzeyine kaymış olur.

Sempozyum konuşmaları sohbet ve samimiyet havası içinde yapılırsa amaca ulaşılır. Bunun için önceden titiz bir hazırlık, konunun kısımlara bölünmesi, konuşacak kişinin bilgi, prestij gibi bakımlardan yeterli olması gerekir.

AÇIKOTURUM: Teknik açıdan bakıldığı zaman panel, sempozyum ve münazara karışımı bir tartışma çeşidi olarak gözükmektedir. Çok defa sonucu bir forumla bağlanmakta olan açık oturumlarda, konu olarak geniş halk kitlelerini ilgilendiren meseleler seçilmekte; bunun için de tanınmış kimselerin çağrılmasına dikkat edilmektedir. Açık oturumların başarılı sonuçlanması için şu noktalar göz önünde bulundurulmalıdır:

1. Geniş bir salon seçilmeli, kalabalık dinleyici grupları aranmalı,
2. Konunun daha önceden duyurulmasına gayret edilmeli,
3. Konuşanların sayısı çok olmamalı,
4. Konuşanlar uzun açıklamalarda bulunmamalı,
5. Tartışmalar dinleyicilerin sabrını taşıracak kadar uzun olmamalıdır. Açık oturumun sonundaki forum sırasındaki konuşmalar uzun olduğu takdirde iyi sonuçlar alınmasına engel olur. Açık oturumlarda münazara havasından uzak durulmalı, dinleyicilerin dikkati daima uyanık tutulmalıdır.

GENEL KURUL: Dernek veya şirket gibi kişiliklerin yasal olarak belirli aralıklarla düzenledikleri toplantılardır. Yasal zorunluluk bulunması ve toplantılarda komiser adında bir görevlinin bulunma zorunluluğu devlet gücünün bir yaptırımı şeklinde ortaya çıkmaktadır. Bir genel kurulun toplanması için kanunen veya sözleşmelerde belirlenmiş bazı yeterlik sayıları gerekmektedir. Katılacak kişi sayısında herhangi bir kısıtlamaya gidebilme şansı bulunmamaktadır. Üye olup isteyen herkes katılabilir. Eğer iç tüzükte aksi belirlenmemişse herkes belli bir süre konuşma hakkına sahiptir. Ancak bir çok üyesi olan genel kurullarda bu mümkün olmadığı için önceden belirlenmiş bir takım kısıtlamalara gidilebilmektedir. Genel kurulların sonunda genellikle gündemde olan maddeler hususunda üyelerin kararını öğrenmek için oylamaya gidilir. Bunun sonucunda alınan karar ile genel kurul sonuca ulaşmış olur.

TELEFON KONUŞMASI: En seri iletişim şeklidir. Uzun yıllarca iki kişi arasında cereyan ederken, son yıllardaki teknolojik gelişmeler sayesinde (örnek Speech Phones) bir çok kişinin aynı anda katılım sağlayabileceği konuşmalar mümkün kılınabilmektedir. Günümüzde birçok aracı kurum borsa seanslarını müşterilerine bu tip bir iletişim ağını kullanarak anında bildirebilmektedir. Ancak bu iletişim metodunun bir dezavantajı maliyetin yüksek olmasıdır. Ayrıca yüksek gizlilik gerektiren konuşmalarda tam bir gizlilik sağlanamamaktadır. En güvenli telefonlar ülkemizde son yıllarda popülarite kazanan GSM cep telefonlarıdır.

TELEKS VE TELEFAKS: Her zaman mümkün değildir. Karşılıklı iletişim cansız araçlar ile sağlanmaktadır. Ancak yazılı bir kanıt niteliğine sahiptirler. Bu nedenle de geçerliliklerini yitirmeleri mümkün değildir.

MEKTUP: Çağımızın şartlarında çok yavaş kalmıştır. Yine de kanıt özelliğini taşımaktadır. Ancak iletilebilecek bilgiler çok sınırlıdır.

BİLGİSAYARLI İLETİŞİM: Uzun yıllardır tüm Dünya'da kullanılmakta olan bir sistemdir. Linkler aracılığıyla yapılır. Özellikle kütüphanelerde bu tip iletişim sistemine rastlanabilmektedir. 24 saat kullanılabilen bu tip iletişim sisteminde bir kütüphanedeki tüm kitapları gözden geçirmek mümkündür. Gerekli bağlantılar elde edilebildiği takdirde evimizdeki ufak bir terminalden örneğin, Amerika'daki Kongre Kütüphanesindeki herhangi bir esere ulaşmak mümkün olabilmektedir. Ancak telefon hatlarıyla iletişim sağlandığı için maliyetler de yüksek olmaktadır.

TEKNİK GEZİ: Belirli konularda yerinde inceleme yapmak için gruplar oluşturularak genellikle bir rehber gözetiminde gerçekleşen grup aktiviteleridir. Dinleyicilerin yerini gözlemler almıştır.

KONGRE: Birçok konuşmacı tarafından dinleyicilere bildiriler sunularak gerçekleştirilir. Bildiri sunanların veya dinleyicilerin kendi aralarında karşılıklı iletişimi söz konusu değildir. Bir tartışma havasından uzaktır. Bu tip iletişime girilmesi yönetenler tarafından engellenmektedir. Kongreler konularına göre bir takım sponsorlar tarafından desteklenmektedir. Bu sponsorlar genellikle devlet, bir resmi kuruluş veya bir üniversite olabilmektedir. Kongrelerde bildiri sunacak olan kişilere, kariyerlerine göre çeşitli ödemelerde bulunulabilmektedir. Kongreler genellikle birkaç güne yayılmışlardır. Bildiri sunumlarıyla birlikte aralarda çeşitli destekleyici demostrasyonlara da başvurabilir.

SEMİNER: Eğitim amacına yönelik toplantılardır. Her konuda olabilir. Seminer verecek olan kişilerin o konuda belli bir birikime ve kariyere sahip olmaları beklenir. Hatta konusunda dinleyiciler tarafından tanınacak kadar ünlü olması da tercih sebebidir. Seminerin amacı genellikle bir soruna çözüm getirmek veya çözüm yollarını gösterip son kararı dinleyicilere bırakmaktır.

Buraya kadar yapılan açıklamalarla, araştırmalar planlanırken hangi aşamaların izlendiği ortaya konulmuştur. Bu bilgilerin ışığı altında aşağıda üç örnek sunulmuştur. Bunlardan: birincisi, **Mezuniyet Projelerinin** hangi bölümlerden oluştuğunu özet olarak göstermektedir ve öğrencileri yakından ilgilendirmektedir. İkinci Örnek ise, bir tezin **Dispozisyon'unu** (içeriğini) kısa açıklamalarla anlatmaktadır.

Üçüncü örnekte de, **Araştırma Projesi Önerisi'nin** nasıl yapılacağı ve hangi aşamaları içereceği değişik bir anlatımla verilmektedir. Her üç anlatım birbirini tamamlayıcı nitelikte olup, araştırmanın plânlanmasıyla da yakından ilgilidir.

OKUMA PARÇASI

Benzin istasyonları teorisi

Thomas Friedman'ın "Lexus ve Zeytin Ağacı-Küreselleşmenin Geleceği" kitabından, Dr. Bülent İ. Goncaloğlu aktardı. "Ben, dünyaya ilişkin beş benzin istasyonu teorisine inanıyorum. Evet, bugünkü dünya ekonomilerinin beş temel benzin istasyonu çeşidine indirgenebileceği kanısındayım.

Birincisi Japon benzin istasyonudur. Benzinin galonu 5 dolardır. Bir ömürlük iş anlaşmaları imzalanmış, üniformalı ve beyaz eldivenli dört adam size hizmet eder. Benzininizi doldururlar. Yağınızı değiştirirler. Camınızı siler ve siz huzur içinde oradan ayrılırken, dostça bir gülümseme ile arkanızdan el sallarlar.

***

İkincisi Amerikan benzin istasyonudur. Benzinin galonu sadece 1 dolardır, ama benzini kendiniz doldurursunuz. Camınızı kendiniz silersiniz. Lastiklerinize kendiniz hava basarsınız. Sonra köşeyi döndüğünüzde, dört evsiz insan, jant kapaklarınızı çalmaya çalışır.

***

Üçüncüsü Batı Avrupa benzin istasyonudur. Benzinin galonu orada da 5 dolardır. İstasyonda tek bir görevli vardır. Lütfeder gibi benzininizi doldurur ve asık suratla yağınızı değiştirir, sendika sözleşmesinin onu sadece benzin doldurmak ve yağ değiştirmekle yükümlü kıldığını size her an hatırlatarak camları silmez. Haftada sadece 32 saat çalışır, her gün 90 dakika yemek molası verir ve bu süre içinde benzin istasyonu kapalı kalır. Ayrıca her yaz Güney Fransa'da 6 hafta tatil yapar. Devletin işsizlik sigortası son işlerinden daha çok para verdiği için 10 yıldır çalışmamış iki erkek kardeşi ve amcası, sokağın karşı tarafında bowling oynamaktadır.

***

Dördüncüsü gelişmekte olan ülke benzin istasyonudur. Burada 15 kişi çalışır ve hepsi de birbirinin kuzenidir. İçeri girdiğinizde kimse sizinle ilgilenmez, çünkü herkes birbirine laf yetiştirmekle meşguldür. Devlet benzini sübvanse ettiği için benzinin galonu sadece 25 senttir, ama 6 pompadan sadece biri çalışmaktadır. Diğerleri bozulmuştur ve Avrupa'dan gelecek yedek parçaları beklemektedir.

İstasyon hayli kırık döküktür, çünkü sahibi Zürih'te yaşamakta ve bütün kazancını ülke dışına çıkarmaktadır. İstasyon sahibi, işçilerin yarısının geceleri tamirhanede uyuduğundan ve araba yerini duş olarak kullandığından habersizdir. Gelişmekte olan ülke istasyonunda müşterilerin çoğu ya son model Mercedes ya da uyduruk bir motosiklet kullanır ama burası her zaman doludur, çünkü bisiklet lastiklerine hava basmak için insanlar akın akın gelmektedir.

***

Son olarak, Rusya benzin istasyonu gelir. Burada benzinin galonu sadec 50 senttir, ama hiç benzin yoktur, çünkü burada çalışan dört işçi bütün benzini karaborsada galonu 5 dolara satmıştır. Benzin istasyonunda görevli olan dört adamdan sadece biri oradadır. Diğer üçü yer altı ekonomisinde başka işler tutmuştur ve sadece haftada bir kez haftalıklarını almak için uğrarlar."

Basından alıntı.

MEZUNİYET PROJESİ TASLAĞI (Öğrencilere Yönelik Örnek)

1. TEZ KONUSU :
2. AMACI VE ÖNEMİ :
3. ARAŞTIRMA YÖNTEMİ :
4. HAZIRLAYAN :
5. TEZ DANIŞMANI :
6. İŞBİRLİĞİ YAPILACAK VEYA BİLGİ ALINACAK KİŞİ, KURUM VEYA KÜTÜPHANELER :
7. TEZİN ZAMAN PLANLAMASI :

Yapılacak işler	Gerekli Süre (Hafta)	Son Tarih
a. Konu Seçimi		
b. Kaynak Araştırma		
c. Veri Toplama		
d. Analiz ve Değerlendirme		
e. İlk müsvettenin yazımı		
f. Tezin yazımı (yazdırılması)		
g. Danışman incelemesi		
h. Son düzeltmelerin yapılması		
i. Tezin Ciltlenmesi		
j. Tezin Teslimi		

8. TEZİN GİDER PLANLAMASI

Gider Türü	Tutarı (TL)
a. Kırtasiye giderleri	
b. Fotokopi giderleri	
c. Seyahat giderleri	
d. Yazdırma giderleri	
e. Ciltleme giderleri	
TOPLAM	

9. BAŞLICA KAYNAKLAR

TEZ DİSPOZİSYONU (YAZIM PLANI ÖRNEĞİ)

ÖZET: Amaç, yöntem ve araştırmanın sonuçları konusunda bir sayfayı geçmeyen bir hazırlıktır.

1. GİRİŞ

1.1. Konunun önemi, tezin amacı ve sorunun tanımlanması yapılır.

1.2. Tezin kapsamı: Konunun hangi yönleri üzerinde durulmuş, hangi yönler (konu veya bölge olarak) kapsam dışı bırakılmıştır. Bu hususlar nedenleriyle beraber kısaca açıklanır.

1.3. Tezin Bölümleri: Tezin kaç bölüm halinde işleneceği açıklanır ve tanıtılır.

2. KONUYA İLİŞKİN MEVCUT ARAŞTIRMALAR VE YAYINLAR

Şimdiye dek konuyla doğrudan ilgili olarak yapılan araştırma ve yayınlar kısaca ve mümkünse isim, amaç ve bulguları bakımından incelenir.

3. YÖNTEM

3.1. Veri Toplama Yöntemi: Tezde kullanılacak verilerin ve her tür bilgilerin nereden ve nasıl toplanacağı belirtilir: Gözlem, yüzyüze görüşme, anket formu yollama, kütüphane çalışması veya deney yöntemleri gibi. Örnekleme yapılacaksa nasıl uygulanacağı açıklanır.

3.2. Analiz ve Değerlendirme Yöntemi: Gerekiyorsa tablolar ve grafikler kullanarak, mukayeseler yaparak, analitik, tasviri ya da istatistiksel yöntemlerle (değişim aralığı, ortalamalar, korelasyon, regresyon ve trend analizleri, varyans analizi, test değerleri gibi) bilgilerin değerlendirilmesi ve yorumlanması işlemleridir.

4. TEORİK ÇERÇEVE/MEVCUT DURUM/GENEL YAPI

Bu kısımda konunun, teorik esasları belirtilir. Mevcut durum hakkında bilgiler verilir. Konuyla ilgili genel veya temel bilgiler sunulur. Ayrı başlıklar halinde işlenebilir.

4.1. ....

4.2. ....

5. ARAŞTIRMA BULGULARI

Araştırmada elde edilen bulgular açıklanır.

6. SONUÇ:

Sorun çözme, yeni bilgi üretme, yeni yöntem geliştirme veya uygulamaya koyma bakımından elde edilen sonuç açıklanır.

7. ÖNERİLER:

Konuya ve sorunun çözümüne ilişkin uygun bulunan öneriler yapılır.

8. EKLER:

Harita, kroki, kullanılan anket formu örnekleri EK: 1, EK: 2 vb. halinde verilebilir.

9. KAYNAKÇA:

Yararlanılan kaynaklar usulüne uygun verilir.

10. TEŞEKKÜR:

Tez çalışmasına herhangi bir şekilde önemli katkı ve destek veren kişi veya kurumlara teşekkür ifade edilir.

BİR ARAŞTIRMA PROJESİ ÖNERMEK (ÖRNEK)

İyi bir araştırma önerisi üç özelliğe sahip olmalıdır:

1. Araştırma kavramının gerektirdiği kalite düzeyine sahip bulunmalıdır ve bilime potansiyel bir katkısı olacağı ortaya konulmaktadır.
2. Araştırılacak konuyu anlaşılır şekilde yazıya dökmüş olmalıdır.
3. Görünür bir gelecek içerisinde yapılabilecek bir proje olmalıdır. Proje önerisi aşağıdaki bölümleri içermelidir:

KONU

ARAŞTIRMANIN AMACI

ÖNCEKİ ARAŞTIRMALARIN İNCELENMESİ

ARAŞTIRMA PROBLEMİNİN ORTAYA KONULMASI

ARAŞTIRMA YÖNTEMİNİN BELİRLENMESİ (Veri toplama ve analiz yöntemi)

PROJE PERSONELİNİN NİTELİKLERİ VE GÖREVLERİ

ZAMAN PLANLAMASI

ARAŞTIRMA BÜTÇESİNİN PLANLANMASI

KAYNAKÇA

KONU: Genel olarak araştırmanın yapılacağı alanı belirleyiniz. Gıda, tekstil, büyük ve küçük işletmeler gibi, ya da dış ticaret, pazarlama vb. gibi teklif edilen konunun içeriğinin taslak haline getirilmesi. Bu alandaki çalışmanın taşıdığı önemi belirtiniz. Düşünülen araştırma ortamını ve bunun konuyla bağlantısını iyice kurunuz.

AMAÇ: Araştırma projesinin amacını açıklayınız ve değerini vurgulayınız. Bu araştırmayı yapmaya iten sebep nedir? Tasarılarınızın uygulanması ve araştırmanın muhtemel sonuçları bakımından, projenin asıl hedefi üzerinde yoğunlaşınız. Kime ne yarar sağlayacağını, teori ve uygulama açısından getireceği yenilileri vurgulayınız. Konuyu kamu, özel sektör ve piyasa açısından ele alınız. Eğer böyle bir araştırma sayesinde konferans materyali elde etmek ya da bir yayın yapmak istiyorsanız, bu hususu da belirtiniz. Araştırmanın (projenin) bir sonraki aşamasına geçmek, araştırmanın muhtemel etik veya çevresel sorunlara yol açması söz konusu ise, bu ve benzeri hususları, arkadaşlarınızla, danışmanınızla ve proje grubuyla tartışınız. Amaç bölümü birkaç sayfada ortaya konulabilir.

ÖNCEKİ ARAŞTIRMALAR: Konuya ilişkin olarak daha önce yapılan araştırmaları özetleyiniz ve tanıtınız. Bu özetleme mevcut akademik bilim düzeyini yansıtmalı ve elde hazır olan kaynaklardan hangi bilgilerin alınabileceğini göstermelidir. Ayrıca, araştırmanın muhteviyatı ile hali hazırdaki teorilerin ve yaklaşımların ilişkisini, literatür incelemesi sayesinde belirlemelidir. Önceki araştırmalar ile sizin araştırmanız arasındaki bağlantı ortaya konulmuş olur ve nihayet bilime yapacağı katkı/yenilik durumu saptanmış olur. Literatür incelemesi, sadece akademik/ bilimsel bulgularla yetinmemeli, tüm mevcut kaynakları kapsamalıdır.

ARAŞTIRMA PROBLEMİ: Araştırılmak istenen ve yanıtı aranan sorunun belirlenerek ortaya konulmasıdır. Araştırmalarda sonradan ortaya çıkan güçlüklerin ve çıkmazların temelinde araştırma dizaynının iyi olmaması ve sorunun yanlış belirlenmesi meselesi yatmaktadır. Ele alınacak problemin başlangıçta hatalı ortaya konulması, daha sonraki aşamaları daha da zorlaştırmaktadır. Birçok araştırmacı çok değerli ve doğru veriler elde etmektedirler, ancak bu verilerin araştırma problemi ile ilgisi ya hiç yoktur veya çok azdır.

- Araştırmanın genel amacı içerisinde ele alınacak sorunu net şekilde belirlemelidir.
- Ayrıca yapmayı plânladığınız hususları tarif eden eylem cümlelerinizi yazınız. Araştırma problemlerinin belirlenmesinde iki araştırma yaklaşımı vardır:

a) Pozitivist yaklaşım: İnsanların gözlem ve deney yoluyla elde ettikleri bilgiler gerçeklerin kendileridir. Bilimsel veriler, gözlenebilir olaylardan ortaya çıkar. Gözlenebilir olaylar arasındaki ilişki sistemi, bazı genellemeler yapılarak daha iyi anlaşılır. Bu nedenle özel önermelerden hareket ederek genel önermelere ulaşılmalıdır. Pozitivist yaklaşımda bu genellemeyi sınamak için "Hipotezler" oluşturulur. Teşkil edilen "Araştırma Hipotezi" bu genellemeyi test etmeye yöneliktir. Daha önce de belirtildiği gibi hipotez, yanıtı aranan sorunun cevap tümcesidir. Hipotez araştırmanın odak noktası ve araştırmacının pusulasıdır.

b) Olgusal yaklaşım: Olup bitenleri açıklayabilmek için sorunlara ve olaylara önemle eğilmeyi tavsiye eder. Gözlemleri daha iyi anlayabilmek için uygun sorular oluşturulmalı ve sorular gruplandırılmalıdır. Doğa bilimleri birinci yaklaşımı kullanarak olaylar arasındaki ilişkileri yasalar şeklinde açıklamaya çalışırken, sosyal bilimler eşyaları ve olguları anlama çabası içerisindedirler.

ARAŞTIRMA YÖNTEMİ: Araştırmada takip edilecek yol ve yöntemin belirlenmesidir. Tüm detayların ortaya konulması gerekir. Kullanılacak tekniklerin ve ölçümlerin neler olduğu, bunların niçin seçildiği ve nasıl uygulanacağı, hangi verilerin, hangi kaynaklardan, hangi yöntemle elde edileceği ayrıntılı olarak belirlenmelidir.

Toplanan verilerin hangi yöntemle analiz edileceği kararlaştırılmalıdır. Analiz sonuçlarına göre araştırma hipotezinin doğrulanıp doğrulanmayacağı hususu unutulmamalıdır. Araştırmanın bilimsel makale, seminer veya kongre tebliği şeklinde sunulması söz konusu ise, bunlara ilişkin formal gereklerin yerine getirilmesi gerekmektedir. Proje sorumlusundan gerekli iznin alınması ve yazım kurallarına uygun bir rapor düzenleme gibi.

PROJE PERSONELİ: Projede görev alacak başkan/proje lideri, yardımcılar, uzmanlar ve diğer personelin sayıları, görevleri ve varsa unvanları belirtilmelidir. Gerekiyorsa öz geçmişleri eklenebilir.

ZAMAN PLANLAMASI: Araştırmanın takvime bağlanması birçok açılardan önemlidir. Karşı tarafa projeyi kabul ettirmek, parasal destek sağlamak, faaliyetleri zamanında bitirebilmek ve gereken denetimleri yapmak bunların başında gelmektedir.

BÜTÇE PLANLAMASI: Sağlanan (sağlanacak) araştırma bütçesinin nasıl harcanacağını planlamaktır.

KAYNAKÇA: Bu araştırma önerisi hazırlanırken faydalanılan tüm eserler, usulüne uygun şekilde sunulmalıdır.

OKUMA PARÇASI

DÜNYA BANKASI DESTEKLİ YOLSUZLUK ARAŞTIRMASI

Türkiye Sosyal ve Ekonomik Etütler Vakfı (TESEV) Başkanı emekli Büyükelçi **Özlem Sanberk "Türkiye tarihinin en büyük yolsuzluk araştırmalarından birinin"** yakında başlayacağını bildirdi.

Her kesimden 3 bin kişiye soruların yöneltileceği anketle ilgili olarak 11 Mayıs'ta İçişleri Bakanı **Sadettin Tantan**'la protokol imzaladıklarını hatırlatan **Sanberk**, bu durumun araştırmanın hükümetin güdümünde yapılacağı anlamına gelmediğini söyledi. **Sanberk**, finansmanını Dünya Bankası'nın karşılayacağı anketin yolsuzluğa karşı Türk kamuoyunun bilincinin artırılmasına katkıda bulunmayı amaçladığını, bunun dışında siyasi amaç taşımadıklarını kaydetti.

Hürriyet Gazetesi, 28 Mayıs 2000

Tablo 16: Araştırma Konularına ve Bilimsel Faaliyetlere Bir Örnek

TÜRKİYE BİLİMLER AKADEMİSİ (TÜBA) Bilimsel Toplantı Serileri: 1		DÜNYA'DA VE TÜRKİYE'DE BİLİM, ETİK VE ÜNİVERSİTE 26 Mayıs 1994 – ANKARA			
09.30-10.00	**AÇILIŞ** **Prof.Dr. Ayhan O. ÇAVDAR** *(TÜBA Başkanı: Ankara Üniversitesi-Pediatrik Hematoloji-Onkoloji Araştırma ve Uygulama Merkezi*	12.30-14.00	**Prof.Dr. P.J.D.DRENTH'in** konferansı (Hollanda Kraliyet Bilim ve Sanat Akademisi Başkanı) **"BİLİM ADAMININ BİLİMSEL VE TOPLUMSAL SORUMLULUĞU"**	16.30-18.30	**III. OTURUM** **BİLİM VE ÜNİVERSİTE** Yönetici: **Prof.Dr. Hasan YAZICI** *(İstanbul Üniversitesi-Cerrahpaşa Tıp Fakültesi – Romatoloji Bilim Dalı)*
10.00-12.00	**I. OTURUM** **BİLİMSEL DÜŞÜNCE** Yönetici: **Prof.Dr. Metin HEPER** *(TÜBA Asli Üyesi: Bilkent Üniversitesi Siyaset Bilimi ve Kamu Yönetimi Bölümü)* **Konuşmacılar:** **Prof. Dr. Ahmet İNAM** *(Orta Doğu Teknik Üniversitesi-Felsefe Bölümü)* **"ÇAĞDAŞ BİLİM KAVRAMI"** **Prof. Dr. Metin HEPER** **"DÜNYA'DA VE TÜRKİYE'DE BİLİMSEL DÜŞÜNCENİN GELİŞMESİ"** **Prof. Dr. Bozkurt GÜVENÇ** *(Hacettepe Üniversitesi-Antropoloji Bölümü E. Öğretim Üyesi)* **"TÜRKİYE'DE SOSYAL BİLİMLER GELİŞMELER VE SÜREKLİLİKLER"** **Prof. Dr. Atlan ONAT** *(İstanbul Üniversitesi-Cerrahpaşa Tıp Fakültesi – Kardiyoloji Anabilim Dalı)* **"TÜRKİYE'DE DOĞA BİLİMLERİ GELİŞMELER VE SÜREKLİLİKLER"**	14.00-16.00	**II. OTURUM** **BİLİM ETİĞİ** Yönetici: **Prof.Dr. Yaman ÖRS** *(Ankara Üniversitesi-Tıp Fakültesi-Deontoloji (Tıbbi Etik) Anabilim Dalı)* Konuşmacılar: **Prof.Dr. Yaman ÖRS** **"BİLİM ETKİNLİĞİNDE DEĞER SORUNLARI"** **Prof.Dr. Beyazıt ÇIRAKOĞLU** *(Marmara Üniversitesi-Tıp Fakültesi-Tıbbi Biyoloji Anabilim Dalı)* **"BİLİM ADAMI VE DOĞAL ÇEVRE"** **Prof.Dr. Emin KANSU** *(Hacettepe Üniversitesi-Tıp Fakültesi-Temel Onkoloji Anabilim Dalı)* **"BİLİMSEL YANILTMA VE ÖNLENMESİ"** **Doç.Dr. Hüseyin BATUHAN** *(Orta Doğu Teknik Üniversitesi – Felsefe Bölümü E. Öğretim Üyesi)* **"BİLİMSEL ALDATMACALAR"**	**KAPANIŞ**	Konuşmacılar: **Prof.Dr. Hasan YAZICI** **"ÜNİVERSİTEDE ÖZGÜN BİLİM ÜRETİMİ"** **Prof. Dr. Hamit FİŞEK** *(TÜBA Asli Üyesi: ODTÜ-Fizik Bölümü)* **"ÜNİVERSİTEDE BİLİMSEL PERFORMANS DEĞERLENDİRİLMESİ"** **DÜZENLEME KOMİTESİ** Prof. Dr. Metin Heper Prof. Dr. Yaman Örs Prof. Dr. Hasan Yazıcı Prof. Dr. Ayla O. Çavdar Prof. Dr. R. Kazım Türker
12.00-13.30	**ARA**	16.00-16.30	**ARA**		

5. ARAŞTIRMA YÖNTEMLERİ

Derin olan kuyu değil, kısa olan iptir.

Konfüçyüs

5.1. Deneysel Araştırma Yöntemleri

Deneyler, fen bilimlerinde yaygın olarak kullanılan bir araştırma yöntemidir. Gruplara ayrılmış veya tek grup halinde mevcut olan materyali herhangi bir işleme tabi tutmadan ölçmek, tartmak, saymak, görmek, tatmak, koklamak v.b. yollarla sağlanan bilgileri kaydetmek ya da; aynı materyali bir işleme tabi tutmak suretiyle denemeler gerçekleştirilir. Deney ve ölçüm verileri analiz edilerek sonuçlar değerlendirilir.

İnsanlar yaşamları boyunca birçok şeyi, deneme yoluyla öğrenirler. Düşe-kalka, çocukların yürümeyi öğrenmeleri gibi; yüzme, koşma, ata binme gibi beceriler de deneyerek öğrenilir. Bir işin ne kadar zamanda tamamlanacağını bu işi birçok kez yaptıktan sonra anlayabiliriz. Yemeğe ne kadar tuz katılacağı için de benzer şeyleri söyleyebiliriz. Doğa bilimlerinde veya fen bilimlerinde herhangi bir işlemin, hareketin ya da yöntemin doğurduğu sonuçlar denemeden önceki ve sonraki verileri mukayese ederek ortaya koyabiliriz.

Ekonomik ve sosyal alanlarda da denemeler yapılabilir. Sıradışı bir filmin yol açtığı etki, bir reklam kampanyasının başarısı, tezgahtarları eğitmenin satışlara yaptığı etki, gelir dağılımındaki bozulmanın veya aşırı enflasyonun yol açtığı sonuçlar deneme ve gözlemler yoluyla ortaya konulabilir.

Deneme denilince daha çok, laboratuvar ortamında yapılan deneyler akla gelir. Laboratuvar deneylerinin bazı kolaylıkları ve olumlu yönleri vardır: a) Deney ortamı araştırmacı tarafından oluşturulabilir ve kontrol edilebilir, b) Deney sayısı (tekerrür sayısı) istenildiği kadar çok sayıda gerçekleştirilebilir. Buna karşılık deney ortamının gerçek doğal ortama tamamen uymaması gibi olumsuz bir yönü de bulunmaktadır.

İşletmecilikte, ekonomi veya eğitim alanlarında bir yöntemin, tekniğin veya uygulamanın etkisini deneme yoluyla ölçmek için bir kontrol grubu oluşturmak gerekli olabilir. Deney grubunun ve kontrol grubunun önceki ve sonraki ölçümleri karşılaştırılarak sonuca ulaşılmaya çalışılır. Sosyal ve ekonomik alanlarda Şekil 3'te görülen durumlar, tipik bir analiz şemasıdır, içsel ve dışsal etkenleri dikkate alan ve tesadüfi olarak oluşturulan bu şemaya göre şu sonuçlar beklenebilir:

1. Durumda A_1 ile A_2 arasındaki fark, uygulanan işlemin etkisini veya başarısını yansıtır. Ancak yeter sayıda denek olması, bu deneklerin başka dış etkilere veya işlemlere maruz kalmaması gerekir.
2. Durumda $A_3 = A_4$ olmak durumundadır. Çünkü bir işlem yapılmamıştır. Bir fark varsa, zamanla ortaya çıkan bir fark veya değişmedir.
3. Durumda işlemden önceki ölçüm bilinmediğinden, uygulanan işlemin etkisi, bilinen veya kabul edilen standart değerlerle karşılaştırılarak ortaya konulur. Bu açıdan, (A_5-Standart Değer) farkı yorumlanır. Ayrıca, A_4-A_5 farkının A_1-A_2 farkına yakın olması beklenir.
4. Durumda ise, A_6 ölçümü, kontrol grubu gibi düşünülerek, A_5-A_6 farkı, işlemin etkisini ölçmekte yardımcı olur. Geçen zaman süreç üzerinde etkili değilse, $A_4 = A_6$ olması beklenir.

Sosyal araştırmalarda sık kullanılan Soloman Dörtlü Grup Deneme Deseni'ne ilişkin bu şema aşağıda verilmiştir:

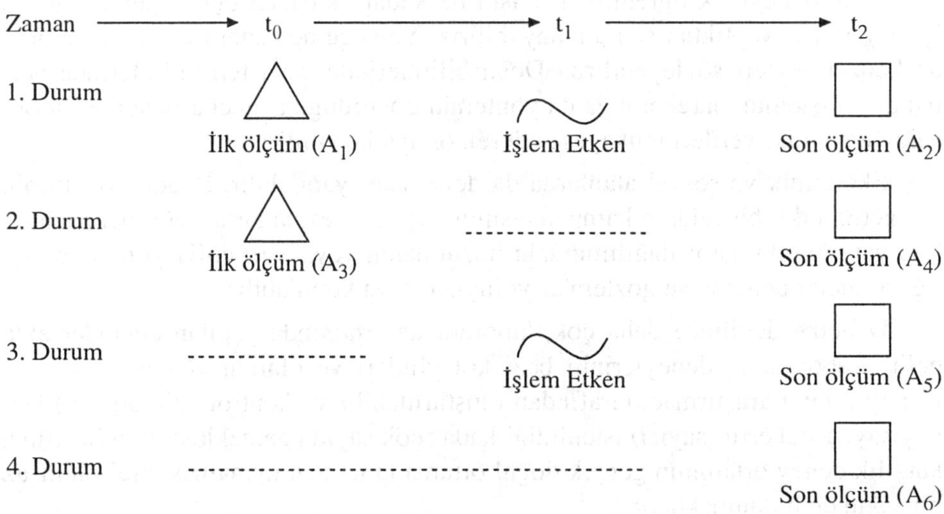

Şekil 3: Solomon Dörtlü Grup Deneme Deseni

Doğal olarak meydana gelen bazı olaylar da bir "deney" gibi ele alınarak, yol açtığı sonuçlar araştırılabilir. Deprem, sel baskını, borsanın çökmesi, nükleer reaktör felaketi, güneş tutulması gibi olayların toplumun sosyal ve ekonomik hayatı üzerinde yarattığı etki veya bu olayların yorumlanışı araştırılabilir.

Depremden önceki bilinen yaşam düzeyi, davranışlar ve yapısal özellikler, deprem sonrası durumlarla karşılaştırılabilir.

Bir kez nükleer sızıntı felaketi yaşamış bir reaktördeki işçilerin ve yöneticilerin davranışları, bu tehlikeyi yaşamamış benzer yapıdaki başka bir reaktördeki çalışma ortamı ile mukayese edilebilir.

Sosyal ve ekonomik alanlarda deneysel araştırma yöntemleri arasında sayılan diğer bir yöntem de, **Focus** grupları oluşturmaktadır. 10-15 kişiden oluşan grup, daha önceden hazırlığı yapılmış bir konunun tartışılması yapılmak üzere biraraya getirilir. Yeni geliştirilen bir ürünün satış olanakları, bir sloganın veya logonun toplumda benimsenme ya da tepki toplama olasılığı bu gruplarda yapılan konuşma ve tartışmalarla açıklığa kavuşturulur. Konu, canlı ve gerçek bir ortamda dile getirildiği, çabuk ve az masraflı sonuç alındığı için yöntemi olumlu bulanlar vardır. Ancak ortaya atılan görüş ve fikirleri analiz etmek zor olduğu gibi, toplantıyı yönetmek her zaman kolay olmayabilir ve bu işe uygun insanların bir araya getirilmesi her zaman kolay olmaz.

OKUMA PARÇASI

KOŞAN MI, YÜRÜYEN Mİ DAHA ÇOK ISLANIR?

Dünyanın En Sulu Deneyi Sonuçlandı

Yıllardır gündemden eksik olmayan ve gerekli-gereksiz pek çok tartışmaya zemin hazırlayan "Yağmurda koşan mı, yoksa yürüyen mi daha çok ıslanır?" sorusuna yanıt bulmak yine bilim adamlarına düştü. Bu konuda bir dizi deney gerçekleştiren bilim adamları, yürüyenlerin daha çok ıslandığını ortaya koydular. Ancak cevabın kesinleşmesi için aynı deneyin en az yüz kere tekrarlanması gerekiyor.

ABD'nin Kuzey Carolina eyaletinden bilim adamları Trevor Wallis ve Thomas Peterson, sorunun yanıtını bulmak üzere pamuklu dokumadan yapılmış kıyafetler giydiler. Yağmur altında aynı mesafeyi biri yürüyerek, diğeri koşarak kat etti. Daha sonra da üzerlerindeki kıyafetleri tarttılar. Yağmurun altında yürüyen Peterson'un kıyafetine yüzde 40 oranında daha fazla su isabet ettiği anlaşıldı. Asheville'deki Ulusal İklim Data Merkezi'nde çalışan ve aynı zamanda koşucu olan iki meteorolog, sorunun kesin yanıtı için denemenin en az 100 kez tekrarlanması gerektiğini söylüyorlar. Trevor Wallis, "Emin olmak için 100 kez aynı deneyin tekrarlanması gerekiyor. Bizimki ciddi bir araştırmadan çok espri mahiyetindeydi. Bu kadar ilgi çekeceğimizi sanmıyorduk. İkimiz de ciddi araştırmacılarız" dedi.

Dış Haberler Servisi

5.2. Alan Araştırma Yöntemi

Kütüphane dışında birinci el veri (özgün veri) toplamak amacıyla, kendi doğal ortamında yapılan araştırmalar bu grupta yer almaktadır, ingilizce literatürde SURVEY RESEARCH veya FIELD RESEARCH ifadeleri yaklaşık olarak alan araştırmalarına işaret etmektedir. Eğitim bilimlerinde "Tarama Araştırması", diğer bilim alanlarında "Saha Araştırması" veya "Survey Çalışmaları" eş anlamlı olarak kullanılmaktadır (Arseven, 1994, s. 13). Geçmiş yüzyıllarda nüfus sayımları, tarım sayımlan, ürün anketleri alan araştırması yoluyla yapılmıştır. Eğitim, sosyal, ekonomi, işletmecilik ve kamu yönetimi/siyaset konularında alan araştırma yöntemleri çok sık kullanılmaya başlanmıştır. Eğitim kurumlarının, öğretmenlerin ve öğrencilerin araştırılması alan araştırmalarıyla yapılabilmektedir. Aynı şekilde işletmelerin kuruluş yeri, yerleşim şekilleri, işyeri çalışma koşulları, ürün depolama, dağıtım ve pazarlama faaliyetleri, muhasebe, iletişim, donanım ve işletme yönetim şekilleri alan araştırmalarıyla ortaya konulabilmektedir. Hanehalkının konut, gelir, tüketim, sağlık ve eğitim durumları aynı yöntemle araştırılmaktadır. Her konuda yapılan kamu oyu araştırmaları da alan araştırmalarına bir örnektir. Bir kentteki trafik akışı ve trafik sorunları da alan araştırmalarıyla saptanır. Alan araştırmalarında **anket veya gözlem** formlarının **hazırlanması, deneklerin seçimi** ve **anketin uygulanması** en önemli aşamalardır.

Alan araştırma yöntemlerinin başlıca çeşitleri ve uygulama alanları aşağıda kısaca açıklanmıştır.

5.2.1. Yüzyüze Görüşme

Baştan itibaren iyi planlanmış, soru formlarının pilot uygulamaları yapılmış ve anketörleri eğitilmiş bir alan araştırması, yüzyüze görüşerek bilgi toplanmasında çok önem taşımaktadır. Görüşme tekniklerine uyarak ve kazanılmış deneyimlerden yararlanarak gerçekleştirilen yüzyüze görüşme sonucunda oldukça doğru bilgiler almak mümkündür. Yüzyüze görüşmenin avantajları sayesinde cevap alamama oranı oldukça azalmaktadır. Aile anketleri, işletmecilik, pazarlama, eğitim ve sosyal alanlarda yüzyüze görüşme yöntemi kullanılmaktadır.

Elde edilen veriler uygun analiz teknikleri ile işlenerek sonuçlar değerlendirilmektedir.

Yüzyüze görüşmelerin uzun zaman alması ve denekleri yerinde bularak görüşmelerin tamamlanması büyük uğraş gerektirdiğinden, bu tip araştırmaların maliyeti de yüksek olmaktadır. Bu tür araştırmalarda anketörün kıyafeti, konuşması, davranış tarzı, konusuna iyi hakim olması, yanıtları aynen kaydetmesi, karşısındakine uyum göstermesi ve diyalog tesis edebilmesi çok önem taşımaktadır.

5.2.2. Mektup (Posta) Yoluyla Yapılan Araştırmalar

Bu yöntemde hazırlanan anket formları posta ile önceden belirlenen adreslere postalanır ve cevaplanarak iade edilmesi istenir. Bu yönüyle, yüzyüze görüşme yönteminden farklıdır. Yüzyüze görüşme yönteminde sorulan sorular veya eksik bırakılan hususlar sözlü olarak ayrıntılı şekilde açıklanabilir. Mektupla yollanan anket formlarının ilk sayfası bu tür hitap veya açıklamalara ayrılmalıdır. Cevaplayana hitap eden bu sayfada anketin amacı, soruların yanıtlarının nasıl işaretleneceği, araştırma amacıyla verilen bilgilerin başkalarına aktaramayacağı, verilen bilgiler için cevaplayana herhangi bir yükümlülük getirmeyeceği net olarak bildirilmelidir.

Bu yöntemin maliyeti düşük olduğu için, çok sayıda anket formları deneklere yollanabilir. Ancak cevap alma yüzdesi düşük oranlarda kalmaktadır. Yanıt vermeyenleri telefonla tekrar tekrar ikaz etmek, yeniden anket formu yollamak, ya da bu konuda görüşmek ve yardımcı olmak üzere (anketleri bizzat elden toplamak v.b. gibi) deneklerin ziyaret edilmesi düşünülebilir.

5.2.3. Telefonla Görüşme Yöntemi

Sınırlı sayıdaki birkaç adet sorudan oluşan anketler telefonla gerçekleştirilebilir. Yüzyüze diyalogun avantajları bu yöntemde olmamakla beraber, uygun bir sistemle ve ses tonuyla, deneyimli anketörler bu yöntemden sağlıklı bilgiler alabilmektedirler. Çalışmanın süratle ve az masrafla tamamlanması en büyük avantajdır. Diyalog kuramama, kılık-kıyafetin uygun olmaması gibi yüzyüze görüşmede yaşanabilen sorunlar telefon görüşmelerinde yoktur.

Telefonla yapılan araştırma sonuçlarının sadece telefon sahibi kişileri/aileleri kapsayacağı, telefonu olmayanları dışarıda bırakacağı geçmiş dönemlerde önemli bir eleştiri konusu idi. Günümüzde telefon çok yaygınlaşmıştır. Ülkemizde 1999 sonu itibariyle 18 milyon normal telefon, 8 milyon "kadar da cep telefonu abonesi vardır. Telefonla görüşmek suretiyle bilgi toplamada karşılaşılan başlıca sorunlar aşağıda sıralanmıştır:

- Telefon, insanın yüzüne kolayca kapatılabildiği için, görüşmeyi kabul etmeyen veya yarıda kesenlere sık sık rastlanmaktadır.
- Telefonla çok sayıda soru ve çok uzun süren görüşme yapmak uygun düşmemektedir.
- Anketörün adı ve konuşma tarzı; etnik, dini ve siyasi kimliğini yansıtabilir ve bu husus yanıtlayanda antipati oluşturabilir.
- Pazarlamacılıkla uğraşanlar, mal satma amaçlarını araştırmacılık perdesi altında gizleyebilmekte, bu husus gerçek araştırmacının aleyhine olmaktadır.

- Telefon rehberinde yer almayan ve numaralarını gizleyen aboneler için tesadüfi (random) olarak düzenlenen telefon numaralarını çevirmekten başka yol olmayacaktır.
- Telesekreterlerin yaygınlaşması da telefon yoluyla deneklere ulaşmakta bir engel haline gelmektedir.

5.2.4. Gözleme Dayalı Araştırmalar

Bu tür araştırmalarda veri toplama gözlem yoluyla gerçekleştirilmektedir. Gözlemci ve denek, sonuç üzerinde etken olmadığı için; yüzyüze görüşmede, mektup veya telefonla bilgi almaya göre daha sağlıklı ve doğru veri toplama olanağı vardır. Gözlemcinin olay ya da denek üzerinde herhangi bir dahli (etkilemesi) olmayıp, sadece incelediği olaya ilişkin sayımları veya izlenimlerini kaydetmekle yetinmektedir. Gözlem sonuçlarının kaydedilmesi, önceden yapılan planlamaya ve hazırlıklara uygun olarak belirli formlara yazılarak yapılmalıdır. Gözleme tabi tutulan kişiler, topluluklar veya örgütler, yapılan çalışmanın farkına varmazlarsa, daha objektif veriler elde edilebilir. Öğrencilerin, öğretmenlerin, satıcıların, müşterilerin değişik konum ve durumlarda tutum, tepki ve davranışlarının kaydedilmesi, olayların anlaşılmasını ve açıklanmasını kolaylaştırır. Eğitim etkinliklerinin, sendika toplantılarının, öğrenci örgütlerinin, workshop çalışmalarının, kongre ve seminerlerin, mitinglerin, işçi işveren pazarlıklarının ortaya çıktıkları belirli bir mekan ve zaman diliminde gözlemlenerek araştırılması mümkündür. Aşağıdaki hususlar gözlem yoluyla araştırılabilir:

a. Çeşitli davranışlar, hareket tarzları ve işlemler.
b. Açık arttırma, icra, iflas, deprem, yangın, hastalık, evlenme, boşanma vb. olaylar.
c. Mesleklerin, ailenin, etnik grupların vb. rolleri ve işlevleri.
d. Akrabalık ve arkadaşlık ilişkileri: çocuklar ve ebeveynler, işçi, patron, arkadaşlık gibi.
e. Grup ve örgüt ilişkileri: Spor takımları, hastaneler, okullar, şirketler, dernekler gibi.
f. Köy, gecekondu, tatil beldesi gibi küçük yerleşim yeri ilişkileri.
g. Yaşam tarzları ve alt kültür incelemeleri: Memur, işçi, tüccar sınıflarının, ya da köylü/kentli sınıflarının gözlemlenmesi.

Gözleme dayalı araştırmalarda, araştırmacı aşağıdaki iki yoldan birini izlemek durumundadır:

- Katılarak gözlem: Araştırmacının olayın içerisinde yer alması, gruba katılması ve onlarla birlikte olması (Buna eylem araştırması yöntemi denilir).

- Katılmadan gözlem: Olayı dışarıdan gözlemlemek. Olayın veya grubun içinde yer almamak.

Katılarak yapılan gözlemin avantajı, olayı bütün detayları ile anlamak, yaşamak ve tam bilgilenmektir. Buna karşılık olayı yönlendirmesi, denekleri etkilemesi, böylece olayı doğal seyrinden çıkartarak incelenmek istenen tipik olay olmamak tehlikesinin doğmasıdır. Ayrıca, gözlemci (araştırmacı) kendisini olayın veya grubun etkisine kaptırarak asıl amacını unutabilir. Satış ve pazarlama olaylarının incelenmesinde, dini topluluklara veya sporcu gruplarına ilişkin sosyolojik araştırmalarda, heyecanlı miting ve konuşmalarda aynı durum söz konusudur. Gözlemci kendi gerçek kimliyini gizlese dahi, bunun da benzer sakıncaları vardır.

Katılmadan gözlemlerde ise, gözlemcinin olayı etkilemesi ya da yönlendirmesi tehlikesi olmamasına karşın, olayı yeteri kadar tanıyamaması, inceleyememesi ve dolayısıyla eksik ve yanlış bilgi ile yetinmesi olasılığı vardır. Dilini ve geleneklerini bilmediği yabancı bir toplumu incelemeyi amaçlayan araştırmacılar, benzer durumlarla karşılaşmışlardır.

Gözleme dayalı araştırmalarda da araştırmanın çok iyi planlanması, gözlemcilerin iyi eğitilmesi, gözlemlerin kaydedileceği formun önceden hazırlanması, gözlemlerin hangi koşullarda ve nerede yapılabileceğinin saptanması gereklidir. Gözlemi yapılacak kişi, grup, aile, işletme, örgüt veya grupla nasıl bağlantı kurulacağı önemlidir. Aynı konuyu daha önce araştırmış kişilerle bağlantı kurarak ilgili yayınları detaylı şekilde incelemek, ilk tanışmanın olumlu şekilde olmasını sağlamak, doğru bilgi almak için şarttır.

OKUMA PARÇASI

PATATES KANSERİNE KARŞI SURVEY ÇALIŞMASI YAPILDI

Tarım Bakanlığı Koruma ve Kontrol Genel Müdürlüğü, Türkiye'deki patates kanseri hastalığının (synchytrium endobioticum) tespiti amacıyla Ankara Zirai Mücadele Merkez Araştırma Enstitüsü koordinatörlüğünde bir sürvey projesi hazırlattı. Bugüne kadar yapılan survey çalışması sonuçlarına göre Niğde'nin Ağcaşar köyü, Nevşehir'in Kaymaklı ve Derinkuyu kasabaları ile Ordu'nun Aybastı ilçesindeki patates üretim alanlarında sözkonusu hastalığın tespit edildiği belirtildi. Bu arada Bolu Tarım İl Müdürlüğü, Niğde, Nevşehir ve Ordu'dan hastalıklı patateslerin kente girişini yasakladıklarını söyledi.

Y.Şafak, 14.2.2004

Gözlemci, gözlem esnasında her olayı not etmeye çalışmalıdır, izlediği ve not ettiği olaylara ilişkin yorum ve düşüncelerini, olayın görülen ve görülmeyen nedenlerini de kaydetmelidir. Not tutma işini kolaylaştırmak için, önceden düzenlenen gözlem formlarında zaman, yer, yaş, cinsiyet vb. bilgiler için yer ayrılmış olmalıdır. Gözlemci bazı hususları, gözlem tamamlandıktan sonra bürosunda da mutlaka ilave edebilir. Ancak hafızaya da fazla güvenmemelidir.

Hareketlerin, olayların, yorum ve düşüncelerin kaydedilmesiyle sağlanan verilerin yeniden düzenlenmesi, ilave açıklamaların eklenmesi, dosyalar haline getirilmesi, tablolar haline getirme, ilgili grafikleri hazırlama araştırma raporunun amaca uygun şekilde tamamlanmasına yardımcı olacaktır. Araştırılan konuya bağlı olarak değişmekle beraber, gözlem sonuçlarını tablolara veya grafiklere aktarırken, verilerin aşağıdaki boyutlarına dikkat edilmelidir (evlere giderek yapılan satışlar örnek alınmıştır):

a. Olayın sayısal ve oransal olarak gösterdiği özellik. Haftada veya ayda kaç kez evlere uğradıkları,
b. Hangi günleri, saatleri ve semtleri tercih ettikleri,
c. Bu işi meslek edinenlerin kişisel özellikleri,
d. Hangi çeşit malların bu şekilde pazarlandığı,
e. Kapıyı açanlara ne şekilde hitap ettikleri,
f. Peşin, taksit veya başka şekilde olmak üzere satış şekilleri, malı teslim saatleri, kefil talep edip etmedikleri,
g. Evlere pazarlama yönteminin yaygınlaşma nedenleri, bu işle uğraşanların kazanç düzeyleri, kent hayatındaki zorlukların ya da süpermarketlerdeki müşteriye ilgisizliğin etkileri,
h. Apartman sahiplerinin ve çevredeki marketlerin bu tür pazarlamacılara karşı tutumları.

Gözleme dayalı araştırma yönteminin avantajlı ve dezavantajlı yönleri vardır. Olayı yerinde görmek, izlemek ve not etmek, deneylere ve anketlere göre daha doğru veriler elde etmemizi sağlamaktadır. Ancak yorumlama ve değerlendirmeler kişisel olduğu için, bunların sübjektif olması ve başkalarının ölçüm ve standartlarına uygun olmaması tehlikesi her zaman mevcuttur. Liberal olarak tanımlanan bir kişinin, başkaları tarafından liberal olarak kabul edilmemesi gibi.

5.2.5. Örnek Olay İncelemesi

İngilizce literatürde "case study" adı verilen bu yöntem, alan araştırmalarının bir türü olup, başlıca özelliği bir tek olayı, bir işletmeyi, bir örgütü, hatta bir insanı veya ülkeyi ele alarak ayrıntılı şekilde incelemektir. Köy monografisi, bir şirketin, bir politik partinin monografisi, antropolojik konular gibi araştırmalar da bu gruba dahildir.

"Enflasyonun Gelir Dağılımına Etkisi: Türkiye Örneği" adlı araştırma da böyledir. Bu tür araştırmalarda her çeşit bilgi toplama yöntemine baş vurulabilir: Yüzyüze görüşme, gözlem ve deney gibi. Burada da olayı anlamak ve açıklamak amacı güdülmektedir. Araştırmanın planlanması, elde edilen verilerin analizi ve yorumlanması diğer alan araştırmalarında olduğu gibidir.

Bir problemin bir yönünü sınırlı bir zamanda derinlemesine inceleme fırsatı verdiği için bilhassa kişisel araştırmalar için uygundur. Bir olaya odaklanmış araştırmalar için şemsiye terim olarak **örnek olay araştırması** adı kullanılır. Bu yöntem bir anlatım (hikaye etmek) veya bir durumu tasvir etmekten öte bir şeydir. Diğer araştırmalarda olduğu gibi araştırma yöntem açısından planlanır, deliller, (kanıtlar) sistematik olarak toplanır, değişkenler arasındaki ilişkiler araştırılır. Gözlem ve görüşme en çok kullanılmakta ise de, diğe metotlar da gözardı edilmez.

Örnek olay araştırmasının güçlü tarafı belirli bir olay ya da duruma konsantre olmaya, birbirini etkileyen prosesler belirlemeye elverişli olmasıdır.

Örnek olay araştırmaları bir alan araştırmasını mükeakip veya onu tamamlayıcı huviyette yapılabilir. Alan araştırması sayesinde daha ileri araştırma gerektiren anahtar sorunlar ortaya konulmuş olur. Örnek olay araştırmacısının amacı, bir kurumun genel ve nevi şahsına münhasır yani kişiye özel özelliklerini belirlemek, bunun sistemlerin uygulanışını nasıl etkilediğini göstermek ve örgütün işlevlerini etkileme durumunu saptamaktır.

5.2.6. Eylem Araştırma Yöntemi: Action Research

Her alanda uygulama olanağı olmakla birlikte eylem araştırması, eğitim alanında daha çok görülmektedir.

Eylem araştırmasında, araştırıcı olayın içerisinde ve onun bir parçası olarak, hem araştırmacı, hem de eylemci durumunda yer almaktadır. Kendisi katılarak araştırmasını uygulama bakımından zenginleştirmektedir. Kendi ortamını ve etkinliklerini daha iyi anlamak ve bunu grup arkadaşlarıyla paylaşmak olanağı doğmaktadır. Gerek sosyal olaylarda, gerekse eğitim alanında eylem araştırmasının üç yönlü amacı bulunmaktadır:

a. Sosyal ve eğitim faaliyetlerinin makul ve adil olmalarını sağlama,

b. Bu faaliyetleri anlama ve ilgili kavramları geliştirme,

c. Bu faaliyetlerin yürütüldüğü ortamı geliştirme.

Bu yöntemde araştırmacı tek başına araştırmayı üstlenmek yerine, katılımcıların hepsi işbirliği yapılmaktadır. Böylece içerisinde bulunulan ortamın (okul, fabrika vb.) iyileştirilmesi gerçekleşmektedir. Hipotezler veya kanular, pratik ve günlük olaylarla kanıtlanmış olmaktadır. Bu özellikleri nedeniyle son yıllarda eylem araştırmaları, küçük çaplı araştırmalarda ve özellikle kendi iş yerinde yapılan araştırmalarda iyi sonuçlar vermektedir. Eylem araştırmalarının aşağıdaki yönleri vardır:

- Aniden ortaya çıkan somut bir problem ele alınabilir.
- Dönem boyunca ve adım adım izlenen sorun; soru formu, günlük, mülakat ve örnek olay gibi araçlarla incelenir. Böylece gerekli ayarlamalarla süreç iyileştirilebilir.
- Araştırma problemleri, katılımcıların veya eylemin/işin içerisinde yer alanların analizlerinden doğduğu için, araştırmacı aktör, sorunu kolayca tanımlar ve genel esasları ortaya koyar. Buradan da en uygun hipotezler geliştirilir.
- Kabul edilen veya revize edilen hipotezlere göre gerekli bulunan yeni veriler toplanır.
- Bu nedenle pratiğin içerisinde olan araştırmacılar için yerinde saptanan problemin çözümünü geliştirmek kolay olur.
- Bu modelin her zaman eğitim yönü vardır.
- Sosyal grupların üyeleri olan kişileri ele alır.
- Değişime ve gelişime müdahale eder.
- İyileştirmeci ve katılımcıdır.
- ARAŞTIRMA-EYLEM-DEĞERLENDİRME şeklinde üçlü süreci ele alır.
- Araştırma, değişim sürecine katılanların ilişkisine dayanmaktadır.

Örnekler

a. İskoçya'da okul programlarının islahında uygulanmıştır.
b. Araştırmacı öğretmenler tarafından sık kullanılmıştır. (Bartholomev 1971, Cope and Gay 1979, Raven and Farker 1981).
c. Bir yurt müdürünün yurtta kalan öğrencileri denek veya anketör olarak kullanmak suretiyle bir araştırma yürütmesi.
d. İşçilerden, mühendislerden ve yöneticilerden oluşan bir araştırma grubu kurarak, firmanın yeniden yapılanması önerilerini değerlendirmek.

OKUMA PARÇASI: Eylem Araştırma Örneği

ERKEK KILIĞINDA 1.5 YIL...

ABD'li gazeteci Norah Vincent erkek kılığına girerek 18 ay yaşadı, hatta kız arkadaş bile edindi. Vardığı sonuç ise; erkeklerin işi çok zor.

Erkeklerin dünyasını merak eden Amerikalı ünlü gazeteci Norah Vincent, erkek kılığına girerek 1.5 yıl onlar gibi yaşadı. Los Angeles Times'a düzenli yazılar yazan Vincent, sıradışı deneyimi sırasında 'erkek olarak' edindiği tecrübeleri ve yaşadıklarını, erkek dünyasını yazdığı kitabında anlattı. Kadın-erkek arasındaki farkı anlayabilmek için erkekler dünyasına uzun bir yolculuk yapan Vincent, "İki cinsiyet arasında yazılı kurallar olmasa da erkek ve kadın olmanın tüm dünyada genel geçer kuralları olduğunu, bunları bizzat yaşamak için de bu yolu seçtiğini" söylüyor. "Self-Made Man" adlı kitabında kadının av, erkeğin avcı olarak görüldüğü toplumda avcı rolüne girdiğini ve erkeklerin üzerindeki baskıyı hissettiğini anlatan Vincent, kendi yaptığı makyajla erkek kılığına büründü. Sadece erkeklerin olduğu bowling maçlarına katıldı, arkadaşlıklar kurdu, striptiz kulüplerine gitti ve hatta kızlarla flört etmeye bile başladı. 'Ned' adını kullananVincent, tezgahtar olarak çalışmaya başladı ve spor salonunda çalışırken kendine protez penis taktı.

'HİSLERİNİ BASTIRIYORLAR'

Tüm yaşadıklarından sonra 'erkelerin de işinin zor' olduğuna kanaat getiren Vincent kitabında şu satırlara yer verdi: "Erkekler agresif ve duygularını bastırıyorlar. Dünyamız erkek dünyası ama ben yine de kadın olduğum için mutluyum." İşe başladıktan sonra erkek arkadaşlar edinen Vincent'ın erkekler hakkında en tahammül edemediği konu ise 'belden aşağı sohbetler' olmuş. Seks üzerine sohbetler, yanlarından geçen her kadına ne yapmak istediklerini konuşmaları gibi... Striptiz kulüplerin üzüntü ve yalnızlığın mekanı olduğunu yazan Vincent, ilk defa burada erkeklere acımış. Vincent'i en çok şok eden şey ise beraber olduğu kadınlar olmuş. Saatlerce hiç durmadan onları dinleyen Vincent, "Beynim uyuştu" diyor. Vincent erkeklere tavsiyesi ise toplumun onlara dayattığı rollerden kurtulmalar.

Sabah Gazetesi 23/01/2006

5.2.7. Etnografik Yöntem

Bu yöntem, bir alan araştırması (saha araştırması) olup, ilk kez, bir toplumu veya toplumun bir yönünü, kültürünü veya bir grubu derinlemesine araştırmak isteyen antropologlarca geliştirilmiştir. Daha çok gözleme dayanan bir yöntem olup, bazı durumlarda da araştırılan topluma tamamen veya kısmen entegrasyonu ele almaktadır. Katılımcılar gözlemlenmek suretiyle aynı konularda deneyim paylaşılmakta, böylelikle hareketlerinin nedeni daha iyi anlaşılabilmektedir. Bu yöntem artık antropoloji dışında diğer alanlarda da küçük grupların araştırılmasında kullanılmaktadır.

Katılımcıların gözlenmesi zaman alıcı bir iştir. Araştırmacı, incelenen kişiler veya gruplarca kabul edilmelidir. Yani onlarla aynı işi, aynı yaşam ortamını ve koşullarını paylaşabilmelidir. Onları temsil edebilme de önemlidir. Ayrıntılı şekilde incelenen grup, diğer grupları temsil edebilen olmalı, tipik şekilde aykırı olmamalıdır. Belirli bir okuldaki öğretmenler, ülkenin diğer okullarında tüm öğretmenleri temsil eder mi? Bir okuldaki tüketim kooperatifi diğer okullardaki tüm kooperatifleri temsil edebilir mi? Bunlar sadece kendi küçük gruplarını temsil eder.

5.3. Kütüphane Araştırmaları

Library research adı altında geçen bu yöntemde, araştırmada kullanılan verilerin önemli kısmı kütüphanelerdeki kaynaklardan, özellikle yayınlardan elde edilmektedir. Bilindiği gibi kütüphanelerde ansiklopedi, sözlük, her tür kitaplar, dergi ve mecmua gibi süreli yayınlar (peryodikler), gazeteler, broşür ve haritalar, müzik, resim vs. gibi alanlarda eserler yer almaktadır. Bunların dışında, tasnif edilmemiş veya yayınlanmamış arşiv, dosya, belge vb. bulunabilmektedir. Kasetler, disketler ve CD'ler de bur arada sayılabilir.

Kütüphanelerin kitap tasnif sistemi ve kitap teşhir/sergileme yöntemleri, bilgisayar ortamına geçip geçmediklerine göre, okuyucuya sağladıkları birçok kolaylıklar vardır.

Yayınları incelemek, not çıkartmak ve bu notları, araştırma raporunda değerlendirmek üzere tasnif etmek ayrı bir deneyim gerektirmektedir.

İçerik analizinde de kütüphanelerden yayınlanıldığı gibi, diğer araştırma yöntemlerini kullananlar da kütüphanelere başvurarak literatür incelemesi yapmaktadırlar. Kütüphane araştırması denilince, salt kütüphane kaynaklarını kullanarak tamamlanan araştırma anlaşılmalıdır. Tarihçilerin araştırmaları daha çok yazılı kaynaklara dayandığı için bu gruba dahil edilebilir.

Yayınlardan elde edilen bilgiler, çeşitli mantıksal yorumlamalar ve karşılaştırmalara tabi tutularak konunun anlaşılması ve açıklanması mümkün olur.

Alıntı veya başka şekilde değerlendirilen tüm kaynakların, gerek rapor metni içerisinde, gerekse kaynakça listesinde gösterilmesi gereklidir.

5.4. İçerik Analizi Yöntemi

Fen bilimlerinde araştırmalar daha çok deney ve gözlemlere dayalı olarak yapılmaktadır. Sosyal bilimlerde de zaman zaman deney ve gözleme yer verilmekle beraber, yazılı kaynakların incelenmesi daha büyük önem taşımaktadır. Tarih, felsefe, kültür, sosyoloji, davranış bilimleri, ekonomi gibi alanlarda araştırma yapmak için yazılı belgelerin ve iletişimlerin incelenmesi zorunludur. Bunların okunup, değerlendirilmesi yoluyla araştırılan soruna çözüm bulmak veya yeni bilgi üretmek mümkün olabilecektir. İçerik analizi son yıllarda tüm yayınlara ve iletişim türlerine uygulanmaktadır. Bu bakımdan içerik analizi, başkaları tarafından ortaya konulan iletişim materyalinin içerdikleri mesajlar, karakterler, simgeler, kimlikler, bilgiler, sloganlar vb. gibi açılardan incelenmesi ve sayısallaştırılmasıdır. Herhangi bir kitap, makale, bildiri, konuşma metni, kanun veya Anayasa metni, roman veya şiir eseri, ya da reklam yayını içerik analizine tabi tutularak incelenebilir veya yorumlanabilir. İçerik analizlerinde üç ayrı grup dikkati çekmektedir. Birinci grupta, verilen **mesajın sıklığı** dikkate alınarak etkisi ortaya konulmaktadır. İkinci grupta, **kelimelerin anlamlarına** göre sayılarak kümelendirilmesi yapılmaktadır. Üçüncü grupta ise, kullanılan sözcüklerin neye işaret ettikleri, **kullanım sıklığından** anlaşılmaya çalışılmaktadır. NATO sözcüğünün kullanım sıklığı gibi. Yazılı ve sözlü belgeler sistematik şekilde incelenerek, belirli aşamalardan sonra bu belgelerin içeriği belirli kategorilere ayrılabilir, tablolara ve grafiklere aktarılabilir. Böylece, olgunun anlaşılması ve açıklanması daha kolay hale gelir.

İçerik analizinin amaçlarını yedi madde halinde ortaya koymak mümkündür (Holsti, 1969):

a. İletişimin içeriğindeki eğilimleri belirlemek,
b. Yazılı kaynakların veya belgelerin bilinen özelliklerini ürettikleri mesajlarla ilişkilendirmek,
c. İletişimin içeriğini standartlara karşı test etmek,
d. İkna etme veya bilgilendirme tekniklerini analiz etmek,
e. Stil, üslup veya tarz analizleri yapmak,
f. Dinleyicinin bilinen özelliklerini onlar için üretilen mesajlarla ilişkilendirmek,
g. İletişimin kalıplarını betimlemek.

İçerik analizleri, deneysel ve gözlemsel yöntemlerin dışında, nicelik analizlerine daha yakın duran bir yöntemdir. Aynı olayı ve olguyu insanlar farklı şekilde görmekte, okumakta ve algılamaktadırlar. Yani, aynı içerik farklı yorumlara ve tepkilere yol açmaktadır. Her türden kitap, dergi, gazete vb. yayınlar, medyadaki haberler ve programlar, filmler, bildiriler, konuşmalar, anket ve röportajlar, afiş ve posterler, tartışma metinleri, reklamlar, müzik eserleri gibi olgular içerik analizi yöntemiyle incelenebilir. Burada izlenen yol, önce sınıflandırma (kategorilendirme) ile başlar. Bilimde sınıflandırma çok önemlidir. Adeta "bilim sınıflandırma demektir" özdeğişi içerik analizi için söylenmiştir. Sınıflandırma, anlamayı ve açıklamayı mümkün kılar. Hatta daha da ileri giderek "sınıflandırma, anlamak, açıklamak ve düşünmek" demektir (Bilgin, 2006: VIII.). Bu bakımdan içerik analizi bilimsel bir yöntemdir.

İçerik analizi yönteminin bir çok olumlu ve olumsuz yönlerinden bahsetmek mümkündür. Tamamen objektif uygulamaları olduğu gibi subjektif kaldığı durumlar da vardır. İletişimin görünen içeriğini betimlemek, sembolik davranışları sistematik, nicel ve nesnel yönden incelemek, kurumsal temeli zayıf olsa da ilginç sonuçlar veren analitik bir yöntem olarak çeşitli açılardan ortaya konulan içerik analizi yönteminin bilimsel bir yöntem olduğundan kuşku yoktur (Bilgin, 2006:2).

İçerik analizini kolayca uygulamak mümkün olduğu halde, başarılı olabilmek için konuyla ilgili söyleme ve uygulamaya çok hakim olmak, yeterli bilgi ve tecrübe birikimine sahip olmak gerekmektedir.

İçerik analizi aşağıdaki yöntemleri ve uygulamaları içermektedir:

I. GRUP TARTIŞMALARININ ANALİZİ: Yazılı metinler nasıl inceleniyorsa sözlü mesajlara ve iletişimlere de uygulanabilmektedir. Yönetim kurullarında, ekip veya grup toplantılarında ve tartışma seanslarındaki konuşmalar ve tartışmalar içerik analizi yardımıyla ele alınabilmektedir. Böylece konunun (sorunun) anlaşılması, açıklanması ve gerekli çıkarımların yapılması olanaklı hale gelmektedir.

Bu kategoride en iyi bilinen üç adet uygulama örneği vardır: Bales (1950) tarafından geliştirilen "**Küçük Gruplarda İletişimlerin Analizi**", diğeri "**İtirafların Analizi**" ve üçüncüsü de "**Sanchez'in Çocukları**" örnekleridir.

II. ANKET GÖRÜŞMELERİNİN ANALİZİ: Değişik alanlarda anket yoluyla toplanan verilerin analizine dayanmaktadır. Bu yöntemde de üç tipik uygulama öne çıkmaktadır:

- **Eşyayla İlişkiler:** Motivasyon, işe alma, danışmanlık, klinik teşhis ve terapi görüşmelerine ilişkin incelemelerde kullanılır. Eşyaların üretim yöntemi ile bunlara karşı kişilerin psikolojik tutumu arasında bir ilişki tipi ortaya konulur.

- **Araç sembolizmi:** Kişinin arabasıyla ilişkisi ve ona karşı olan tutumu sorulan sorularla ortaya konulur. Bu ilişkide nelerin referans alındığı ve psikolojik ilişki tipi ortaya konulur.
- **Pratisyen Dişçi – Hasta İlişkileri:** Bu da tipik bir örnektir. Diş hekimi – hasta ilişkilerinde sabırsızlık ve saldırganlık olgusu çeşitli soru ve şablonlarla sorgulanarak analiz edilmektedir.

III. SÖYLEM ANALİZLERİ: Romandaki söylemler ve tasvirler, şizofren hastalarının konuşmaları, okul kitaplarının analizi, propaganda mesajlarının veya politik dergilerin analizi, arabesk şarkıların analizi bu yöntemle yapılan çalışmalara örnek oluştururlar.

IV. BASIN ANALİZLERİ: Çeşitli konuların basın yoluyla işlenmesi ve değerlendirilmesi, olumlu ve olumsuz imajları oluşturmanın mekanizması değişik sorular ve diyagramlarla ortaya konulmaktadır.

V. İKONİK MESAJ ANALİZLERİ: Resim, fotoğraf, şekil, şema, grafik, figür, film, gravür, desen, portre, kaligrafi vb. gibi imgelerin verdiği mesajların analiz edilmesidir. Sayılan bu örnekler çeşitli amaçlara ve kriterlere göre ele alınarak daha iyi anlaşılması ve açıklanması yoluna gidilmelidir.

Yukarıda sırasıyla ele alınan beş kategorinin dışında ÇİZGİ ROMAN ANALİZLERİ (çizgi romanların incelenmesiyle kültürel ilişkilerin yapısı ve gelişimi analiz edilmektedir.) ve YILDIZ FALLARI ANALİZLERİ (magazin basındaki falların kurgulanması ve yol açtığı sonuçlar incelenmektedir).

Benzeri içerik analizlerine ilişkin daha ayrıntılı bilgilere erişmek mümkündür (Bilgin, 2006).

İçerik analizi yöntemiyle incelenecek dokümanların seçilmesinde, hatta aynı belge içerisindeki sayfa ve paragrafların belirlenmesinde olasılıklı örnekleme yöntemlerine başvurmak gerekebilir.

İçerik analizinin uygulandığı alanlara birçok örnekler verilebilir: Tüketici davranışlarında ve reklamlarda değişen ögeler, eğitim felsefesi anlayışındaki değişmeler, yazılı veya görsel basında politik protesto işaretleri, gazete ve dergilerin uzun yıllar boyunca eğilim ve uygulamalarındaki değişmeler, Devlet Başkanları vb. önemli kişilerin yılbaşı ya da bağımsızlık günlerinde yaptıkları konuşmaların uzun yıllar itibariyle analizi içerik çözümlemesinin konusu olabilirler. Ülkemizde 1934-1964 dönemini kapsayan bir çalışmada YURTTAŞLIK BİLGİSİ kitaplarının siyasal bilincin gelişmesinde nasıl etkili oldukları incelenmiş ve bu dönem boyunca kitap içeriğinin nasıl değiştiği ortaya konulmuştur (Gökçe, 1992, s. 101).

İçerik analizi yöntemi kullanılarak ABD'de yapılan bir araştırmada, televizyonlardaki ticari reklamlardan 2209 adedi incelenerek; yaşın, cinsiyetin, karakterlerin, aile yapısının, günün ve haftanın belirli dilimlerinin çeşitli mal gruplarında (gıda, ev eşyaları, vücut bakım ürünleri, hizmetler ve işyeri ürünleri, içkiler vb.) nasıl kullanıldığı ortaya konulmuştur (Craig, 1992).

İçerik analizi, birbirine benzeyen kavramlar ve temalar çerçevesinde verileri düzenlemek ve yorumlamak demek olduğuna göre, eldeki belgenin belirli aşamalar halinde çözümlenmesi gerekir. Bu aşamaları aşağıdaki gibi dört grup altında ele almak mümkündür:

a. Analiz biriminin belirlenmesi: Bilgi alınacak birim ile gözlemlenen birim her zaman aynı olmayabilir. Çoğu araştırmalarda kişi, aile, kurum, kent, bölge veya ülke analiz ünitesi olabilir. Ailelerin gelir-tüketim araştırmalarında analiz birimi ailedir. Ancak, ailedeki fertlerin her birinin gelir ve işyeri memnuniyetleri incelenecekse, analiz birimi ailenin fertleridir. Bu açıdan hangi özelliğin hangi birimle beraber ve iç içe olduğu içerik analizlerinde daha da önem kazanmaktadır.

İçerik analizlerinde analiz ünitesi yerine KAYIT ÜNİTESİ ifadesi daha yaygın kullanılmaktadır. Kayıt edilecek ya da sayılacak üniteler aşağıdaki gibi sıralanabilir: Sözcükler veya semboller, kavramlar, sloganlar, karakterler, temalar, cümleler ve paragraflar.

b. İncelenen belge veya konuyla ilgili kavramların belirlenmesi gerekir. Bunun için yazılı eser veya metin, kelime ve kavramlar açısından taranır. Yer verilen belirli kavramların altı çizilir veya kenara çıkarılır. Diğer bir yöntem de önceden araştırıcının belirlediği kavramlara metinde yer verilme sıklığı ortaya konulur.

Aynı inceleme, cümle veya paragraflar için de yapılarak, konunun kullanılış sıklığı saptanır.

c. Kavramlar, cümleler veya paragraflar kendi aralarında anlamlı bir bütünlük meydana getirmekte iseler, bunlar kodlandırılır. Kodlama, benzer anlam gruplarına göre kavramları sınıflara ayırmaktır. Bu sınıflara bir ad verilir. Oluşturulan kod listesine dayanarak bilgilerin düzenlenmesi ve yorumlanması yapılır. Yazarın ya da yorumcunun iyimser/kötümser, liberal/devletçi kodlarıyla işaretlenmesi gibi. İş adamları/ girişimcilerle ilgili bir eserin değişik kimlik özellikleriyle kodlanması bir örnek olarak verilebilir: Yatırımcı kimlik, yönetici kimlik, tutumlu kimlik, uzlaşmacı ya da çatışmacı kimlik vb. gibi. Birbirine benzeyen kavramlar daha genel düzeyde bir kez daha gruplandırılabilir. Ortak temalar altında toplanabilir. Aynı tema altında toplanan kavramların kendi aralarında bir ilgi ve bütünlük teşkil etmeleri gerekmektedir. Ayrıca, temaların ifade ettiği anlamların ve çağrışımların verileri açıklayabilmesi şarttır. Tema, eserin konusu gibi düşünülebilir. Bir eserin teması liberalizm, devletçilik, sosyalizm, sosyal demokrasi, insan hakları vb. gibi olabilir.

d. Ortaya konulmuş olan kavramlar ve temalardan yararlanarak veriler açıklanır ve yorumlanır. Ortaya çıkan benzerliklerden veya zıtlıklardan faydanılarak nedensel ilişkiler anlaşılır şekilde sunulmaya ve açıklanmaya çalışılır. Böylece betimleyici ve açıklayıcı bir araştırma gerçekleştirilmiş olur.

İçerik analizi yönteminin bazı avantajları olduğu gibi, dezavantajları da vardır. Büyük araştırma ekipleri gerektirmeden münferit bireyler tarafından da yapılması ve içerisinde bulunduğumuz dönemle sınırlı olmaması, geçmiş dönemlere ilişkin yayınların veya metinlerin de incelenebilir olması, yöntemin olumlu taraflarını oluşturmaktadır. İki dünya savaşı arasındaki dönemde uluslararası ilişkilerinin analiz edilebilmesi, Reşat Nuri Güntekin'in romanlarından o dönem İstanbul'unun incelenmesi gibi. Ancak, incelemenin yalnızca eldeki dokümanla sınırlı olması, ulaşılan bilgilerin ve sonuçların doğruluk ve güvenirliğinin kolayca irdelenmeye müsait olmaması, içerik analizinin negatif yönleri arasında sayılabilir.

5.5. Analitik Yöntemler

Veriler arasındaki ilişkilerin matematiksel eşitlikler halinde analiz edilmesidir. Bu tür araştırmaları da verilere ve konuya bağlı olarak İSTATİSTİK, EKONOMETRİK veya SOSYOMETRİK yöntemler olarak adlandırılmaktadır.

6. VERİ ÇEŞİTLERİ VE VERİ KAYNAKLARI

Kaydedilmiş bilgiye veri denir...

6.1. Veri Tanımı ve Veri Kaynakları

Bilgi veren, sorunu çözmemize ya da karar vermemize yardımcı olan her türlü bilgi veya olguya **veri** adı verilir. Sayı, kalite, renk, durum, tutum vb. konulardaki bilgilerin tümü veri olarak adlandırılır. Veriler işlenmek ve değerlendirilmek (yorumlanmak) üzere toplanırlar. Veri ingilizcedeki "data" kelimesinin karşılığıdır. Ham veriler, işlenmemiş veya üzerinde henüz çalışılmamış verilerdir. Veri kaynakları ve veri çeşitleri incelendiğinde konu daha iyi anlaşılmış olacaktır. Daha sonra belirtileceği gibi, veriler çeşitli yöntemlerle elde edilir. Ancak kaynağı ve türü ne olursa olsun, bir bilginin veri sayılabilmesi için onun **kayıt edilmiş** olması gerekir. Her bilim dalındaki verilerin kaynakları ve elde ediliş şekilleri birbirinden farklıdır. Herhangi bir hastalıkla ilgili veriler, tarım sektörüne ilişkin veriler, toplumun psikolojik yapısına ilişkin verilerin her birinin ölçümü ve yorumu birbirine benzemez. Üzerinde çalışılan bir konuda **doğru, yeterli ve güncel** verilere sahip olunursa amaca ulaşmak kolaylaşır. Bu nitelikte verilerin elde edilmesi, araştırmacıların zamanlarının önemli bir bölümünü işgal etmektedir. "Türkiye genel olarak yüksek bir platodur, nüfusun yarısı kentlerde oturur, kişi başına yılda 3.000 dolar düşer ve ülkede demokratik bir yönetim vardır" cümleleri Türkiye ile ilgili bir kısım verilerdir. Aspirinin güneş çarpmasına karşı faydalı olduğuna dair bilgimiz yok demek ile bu konuda veri yok demek eş anlamlıdır.

Verilerin elde edildiği kaynaklar çok çeşitlidir. Veri kaynaklan ile verilerin elde ediliş yöntemi arasında da yakın bağlantı vardır. Ancak veri kaynaklarını genel olarak altı grup altında toplayabiliriz:

a) İnsanlar: Veriler daha çok insanlarla ilgilidir, dolayısıyla veri kaynaklarının başında insanlar gelir. İnsanlarla konuşarak veya başka iletişim yöntemleriyle onlardan çok çeşitli bilgiler elde ederiz. Bu bilgiler kişisel düzeyde veriler olabildiği gibi, ailesiyle, firmasıyla ve içerisinde yaşadığı çevre (doğa) ile de ilgili olabilir.

b) Aileler: Gerek sosyal, gerekse ekonomik açıdan aile önemli bir birimdir ve aynı derecede önemli bilgi kaynağıdır. Aile reisi ile veya aile fertleriyle görüşerek, ya da aileyi gözlemleyerek aileye ilişkin verileri elde edebiliriz.

c) Firmalar, Kurum ve Kuruluşlar: Aynı şekilde bunlar da önemli bilgi kaynaklarıdır. Bunların temsilcileri veya çalışanlarından bilgi alabiliriz. Şirketler, vakıflar, bakanlıklar, belediyeler böyledir. Bu veriler yazı, ses kaydı veya görsel olabilir.

d) Yayınlanmış Kaynaklar: Lügat, ansiklopedi, kitap, yıllık, broşür, gazete, dergi, internet vb. gibi yayınlar en önemli veri kaynaklandır.

c) Yayınlanmamış Belge, Bulgu, Dosya, Dokümanlar ve Arşiv Evrakları: Tasnif edilmiş olsun veya olmasın bunların tümü veri kaynağı niteliğindedir.

f) Tabiat (Doğa): Tüm verilerin kaynağı tabiattır. Tabiatı uygun şekilde inceleyerek ve gözlemleyerek sınırsız veriler elde edilebilir. Astronomlar, coğrafyacılar, botanikçiler, çevreciler hep doğada gözlem yaparak veri elde ederler.

6.2. Veri Çeşitleri

Verileri çeşitleri bakımından incelemek de yararlı olabilir. Verileri birçok açılardan gruplandırmak mümkündür. Böylece verileri elde edilişleri ve doğrulukları konusunda daha yakından tanımış oluruz. Tablo 17'de veri çeşitlerine dair basit bir gruplandırma verilmiştir. Bunlar kısaca sırayla ele alınacaktır.

İlgi alanına göre veriler: Tarım, ticaret, eğitim vb. gibi her alanın kendi verileri vardır.

Karakterlerine göre veriler: Sayısal olarak ifade edilebilen ve edilemeyen bilgiler ayrımı yapılmak istenmiştir. Üç öğrencinin mevcut ağırlıkları 65, 60 ve 67 kg ise bunlar sayısal (miktar) ifade eden verilerdir. Zengin/fakir, kentli kasabalı, evet/hayır gibi veriler ise nitelik bildirmektedirler.

Değişkenlik durumları, eğer etkileyen ya da belirleyen ise bağımsız değişkenlerdir. Etkilenen özellik ise bağımlı değişkendir. Zekâ katsayısı değişken, matematik başarı notu bağımlı değişken olarak düşünülebilir. Çünkü zekâ notu, matematik başarısını etkilemektedir (diğer etkenler sabit olmak koşuluyla). Konya yöresinde bahar mevsiminde yağan yağmur miktarı fazla olursa, buğday üretimi artar. O halde yağmur miktarı bağımsız değişken, buğday üretim miktarı bağımlı değişkendir. Teşkil edilen bir modelin bünyesinde açıklaması yapılan bir değişkene **endogen (içsel) değişken** adı verilir. Dışarıdan modele konulan ve modelde açıklaması yapılmayan değişkene de **exogen (dışsal) değişken** adı verilir. Bu kavramlara ilişkin daha ayrıntılı bilgiler ekonometri kitaplarında bulunmaktadır.

Özgün (ilkel) veriler, ilk defa açıklanan, elde edilen veya ortaya konulan verilerdir. Deney, gözlem, anket ve sayım sonuçlan ilk el verileridir. Bu tür verileri ikinci veya üçüncü kişilerin başka değerlendirmeler için tekrar kullanmaları, onlar için ikinci el veri anlamını taşır. Bir savaş muhabirinin cepheden verdiği bilgiler ilk el verilerdir. Başkaları bunları kullanırsa ikinci el veriler durumundadır.

Tablo 17: Veri Çeşitleri

Veri Çeşitleri	Örnekler
1 . İlgi alanına göre	- Eğitim verileri - Trafik verileri - Tarımsal veriler
2. Karakterlerine göre	- Nicelik (Miktar) gösteren veriler - Nitelik (kalite) gösteren veriler
3. Değişikenlerin durumuna göre	- Bağımsız değişken verileri - Bağımlı değişken verileri - Dışsal (exogen) veriler - İçsel (endogen) veriler
4. Özgün oluşlarına göre	- İlk el (özgün) veriler - İkinci el veriler
5. Yayınlanma durumuna göre	- Yayınlanmış veriler - Yayınlanmamış veriler
6. Gizlilik durumlarına göre	- Gizli (Görülmesine izin yok) - Görülebilir fakat kopyalanamaz - Kurum veya kütüphane dışına çıkartılamaz
7. Kaynaklarına göre	- Kişilerden alınan veriler - Ailelerden alınan veriler - Firmalardan alınan veriler - Doğadan alınan veriler
8. Elde ediliş yöntemlerine göre	- Deneysel veriler - Gözlem veriler - Anket verileri - Sayım verileri
9 . Ölçeklerine göre	- Nominal ölçekli veriler - Ordinal ölçekli veriler - Aralık ölçekli veriler - Oransal ölçekli veriler
10. Tiplerine göre	- Nominal veriler - Sıralanmış veriler - Skor verileri

Verilerin tümü yayınlanan veya yayınlanmayan şeklinde gruplandırılabilir. Veriler kitap, dergi, gazete, ansiklopedi vb.'lerinde basılmış veya yayınlanmış olabilirler. Yayınlanmayanlar ise dosya, arşiv veya el yazması müsvetteler halinde kalırlar.

Gizlilik durumuna ilişkin olarak fazlaca bir açıklama yapacak durumda değiliz. Türkiye'de evraklar üzerinde; "gizlidir", "makama mahsustur", "hizmete özel" gibi ibareler konulmaktadır. Amerikan kütüphanelerinde gizli kitap veya yayınların kartları üzerinde **"classified"** ibaresi vardır. Bu, gizli demektir. Bunun da iki grubu vardır: Ya kitap kütüphanede vardır ve görülebilir, ancak dışarıya çıkartılamaz ve kopyalanamaz. Ya da raflarda kitap yerine sadece kartı vardır. Bu kitap ancak izin almak suretiyle görülebilir.

Kaynaklarına göre olan verilerin başında deneysel veriler gelir. Laboratuar içerisinde veya dışında muhtelif deneylerin sonuçları kaydedilerek deneysel veriler elde edilir. Ergime, kırılma, buharlaşma, renk değiştirme vb. veriler böyle elde edilir. İnsanlar, bitkiler, hayvanlar, astronomik olaylar ise genelde gözlem yoluyla takip edilir ve veriler sağlanır. Örnekleme veya tam sayım anketleri yoluyla da birçok alanda veriler elde edilebilmektedir. Tarım ve nüfus sayımları, sanayii anketleri, iş gücü anketleri binlerce verinin sağlandığı yöntemlerdir.

Verileri elde ederken kullanılan ölçeklerden biri de **nominal** ölçeklerdir. Sayı sistemine en az uyan ölçektir. Doğum yerleri, marka adları, ilgilenilen siyasi parti adları, cinsiyet, hastalığın düzeyi gibi gruplandırmalar nominal ölçeklerdir. Bu gruplandırmaları 1.2.3 gibi sayılarla rakamlandırabiliriz: Bay = 0, Bayan = 1 gibi. Ağır hasta = 0, Orta = 1, Hafif = 2 gibi. Ancak bu rakamlarla, bölme, çarpma, toplama, çıkarma gibi gerçek matematik işlemleri yapamayız. Bu verilere klasik istatistik yöntemler de uygulanamaz. **Ordinal ölçek** ise, nesneleri (değişkenler) bir boyuta göre sıralamaktadır. Bu boyutlandırma az-çok, düşük-yüksek vb. boyutlar açısından olur. Gelir düzeyleri, sınıftaki başarı durumları, zekâ testleri vb. konularda gruplandırmalar ordinal ölçek için birer örnek oluşturmaktadırlar. Ordinal ölçek, gruplar arasındaki farkları göstermez. Gruplar arasında eşit aralık bulunmadığı için de istatistiksel analizlere elverişli değildir. **Aralıklı ölçek** ise boyutların sıralanışı ve aralıklar arasındaki mesafe konusunda fikir vermektedir. Bu konudaki tipik örnek, termometrede ısının Celcius veya Fahrenheit ölçekleri ile gösterilmesidir. Her ölçekte termometrenin üzerindeki birimler kendi içlerinde birbirine eşittir. 45°C, 35°C'den daha sıcaktır. 60-70°F arasındaki sıcaklık farkı, 30-40°F arasındaki sıcaklık farkına eşittir. Sıcaklığın "0" ile gösterildiği durumda hiç sıcaklık yok demek değildir. Sıcaklık vardır. Çünkü "0" rastgele ve zorunlu olarak konulmuştur. O halde aralıklı ölçeklerde gerçek bir sıfır noktası yoktur. Zekâ katsayıları ve davranış testlerinde genelde aralıklı ölçekler kullanılmaktadır. **Oransal ölçekler,** yukarıdaki üç ölçeğin tümünün özelliklerini taşır ve gerçek sıfır noktasına da sahiptir. Bu nedenle tüm matematik işlemlere de elverişlidir. Ağırlık, mesafe, uzunluk, hacim, cevap veren sayısı, zaman süresi gibi veriler oransal ölçeklerdir. 20 kg, 10 kg ağırlığın iki katıdır. Aynı ağırlık 5 kg'ın 4 katıdır. O nedenle bu verilere oransal ölçekli veriler adı verilmektedir.

Tiplerine göre verilerin gruplandırılması yukarıdaki paragrafta yapılan açıklamalarla ilgilidir. **Nominal** ölçeklerle elde edilen verilere nominal veriler adı verilmektedir. Bir kısım **"Ki-kare"** analizleri bu veriler için uygundur. **Sıralanmış veriler** ise, kimlik, sıralanış ve boyut ifade ederler. Bu veriler için parametrik olmayan testler uygundur: Mann Withney U testi, işaret testi, Wilcoxon testi gibi. İki değişken söz konusu ise rank kolerasyonu en uygun olabilir. **Skor verileri,** eğer oransal veya aralıklı ölçekli ise, kimlik, boyut, eşit aralık ve gerçek sıfır noktası gibi özelliklere sahiptirler. t testleri ve varyans analizleri bu tür veriler için rahatlıkla kullanılabilir.

6.3. Değişkenler Arasındaki Nedensellik İlişkileri ve Veri Ölçme (Değişkenleri Ölçme)

Hangi yöntemle elde edilmiş olursa olsun, çoğu kez veriler arasında nedensellik ilgisi vardır. Bir kısım veriler diğer verilerin sonucu olarak ortaya çıkarlar. Ya da, onları etkileyebilirler. Olayları ve olguları niçin ve nasıl sorularıyla irdelemeye başlayınca, hangisinin sebep, hangisinin sonuç olduğunu anlamaya başlamış olmaktayız. Olayın sebebi bağımsız değişken (etkileyici değişken), sonuç ise bağımlı (etkilenen) değişkendir. Verilerin ölçülmesi ve analiz edilmesi sayesinde hem değişkenlerin bağımlı veya bağımsız olup olmadıklarını, hem de etkileşimin şiddetini/büyüklüğünü ortaya koyabiliriz.

Fen bilimleri alanında çoğu olaylarda nedensellik ilişkisinin yönünü ve büyüklüğünü ölçmek kolay olmaktadır. Otomobilin hızı arttıkça yakıt tüketiminin artması, bazı coğrafi bölgelerde yağmurun tarımsal üretimi arttırması, düşen cismin hızının giderek artması, iyi beslenen çocuğun çabuk kilo alması ve büyümesi gibi olgular fen bilimleri alınandaki nedensellik ilişkilerine örneklerden bazılarıdır. Bu olaylar **deterministik** bir model oluştururlar. Deterministik modelde belirli etkenlerin belirli sonuçları doğuracağı önceden bilinmektedir. Buna dayanarak insanlar bu olayları etkileyebilirler. Otomobilin hızının azaltarak, yakıt tüketimini düşürebilirler. Yetersiz beslenen bir çocuk ağırlık artışı yapmaz ve büyümez.

Sebep-sonuç ilişkisinin sosyal ve ekonomik olaylardaki uygulaması nasıldır? Ekonomik ve sosyal olayların ortaya çıkış nedenleri biliniyorsa, bu olayları açıklamak ve kontrol etmek mümkün mü? Olasılık faktörü nasıl dikkate alınmalıdır?

Deterministik model, belirli sınırlamalarla sosyal ve ekonomik olaylara da uygulanabilmektedir. Toplumdaki gelir düzeyi ve gelir dağılımı, eğitim ve kültür düzeyi, dinsel inançlar, politik ve ideolojik değerler ve önyargılar ile yaşanmış deneyimler, birçok olayları ve davranışları anlamaya ve açıklamaya büyük oranda yeterli olmaktadır. Bu değişkenlerin bir kısmı kişinin ya da toplumun kendi serbest arzusu veya iradesiyle belirlenmiş değildirler. Ancak bu değişkenleri ölçmek, bunları değiştirerek ortaya çıkacak sonuçları farklı kılmak mümkündür. Eğitimin yaygınlaşması ve kalitesinin artması sağlanırsa iş bulmak kolaylaşır ve üretimde verim artar. Gelir dağılımı iyileştirilirse insanlar daha mutlu olur, suç oranları düşer, toplumsal barış yaygınlaşır. Enflasyon makul düzeyde kalırsa veya fiyatlar düşerse satışlar artar. O halde, sosyal ve ekonomik değişkenler için de sebep-sonuç ilişkisi önemlidir. Ölçümü yapılan binlerce değişkenden hangileri bağımsız (sebep), hangileri bağımlı (sonuç) değişken olduğunu saptamak her zaman kolay değildir. Etkileşimin yönü hatalı kararlaştırıldığı takdirde, ortaya çıkan sonuç da hatalı ve aldatıcı olacaktır.

Değişkenlerden hangisinin bağımlı, hangisinin bağımsız değişken olduğunun belirlenmesinde, başka bir deyişle etkileyici ve etkilenenlerin hangileri olduğunun belirlenmesinde aşağıdaki kriterler dikkate alınabilir:

a. Sebep-sonuç ilişkisinin geçmiş deneyimlere, günlük gözlemlere ve mantıksal düşünceye uygunluk göstermesi beklenir. Eğitim düzeyi ile demokrasi, enflasyon ile halkın psikolojisi, hastanın ateşi ile iyileşmesi gibi sebep-sonuç ilişkileri var olmakla beraber, ölçülmesi ve yönlerinin tayini oldukça zordur. Ancak, bunlar günlük gözlemlerle doğrulanmaktadır.

b. Sebep-sonuç ilişkisi olan iki değişkenden hangisi önce vuku buluyorsa, bu değişken belirleyici, tayin edici, ya da sebep oluşturan değişkendir. Buna bağlı olarak daha sonra meydana çıkan olay sonuç ya da bağımlı değişkendir. Sosyal ve ekonomik olaylarda yüzlerce değişkenden hangisinin önce, hangisinin sonra ortaya çıktığını belirlemek kolay değildir. Eğitim/gelir, enflasyon/fiyatlar, vergi/refah ilişkileri böyledir.

c. Deneysel veya gözlemsel olarak iki değişken arasında korelasyon varsa bu iki değişken arasında sebep-sonuç ilişkisi vardır. Isıtılan suyun kaynaması, ateşlenen topun patlaması, yemek yemeyen insanın acıkması gibi. Sosyal ve ekonomik olaylar daima ihtimal (olasılık) kuralına tabi oldukları için, gözlemlerin birinde veya ikisinde ateşlenen topun patlamaması, sebep - sonuç ilişkisini ortadan kaldırmaz.

Ancak, değişkenler arasında korelasyon olması her zaman sebep-sonuç ilişkisinin de var olduğunu göstermez. Korelasyonun olması, sebep - sonuç ilişkisi için gereklidir, ancak yeterli değildir. Büyük bütçe açıkları enflasyon için yeterli sebeptir. Bu tür ilişkilerin belirlenmesi bilimsel araştırmalardan sağlıklı sonuçların elde edilmesinde çok önemlidir. Ekonomik ve toplumsal olaylarda araştırıcıyı ilgilendiren bireysel olaylar değil, kümenin dağılımı, yani genelin durumu veya tutumudur. Her olayın frekansı veya olasılığı dikkate alınmalıdır.

d. İki değişken arasındaki sebep-sonuç ilişkisi, üçüncü bir değişken tarafından açıklanamaz.

Sosyal ve ekonomik hayatta herşeyin sebep sonuç ilişkisi içerisinde deterministik bir modelle açıklanması olanaklı değildir. Deterministik modeller hemen herşeyi açıklayabilecek basit modeller değildir. Her sebebin kendine göre başka sebepleri daha vardır, fakat bunların tümünü bilmek mümkün olmadığı gibi, bilmek de istemeyiz. Çünkü yüzlerce, binlerce değişken (olgu) arasında yalnızca bizim araştırdığımız teori ya da hipotez çerçevesinde kalan değişkenlerin sebep-sonuç ilişkisi üzerinde durmak zorundayız. Aksi taktirde araştırmacı binlerce olaylar arasında kendi yolunu ve yönünü kaybedebilir.

İnanç, ideoloji veya politika alanında aşırı tutkular, acele ile ilk verilerden çıkartılan sonuçlar, hatalı mantık yürütmeler veya ilişkilendirmeler, önemli verileri önemsiz sayarak geçiştirmek gibi hususlar, değişkenler arasında sebep-sonuç ilişkilendirmesinin hatalı yapılmasının başlıca nedenleri arasındadır. Rekabete inananlar, özelleştirmeyi daha rahatlıkla savunacaklardır. Rekabet ile sosyal adaleti uyuşmaz kabul edenler, kamunun ekonomide ağırlıklı olarak kalmasını arzu edeceklerdir. İlk saatlerde açılan birkaç sandık seçim sonucunu göstermeyeceği gibi, birkaç malın fiyatındaki değişme, fiyat endeksinin son durumunu ifade etmez. İngiliz halkının Kraliçe ailesine tepkisi, tüm dünyada demokrasi anlayışının değiştiğinin bir işareti değildir.

O halde, sebep-sonuç ilişkilerinin doğru şekilde saptanabilmesi ve ölçülebilmesi, araştırmaların sağlıklı yürütülebilmesi için çok önemlidir.

Veri ölçmelerini gerçekleştirirken, verilerin üç boyutu gözden uzak tutulmamalıdır:

a. Analiz Birimleri: Veriler hangi birimlerden elde edilmiş ise, analiz birimleri de onlar olacaktır. Daha önce de değinildiği gibi kişiler, aileler, gruplar, firmalar, örgütler ile içerik analizinde olduğu gibi yayınlar, eserler veya iletişim materyali analiz birimi olarak kullanılabilir.

b. Dikkate Alınacak Hususlar: Bilimsel araştırmayı gerçekleştirebilmek için analiz birimlerinin bazı yönlerini ölçmek ve dikkate almak gerekir. Bunların başında birimin özellikleri (kişilerin yaşı, cinsiyeti, evlilik ve maddi durumu, grupların ise büyüklükleri, üyelerin durumu, yerleşim yeri gibi), ilgileri (inanç, tutum, kişilik, siyasi eğilim veya grubun amacı, örgütlenmesi, yöntemleri gibi) ve eylemleri (oy verip vermemek, tasarruf ve yatırım davranışları, işten kaytarma, marka bağımlılığı gibi) gibi aksiyonlar sayılabilir.

c. Verilerin Zaman Boyutu: Ölçümü yapılan analiz birimlerinin zaman boyutunun nasıl değiştiği, bunların zaman boyutu dikkate alınarak nasıl çözümlenebileceği de önem taşımaktadır. Bu açıdan verilerin zaman boyutunu aşağıdaki gibi beş kategoride ele almak mümkündür:

• **Kesit verileri** (cross sectional data): Zamanı değiştirmeden sabit tutarak, belirli bir zaman diliminde ölçümü yapılarak elde edilen verilerdir. 1999 yılında Türkiye'nin dışarıya yaptığı ihracatın mal gruplarına veya sektörlere ya da hudut kapılarına göre dağılımı; belirli bir günde Ankara'da semtlere göre yumurta fiyatları veya semtlere göre ortalama konut kiraları bu tür verilere örnek teşkil ederler. Bu veriler, mukayese yöntemiyle değerlendirme yapmaya çok elverişlidirler.

• **Zaman serileri** (time series data): Bu veriler değişen zaman dilimi boyunca ölçülen verilerden oluşur. Yıllara göre Türkiye'nin ihracatı, aylara göre Ankara'da yumurta fiyatları veya konut kiralan gibi. Bu tür veriler trend analizi yöntemiyle incelenebilmektedir.

• **Çok boyutlu veriler:** Yukarıda açıklanan iki tür verinin birlikte olmasıdır.

Çeşitli değişkenlerin uzun dönemler boyunca devam ettirilmesi yoluyla elde edilen verilerdir. Bu tür verilerin çapraz tablolar yardımıyla ortaya konulması mümkündür.

• **Cohort Veriler:** Alt kümelerin belirli bir zaman boyutunda ele alınmasıdır. 1970 doğumluların ya da 2000 yılında yapılan evlenmelerin incelenmesi gibi.

• **Panel Verileri:** Her grubun tekrar tekrar incelenmesi ile elde edilen verilerdir. Seçim kampanyası boyunca aynı seçmen grubunun her hafta veya her ay ankete tabi tutularak değişmelerin ölçülmesi gibi.

Bütün araştırmalar, hangi düzeyde olursa olsunlar, birçok olayları veya değişkenleri kapsarlar. Araştırıcı bu değişkenleri ele alır, gözlem yapar ve ölçer. Değişken denilince, farklı değerleri ya da şekilleri alabilen bir özellik anlaşılır. Farklı şartlar altında ve değişik zamanlarda başka değerler alabilen bu özellikleri kaydetmek ve incelemek, araştırmanın en önemli bölümlerinden biridir. Sayı, ağırlık, hacim, zaman, hız, kalite, tepki şiddeti, zekâ düzeyi gibi özelliklerin ölçülmesi örnek olarak verilebilir. Pamuk lifinin kalitesi bir bölgeden diğerine, bir yıldan diğer yıla değişme gösterir. Çünkü lif kalitesini belirleyen etkenler bölgelere ve yıllara göre aynı kalmamaktadır. Zekâ katsayısı da birçok etken altında başka değer alan bir değişkendir. Onun için farklı insanlarda ve farklı gruplarda değişik katsayılar elde edilir. Öğrencilerin başarı puanları da bir değişkendir. Her şart altında değişmeden sabit kalan olgular veya özellikler araştırma için değişken olarak düşünülemez. O halde araştırmalarda incelediğimiz değişkenlerin sabit kalmaması, değişmesi gerekmektedir. Ölçmenin asıl amacı ise, değişkenleri sayısal olarak ortaya koymaktır. İncelenen kümenin birimlerini bazı özellikleri açısından gözlemleyerek sayılarla ifade edilmesine **ölçme** adı verilir. Sayılar yerine semboller de kullanılabilir. Araştırmalarda sayısal olarak temsil edilen değişkenler **bağımsız** ve **bağımlı** olmak üzere ikiye ayrılmaktadır. Bağımlı demişken, araştırıcı tarafından incelenerek ölçümü yapılmaktadır. Buna karşılık bağımsız değişken araştırıcı tarafından gerektiğinde değiştirilmekte veya manipule edilmektedir. Hayvanın yediği yem miktarı (bağımsız değişken), kazandığı canlı ağırlığı (bağımlı değişken) etkilemektedir. Fabrikadaki işçilerin eğitim düzeyleri, üretim verimliliğini belirlemektedir.

Bilimsel araştırmalarda değişkenlerin ölçülmesi gerekir. Değişkene verilen numara veya sembol, o değişkeni temsil eder. Bir konuya ilişkin değişkenler ölçülerek ortaya konulan veriler (data), veri analizlerinin ve yorumlarının temelini oluşturmaktadır. Kullanılan ölçümler ve elde edilen veriler dikkate alınarak, en uygun istatistiksel analiz yöntemi de kararlaştırılmaktadır.

Değişkenlere numara verilirken, araştırmacılar iki temel bilgi sistemi ile çalışmaktadırlar. Bunlardan birincisi **gerçek sayı** sistemidir. Gerçek sayı sisteminin başlıca özellikleri kimlik, büyüklük, eşit aralıklar ve sıfır gibi özelliklerdir. **Kimlik:** her bir sayının belirli anlama sahip olmasıdır. **Büyüklük:** Sayıların küçükten büyüğe doğru bir silsile takip etmesidir. **Eşit aralık:** Birimler arasındaki farklılık ölçeğin her yerinde aynıdır (5-15°C farkı, 15-25°C arasındaki farka eşittir). Gerçek sayılar ölçeğindeki **sıfır** gerçek sıfırdır. Bu özellikler nedeniyle sayıları toplamak, çıkartmak, çarpmak ve bölmek mümkündür.

İkincisi ise **belirli özelliği ölçen** sistemdir. Psikoloji, sosyoloji veya ekonomi gibi bazı bilim dallarında bu ikinci sistem çok kullanılır. Bu sistemin özellikleri, gerçek sayı sistemine benzememektedir. 100 TL, 50 TL nin iki katıdır. Ancak 100 zekâ katsayısı, 50 zekâ katsayısının iki katıdır denilemez. Fakir, orta halli ve zengin sıralamasında da aynı durum sözkonusudur. Birinci, ikinci ve üçüncü kalite mal sıralamasında birinci kalite, üçüncü kalite maldan üç kat daha iyidir veya daha pahalıdır denilemez. Çünkü ikinci tür bilgi dizisinde (sisteminde) gerçek sıfır yoktur. Tercih, beğeni, nefret, vb. sıralamalar için de aynı şeyler söylenebilir. Bu nedenle, gerçek sayılardan oluşan verilere uygulanan istatistiksel analiz yöntemleri, ikinci grup verilere uygun olmaz, ikinci bilgi setine ait verilerden bazıları vardır ki, istatistiksel analizlere elverişlidirler.

Fen bilimlerinde değişkenleri ölçmek kolaydır. Eğitim, psikoloji, sosyoloji, vb. alanlarda incelenen değişkenleri ölçmek güçtür. Başarı, bilgi, yetenek, tutum ve davranış gibi değişkenler bu duruma birer örnektir. Psikolojik ve toplumsal özelliklerin ölçülebilmesi için, bunların iyi tanımlanması, bunlara ilişkin kavram ve kuralların belirlenmesi gerekmektedir. Çünkü, konulan kurallara uygun ölçmeler yapılacaktır. Muhafazakâr, liberal, dindarlık nasıl ölçülür incelemesi, bu kavramların tanımı ve nasıl ölçüleceğine dair kurallar konularak yapılabilir. Bu kavramların herbirine ilişkin olarak kullanılan değişken sayısı arttıkça, daha doğru sonuca ulaşılabilir.

Ölçme Hataları ve Yanılgıları

Değişkenleri ya **doğrudan** doğruya ölçeriz. Bu tür ölçmede değişken ile üzerinde durulan kavram arasında ilgi vardır. Uzunluk ve ağırlık gibi standart birimleri vardır. Santigrad ve Fahrenheit birimlerinin sıcaklık ölçümünde kullanılması gibi. Dolaylı ölçmeler bu nedenle nisbidir (görecelidir). Zenginlik, yetenek, zekâ, tutum ve davranış gibi konular buna örnektir.

Ölçümlerde bazen **nesnel** ölçümler yaparız. Bunda herkesin kullandığı doğal birimler veya standart birimler kullanılır (sayı, ağırlık, sıcaklık gibi). **Takdire** dayanan ölçümlerde (appraisal), belirli standartlar yoktur ve nisbi (göreli) sonuçlar elde edilir. Başarı, tutum, davranış gibi konular ancak bu şekilde ölçülebilir.

Hangi ölçme türü kullanılırsa kullanılsın, her zaman ölçmelerde hatalar olması mümkündür. Bunları da beş grupta ele almak mümkündür:

a) Ölçüm Hatası

Terazideki eşyanın tartma esnasında bir yere dokunması, birinci ölçümü daralı, ikincisini darasız yapmak örneklerindeki gibi.

b) Kullanılan Ölçüm Aracının Hatası

Hatalı terazi veya cetvel kullanmak gibi.

c) Ölçülen Özellikten Doğan Hata

Her an değişme gösteren özellikleri tam olarak ölçmek güçtür. Hızla üreyen canlı organizma sayısı (bakteri vs. gibi), laboratuvardaki deney boyunca sabit kalmayan renk, şekil ve hacim gibi özellikler.

d) Kasıtlı veya Aldatıcı Yanıt

Eğitimsiz, işini bilmeyen veya sevmeyen dikkatsiz bir kişinin 3 yerine 8 yazması, bir tek ölçümle yetinmesi gibi.

e) Kasıtlı veya Aldatıcı Yanıt

Sosyal araştırmalarda ankete katılan denekler bazen doğru yanıt vermekten kaçınırlar.

Araştırmalarda yukarıda belirtilen türdeki ölçme hatalarının ve yanılgılarının en aza indirilmesi arzu edilir. Bunun için yapılması gereken husus, çok sayıda ölçüm yapılması, farklı personel kullanarak paralel ölçüm yapılması, ölçme yöntemlerinin iyi şekilde tanımlanması ve bunun uygulayıcıya net olarak aktarılmasıdır.

Ölçmelerde Arzu Edilen Hususlar:

a) Güvenirlik

Aynı değişkeninin her defasında, başka kişilerce ve her yerde aynı ölçüm sonucunu vermesidir. Aksi takdirde bunlar birbiriyle mukayese edilemez. Ölçüm zamanı, ölçen kişi ve tekrar ölçümler, elde edilen verilerin güvenirliğini etkilememelidir. Eğer ölçüm ile ilgili talimatları iyi hazırlarsak ve ölçümü dikkatle uygularsak, güvenirlik artar.

b) Uygun Ölçek Birimi

Ölçeceğimiz nesnelere en elverişli ölçme birimi ve ölçme aracı kullanmalıyız. Aynı terazi ile hem fili, hem de fareyi tartamayız. Rejim yapan ve kilosunu dikkatle takib eden bir kişi için kamyon kantarı veya toptancı kantarı uygun değildir. Çünkü büyük kantarlarda ölçme aralıkları 1 kg'den çok fazladır.

c) Geçerlilik

Ölçümlerde aranan üçüncü özellik geçerliliktir. Bu, ölçme aracının bozukluğu veya ayarsız oluşu gibi nedenlerden kaynaklanır. Nesneyi her tartmanızda 5 kg göstermektedir. Aslında nesne 5 kg dan daha azdır. Burada önemli olan, ölçülmek istenen şeyin ölçülebilmiş olmasıdır.

Tablo 18'de ölçek türleri ve özellikleri topluca özetlenmiştir.

Princeton Üniversitesinde Einstein ile öğrencisi arasındaki diyalogdan:

Öğrenci: "Sayın Profesör, bu sorular geçen yılın sorularıyla aynı!"

Einstein: "Evet, ama cevapları aynı değil."

Tablo 18: Ölçek Türlerine İlişkin Özel Tablo

Ölçek Türü	Örnek Veriler	Uygun Olan Analiz Yöntemi	Kullanılan Anlamlılık Testi	Yığılma Ölçüsü	Değişme Ölçüsü
ADLANDIRMA ÖLÇEĞİ (Büyüklükler dikkate alınmadan yapılan sınıflandırma) "Nominal Ölçek"	• Kırsal / Kentsel • Kız / Erkek • Zengin / Fakir • Soğuk / Ilık / Sıcak	• Mutlak ve oransal tablolar • Grafikler • Mukayeseler • Ki kare analizleri	Ki Kare	Mod	Bilgi
SIRALAMA ÖLÇEĞİ (Belirli bir boyuta göre sıralamakve sıradaki yerini bir sayı ile göstermek) "Ordinal Ölçek"	• Büyükten küçüğe veya küçükten büyüğe doğru sıralamadır • Zeka testi puanları • Boy sıralaması • Zenginlik sıralaması • Akrabalık sıralaması	• Tablolar • Grafikler • Mukayeseler • Ki-Kare analizleri • Trend analizleri	İşaret Testi Run Testi	Medyan	Yüzdelikler
ARALIKLI ÖLÇEK (Eşit birim ve eşit aralıklarla yapılan ve itibari sıfır noktası bulunan ölçektir. Ölçmenin birimi vardır ve eşittir) "Interval Ölçek"	• Sıcaklık ölçekleri • Deniz seviyesine göre yükseltiler • Günün saatleri • Takvim ölçümleri: MÖ, MS • Potansiyel enerji ölçümleri	• Tablolar • Grafikler • Mukayeseler • Trend analizleri • Aritmetik işlemler	t testi F testi	Aritmetik ortalama	Ortalama sapma Standart sapma
ORANSAL ÖLÇEK (Gerçek sıfırı olan ve birimleri eşit aralıklı olan ölçmedir) "Rasyo ölçek"	• Ağırlık • Uzunluk • Zaman • İş • Sayma • Gürültü vb.	• Tablolar • Grafikler • Aritmetik işlemler • İstatistik analizler	Tüm testler	Geometrik ortalama Harmonik ortalama	Standart sapma

Kaynak: Turgut, M.F. ve Baykul, Y, Ölçekleme Teknikleri, Ankara 1992, s. 47-48 den adapte edilmiştir.

7. VERİ TOPLAMA YÖNTEMLERİ

"Testis unus, testis nullus"
(Tek tanık, yok tanık)

İhtiyacımız olduğu halde hazırda bulamadığımız verileri elde etmek amacıyla yapılan çalışmalara **veri toplama** adı verilir. Verileri, veri kaynaklarından elde ederiz. Daha önce de belirtildiği gibi, veri kaynakları kişiler, aileler, firmalar (kuruluşlar), yayınlanmış kaynaklar, yayınlanmamış kaynaklar ve tabiatın kendisidir. Bu kadar değişik kaynaklardan veri toplamanın da değişik yöntemleri olması normaldir. Dil bilimcisi, teyp kaydıyla yöresel ağızları kaydeder. Botanikçi veya jeolog, doğadan bitki veya kayaç örnekleri toplar ve gerekli değişiklikleri ölçerek veriye dönüştürür. Laboratuardaki deneylerden de veriler üretilir. O halde konuya ve amaca göre değişik veri toplama yöntemleri olabilmektedir.

7.1. Deneyler

Deney denilince daha çok laboratuarda yapılan çalışmalar ve bu çalışmaların sonucunda kaydedilen verilerden yararlanmayı amaçlayan faaliyetler anlaşılmaktadır. Bilimsel deneyler, laboratuar gibi kapalı (yapay) alanlarda yapıldığı gibi, laboratuar dışındaki alanlarda, ya da doğal ortamlarda da deneyler yapılmaktadır. Fen bilimcilerince çok kullanılan bu yöntemin ayrıntılarına ve deney tertipleme konusuna girmek amacımızın dışındadır. Ancak kapalı, yapay ortamlarda (örneğin laboratuarda) yapılan bilimsel çalışmalara deneysel araştırmalar, doğal ortamlarda yapılan bilimsel çalışmalara da **alan araştırmaları** adı verilmektedir. Sosyal bilimlerdeki alan araştırmalarına **survey çalışması** diyenler de mevcuttur.

7.2. Gözlem

Birçok alanlarda başlıca araştırma yöntemi gözlem yapmaktır. Kentteki trafik araştırmacısı trafiğin durumunu gözlemler (araç sayısını, türünü, hızlarını vb.). Doğadaki olaylar, insanların davranışları gözlem yoluyla izlenir. Bu gözlemler kaydedilerek veri haline dönüştürülür.

Gözlem yoluyla bilimsel verilerin elde edilebilmesi için aşağıdaki hususlara dikkat etmelidir:

a) Gözlemin nasıl gerçekleştirileceği hususunda ayrıntılı gözlem klavuzu (yönerge veya rehber) hazırlamalıdır.

b) Gözlemlerin kaydına elverişli araçların hazır bulundurulması gerekir. Bu kayıtlar gözlem klavuzu üzerinde yer verilen boş yerler olduğu gibi, çeşitli ölçü ve kayıt araçları da kullanılabilir: Saat, kronometre, fotoğraf makinesi, ses kayıt cihazı gibi.

c) Gözlemlerin kaydı titizlikle yapılmalıdır.

d) Mümkünse gözlemci olarak birden çok sayıda kişi çalıştırmalı, ya da duruma göre gözlemleri tekrarlamalıdır.

e) Gözlemci veya gözlenenden ayrı ayrı kaynaklanan hataları ya da karşılıklı etkileşimden doğan yanılgıları en aza indirmeye gayret göstermelidir.

f) Gözlemcilerin dikkatle seçilmesi ve eğitilmesi gerekir.

Gözlemlerde değişkenlerin ölçülmesi sayma, tartma vb. şekillerde olur. Gözlem yönteminin en iyi tarafı, verilerin kendi doğal ortamında, kolaylıkla ve düşük maliyetle toplanmasıdır. Çoğu kez başka çare de yoktur. Bu yöntemin başlıca sakıncası, gözlemlediğimiz özelliklerle araştırdığımız sorunun birbiriyle ilgili olmaması tehlikesidir. Veya gözlem sonucunu hatalı yorumlama olasılığıdır.

7.3. Görüşme

Buna yüzyüze görüşme ya da mülakat adı da verilmektedir. İngilizcedeki karşılığı **Interview** olarak bilinmektedir. İlgili kişi ile veya grupla karşılıklı olarak konuşmak, soru sormak ve alınan bilgileri kaydetmek suretiyle yapılan çalışmadır. Bu amaçla anket formu (soru çizelgesi) adı verilen önceden düzenlenmiş hazır çizelgeler kullanılır. Bu çizelgelerin nasıl hazırlanması gerektiği daha sonra ele alınacaktır. Ancak özenle seçilmiş soruların bir düzen ve tertip içerisinde sorulması ve yanıtlarının da kaydedilmesi gerekir. Görüşme tekniği de başlı başına bir konudur ve bu da ayrıca ele alınacaktır.

Görüşme yönteminin iyi tarafları şöylece sıralanabilir:

a) Her konuda istenildiği kadar ayrıntıya gidilebilir.

b) Araştırmacıya geniş bir insiyatif tanınmıştır.

c) Anlaşılmayan sorular konusunda ek açıklamalar yapılabilir.

d) Karşılıklı olarak konuşulduğu için mülakata katılmama (cevap vermeme) oranı oldukça düşüktür.

e) Diğer anket yöntemlerine göre daha doğru veriler elde edilebilir.

Bu yöntemin olumsuz sayılabilecek yönleri ise:

a) Soru sayısı ve görüşme süresi istenildiği kadar uzun tutulamaz.

b) Maliyeti yüksektir ve deneyimli anketörlere ihtiyaç vardır.

c) Randevu almak zordur ve çoğu zaman asıl kişiler değil de 2. ve 3. derecede sorumlular sizi karşılar.

d) Cevap veren kişi mülakatı amaç dışına saptırabilir.

Görüşme yöntemi, anket yöntemleri arasındadır. Görüşmeciye **anketör** adı verilir. Anket sorularını hazırlama ve soru sorma tekniği daha sonra ele alınacaktır.

OKUMA PARÇASI: Bilgi ve Politika

CIA FAL KÖŞESİYLE İSTEDİĞİNİ YAPTIRIYOR

MİT'E girmeden bir yıl önce ABD'de istihbarat kursuna katılan Yavuz Ataç, bu kursta eski bir CIA mensubundan dinlediği ilginç bir operasyonu anlattı. Bu operasyon, gizli servislerin psikolojik harp teknikleri ve kurmaca yaratma maharetleri hakkında ipuçları içeren eğlenceli bir örnek. Operasyonun hedefi Güney Amerika ülkelerinden birinin devlet yetkilisi imiş. "Bu devlet yetkilisinin önemli bir konuda ABD lehine karar alması isteniyormuş" diyor Ataç ve şöyle devam ediyor: "Kararı verecek kilit adamı hedef seçmişler. Hangi sporlara meraklı, kimlerle arkadaşlık ediyor, haftanın hangi günü nereye gidiyor onu öğrenmişler. Bir bara gidip bira içiyormuş mesela, haftada üç gün tenis oynuyormuş, köpeğini gezdiriyormuş. Sonra bir başka enteresan özelliği daha varmış bu adamın. Astrolojiye meraklıymış. Yeni tanıştığı insanlara 'Hangi burçtansın?' diye soran cinstenmiş. Zaten eşi de fal işlerine meraklı. Bunun üzerine operasyonu yürütenler, öncelikle politikacının her gün okuduğu, ülkenin önde gelen gazetelerinden birinde fal köşesini hazırlayan kişiyi buluyorlar. 'Burada kaç para alıyorsanız onu almaya devam edin. Biz size 200 bin dolar vereceğiz. Siz de fal köşesinde şu metinleri yayınlayacaksınız' diyorlar. Fakat sadece adamın burcu değil, bütün burçlarla ilgili toplam bir yıllık yazı veriyorlar gazeteye.

KIVAMA GETİRDİLER...

Önce ortalama mesajlar yer alıyor adamın burcunda. Sonra yavaş yavaş tehlikeleri önceden haber vermeye başlıyorlar. Mesela 'Başınıza bir kaza gelebilir, dikkat edin' diyorlar. Aynı gün, servis ajanları adamın arabasına çarpıyor. Evinde yangın çıkarıyorlar. 'Bu aralar bir şeyiniz kaybolabilir' diyorlar, hemen ertesi gün köpeğini çalıyorlar. Sonra da 'Kaybettiğiniz bir şey bulunabilir' diyorlar, köpeği, gizlice yeniden adamın evine bırakıyorlar. Adamı tam kıvama getirdikten sonra da 'Bugün önemli bir karar vereceksiniz. Kararınızı şu yönde almanız tavsiye olunur' diye yazıyorlar. Ve adam o kararı alıyor. Böyle bir operasyonu bizim siyasetçilere de uygulayabilirler. Herkesin zaafı aynı olacak diye bir şey yok. Burada daha farklı tekniklerle yaklaşıyor olabilirler."

Sabah Gazetesi 16.07.2007

7.4. Mektup (Yazışma)

Bilgi alınacak kişiyle yüzyüze görüşmek mümkün değilse, yazışma yoluna gidilir. Cevap vermesi istenilen kişiye bir mektup yazılarak amaç açıklanır ve çoğu zaman mektup ekinde anket formu (soru çizelgesi) de gönderilir. Anlaşılır şekilde düzenlenmiş olan soruları uygun tarzda cevaplaması (veya işaretlemesi) istenilir. Mektup yönteminin en iyi tarafı maliyetinin düşük olmasıdır. En olumsuz yönleri ise cevaplamama oranının yüksek olması, soruların yanlış anlaşıldığı için veya kasıtlı olarak, hatalı şekilde cevaplanması ya da bazı soruların boş bırakılmasıdır. Bu sakıncaları gidermek için cevap vermeyenlere yeni bir form daha göndermek, mektup veya telefonla hatırlatmak, ya da yüzyüze görüşme istemek yoluna gidilebilir.

7.5. Telefon, Faks veya Bilgisayar Ağı

Bu gibi olanaklar, pahalı olmasına rağmen kullanılarak sınırlı hacimdeki bilgilerin elde edilmesi mümkündür. Bu yöntemlerin pahalı olması ve her yerde mümkün olmaması başlıca olumsuz yönleridir.

7.6. İçerik Analizi (Content Analysis)

Özellikle kitle iletişim alanında, sosyal ve siyasal alanlarda son yıllarda çok kullanılan bir yöntem haline gelmiştir. Yayınlarda veya mesajlarda zamanla veya yöresel olarak ortaya çıkan değişmeler yorumlanmaya çalışılmaktadır. Kelime, cümle, sembol veya sloganların analizi yapılır. Örneğin, bir yazıda Amerika, Atatürk, Sosyalizm, İnsan hakları gibi sözcüklerin kullanılmaları ve bunların tekrar edilme sıklığı üzerinde durulur.

7.7. Belge veya Arşiv Tarama

Yayınlanmamış dosyalar, arşivdeki evraklar, özel ya da resmî kurumlardaki yazışma evrakları, eşya, araç ve ilgili malzemelerin bulunduğu yerlerde incelenmesi, yorumlanması, yabancı dilde ise tercüme edilerek açıklanması bu başlık altında toplanabilir. Müzelerdeki tüm belgeler, özel ve devlet arşivleri birçok yönlerden önemli kaynak durumundadır. Konuya ilişkin her türlü kayıt, belge, eşya, malzeme ve yapıtları arayıp bulma, okuma ve inceleme, kaydetme ve değerlendirme çalışmalarının tümü belge taramaya dahildir. Belge değeri olan her türlü yayınlar veya basılı eserler, tutanak, gazete veya mecmua yazısı, şekil veya fotoğraflar, harita, kroki, resim, film, ses ve görüntü belgeleri, araç-gereçler, inşaat veya sabit tesisler, heykeller ve her tür kalıntılar araştırmalar için veri kaynağıdır ve belge niteliğindedir. Bunların değerlendirilmesi ve yorumu, araştırıcıya ve amaca göre değişebilir. Araştırmacılar, bir kütüphaneden veya bir müzeden ne şekilde en etkin yararlanabileceklerini bilmelidir. Kütüphanedeki dokümantasyon sisteminin bilinmesi gerekir. Kütüphane kartlarının veya varsa kütüphanedeki bilgisayarın kullanılışı araştırıcı tarafından bilinmelidir.

OKUMA PARÇASI

BAŞKENTTEKİ KÜTÜPHANELER

Onbinlerce üniversite öğrencisinin eğitim gördüğü Ankara, toplam 8 üniversite kütüphanesiyle öğrencilere bilgiye kolayca erişme olanağı sunuyor. Kütüphaneler, geniş okuma ve çalışma salonlarını, akşamları geç saatlere kadar, hafta sonları da dahil olmak üzere, bütün üniversite öğrencilerine açıyor.

MİLLİ KÜTÜPHANEDEN KİTAP İSTENEBİLİYOR

Ankaralı üniversite öğrencisinin yararlanabileceği, bir başka bilgi deposu da Milli Kütüphane. Yaklaşık 55 yıllık birikimiyle, geniş bir arşive sahip kütüphane, üniversite öğrencilerine de hizmet veriyor.

Kütüphaneler ve kurumlararası ödünç verme işlemleri dışında dışarı kitap çıkarılması yasak olan kütüphanenin, okuma salonları hafta içi 09.00-23.00, hafta sonu 09.30-21.00 arasında açık. Yararlanmak istenilen kitaplar hafta içi, 09.00-12.00 ve 13.30-16.30 saatleri arasında depodan istenebiliyor.

Hafta sonları ve akşamları çalışmak için, kitap istenirse, belirtilen saatler içinde kütüphaneden ya da www.mkutup.gov.tr adresinden form doldurulabiliyor. İnternet üzerinden kitap istemek için, öncelikle kitabın künye bilgilerine katalog taraması yoluyla ulaşılıp, bir önceki gün saat 15.00'e kadar kitap talebinde bulunuluyor. Milli Kütüphane Bahçelievler, Son Durak'ta.

TÜM TEZLER YÖK'TEKİ TEZ BANKASINDA

Yükseköğretim Kurulu (YÖK) Türkiye'deki üniversiteler ile eğitim hastanelerinde hazırlanmış olan yüksek lisans, doktora, tıpta uzmanlık ve sanatta yeterlilik tezlerini bünyesinde topluyor. Oluşturduğu Tez Bankası'yla da üniversitelilerin yararlanmasını sağlıyor. Merkezde verilmekte olan tez tarama arşivinden, tez isteyerek inceleme yapılıp, fotokopi çektirilebiliyor. Akademik veya kurum kimlikleriyle "Tez Tarama Birimi"ne başvuran kullanıcılar gün içinde tez talebinde bulunabiliyorlar. (www.yok.gov.tr).

Ankara'daki Üniversite Kütüphaneleri

- Atılım Üniversitesi Kütüphanesi: www.atilim.edu.tr Kızılcaşar Köyü İncek Kampusu, Gölbaşı. 586 80 00.
- Ankara Üniversitesi Kütüphaneleri: www.ankara.edu.tr 212 56 56.
- Başkent Üniversitesi Kütüphanesi: www.baskent.edu.tr Bağlıca Kampusu Eskişehir Yolu 20. km. Etimesgut. 234 10 10.
- Bilkent Üniversitesi Kütüphanesi: www.bilkent.edu.tr Bilkent Kampusu. 266 44 72-266 5117.
- Çankaya Üniversitesi Kütüphanesi: www.cankaya.edu.tr Öğretmenler Cad. No. 14 Yüzüncüyü Balgat. 284 45 00.
- Hacettepe Üniversitesi Kütüphanesi: www.hacettepe.edu.tr Tıp Merkezi Kütüphanesi Hacettepe. 30510 61. Beytepe Merkez Kütüphanesi 297 65 85.
- ODTÜ Kütüphanesi: www.metu.edu.tr İnönü Bulvarı. 210 27 80.
- Gazi Üniversitesi Kütüphanesi: www.gazi.edu.tr Beşevler. 212 47 58.

8. ANKET FORMLARININ HAZIRLANMASI VE ANKET TEKNİĞİ

Soru, kişinin aynasıdır...

Muhtelif kaynaklardan değişik yöntemlerle veri toplama amacıyla anket formu veya soru formu sık sık kullanılmaktadır. Anket formu belirli bir tertip içerisinde hazırlanmış, soruları ve cevap boşluklarını içeren bir çizelgedir. Sosyal ve ekonomik alanlarda birçok bilgiler anket yöntemiyle elde edilmektedir. Genel olarak kişi ve kurumlarla görüşme ya da yazışma yaparak bilgi elde etme yönteminin genel adı anket olarak bilinmektedir. Telefon veya faks ile de anket yapılarak bilgi toplanabilir.

Anket, yazılı veya sözlü olarak soru sormak ve karşılıklı diyalog içerisinde bilgi toplamak demektir. Anketi yürüten (anketör) konu hakkında gerekli açıklamalarda bulunarak yapılan araştırmanın amacını ve içeriğini karşısındaki kişiye (cevap veren) bildirir. Soruları doğru ve eksiksiz yanıtlamanın önemini vurgular. Bu şekilde kişilerden, ailelerden ve kurumlardan bilgi toplanmaktadır. Anketlerde kullanılan ve anket formu adı verilen çizelgenin bölümlerini incelemeden önce anket yönteminin olumlu ve olumsuz yönlerini kısaca incelemekte yarar vardır.

8.1. Anket Yönteminin Olumlu Yönleri

a) Genellikle başka bir yöntemle bilgi toplama imkanı olmadığı durumlarda daha da önemlidir,

b) Daha kısa sürede bilgi elde edilebilmektedir.

c) Daha az harcamayla bilgi elde edilebilmektedir.

d) Daha doğru bilgi alınabilmektedir. İyi planlanmış bir anket çalışması ile oldukça doğru ve faydalı veriler elde edilebilmektedir.

e) Anket yöntemiyle çok sayıda birime (kişi, aile veya işletme) ulaşmak mümkündür.

f) Basit anketlerden karmaşık anketlere kadar çok değişik düzeylerde anket olduğu için, dar kapsamlı anketlerin planlanması ve uygulanması kolaydır. Basit anketler denilince, birkaç sorudan oluşan, bir sayfayı geçmeyen anketler anlaşılmalıdır.

8.2. Anketlerin Olumsuz Veya Güç Yönleri

a) Anketlerde elde edilen bilgiler, deneysel veriler gibi ölçü ve tartı sonuçları değil, beyan ve yanıt durumundadırlar. Bu yönden çeşitli nedenlerden kaynaklanan (hatırlamamak, bilmemek, yanlış hatırlamak, kasıtlı olarak yanlış cevaplamak gibi) hatalar içerebilmektedir.

b) Eğitilmiş ve deneyimli personele sahip olmak her zaman mümkün değildir.

c) Aylarca süren anketlerde, bu süre içerisinde değişen birçok hususlar (ortam ve bireyler), sonuçları etkiler.

d) Anketler, kanunsuz eylemler (vergi kaçakçılığı, uyuşturucu ticareti, tüketicinin aldatılması vs.) ve dini inanışlar konusundaki araştırmalar için uygun bir yöntem değildir.

Gerek basit, gerekse karmaşık anket formlarında başlıca 9 kısım bulunmaktadır: Anketin ya da araştırmanın sahibi, anketin konusu, anketörün adı ve soyadı, anketin yapıldığı tarih, ankete cevap verenin adı soyadı ve adresi, anket no, anket soruları kısmı ve nihayet anketi yapan kişi ya da kurumun haberleşme adresi. Anketin ciddi şekilde yürütülebilmesi ve daha sonra karşılaşılacak sorunların kolayca çözümlenebilmesi için bu kısımların tümünün eksiksiz olarak yer alması gerekir.

1. Anketin sahibi kişi veya kurum
2. Araştırmanın (Anketin) konusu
3. Anketörün Adı Soyadı .... 5. Cevaplayanın Adı ve Soyadı ....
4. Anket tarihi .... 6. Adresi ....

7. Anket No: ....

8. Anket Soruları

9. Haberleşme Adresi: .....

Şekil 4: Anket Formunun Başlıca Kısımları

Anketin yapıldığı kişi veya kurumun belirtilmesi işin sahibini ortaya koyar. Üniversite, bakanlık veya şirket adı yazılırsa ilk olumlu intiba verilmiş olur. Çalışmanın ne ile ilgili olduğu hususu, konuyu belirlemekte anlaşılmış olacaktır. Anketörün adının belirtilmesi iki ihtiyaçtan kaynaklanmaktadır: Bunlardan birincisi, alanda doldurulan anketler büroda gözden geçirilerek toparlanırken, okunamayan veya iyice anlaşılamayan hususların anketöre sorulması gerekebilir. İkincisi ise kalite kontrolü, ücretlendirme ve personel denetiminde kimin, nerede ve ne miktarda anket formunu doldurduğunu bilmek gerekebilir.

Muhtelif tarihlerde yapılan anketlerin birbirleriyle karışmaması için, anketin yapıldığı tarihin de bu form üzerinde yer alması gerektir. Anketi cevaplayanın adı ve adresi bilindiği takdirde, ankette anlaşılamayan hususlar ve ilerde anketi bir kez daha tekrarlamak gerektiği durumlarda kolaylık sağlanmış olur. Ayrıca anketin kalitesini belirlemede ve iş kontrollerinde de kullanılır.

Anket numarası ise, ya kaçıncı anket olduğunu gösterir veya rastgele kura ile seçilmiş ise kura numarasını gösterir.

Anket soruları kısmı, en önemli bölümdür. Soru sayısına ve soruların tipine göre gerek sorular için, gerekse cevaplar için yeterli yer ayrılmalıdır.

Her anket formunda, anketin düzenleyicisi (anketin sahibi) ile haberleşme adresinin yer alması gerekir. Böylece doldurulmuş olan anket formunun nereye gönderileceği, ya da anket sorularında anlaşılamayan hususların sorularak öğrenilmesi mümkün olacaktır.

Bu şekilde ortaya koyduğumuz anket formuna bir örnek Tablo 19'da yer almaktadır. Bu anket formu öğrencilerden yararlanılarak 450 kadar aileden bilgi almak amacıyla kullanılmış ve sonuçlar yayınlanmıştır. Oldukça basit bir anket formuna eklenmesi gereken iki adet ek bulunmaktadır.

Bunlardan birincisi, eğer anket cevaplarını posta ile elde etmeyi planlamış iseniz, bir takdim mektubudur. Bu mektup ile araştırmanın tanıtılması sağlanır ve cevaplandırılarak iade edilmesi istenir. İyi yazılmış etkili bir mektup ankete katılım ve doğru cevaplama üzerinde olumlu etkide bulunacaktır.

Eklerden ikincisi ise, **Anket Rehberi'**dir. Anketin nasıl doldurulacağı, her bir soru ile kastedilen hususun ne olduğu, kullanılan birimlerin veya teknik ifadenin anlamı, yararlanılabilecek çizelge, grafik veya araçların listesi burada yer alabilir. O halde kapsamlı anketlerde takdim mektubu, soru formu ve anket rehberi (klavuz) gibi üç ayrı bölüm yer alabilir. Araştırıcının anketör olarak görev yaptığı ve yüzyüze görüşme ile yapılan küçük kapsamlı anketlerde bu bölümlere ihtiyaç yoktur. Sadece bu şekildeki bir sayfalık soru formunun düzenlenmesi yeterli olabilir.

Takdim Mektubu	Soru Formu	Anket Rehberi
Sayın	.... Kurum .... Konu .... Anketör... ❑ Yanıtlayan... A. Tarihi... Adresi ... 1. .... 2. .... 3. .... 4. .... 5. .... 6.	Açıklamalar 1. 2. 3. 4. 5. 6. . . . .

8.3. Soru Formu Düzenleme ve Soru Tipleri

Gerek tek sayfalık, gerekse birçok sayfalardan oluşan anket formu olsun, anket formlarının şekil ve görünüm olarak da iyi düzenlenmesi (dizayn edilmesi) önemlidir. Cevaplar için yeterli boşlukların ayrılmış olması gerekir. Soru tertibinin ve cevapların daha sonraki analizlerde bilgisayardan yararlanmaya elverişli olması tercih edilmektedir.

Bir anket formunun düzenlenmesinde ve soruların sıralanışında aşağıda belirtilen kademelerin izlenmesi yararlı olmaktadır:

a) Genel amaçların ortaya konulması: Bu husus araştırmanın bir parçası gibi düşünülmelidir. İşin en başında, projenin amacı ve bu amaca nasıl ulaşılacağı belirlenmelidir,

b) Özel amaçlar ve analizlere ilişkin planların yapılması: Burada söz konusu edilen amaçlar, genel amaçlardan çıkmış olmalıdır. Ancak özel amaçlar daha ayrıntılı olarak belirlenmelidir. Analizlerde izlenecek yöntemin çerçevesi çizilmiş olmalıdır. Bir olayı açıklamada kullanılan değişkenlerin belirlenmesi ve hangilerinin bağımlı yada bağımsız olduklarının önceden saptanması gibi,

c) Soru formunun hazırlanması: Soru formunun dizayn edilmesi ve soruların hazırlanması.

Anket çalışması yapmak isteyen bir araştırmacı, anketin hazırlanmasına ve uygulanmasına geçmeden önce araştırmanın genel ve özel amaçlarını belirlediği takdirde bazı konuların gözden kaçması, unutulması ve geriye dönüşü mümkün olmayan adımlardan kaçınması olanaklı hale gelir.

Anket sorularını düzenleme, bir araştırmanın en önemli bölümlerindendir. Anket soruları hazırlanırken dikkat edilmesi gereken hususlar aşağıdaki gibi özetlenebilir:

a) Soru tipi seçimi: Açık veya kapalı uçlu, çoktan seçmeli vb.

b) Soru sayısının kararlaştırılması: Soru sayısı konuyu araştırmaya yetecek sayıda olmalı, ancak cevap vereni bıktıracak uzunlukta olmamalıdır.

c) Soruların uygun bir sıralama içerisinde olması: Sorular genelden özele doğru olmalıdır. Birbiriyle ilgili sorular bir arada sorulmalıdır. Bitiş soruları cevap veren kişide bir memnuniyet ve araştırmanın ileriki aşamaları için diyalog arzusu uyandırmalıdır.

d) Soruların tarafsız, amaca uygun ve konuyla ilişkili olmalı, cevap veren kişiyi etkilememelidir.

e) Toplumun ahlâk ve değer yargılarını, ya da kişi ve kurumları kötüleyici, haksız rekabete yol açıcı olmaması, yasalara uygun olması, kısacası sorularda belirlenen amacın dışına çıkılmaması.

f) Soruların açık ve net olması, karşıdaki kişinin kolayca anlayabileceği ve cevap verebileceği düzeyde olması.

g) Sorularda "tahminen, yaklaşık, kabaca" gibi ifadeler ile herkesin bilmediği teknik ya da yerel ifadeler bulunmamalıdır.

Bilgiler hangi yöntemle ve hangi kaynaktan elde edilirse edilsin, yukarıdaki hususlara uymakta yarar vardır. Bunlar arasında özellikle soru grupları ve tipleri hakkında bir kısım bilgiler aşağıda verilecektir.

8.4. Anketlerde Soru Tipinin Seçimi

Bilim soru sormak demektir. İnsanlar hem kendi kendilerine, hem de başkalarına soru sorarlar. Anket yoluyla başkalarına soru sorarken her bakımdan dikkatli olmalıdır. Sorulan sorular ve sorma şekli, kişinin en iyi aynasıdır.

Soruları muhtelif açılardan gruplandırmak mümkündür. Bunları dört başlık altında verebiliriz:

Durum saptama soruları:

Ankete cevap veren kişinin çekinmeden ve kolaylıkla cevaplayabileceği sorulardır. Yaş, cinsiyet, eğitim, konut ve iş durumu gibi sorular bu grupta yer alırlar.

Davranış belirleme soruları:

Davranış, kişinin hareket tarzıdır. Kişinin çevresi ile ilişkilerini açıklayıcı, üretim, tüketim, çalışma hayatı, boş zamanları değerlendirme gibi hususlara ilişkin sorulardır.

Tutum belirleme soruları:

Tutum, kişinin olumlu ya da olumsuz şekilde tepkide bulunma eğilimidir. Kişinin duygu, düşünce ve inançlarına, beklentilerine ilişkin olan bu soruların hem düzenlenmesi, hem de doğru cevap alınması oldukça güçtür. Bu gruptaki soruları cevaplamada kişiler daha çekingen davranmaktadırlar.

Bilgi ölçme soruları:

Kişilerin bilgi düzeyini anlamak amacıyla sorulan sorulardır. Bunun dışında eleme amacıyla veya sınama amacıyla da sorular düzenlenebilir.

Pazarlama araştırmalarında yukarıda yer alan tüm soru gruplarına sıkça rastlanır. Satınalma, tüketim ve reklâm araştırmalarında durum saptama, davranış, tutum ve bilgi ölçme gibi sorular hep birlikte yer almaktadır.

Soruların soruluş şeklini ifade eden soru tipleri ise aşağıdaki gibi sınıflandırılabilir:

Kapalı uçlu sorular:

Verilecek cevaplar veya seçeneklerin belirlenmiş olduğu sorulardır:

+ Nerede oturuyorsunuz? ( ) Köy ( ) Kent

+ Yönetim Demokrat mı? ( ) Evet ( ) Hayır

Açık uçlu sorular:

Önceden cevabı belirli olmayan ve açıklamalı cevap gerektiren sorulardır:

+ Sizce tüketiciler nasıl örgütlenmelidir?

+ Reklamın zararları nelerdir?

+ Evinizde kaç tane TV cihazı var?

İki şıklı sorular:

Sorunun cevabı olarak sadece iki seçeneğin olduğu kapalı uçlu sorulardır:

+ Evinizdeki TV cihazı renkli mi? ( ) Evet ( ) Hayır

+ Alışverişten önce pazar araştırması yapıyor musunuz? ( ) Evet ( ) Hayır

Çoktan seçmeli sorular:

İçlerinden bir tanesi doğru olan kapalı uçlu sorulardır.

+ Ailenizin yıllık gelir düzeyi aşağıdakilerden hangisidir?

( ) 5-10 milyar TL

( ) 11-15 milyar TL

( ) 16-20 milyar TL

( ) 21 milyar TL'den yüksek

Birdençok seçenekli sorular:

Evinizde aşağıdaki araçlardan hangileri vardır?

( ) Buz dolabı

( ) Çamaşır makinesi

( ) Bulaşık makinesi

( ) Renkli TV cihazı

( ) Uydu anten

( ) Telsiz telefon

( ) Diğer (belirtiniz........)

Derecelendirilmiş veya sıralanmış sorular:

Kalite, fiyat, kullanım sıklığı vb. gibi hususlarda sıralama yapılması istenilen sorulardır.

+ A, B. C, D ürünlerini en iyisinden başlayarak kalitelerine göre sıralayınız.

1. ( )
2. ( )
3. ( )
4. ( )

+ X model yeni ürünümüzün fiyatını nasıl buluyorsunuz?

( ) Çok yüksek

( ) Yüksek

( ) Normal

( ) Ucuz

( ) Fikrim yok

Dolaylı sorular (Yorumlama soruları):

Yüzyüze görüşmelerde ve grup halindeki çok katılımlı araştırmalarda sohbet tarzında uygulanan ve cevap verene bir sınırlama getirilmeyen sorulardır. Örnek: Ülkenin ekonomik durumu hakkındaki fikirleri sorularak mevcut siyasi iktidara karşı tutumu saptanabilir. İşyeri ve ücret koşullan, dolaylı sorularla belirlenebilir.

Dolaysız sorular:

Çok belirgin bir konuda kişinin fikrini veya beğenisini örenmek için sorulur. Reklamcılıkta bu yola çok başvurulur.

Tablo 19: Anket ve Görüşmelerde Başlıca Soru Tipleri

I. Bilgi Verici Sorular	:	Doğum tarihiniz nedir? ..../..../.......
II. Gruplandırıcı Sorular	:	Yaz aylarında bir işte çalışıyor musunuz? ❑ Hayır ❑ Bazen ❑ Her Yaz
III. İki Seçenekli Sorular	:	Otomobiliniz var mı? ❑ Evet ❑ Hayır
IV. Çoktan Seçmeli Test Soruları	:	Annenizin eğitim durumu aşağıdakilerden hangisidir? ❑ İlköğretim ❑ Lise ❑ Y.Okul ❑ Fakülte
V. Sıralama veya Tercih Etme Soruları	:	Aşağıdaki üniversitelere en beğendiğinizden başlamak üzere birden beşe kadar numara vererek tercihlerinizi sıralayınız. ❑ İstanbul Üniversitesi ❑ ODTÜ ❑ Boğaziçi Üniversitesi ❑ Gazi Üniversitesi ❑ Bilkent Üniversitesi
VI. Ölçeklendirme Soruları	:	Trafikteki yeni düzenleme sizce nasıldır. Çok Olumlu ❑ Olumlu ❑ Fikrim Yok ❑ Olumsuz ❑ Çok Olumsuz ❑
VII. Birden Çok Seçmeli Sorular	:	Aşağıdaki beyaz eşyalardan hangilerine sahipsiniz? ❑ Buzdolabı ❑ Fırın ❑ Bulaşık Makinası ❑ Çamaşır Makinası ❑ Renkli TV ❑ Müzik Seti ❑ Diğer (Belirtiniz ....)
VIII. Açık Uçlu Sorular	:	Trafik konusundaki düşüncelerinizi açıklar mısınız? ....

8.5. Soru Formu Düzenlemede Bazı Kolaylıklar ve Örnek Soru Formları

Yukarıda anlatılan hususların kolayca hatırlanması bakımından yabancı kaynaklarda kullanılan iki ingilizce kelime vardır:

QUESTIONNAIRE = Soru formu

WORDING = İsimlendirme

Bu iki kelimenin baş harfleri kullanılarak bir anket formu düzenlerken dikkate alınacak hususlar vurgulanmak istenmektedir. Yukarıdan aşağı doğru yazılan bu harflerden ne şekilde yararlanıldığı aşağıda kısaca belirtilmiştir (Malhotra, 1991):

Q	=Questions	**Sorular** cevaplandırılabilir olmalıdır.
U	= Uplift	Ankete cevap veren kişiye **sorumluluk** yüklenmemelidir.
E	= Error	Sorularda herhangi bir **hata** olmamalıdır.
S	= Specify	İhtiyaç duyulan bilgileri **belirleyin** ve bunları sorunuz.
T	= Type	Görüşme (anket) **yöntemini** iyi seçin. Yüzyüze, mektupla vb.
I	= Individual	Soru içerikleri **bireysel** olmalıdır.
O	= Overcoming	Cevap vermedeki güçlüklerin ve isteksizliklerin **halledilmesi.**
N	= Nonstructured	Düzenli, sistemli sorularla düzensiz soruları **karşılıklı** sorun.
N	= Nonbiasing	Cevap vereni **etkileyecek** soru şeklinden kaçının.
A	= Arrange	Soruların **sıralanışı** uygun şekilde yapılmalı.
I	= Identify	Anket formunu en iyi şekilde düzenleyiniz ve **dizayn** ediniz.
R	= Reproduction	Hazırlanan anket formunu **çoğaltınız.**
E	= Eliminate	Hazırlanan anket formu, ön teste tabi tutularak eksik ve noksanlar **giderilmelidir.**

İkinci kelime **WORDING** ise anket formunda yer alacak soruların ve kelimelerin seçimini ve tertibini yaparken dikkat edilecek hususları vurgulamaktadır:

W	=Who, Where, What, Why, How	Kullanılan kelimeler kim, nerede, nasıl, niçin, ne sorularını yanıtlamalıdır.
O	= Ordinary:	Herkesin anlayacağı günlük ve sıradan kelimeler kullanılmalıdır.
R	= Regularity:	Genel olarak, normal olarak, çoğunlukla gibi kelimelerden kaçınınız.
D	= Dual:	Çift yönlü sorular sorulmalı ve kontrole yardımcı olunmalıdır.
I	= Implicit :	Üstü kapalı alternatiflerden ve varsayımlardan kaçınınız.
N	= Non leading :	Sorular yönlendirici ve saptırıcı olmamalıdır.
G	= Generalisations:	Genelleştirmelerden ve tahminlerden kaçınınız.

Anket sorularının hazırlanmasında karşılaşılan hatalardan biri "EĞER" ile başlayan sorulara ilişkindir. "Maaşınızda % 50 artış olursa nelere harcama yapmak İstersiniz?" "İstediğiniz fakülteyi kazanırsanız çok başarılı bir öğrenci olur musunuz?" gibi soruların cevapları varsayıma dayandığı için gerçekçi olmayacaktır.

Evet/Hayır tarzında cevaplanacak sorular da iyi düzenlenmelidir. "Genel ve yerel seçimlerde dar bölge sistemine taraftar mısınız?" sorusunun cevap yerinde (evet/hayır) verilmişse, neye evet/hayır denildiği anlaşılmamaktadır.

Soru düzenlemelerde diğer bir hata da cevap veren kişinin kolayca "kabul etme", "katılma", "aynı fikirde olma" eğilimidir. Cevap veren kişilerin eğitim düzeyi düşük ve anketör otoriter biri ise, genelde böyle bir sorun olmaktadır.

Kaçınılması gereken bir soru tipi de uzun, karmaşık ve anlaşılmaz sorulardır. Böyle sorularda doğru bilgi almak olasılığı çok azdır.

Soruları sorarken **"huni"** tekniğine dikkat etmelidir. Önce genel sorular sorularak, istenilen konuya yavaş yavaş gelinmesi sağlanmalıdır.

İnsanları korkutan, endişeye sevkeden ve göreceli olan soruları sorarken dikkatli olmalıdır. "Kötü bir dünyada mı yaşıyoruz? Ekonomik durum daha iyiye doğru gidiyor mu?" sorularının yanıtları herkese göre aynı şekilde anlaşılmaz.

Anket formunun işlerliğini sınamak için bir ön deneme yapmak çok faydalıdır. Ancak, hazırlanan soru formlarını asıl uygulamadan önce ön teste (deneme) tabi tutulması tüm problemleri hallederek işe yaramaz sorulardan kurtulmaya yetmeyebilir. Çünkü ön deneme çalışmaları genel olarak gerçek ortamı yansıtmayabilir ve araştırıcı bu işi aceleye getirebilir.

Bazı durumlarda ankete katılan denekler (soruları cevaplayanlar) araştırma konusuna ya da ankette geçen bazı kavramlara çok yabancı olabilirler. Örneğin; ankette geçen globalleşme, katılım, özelleştirme gibi kavramları herkes tam bilmeyebilir ya da farklı anlam verebilirler. Kullanılan ölçü sistemlerinin veya birimlerinin de aynı şekilde anlaşılması çok önemlidir. Bölgesel ölçü birimleri veya yabancı ölçü birimleri gerek anketöre, gerekse cevap verene net şekilde anlatılmalıdır.

Soru sayısı ve kapsamları belirlenirken, anket görüşmesinin (cevaplama süresinin) ne kadar zamanda tamamlanacağı da dikkate alınmalıdır. Bir saatten fazla devam eden cevaplama süresi uzun ve sıkıcı gelebilir. Standart bir süre olmamakla beraber, kırsal kesimlerde veya işsiz kesimlerde, ya da hane halkı anketlerinde çoğu zaman konuşma sohbete dönüşür ve çok daha uzun zaman geçtiği halde taraflar pek farkında olmazlar. Ancak öngörülen görüşme süresini aşmamak en doğrusudur.

Aşağıda 20, 21 ve 22 nolu tablolarda çeşitli soru tiplerinin yer aldığı tek ve çok sayfalı soru formları verilmiştir.

Tablo 19:

GAZİ ÜNİVERSİTESİ TİCARET VE TURİZM EĞİTİM FAKÜLTESİ

Türkiye'de Ailelerin Turizme Katılımı ve Turizm Harcamaları Araştırması

Anketörün Adı: Cevap Verenin Adı:

Anket Tarihi: Adresi:

1. Ailenin Yapısı

Aile bireylerinin adı ve soyadı	Aile reisine yakınlığı	Yaşı	Cinsiyeti	Tahsil durumu	Yaptığı İş	Aylık geliri TL	Her çeşit yıllık toplam geliri TL	Son iki yılda tatil yapmayan

2. 1992 Yılında tatil yaptınız mı? EVET-HAYIR-"Hayır" ise başlıca nedeni...........
1991 Yılında tatil yaptınız mı? EVET-HAYIR- "Hayır" ise başlıca nedeni...........

	1.PARTİ TATİL	2.PARTİ TATİL	3.PARTİ TATİL
3. En son tatili nerede yaptınız?...............................			
Tatilin süreleri ne kadardı (gün olarak)?................			
Tatilin tarihlerini belirtiniz?.....................................			
Kullanılan ulaşım aracı hangisidir?........................			
Ailede tatil kararını nasıl aldınız?..........................			
4. Başta kararlaştırılan tatil bütçesi ne kadardı (TL)?....			
Gerçekleşen toplam harcama ne kadar oldu (TL)?...			
Yapılan harcamaların dağılımı: Yol giderleri:..........			
Konaklama gideri.....			
Yeme-İçme gideri....			
Diğer giderler..........			
5. Tatil için KİME/NEREYE borçlandınız?....................			
Borçlandığınız miktar ne kadardır (TL)?.................			
6. Tatilde karşılaştığınız başlıca sorun nedir?.............			
7. 1993 yılındaki tatil planınız nedir?..........................			
8. Her bir tatilde aileden katılan kişi sayısı...................			
9. Konuya ilişkin ailenin bir açıklaması var mı?............			

Haberleşme adresi: Gazi Ü. Ticaret ve Turizm Eğitim Fakültesi, Gölbaşı, Ankara. Tel: ....

Tablo 21: Farklı Soru Tiplerine ilişkin Örnekler

AİLENİZDE SİGARA KULLANIMINA İLİŞKİN AŞAĞIDAKİ SORULARI LÜTFEN CEVAPLANDIRINIZ?

S.l. Aile fertlerinin yaşa göre dağılımı:

YAŞ GRUBU	KİŞİ SAYISI
0-6	
7-12	
13-18	
19-65	
65 VE YUKARI	
TOPLAM	

S. 2. Ailenizde sigara kullanan var mı?

VAR ☐ YOK ☐ (ise 7. soruya geçiniz)

5.3. Ailenizde kaç kişi sigara içmektedir? ....kişi

5.4. Ailenizde yabancı markalı sigara içen var mı?

VAR ☐ YOK ☐ (İse 6. soruya geçiniz)

S.5. Yabancı marka sigarayı tercih nedeni aşağıdakilerden hangisidir?

Kalite	Kolay Bulma	Prestij	Yabancıya Sempati	Arkadaş Etkisi	Diğer (....)
☐	☐	☐	☐	☐	☐

5.6. Aile fertlerinin sigara giderlerinin aylık toplam tutarı ne kadardır? ....TL

5.7. Ailede sigara içilmemesinin sebepleri arasında aşağıdaki hususlardan hangileri bulunmaktadır?

Geleneksel olarak ailede hiç kimse sigara içmemektedir. ☐

Tasarruf amacıyla sigara içilmemektedir. ☐

Sigaranın zararları çok iyi bilindiğinden içilmemektedir. ☐

Diğer neden (Belirtiniz.......................................) ☐

Tablo 22: İki Sayfalık Örnek Bir Anket Formu (OTOSAN/FORD Örneği)

Genel Görüşünüz

1. Şu ana kadar olan genel izlenimleriniz:

	Tamamen memnunum		Çok memnunum		Memnunum		Pek memnun değilim		Hiç memnun değilim		
	10	9	8	7	6	5	4	3	2	1	
a. Aracınızdan ne kadar memnunsunuz?	☐	☐	☐	☐	☐	☐	☐	☐	☐	☐	(1)

b. Aracınızı, bakım veya tamirat için genellikle hangi yetkili servise götürüyorsunuz?
(Eğer birden fazla servise gittiyseniz, lütfen **genelde** tercih ettiğiniz yetkili servisin adını yazınız.) (2) (6)

Bakım veya tamirat için kullandığınız yetkili servis adı:	
İl:	

Servis türü — Yetkili satıcısı servis departmanı ☐ — Bağımsız yetkili servis ☐ (7)

	Tamamen memnunum		Çok memnunum		Memnunum		Pek memnun değilim		Hiç memnun değilim		
	10	9	8	7	6	5	4	3	2	1	
c. Soru 1b'de belirttiğiniz yetkili satıcının servis departmanından ne kadar memnunsunuz?	☐	☐	☐	☐	☐	☐	☐	☐	☐	☐	(8)

	Kesinlikle evet		Büyük bir ihtimalle evet		Bilmiyorum		Büyük bir ihtimalle hayır		Kesinlikle hayır		
	10	9	8	7	6	5	4	3	2	1	
d. Bundan sonra aracınız için bakım veya tamirat gerektiğinde, aynı yetkili satıcıyı kullanmaya devam etme olasılığınız nedir?	☐	☐	☐	☐	☐	☐	☐	☐	☐	☐	(9)
e. Bu yetkili satıcıyı bir başkasına önerme olasılığınız nedir?	☐	☐	☐	☐	☐	☐	☐	☐	☐	☐	(10)
f. Bu aracı başkasına önerme olasılığınız nedir?	☐	☐	☐	☐	☐	☐	☐	☐	☐	☐	(11)

Aracınız

2. Aracınızın aşağıda belirtilen yönlerinden duyduğunuz memnuniyeti değerlendirmenizi rica ediyoruz.

	Tamamen memnunum		Çok memnunum		Memnunum		Pek memnun değilim		Hiç memnun değilim		
	10	9	8	7	6	5	4	3	2	1	
a. Dış kalite ve işçiliği	☐	☐	☐	☐	☐	☐	☐	☐	☐	☐	(12)
b. İç kalite ve işçiliği	☐	☐	☐	☐	☐	☐	☐	☐	☐	☐	(13)
c. Mekanik güvenirlilik	☐	☐	☐	☐	☐	☐	☐	☐	☐	☐	(14)
d. Dış stil	☐	☐	☐	☐	☐	☐	☐	☐	☐	☐	(15)
e. İç kısmın genel görünüşü	☐	☐	☐	☐	☐	☐	☐	☐	☐	☐	(16)
f. İç hacim	☐	☐	☐	☐	☐	☐	☐	☐	☐	☐	(17)
g. Teçhizat düzeyi	☐	☐	☐	☐	☐	☐	☐	☐	☐	☐	(18)
h. Görüş alanı	☐	☐	☐	☐	☐	☐	☐	☐	☐	☐	(19)
ı. Emniyet	☐	☐	☐	☐	☐	☐	☐	☐	☐	☐	(20)
i. İniş-biniş kolaylığı	☐	☐	☐	☐	☐	☐	☐	☐	☐	☐	(21)
j. Kumanda sisteminin kullanım kolaylığı	☐	☐	☐	☐	☐	☐	☐	☐	☐	☐	(22)
k. Rahatlık-ön koltuklar	☐	☐	☐	☐	☐	☐	☐	☐	☐	☐	(23)
l. Bagaj kapasitesi	☐	☐	☐	☐	☐	☐	☐	☐	☐	☐	(24)
m. Hızlanma	☐	☐	☐	☐	☐	☐	☐	☐	☐	☐	(25)
n. Frenler	☐	☐	☐	☐	☐	☐	☐	☐	☐	☐	(26)
o. Direksiyon	☐	☐	☐	☐	☐	☐	☐	☐	☐	☐	(27)
ö. Vites yumuşaklığı	☐	☐	☐	☐	☐	☐	☐	☐	☐	☐	(28)
p. Sürüş kalitesi	☐	☐	☐	☐	☐	☐	☐	☐	☐	☐	(29)
r. Manevra kabiliyeti	☐	☐	☐	☐	☐	☐	☐	☐	☐	☐	(30)
s. Yakıt tasarrufu	☐	☐	☐	☐	☐	☐	☐	☐	☐	☐	(31)
ş. Sessizlik	☐	☐	☐	☐	☐	☐	☐	☐	☐	☐	(32)
t. Isıtma ve havalandırma	☐	☐	☐	☐	☐	☐	☐	☐	☐	☐	(33)
u. Yol tutuş	☐	☐	☐	☐	☐	☐	☐	☐	☐	☐	(34)
ü. Paranızın karşılığını alma	☐	☐	☐	☐	☐	☐	☐	☐	☐	☐	(35)

Randevu Alırken

3. Aracınızı soru 1b'de belirttiğiniz yetkili satıcının servis departmanına, bakım veya tamir için götürmek üzere randevu alırken;

	Evet	Hayır	
a. Uygun randevu almak kolay oluyor mu?	☐	☐	(36)
b. Telefon ile servis departmanına kolayca ulaşabiliyor musunuz?	☐	☐	(37)
c. Servis departmanındaki elemanların telefon görüşmesi sırasında tutum ve nezaketlerinden memnun musunuz?	☐	☐	(38)

Tablo 22: Devamı

Yetkili Servisiniz

4. Aracınızı Soru 1b'de belirttiğiniz yetkili satıcının servis departmanına hangi tür işlem için götürdünüz?

Bu işlem, araç garantisi kapsamında mı karşılandı?

			Evet	Hayır	
a. Periyodik bakım	☐	(39)			
b. Aksesuar veya gövdeye ilave parça takılması	☐	(40)			
c. Elektrik sistemi tamiri	☐	(41)	☐	☐	(44)
d. Mekanik tamir	☐	(42)	☐	☐	(45)
e. Kaporta/Boya	☐	(43)	☐	☐	(46)

Servis Deneyiminiz

5. Soru 1b'de belirttiğiniz yetkili satıcının servis departmanında yaşadıklarınızı düşünerek aşağıda belirtilen konuları değerlendiriniz.

	4 dakikadan az	4 dakikadan fazla	Bilmiyorum	
a. Sizinle ilgilenmeye başlamalarına kadar geçen süre yaklaşık olarak ne kadardı?	☐	☐	☐	(47)

	Evet	Hayır	
b. Sizinle ilgilenmeye başlamalarına kadar geçen süreden memnun kaldınız mı?	☐	☐	(48)

	Evet (ve kabul ettim)	Evet (fakat kabul etmedim)	Hayır
c. İşe başlamadan önce herhangi bir kimse aracı sizinle birlikte muayene etmeyi teklif etti mi?	☐	☐	☐

	Evet	Hayır	
d. İşe başlamadan önce size bir fiyat tahmini verildi mi?	☐	☐	(49)
e. Servis departmanı ziyaretinizi uygun, sorunsuz ve zevkli hale getirmek için bir takım hizmetler veya imkanlar sundu mu?	☐	☐	(50) (51)
f. Servis personelinin tutum ve nezaketinden memnun kaldınız mı?	☐	☐	(52)
g. Servis personeli ihtiyaçlarınızı doğru anlayıp kaydettiler mi?	☐	☐	(53)
h. Bakım veya tamirler için gereken yedek parçalar hep mevcut oldu mu?	☐	☐	(54)
ı. İstediğiniz bütün işlemler tamamlandı mı?	☐	☐	(55) (56)
i. Yapılan işlerin kalitesinden memnun kaldınız mı?	☐	☐	(57)
j. Aracınızın iade edildiği andaki durumundan memnun kaldınız mı?	☐	☐	(58)
k. Yapılan işlemler ve alınan ücretler hakında eksiksiz olarak açıklama yapıldı mı?	☐	☐	(59)
l. Aracınız söz verilen zamanda hazır oldu mu?	☐	☐	(60)
m. Eğer yanıtınız HAYIR ise, yetkili satıcı bu durumla ilgili size önceden bilgi verdi mi?			
n. Bakım veya tamir tamamlandıktan sonra yetkili satıcıdan birisi sizinle irtibata geçti mi?	☐	☐	(61)

	1 hafta içinde	1 haftadan sonra	Bilmiyorum	
o. Eğer yanıtınız EVET ise, ne zaman irtibata geçti?	☐	☐	☐	(62)

Tekrarlanan Ziyaretler

6. Tekrarlanan ziyaretlerle ilgili aşağıdaki konuları değerlendirmenizi rica ediyoruz.

	Evet	Hayır (Eğer HAYIRSA lütfen bir sonraki sayfaya geçiniz)	
a. Soru 1 b de belirttiğiniz yetkili satıcının servis departmanına, **son 9** ay içinde aracınızı bakım veya tamir sonrası, aynı işin tekrarlanması veya tamamlanması için geri götürmek zorunda kaldınız mı?	☐	☐	(63)

b. Hangi neden(ler)le geri götürmek zorunda kaldınız?

İşlem yapıldı ama problem çözülmedi	☐	(64)
Problem çözüldü ama tekrar etti	☐	(65)
Problem çözüldü ama ilişkili başka bir problem doğdu	☐	(66)
Önceden talep edilmeyen ek bir iş gerekti	☐	(67)
İş tamamlanamadı çünkü:		
Problem tesbit edilemedi	☐	(68)
Yeterli zaman yoktu	☐	(69)
Gerekli yedek parça stokta yoktu	☐	(70)

c. Hangi tür işin sonrasında aracı geri götürmek zorunda kaldınız?

Periyodik bakım	☐	(71)
Aksesuar/Gövdeye ilave parça takılma işlemi	☐	(72)
Elektrik sistemiyle ilgili tamir	☐	(73)
Mekanik tamir	☐	(74)
Kaporta/Boya	☐	(75)

Soru Formlarında Ölçek Ya da Iskala Sorunu

Kişilerin tutum ve davranışlarını ölçmek için bazı özel soru formları ya da ıskalalar geliştirilmiştir. Beğeni, izlenim ve eğilimleri değerlendirmek veya bir basamak halinde sıraya koymak üzere kullanılan aşağıdaki üç ölçekten kısaca bahsetmek yararlı olacaktır:

a) Likert Ölçeği: Bu ölçeğin amacı bir ürün veya bir olay hakkında kişilerin düşüncelerini bir yelpaze içerisinde sınıflandırmak ya da derecelendirmektir: Aynı fikirde olmak, tamamen karşı olmak, kabul etmek, şiddetle reddetmek gibi.

Olumlu/olumsuz gibi tezatları, ara seçenekler de sunularak yanıtlanması istenilir. Sorulan sorulara veya ortaya konulan yargılara 1'den 3'e kadar veya 1'den 5'e kadar, ya da 1'den 7'ye kadar numara verilmesi istenilir ve her numaranın anlamı karşısında belirtilmiştir. Başka bir söylemle, soruyu cevaplayan kişiye 3, 5 veya 7 adet seçenek sunulmaktadır.

Likert ölçeğine ilişkin örnek aşağıda verilmiştir. Seçenek sayasının tek olması, ortadaki seçeneğin nötr olmasından kaynaklanmaktadır. Böylece nötr seçimin sağında ve solunda eşit sayıda seçenek yer almış olmaktadır. Likert Ölçeğine göre hazırlanan anketleri cevaplamak kolay olduğu gibi, bu verileri yorumlamak da oldukça basittir. Aşağıdaki tablolarda 5'li likerte ilişkin bir uygulama yer almaktadır.

Tablo 23: Likert Ölçeğine İlişkin Anket Formu Örneği (Yedili Ölçek)

Restoranımıza İlişkin Sorunlar	**Çok Şahane**	**Çok İyi**	**İyi**	**Orta**	**Zayıf**	**Çok Zayıf**	**Çok Çok yetersiz**
	1	**2**	**3**	**4**	**5**	**6**	**7**
Bulunduğu semt nasıl?							
Bina yeterli mi?							
İç dizaynı nasıl?							
Yemekler nasıl?							
İçecekler nasıl?							
Personel nasıl?							
Fiyat ile kalite tutarlılığı nasıl?							
Personelin tutumu nasıl?							
Servisin düzeyi nasıl?							
Genel temizlik ve itina nasıl?							
Oto parkının yeterliliği nasıl?							

Tablo 24'de ise 5'li LİKERT ölçeğine ilişkin bir form düzenlenmiştir. Buradaki her soruya/yargıya karşılık gelen boş gözlere 1'den 5'e kadar rakamlar yazılabileceği gibi, (+) veya (x) işareti ile de işaretlenebilir. Anketleri değerlendirme açısından rakam kullanılması daha uygundur. Tablo'da 10 kişiden alınan yanıtları, sorulara ve verilen cevaplara göre toplam dağılımları görülmektedir. Her soruya 10 kişiden sırayla alınan yanıtların dağılımı ise Tablo 25'de verilmiştir.

Tablo 24: Türkiye'nin Güncel Sorunlarına İlişkin 5'li Likert Ölçeği

(Size uygun gelen cevap yerine her soru için bir (x) işareti koyunuz)

Soru veya Yargı	Tamamen destekliyorum 1	Kısmen destekliyorum 2	Kararsızım 3	Kısmen karşıyım 4	Kesinlikle karşıyım 5
1. KİT'lerin özelleştirilmesi için görüşünüz nedir?	7 kişi	3 kişi	-	-	-
2. Eğitimin özelleştirilmesini nasıl karşılıyorsunuz?	8 kişi	2 kişi	-	-	-
3. Laikliğin Anayasada tanımlanması gerekir.	2 kişi	4 kişi	4 kişi	-	-
4. Topluma açık mekanlar'da sigara yasaklanmalıdır.	2 kişi	6 kişi	1 kişi	1 kişi	-

Bu veriler kullanılarak yapılan analizler Tablo 25, Tablo 26 ve Tablo 27'de yer almaktadır. Bu analizlerin yorumuna burada değinilmeyecektir.

Tablo 25: On Kişiden Alınan Yanıtların Dağılımı (Teorik)

Sorular \ Kişiler	1	2	3	4	5	6	7	8	9	10	Toplam
1.KİT'lerin Özelleştirilmesi	1	2	1	1	1	2	1	2	1	1	13
2.Eğitimin Özelleştirilmesi	2	1	1	2	1	1	1	1	1	1	12
3.Laikliğin tanımlanması	2	3	1	3	2	2	1	3	2	3	22
4.Sigaranın Yasaklanması	1	2	2	2	4	3	1	2	2	2	21

Tablo 26: On Kişiden Alınan Yanıtların Ortalamaları ve Standart Sapmaları

Sorular	Gözlem Sayısı (n)	Ortalama	Standart sapma
1.	10	1.30	0.48
2.	10	1.20	0.42
3.	10	2.20	0.79
4.	10	2.10	0.88

Tablo 27: Likert Ölçeği ile Alınan 10 Kişiye Ait Yanıtların % Dağılımı

Sorular	Gözlem sayısı (n)		YANITLAR				
			1	2	3	4	5
1.	10	Yanıt Sayısı	7	3	0	0	0
		%	70	30	-	-	-
2.	10	Yanıt Sayısı	8	2	0	0	0
		%	80	20	-	-	-
3.	10	Yanıt Sayısı	2	4	4	0	0
		%	20	40	40	-	-
4.	10	Yanıt Sayısı	2	6	1	1	0
		%	20	60	10	10	-
TOPLAM		Yanıt Sayısı	19	15	5	1	0
		%	47.5	37.5	12.5	2.5	-

Tablo 28: Dört Soruya Verilen Cevapların Ortalaması (n=10)

Kişi No (Gözlem No)	1	2	3	4	5	6	7	8	9	10
4 Adet Sorunun Ortalaması	1,50	2.00	1.25	2.00	1.00	2.00	1.00	2.00	1.50	1.75

b) Anlam Farklılığı Ölçeği: Bu da çok kullanılan ve kolayca uygulanan bir yöntemdir. Bir kavramı, bir ürünü veya bir firmayı birbirine zıt iki kutup arasında bir yere yerleştirmek söz konusudur: Ucuz/pahalı, iyi/kötü, haklı/haksız, beğenilen/ nefret edilen gibi kutuplar arası 5'li veya 7'li ölçeklere ayrılır. Kendilerine soru sorulan deneklere, her soru için bu rakamlardan hangisi kendi duygularını ya da fikirlerini en iyi yansıtıyorsa ilgili yeri işaretlemesi bildirilir. Aşağıda A, B, ve C gibi üç üniversiteyle ilgili teorik bir örnek verilmiştir. Tablo 29'da kullanılan göstergelere göre A üniversitesi en iyi durumdadır.

Tablo 29: Anlam Farklılığı Ölçeğine Göre 3 Üniversitenin Durumu

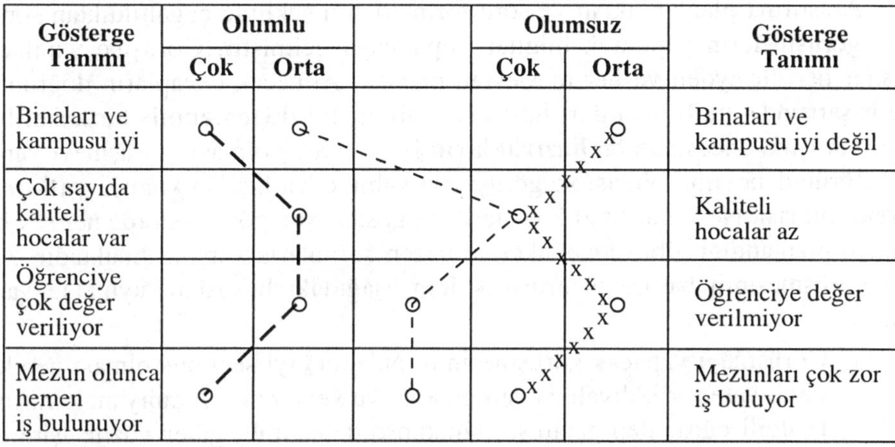

— — — A Üniversitesi, - - - - - B Üniversitesi, xxxxx C Üniversitesi,

c) Sıralama Ölçeği: Deneklere sorulan sorularla olayı, kurumu veya ürünü belirli kriterlere göre sıraya koyması istenilir. Bu ölçek, üzerinde durulan kavram veya ürün konusunda mukayese yapmakta kolaylık sağlar. Kurum ya da firma, kendi eksiğini, ortaya çıkan duruma göre daha iyi görebilir. Buna ilişkin bazı örnekler aşağıda verilmiştir.

Örnek 1: Aşağıda 6 otobüs şirketi adı yer almaktadır. Seyahatlerinizde en çok tercih ettiğinize (1), en az tercih ettiğinize (6) yazmak üzere bu altı firmayı 1'den 6'ya kadar sıralayınız?

Firma Adı	Sıra No
ÖNDER	....
ULUSOY	....
VARAN	....
SHOW	....
KENT	....
METRO	....

Örnek 2: Aşağıdaki TV kanallarından hangisinin spor programlarını daha çok beğendiğinizi araştırmaktayız. Lütfen en beğendiğinize 1 rakamı yazarak, aşağıdaki 4 TV kanalını dörde kadar sıralayınız?

TV Adı	Sıra No
İNTER STAR	....
TRT 1	....
SHOW TV	....
ATV	....

8.6. Soru Sorma Tekniği (Görüşme Tekniği)

Araştırma planlandıktan ve soru formları son şekliyle çoğaltıldıktan sonra, sıra görüşmelerin yapılarak bilgileri toplamaya gelmiştir. Görüşme yapılacak kişiler her düzeyden ve her meslekten olabilir. Alınacak cevapların doğruluğu ve başarısında etkili olan dört husus sayılabilir: İyi **düzenlenmiş** bir anket formu, görüşme öncesinde ön **hazırlıkların** iyi yapılmış olması, görüşmeyi yapan anketörün deneyimli olması ve görüşmeyi kabul eden kişinin konuya **yatkın** ve **istekli** olması. Ne kadar titizlik gösterilirse gösterilsin, görüşmelerde her şey her zaman planlandığı gibi olmamakta ve bazen sorunlarla karşılaşılmaktadır. Anket görüşmesinin başarısını artırmak için aşağıdaki hususlara uymakta yarar vardır:

a) Görüşmeyi yapacak görüşmecinin (anketör) iyi seçilmiş olması gerekir. Zeki, yetenekli, diyaloga yatkın, konuyu veya bölgeyi tanıyan, konusuyla ilgili eğitimden geçmiş, mümkünse deneyimli, güler yüzlü, işini seven, itici olmayan, yaşı, giyinişi ve görünümü ortama ve işe uygun olan biri olmalıdır. Sosyal değerleri gözeten, düzgün konuşabilen ve tepki çekmeyecek yapıdaki kişilerin başarı şansı daha fazladır.

b) Görüşülecek kişiden önceden randevu alarak görüşmenin zamanını ve yerini belirlemek gerekir. Önceden haber vermeden doğrudan doğruya eve veya iş yerine giderek görüşme teşebbüsü, çoğunlukla başarısızlıkla sonuçlanır. Çünkü, hem nezaketen uygun değildir, hem de boş ve en uygun zamanı kararlaştırmak daha sağlıklı bir görüşmeye yol açar. Karşıdaki kişinin önemsenmediği ve bu nedenle nasıl olursa olsun görüşme yaparım düşüncesi doğru değildir. Randevu alabilmek de başlı başına önemli bir adımdır. Zamanım yok, konuyla ilgili değilim veya konuyu bilmiyorum gibi bahanelerle randevu isteğinin çevrilmesi tehlikesi her zaman mevcuttur. Bu tehlikeyi önlemenin yolu,mümkünse ortak tanıdıklar, ortak ilgi alanları bulmak ve karşıdakine önem verildiği hissini verebilmektir. Yapacağı katkının ve işbirliğinin önemli olduğunu vurgulamalıdır. Boş zamanı olup olmadığını, kendisine kısa bir zaman ayırıp ayıramayacağını önceden sormalıdır.

c) Görüşmeci randevüye zamanında, gecikmeden gitmelidir. Geç kalmak işin başarılmasını önler. Randevu yerinin ve saatinin her bakımından rahat bir görüşme ortamı yaratmasına dikkat etmelidir. Bir işçi ile tezgah başında görüşmek, yönetim kurulu huzurunda müdür ile görüşme yapmak, günün en yorgun olunan akşam saatlerinde görüşme ayarlamak doğru değildir. Bu nedenle işi aceleye getirmeden bu hususlarda karşıdaki kişiye esneklik tanımanız ve gerekiyorsa yönlendirmeniz doğru olacaktır. Uzun bir anket görüşmesi yapılacak ve cevaplar kaydedilecekse, bu iş için elverişli masa ve sandalyenin bulunduğu bir ortam seçilmelidir. Bir işletmenin bürosu veya yönetim odası, ev ziyaretlerinde ise oturma salonu anket görüşmesi için elverişlidir. Hane halkı anketlerinde ziyaret saatinin titizlikle belirlenmesi gerekir. Evin kapısı önünde, ayakta bekleyerek anket yapmak sağlıklı netice vermez. Kent veya kırsal kesim anketlerinde ve kalabalık kahvehanelerdeki görüşmelerde herkes söze karıştığı için ve ayrıca açıklanmasının istenilmediği bilgiler hususunda başarılı sonuçlar alınmamaktadır.

d) Görüşmeye başlarken yapılacak ilk iş, anketçinin kendini tanıtmasıdır. Bu tanıtma sadece isim olarak değil, yeterince olmalıdır. Çalıştığı kurum, kurumda yaptığı iş vb. bilgiler diyalog için iyi bir başlangıçtır. Ondan sonra anket çalışmasının amacı, yapılış şekli, niçin kendisinin (bilgi alınacak kişinin) seçildiği gibi hususlar kısaca anlatılır. Bu görüşmeyi yapmakla hiçbir sorumluluk altına girmeyecekleri ve hiçbir zarar görmeyecekleri özellikle belirtilmelidir. Görüşmenin yaklaşık ne kadar zaman alacağı da bu arada belirtilir. Olumlu bir diyalog ortamı yaratılmaya çalışılır. Varsa gelebilecek sorulara zaman ayrılmalı ve cevaplanmalıdır. Bütün bu konuşmalarda, karşıdaki kişinin bilgi ve eğitim düzeyine uygun bir konuşma tarzı ve kelimeler dikkatle seçilmelidir.

e) Anket süresince tek taraflı uzun ve sıkıcı açıklamalardan sakınmalı, diyalog, sorulara boğularak sanki bir sınav havası yaratılmamalıdır. Karşıdakini sıkmadan, onun sorularına veya açıklamalarına zaman tanıyarak görüşme sürdürülmelidir. Ancak görüşmeyi sohbete dönüştürerek çok uzun zaman alması da doğru değildir. Görüşme planlandığı sürede bitirilmelidir. Anketör kendi fikirlerini karşıdakine benimsetme yoluna gitmemeli, hele hele, alacağı yanıtları etkileyebilecek konuşmalardan kaçınılmalıdır.

f) Konuşma boyunca nazik ve kibar olmak,itici olmamak, karşıdaki kişiyi küçümsememek, dini, siyasi ve kültürel eğilimlerini normal karışlamalıdır.

g) Görüşme süresinin çok uzun sürmemesi ve planlandığı şekilde tamamlanmasına gayret etmelidir. Bir saatten fazla süren görüşmeler çok uzun sayılır ve sıkıcı olabilir.

h) Aynı kişiyi ya da firmayı gelecekte bir daha ziyaret etmek gerekebilir. Bu nedenle ayrılırken de iyi bir intiba bırakarak ayrılmaya gayret etmelidir.

Anketin sona erdiğini belirterek, gösterilen işbirliği için teşekkür edip, ayrılmak için izin istenmeli ve bir daha görüşmek arzusunu dile getirerek veda etmelidir. Anket araştırmalarında en doğru bilgiler yüzyüze görüşmelerde elde edilmektedir. Yüz yüze görüşmelerde ortaya çıkan hatalı bilgilerin nedenleri aşağıdaki gibi gruplandırılabilir:

a) Ankete cevap veren kişi, sorunun yanıtını tam bilmediği veya hatırlamadığı için yanlış bilgi verebilmektedir.

b) Cevap veren kişi konuyu bilmediği için genel ya da yaklaşık bilgiler vermektedir.

c) Soru iyi düzenlenmediğinden veya net şekilde anlaşılamadığından cevabı da doğru olmamaktadır.

d) Cevap veren kişi çeşitli nedenlerle kasıtlı olarak hatalı yanıt vermektedir.

e) Görüşmenin yapıldığı zaman ve ortam iyi seçilmediğinden başarılı bir görüşme yapılamamış ve çoğu hatalı yanıtlar alınmıştır.

Her şeye rağmen görüşme yoluyla bir çok bilgi alınabilmektedir. Eğer anket formu görüşme yöntemiyle değil de, posta yoluyla gönderilerek cevap alınması yoluna gidilirse, karşımıza önemli bir sorun çıkmaktadır. Bu sorunun adı CEVAP ALAMAMA sorunudur. Tüm çabalara rağmen cevap alamama ile her zaman karşılaşılabilir. Posta ile ilk göndermeye cevap alınamayanlara, ikinci kez form göndermek, mektupla uyarmak, telefonla hatırlatmak gibi yöntemler cevap alma oranını yükseltecektir. Bu konuda Amerika'da yapılan bir araştırmada cevap alma oranları aşağıdaki gibi bulunmuştur (Lansing and Morgan, 1980, s. 148):

İşlem Kademesi	**Cevap verenler oranı (%)**
İlk kez gönderme	46.2
Hatırlatıcı mektuptan sonra	12.2
İkinci kez soru formu gönderme	8.8
Telefonla hatırlatmadan sonra	10.1
Cevap vermeyenler	22.7
TOPLAM	100.0

Görüldüğü gibi anket formu ilk gönderildiğinde ancak, %46.2 oranında cevap alınmıştır. Tekrar hatırlatma, ikinci kez form yollama ve telefonla ikazlara rağmen cevap alma oranı % 77.3'e yükselebilmiş, %22.7 oranında hiç cevap alamama durumu hasıl olmuştur.

Gazi Üniversitesi Ticaret ve Turizm Eğitim Fakültesinde yapılan bir anket çalışmasında 750 serbest muhasebeci ve mali müşavirlere anket formu yollanmış ve bunlardan ancak 170'inden (%22.7) başkaca bir hatırlatmaya gerek kalmadan yanıt alınmıştır.

9. ÖRNEKLEME BİLGİSİ VE ÖRNEKLEME SORUNLARI

Örnekleme genelleştirmeye yardımcıdır....

9.1. Örnekleme Nedir?

Örnekleme konusu, araştırma teknikleri içerisinde önemli bir yere sahiptir. Bilimsel araştırmaların amaçlarını; sorun çözmek, yeni bilgi üretmek, yeni teknoloji geliştirmek ve ekonomik yarar sağlamak şeklinde gruplandırıldığını biliyoruz. Bunlardan hangisi amaçlanmış olursa olsun, tümünde doğru bilgi sahibi olmak ve doğru karar vermek esastır. Bu nedenle doğru bilgilere ulaşmak ve elde edilen bilgileri genelleştirmek ihtiyacı vardır. Bunun bir yolu da örnekleme yöntemidir. Çünkü birçok konularda elde edilen bilgilerin doğruluğu ve genelleştirilebilmesi, örneklemin bilimsel şekilde yapılıp yapılmadığına bağlıdır. O halde örnekleme nedir, hangi durumlarda örneklemeye başvurulmalıdır?

Üzerinde çalışılan bir kümeden örnek seçmek örnekleme yapmak demektir. Seçilen örneğe ait bilgiler kullanılarak küme konusunda doğru bilgilere veya doğru kararlara ulaşılmaya çalışılır. Böylece kümenin sadece bir parçası incelenerek kümeye ait bilgiye daha kolay ulaşılmış olmaktadır. Kümenin bir tek özelliği incelenebildiği gibi, birden çok özellikleri üzerinde de durulabilir. Fabrikada üretilen mamuller bir küme oluşturduğuna göre, her bir mamul parçasının ağırlığı, boyu veya rengi ayrı özellikleri ele alınarak incelenebilir. Bir yörede genel seçimlerde oy kullanan veya kullanmayanlar incelenebildiği gibi muhtelif seçmen gruplarının (yaş, eğitim, meslek, gelir düzeyleri bakımından) hangi partilere oy verdiği de araştırılabilir.

Kümeyi oluşturan birimlerin (fertlerin) tek tek incelenerek onlardan ölçme, tartma, gözlem veya soruşturma yoluyla bilgi alınmasına ise tam sayım adı verilmektedir. Küme hakkında en geniş ve daha doğru bilgi tam sayım yöntemiyle elde edilebilmektedir. Ancak, birçok durumda tam sayım yerine örneklemeye baş vurulmaktadır. Eğer küme, çok küçük ise örneklemeye gerek kalmadan tüm küme tam sayıma tabu tutulur. Küme çok geniş ise ve kısa sürede bilgi almak zarureti varsa örnekleme yapılır.

Ancak bazı durumlar vardır ki, tam sayıma başvurmaktan başka yol yoktur. Nüfus sayımları, vergi cetvelleri, seçmen kütükleri veya tapu kayıtları gibi. Bu tür kümeler, yasal nedenlerle veya yapıları gereği örnekleme ile değil de tam sayımla incelenir ve düzenlenirler. Örnekleme çalışmasının başlangıcında, örneklemede kullanılacak çerçeveyi tespit etmek için de tam sayım yapmak gerekebilir. Buna karşılık, tam sayım mümkün olmadığı veya gerekli olmadığı için bir süt ineğinden bir sağımda alınan 10 litre sütün tümünü değil de, çok az bir bölümünü laboratuarda analiz etmek yeterlidir. Kan tahlili için de aynı durum söz konusudur ve vücuttaki tüm kanı incelemek yerine birkaç damla kanı analiz etmek tüm vücut kanı hakkında yeterli bilgi verecektir. Çünkü, söz konusu edilen süt ve kan homojen kümelerdir. Diğer yandan, kümenin tüm birimlerini ölçmek onların tahrip olmasını gerektiriyorsa örneklemeden başka çare yoktur: Elektrik ampulünün veya otomobil lastiğinin ömrü ancak onlar tahrip olana kadar deneyi sürdürmekle anlaşılır. O nedenle, örnek olarak seçilen sınırlı sayıdaki ampul veya lastikle deneme yapılacaktır.

Örnekleme günlük hayatımızla iç içedir. Çoğu kez kararlarımızı örneklemeden faydalanarak alırız. Bu günün hava durumu, yarın ne şekilde giyineceğimizi veya şemsiye alıp almayacağımızı kararlaştırmaya yardımcı olur. Tenceredeen alınan bir iki pirinç tanesi, pilavın olup olmadığını gösterir. Bir yudum çay, bir çaydanlık çayın kalitesini anlamaya yeterlidir. Bölgedeki birkaç buğday tarlasını gözlemekle, buğdayın o bölgedeki gelişme seyrini kabaca değerlendirmek mümkündür.

Yukarıda belirtilenleri de içermek üzere, örneklemenin faydalarını aşağıdaki gibi sıralayabiliriz:

a) Örnekleme tam sayıma göre daha az masrafla gerçekleştirilir. Elde mevcut sınırlı imkânlarla tam sayım yapmak mümkün olmadığı halde, örnekleme yapılarak problem belirli derecede aydınlatılabilir.

b) Eğer bilgiye acil olarak ihtiyaç varsa, örneklemeye başvurularak kısa sürede veriler toplanır ve neticeler sunulur. Sayımın uygulanması ve neticelerin yayınlanması uzun zaman aldığı için, örnekleme çözüm yolu olabilmektedir.

c) Örneklemede daha sınırlı sayıda birim incelendiği için, bazı konular detaylı olarak araştırılabilir. Bir sanayi sayımında, yıllık işletme masraflarını veya envanter değişmesini tespit etmek mümkün değildir. Bu iş ancak, ayrıntılı soruların yer aldığı işletme anketleri yoluyla yapılabilir. Böylece, ayrıntı gereken konularda daha doğru bilgi alınmış olur. Belirli sayıdaki anketçinin eğitimi ve denetlenmesi daha kolay olduğu için, bu nedenle de örneklemenin doğruluğu yükselmiş olur. Çalışmanın hacmi arttıkça, örnekleme dışı hatalar çoğalır, veri seti genişledikçe toplamada ve işlemede yapılan hatalar artar.

d) Bazı hallerde kümeyi tam olarak belirlemek mümkün değildir. İncelemek üzere üzerinde durulan kümeye "hedef küme" adı verilir. Orta Anadolu tarım işletmelerinde traktör kullanımı araştırma konusu olarak seçilmişse, bölgedeki traktör kullanan bütün işletmelere ait isim listesi hedef kümedir. Ancak, böyle bir listeyi eksiksiz olarak düzenlemek hemen hemen imkânsızdır. Bu yüzden, sağlanabilen bir liste ile çalışılır ve bu listeye "işlenen küme" denilir. İşlenen küme genellikle hedef kümeye göre eksiktir. Aradaki farklılık ne kadar az olursa, başka bir ifadeyle işlenen küme hedef kümeye ne derece benzer olursa örnekleme o oranda başarılı olacaktır. Eğer küme sonsuz ise, tüm küme elemanları zaten elde edilemez. Bir süt fabrikasının ürettiği yoğurtlarda asitlik derecesini ölçmek için, üretim süresince her gün bütün yoğurtları ölçmek mümkün değildir. Böyle durumlarda örneklemeden başka yol yoktur. Eğer ölçme veya tartma tahripkâr karakterde ise, bu tür denemeyi çok sayıda tekrar etmek büyük zararlara yol açacaktır. Paketlenmiş yoğurt kaplarında asitlik ölçümü ancak sınırlı sayıdaki örnekle yapılabilir.

e) Yaklaşık rakamların yeterli olduğu veya bilgilerin bir merkezden üretildiği bazı durumlarda tam sayıma gerek yoktur. Bir ülkede hangi bitki türlerinin bulunduğu, ya da hangi pamuk standartlarının kullanıldığı gibi hususlar örnek olarak verilebilir.

Son 25-30 yılda örnekleme yöntemleri ülkemizde çok geniş bir uygulama alanı bulmuştur. Siyasi, sosyal ve ekonomik konularda çok kullanılan bir yöntemdir. Sanayi, tarım, işgücü vb. sayımların tam sayım değil de örnekleme ile yapılması, hem zamandan hem de masraftan tasarruf sağladığı için yaygınlaşmıştır. Tarım kesiminde muhtelif ürün veya sektör bazında yapılan çalışmalarda, hayvancılık anketleri, narenciye anketi, tüketim anketleri gibi, örnekleme çalışmalarıyla bilgiler elde edilmektedir. Sektörlere ilişkin üretim masrafları, gelir durumu, istihdam ve işsizlik gibi konularda da örnekleme yoluyla bilgiler toplanmaktadır.

Örnekleme birçok safhadan ibaret planlı bir çalışmayı gerektirmektedir. Bir örnekleme çalışmasında yer alan başlıca kademeleri aşağıdaki gibi kısaca açıklamak mümkündür:

1. Hazırlık çalışması: Bölgesel veya ülke çapındaki geniş anketlerde yasal dayanak belirlenerek, personel, finansman ve ekipman imkanları ortaya çıkarılır ve idari organizasyon teşekkül ettirilir. Ankete ilgiyi arttırmak ve doğru cevap almayı kolaylaştırmak için çalışmanın önceden duyurulması ve anket uygulanacak kişilerle ilgi kurulması yoluna gidilir. Konuyla ilgili kamu ve özel kuruluşlarla işbirliği yapılır ve gerekli kolaylığın gösterilmesi istenir. Anketin bir zaman planlaması yapılarak, harcamaların eldeki bütçe imkanlarına uygun olarak zaman içerisinde uyumlu şekilde yapılması sağlanır. Veri toplama yöntemi olarak kişisel görüşme, telefonla görüşme, soru formlarının kişiye postalanması ve doldurularak iadesini isteme ve nihayet yerinde müşahade, ya da ölçme yöntemlerinden birisine karar verilir. Bu sahfada anket formlarının hazırlanması, anketçileri seçmek ve eğitmek, anket formlarının ön denemeye tabi tutulması ve örnek seçiminin yapılması gibi çalışmalar tamamlanır.

2. Anketin gerçekleştirilerek verilerin toplanması ve bu esnada kontrol ve denetimin sürdürülmesi sağlanır. Anket çalışmalarının doğruluğunu anket esnasında kontrol etmek, anketörlerin karşılaştıkları sorunları yerinde cevaplandırmak ve ankete cevap vermeyen kişileri tekrar bularak bir daha buluşmayı sağlama anket esnasında yapılacak işler arasındadır.

3. Cevapların kontrol edilerek belirgin hataların ve tenakuzların giderilmesi (editing), bilgilerin anket formlarından çıkartılarak işlenmesi, kodlanması ve tabulasyonu, anket çalışmalarında büroda yapılacak başlıca işler arasındadır.

4. İstatistik analizlerin yapılması ve bu analizlere dayanarak değerlendirmelerin yapılması da önemli bir kademedir.

5. Raporun veya raporların hazırlanması en son kademeyi oluşturmaktadır. Bu raporlarda, anketin yapılmasında güdülen amaca uygun olarak, sorunun çözümlenmesi için elde edilen sonuçların ne derecede elverişli olduğu ve bu amaçla yapılabilecek ileriye dönük çalışmalar önerilebilir.

Örnekleme yoluyla anket yapmaya karar verildikten sonra, karşılaşılan birçok problemlerden en önemli iki tanesi, hangi örnekleme yönteminin uygulanacağı ve örnek hacminin ne kadar olacağı sorularına cevap bulmaktır.

9.2. Örnekleme İle İlgili Kavramlar ve Terimler

Küme (yığın, populasyon, ana kitle gibi terimler aynı anlamdadır): İncelemek istediğimiz ve belirli bir yer ve zaman esasına göre tanımlanan, birçok birimlerden oluşan bir yığındır. Ülkedeki hane halkı (aile) varlığı, sanayi ve tarım işletmeleri birer küme oluşturur. Üniversite öğrencileri de bir kümedir. Kümeler bölümlere ayrılarak alt kümeler kurulabilir. Küçük, orta, büyük işletmeler veya ailelerin oluşturduğu alt kümeler gibi.

Kümeler sonlu veya sonsuz olabilirler. Belirli ve sınırlı sayıda birim ihtiva eden küme sonlu kümedir. Genel olarak tarımda doğal ve sosyal alanlarda ve diğer bir çok anketlerde sözkonusu olan bu küme çeşididir. Çok fazla sayıda birim içeren kümeye sonsuz küme denilmekte ise de, bazı kolaylıklar sağladığı için aşağıdaki iki durumda da sonsuz küme varsayılır:

a) Örnek hacmine göre küme çok büyük ise, bu örneğin seçildiği küme sonsuz küme kabul edilir.

b) Örnekleme planı gereği, aslında sonlu olan küme sonsuz kümeye dönüşmüş olur. Yerine konularak yapılan örnek çekiminde durum böyledir.

Birim: Kümeyi oluşturan ve örnekleme ya da sayım yoluyla kendilerine ait bilgi toplanacak elemanlardır. Üniversite öğrencilerinden oluşan kümede, öğrencilerin kendileri, bu kümenin birimleridir.

Örnekleme birimi: Örnekleme çerçevesini oluşturan ve örneğe dahil olması muhtemel olan birimlerdir. Çoğu zaman küme birimleriyle aynı olabilir. Örneğe giren fakültelerdeki tüm öğretim üyelerinden ayrı ayrı bilgi alınacaksa, Türkiye'de oluşan kümede, fakülteler örnekleme birimidir. Öğretim üyeleri de küme birimleridir.

Örnekleme çerçevesi: Kendisinden örnek alınacak söz konusu kümenin tanımlanmasıdır. Bir kümeden bir örnek seçebilmek için, kümeye ait bütün birimlerin belirli bir tanımlama ile bilinmesi gerekir. Birimlere ait bir isim veya numara listesi, ya da bir harita, bir çerçeve olarak kullanılabilir. Kendisinden örnek seçilecek küme, ölçülecek birimleri ihtiva etmelidir. Bir çerçeve her bakımdan yeterli ve doğru olmalı,eksik ve tekrarlar bulundurmamalıdır. İsim listesi veya harita, en yeni ve o güne göre geçerli olmazsa, anket yapmak amacıyla gidildiğinde o ismi, numarayı veya arazi parçasını bulmak, ya da tanımak mümkün olmayacaktır. Pek açıktır ki, alan örneklemesinde, harita kodlarına ek olarak sınırları arazide kolayca seçilebilen çerçeveler ve birimler ele alınmalıdır.

İhtimal (olasılık, şans, probabilite): Bir olayın ortaya çıkma sıklığı veya vuku bulma şansıdır. Matematik olarak hesaplanabilmektedir. İhtimal teorisi istatistikte karar verme işleminin ve dolayısıyla örneklemenin mantıki esasını teşkil eder.

Bir anket çalışmasını oluşturan çeşitli işlemler ya da kademeler daha önce açıklanmıştı. Örnekleme bu kademelerin tümüyle değil de bazılarıyla doğrudan ilgilidir. Ancak, örnekleme teorisine ve uygulanışına, anket çalışmasının bütün kademelerinde büyük titizlik göstermek gerekmektedir. Örnekleme teorisinin amacı, örnekmeleyi daha doğru ve etkin kılmaktır. Bunun için örnek seçme ve tahmin etme yöntemleri geliştirilmiştir. Örnekleme teorisi, ihtimal dağılımı ile ilgili 3 grup bilgiye dayanmaktadır:

a) Küme dağılımı: İncelenen kümeye ait birimlerin tümünün dağılımıdır. Bir ihtimal dağılımı olarak koordinat sistemi üzerinde incelenebilir.

b) Örnek dağılımı: N birimden oluşan ana kümeden seçilen (n) birimlik bir örneğe ait büyüklüklerin gösterdiği dağılımdır. Ana küme hangi dağılım şeklini gösteriyorsa, örneğin de ona benzer bir dağılım göstermesi beklenir. Örnek ortalaması, küme ortalamasından örnekleme hatası nedeniyle farklı olur.

c) İstatistiğin örnekleme dağılımı (örnek ortalamasının dağılımı): Örnekten hesaplanan tahminlere istatistik, kümeye ait değerlere de parametre denilmektedir. Örnek istatistikleri parametrenin tahmin edicisidirler (sample estimators). Belirli örnek büyüklüğünde kümeden çekilebilecek tüm örnekler çekilirse, bu örneklerin ortalaması normal bir ihtimal dağılımı gösterir. Bu durum, örnekleme teorisinde önem taşımaktadır. Çünkü ortalamaların dağılımı öyle özelliklere sahiptir ki, örnekleme teorisinin kurulması bunlara dayanır ve bu özellikler aşağıdaki üç teorem içerisinde ifade edilmiştir:

1. Merkezi limit teoremi: Örnek hacmi yeteri kadar büyük ise, örnek ortalamalarının dağılımı, bütün kümelerde yaklaşık olarak normal dağılımlıdır. Ana küme normal dağılımlı ise, örnek hacmi ne olursa olsun, örnekleme dağılımı normaldir. Örnek hacmi demek, bir örnekteki birim sayısıdır. Bu, çekilecek örnek sayısı ile karıştırılmamalıdır.

Ana küme normal dağılımlı değilse, örnek hacminin 30 veya daha fazla olması, ortalamanın normal dağıldığını kabul etmeye yetmektedir. Böylece, merkezi limit teoremi, örnek ortalamalarının dağılımının normal olduğunu araştırıcıya sunmakta ve hipotezlerin test edilmesini sağlamaktadır.

2. Bütün kümeler ve örnek hacimleri için, basit ihtimal örneklemesinde, örnek ortalamalarının beklenen değeri küme ortalamasına eşittir. Yani;

$E(\bar{x}) = \mu$. Burada $\bar{x}$ = örnek ortalamasını, μ = küme ortalamasını ifade etmektedir.

3. Kümeye ait standart sapma (σ_x) ile, örnek ortalamasına ait standart sapma ($\sigma_{\bar{x}}$) arasında bir ilişki vardır ve bu ilişki aşağıdaki şekilde ifade edilir:

Örnek hacmi kümenin % 5 inden az ise: $\sigma_{\bar{x}} = \frac{\sigma_x}{\sqrt{n}}$ (büyük kümelerde),

Örnek hacmi kümenin %5inden fazla ise: $\sigma_{\bar{x}} = \frac{\sigma_x}{\sqrt{n}}\sqrt{\frac{N-n}{N-1}}$ (küçük kümelerde).

Uygulamada çoğunlukla ikinci formül kullanılır ve buradaki $\frac{N-n}{N-1}$ oranına sonlu düzeltme faktörü adı verilmektedir.

Örneklemenin başlıca amacı, kümeye ait ortalama ve standart sapma hakkında fikir elde etmektir. Yukarıda açıklanan üç teoremden yararlanarak küme ortalaması ve standart sapması tahmin edilebilecektir.

Tanım	**Küme (Tam Sayım)**	**Örnek (Örnekleme)**
Büyüklük	N	n
Ortalama	$\mu = \frac{\Sigma x}{N}$	$\bar{x} = \frac{\Sigma x}{n}$
Varyans	$\sigma^2 = \frac{\Sigma(x-\mu)^2}{N}$	$S^2 = \frac{\Sigma(x-\bar{x})^2}{n-1}$
Standart Sapma	σ	S
Değişim Katsayısı	$DK = \frac{\sigma}{\mu} \cdot 100$	$DK = \frac{S}{\bar{x}} \cdot 100$

Örnekleme oranı: Seçilen örnekteki birim sayısını ifade eden (n) ile ana kümedeki toplam birim sayısı N arasındaki orandır ve $\frac{n}{N}$ şeklinde ifade edilir. Büyük kümelerde % 1 ve daha az örnekleme oranıyla çalışıldığı halde, küçük kümelerde bu oran % 10-15 e kadar yükselebilmektedir. Örneğin, Amerika Birleşik Devletleri Tarım Bakanlığı İstatistik Servisi, örnekleme oranını % 1 den daha fazlalaştırmadan tarımsal tahminlerde güvenirlik derecesini yükseltmeye çalışmaktadır.

Yukarıda belirtildiği gibi, örnek ile küme arasındaki ilgiden faydalanarak ve örneğe ait istatistikleri kullanarak küme parametreleri tahmin edilmektedir. Daha yaygın şekilde üzerinde durulan ve tahmin edilen parametreler şunlardır:

Küme toplamı Y (Kümede yer alan N adet birime ait Y_i özelliklerinin toplamıdır.

Küme varyansı: σy^2 veya Var (Y) veya S^2 (Kümede Y_1 özelliğine ait varyans).

Küme oranı: R (Kümede Y ve X gibi iki özelliğin ayrı ayrı toplamlarının oranıdır).

Ayrıca, her parametre tahminine ait varyans ve standart hataların da tahmin edildiğini hatırlatmakta yarar vardır. Diğer yandan, tahmin edilen parametrelerden yararlanılarak varyasyon katsayısı, nisbi varyans, küme kovaryansı ve küme korelasyon katsayısı da kolayca tahmin edilebilecektir.

Normal dağılım gösteren bir kümenin ortalaması ve standart sapması (veya varyans) bilindiğinde, kümenin bilinmiş olması nedeni ile, genellikle ortalama ve varyans tahmini üzerinde durulmaktadır. Ancak, oransal değerlerle çalışılıyorsa, kümede çeşitli karakterlere ait oransal parametreler de tahmin edilmektedir. Toplam tahıl üretimi içerisinde buğday üretiminin payı, bir oran tahminidir.

9.3. Anketlerde Yapılan Hatalar

Tahmin, hata veya yanılma payı ihtiva eden bir değerlendirme demektir. O halde daha az hatalı ve daha doğru, güvenilir bir tahminin hangi anlama geldiğini açıklamakta yarar vardır. 1982 yılında Türkiye'de 2 milyona yakın buğday üreticisinin buğday üretimlerini tek tek ölçmüş olsaydık, toplam üretimi veya çiftçi başına ortalama buğday üretimini hatasız bulmuş olacaktık. Örnekleme yöntemi ile seçilen (n) sayıdaki çiftçiye ait üretim verilerinden faydalanarak, bütün ülkede toplam buğday üretimini ve dolayısıyla çiftçi başına üretimi tahmin etmeye çalıştığımızda, gerçek üretim rakamından farklı bir değer tahmin edeceğimiz açıktır. Bu farklılık, anket çalışmasındaki (yukarıdaki örnekte çiftçilerden buğday üretim rakamlarının öğrenilmesi) iki tür hatadan ileri gelmektedir: Birincisi örnekleme hataları, ikincisi de örnekleme dışı hatalardır. Şekil 4'de bu hatalar ayrıca bölümlere ayrılarak gösterilmiştir. Parametre ile tahmin (başka deyişle örnek istatistiği) arasındaki farktan ibaret olan toplam tahmin hatası veya survey hatası ne kadar az olursa, tahmin o derece güvenli olacaktır, örneğin varyansı, anketörün işe uygunluğu, ankete cevap verenler, yetersiz örnekleme çerçevesi, ankete hiç cevap vermeyenlerin sayısı, örnek hacminin küçük alınması, anket formundaki soruların değişik yorumlanabilir olması ve benzeri diğer faktörler toplam hatanın kaynaklarını oluştururlar. Bunlar bazı birimlerden bilgi alamamak, yanlış bilgi almak ve büro işlerinde yanlışlıklar yapmak gibi üç grup altında da özetlenebilmektedir. Bunlar arasında açıklama gerektiren başlıcaları aşağıda özet olarak belirtilmiştir:

Örnekleme hatası: Örnekleme yönteminin doğru seçilmemiş olmasından ileri gelen hatalardır. Tam sayım yapmamış olmaktan doğan hata da denilebilir.

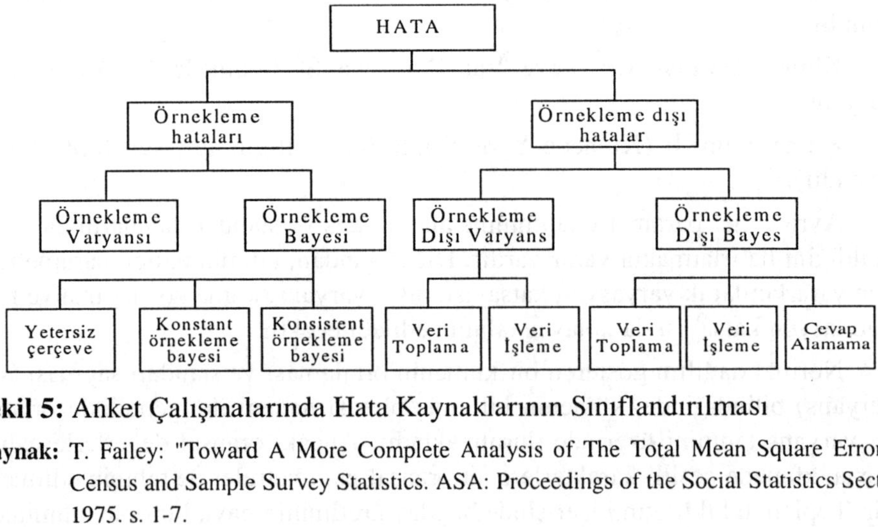

Şekil 5: Anket Çalışmalarında Hata Kaynaklarının Sınıflandırılması

Kaynak: T. Failey: "Toward A More Complete Analysis of The Total Mean Square Error of Census and Sample Survey Statistics. ASA: Proceedings of the Social Statistics Section 1975. s. 1-7.

Daha uygun örnekleme yöntemi kullanmak ve örnek hacmini artırmak suretiyle örnekleme hatası azaltılabilir. Ancak bu takdirde örnekleme maliyetinin artması veya örnekleme dışı hatanın yükselmesi tehlikesi mevcuttur. Örnekleme hatasının iki unsuru vardır (Şekil 5).

Birincisi örnekleme varyansıdır. Örnek ne kadar homojenlikten uzak ve varyasyon yüksek ise örnekleme hatası da o derece artmış olacaktır. İkincisi de örneklemede bayes'tir. Bayes ve bayes olmayan (unbiased) tahminin ne demek olduğu müteakip bölümlerde açıklanacaktır. Bayes, gerçek olmadığı halde hesaplanan basit ortalama, duplikasyonlar veya gereksiz fazla birimler ihtiva eden çerçevelerin kullanılması gibi nedenler örnekleme bayesine yol açarlar. Bazı örnekleme bayesi kolayca farkedilip, giderildiği halde, diğer bazıları kolayca anlaşılamamaktadır.

Örnekleme dışı hata: Örnekleme metodolojisi ve örnek hacmi ile ilgili olmayan; uygulama, veri toplama ve onları işleme esnasında yapılan hatalardır. Küme parametresi ile örnek istatistiğinin hesaplanan fiili değeri arasındaki farktır şeklinde de tanımlanabilir. Bu hata da örnek dışı bayes ve örnekleme dışı varyans olmak üzere iki unsurdan oluşmaktadır. Örnekleme dışı bayes anket maliyetini azaltma, zamandan tasarruf, büro işlerini asgariye indirme gibi düşüncelerle iyi bir anket formu düzenleyememek ve gerekli cevapları alamamaktan doğmaktadır. Anket formunu düzenleyenle ankete cevap veren kişinin bir soruyu aynı şekilde anlamamaları, asıl ilgiliyle görüşmeme, hiç cevap alamama, hafıza yanılması, rakamı yanlış yazma gibi olaylar örnekleme dışı bayese yol açarlar. Titiz bir çalışma bu tip hatayı en aza indirebilir.

Örneklemede yöntem seçimi ve örnek hacmi seçimi için karar verilirken, beklenen örnekleme hatası ile beklenen örnekleme dışı hata toplamının belirli bir sınır içerisinde kalmasına dikkat edilir.

9.4. İyi Bir Tahminin Özellikleri

Yukarıda belirtilmiş olan hataları en az ihtiva eden bir tahmin en iyi bir tahmindir. Başka bir ifade ile parametre ile örnek istatistiği arasındaki farkın asgari olması arzu edilir. Ancak bu farklılığı nasıl ölçebilir ve yorumlayabiliriz? Bu amaçla kullanılan kriterlerden birincisi tahminin ne derece sapmasız olduğudur, ikinci kriter etkinlik, üçüncü kriter de tutarlılık (consistancy)'dır. Bunlar kısaca aşağıda açıklanacaktır.

Aynı örnek büyüklüğünde, mümkün olan bütün örneklerin ortalama değeri matematik olarak parametreye eşit ise bu tahminde bayes yoktur denilebilir. Başka bir ifade ile örnek istatistiğine ait matematik bekleyişin parametreye eşit olması durumu anlatılmaktadır. Bu demek değildir ki bir tek örnekten hesaplanan istatistik tam tamına parametreye eşit olacaktır. Çünkü bayes dışında başka hata kaynakları olduğunu biliyoruz. Diğer yandan, bir istatistik tahmininin bayes oluşu, onun her zaman kötü bir tahmin olduğunu ifade etmez ve böyle bir tahmin, bayes olmayan başka bir tahmine göre bazı bakımlardan üstünlük taşıyabilir. Zaten, bayes miktarı 0,25 den büyük değilse önemsiz kabul edilir ve üzerinde durulmaz (gerçek parametreye göre, $\frac{\hat{b}-b}{b} \leq 0.25$ demektir).

İkinci kriterin etkinlik (efficient) olduğu belirtilmişti. Örnekten elde edilen tahminlerin mümkün olduğu kadar küme parametresine yakın yığılma göstermesi demektir. Hiç bayes taşımayan iki tahminden (örnek hacmi aynı kalarak) daha küçük varyansa sahip olan tercih edilir, çünkü parametreye daha yakın dağılım gösterir.

İyi bir tahmin olup olmadığını anlamak için kullanılan üçüncü ve son kriter konsistant olma durumudur. Eğer örnek hacmi arttıkça, örnekten hesaplanan tahmin değerleri küme parametresinin etrafında giderek artan bir yığılma gösteriyorlarsa, bu tahmin konsistant olarak kabul edilir. Diğer iki özellik gibi bu da arzu edilen bir durumdur. Sapmasız, etkin ve tutarlı tahmin durumları aşağıda şekil halinde gösterilmiştir.

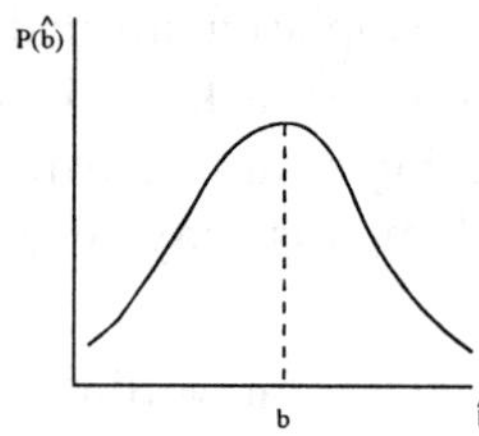

Şekil 6: Sapmasız Tahmin

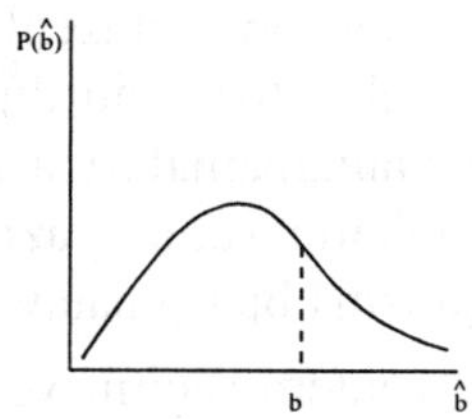

Şekil 7: Sapmalı (Bayes) Tahmini

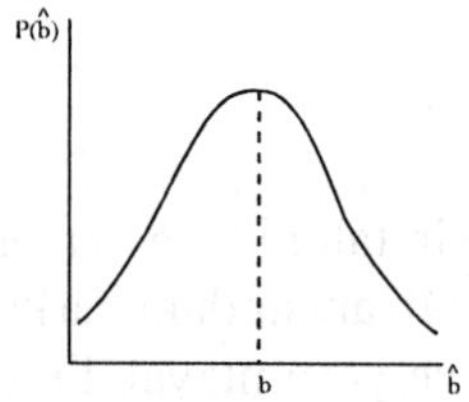

Şekil 8: Etkin Tahmin

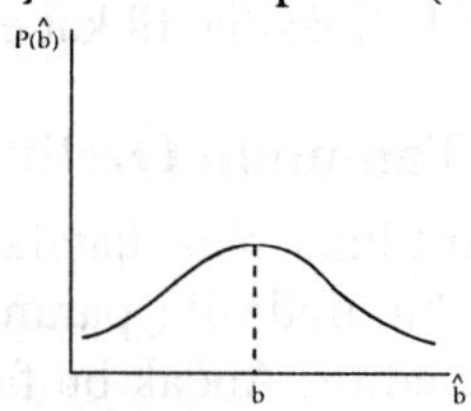

Şekil 9: Etkin Olmayan Tahmin

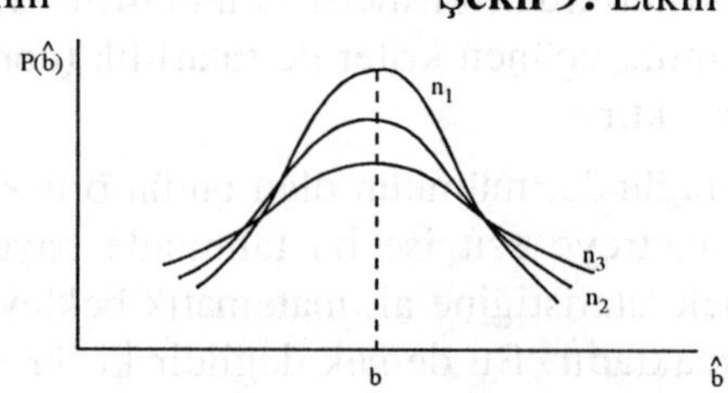

Şekil 10: Örnek Hacmi Büyüdükçe Ortaya Çıkan Tutarlı Tahmin: $n_1>n_2>n_3$

9.5. Örnekleme Yöntemleri

Örneklemede uygulanacak yöntem, kümenin özelliğine, araştırmanın amacına ve eldeki imkânlara göre belirlenecektir. Örnekleme yöntemleri, kümeden seçilecek birimlerin nasıl alınacağını ve hesapların nasıl yapılacağını gösterecektir. Seçilen örneğe ait bilgilerden faydalanarak kümeye ait özelliklerin tahmini yapılacaktır. Örneğe ait özellikler aşağıdaki unsurlara bağımlıdır:

a) Kümenin kendisi: Örnek, kümenin bir bölümü olduğu için onun dışında bir özelik bulundurmayacaktır. Tarım işletmeleri ve sanayi işletmeleri birbirinden farklı iki küme olduğu için, bunları temsil eden örnekler de ayrıcalık gösterecektir. Diğer yandan, küme varyansı yüksek ise, örnek varyansının da yüksek olacağı tabiidir.

b) Özerinde durulan özelliğin kendisi: Öğrenci populasyonuna ait boy ve başarı verileri farklı bir dağılıma sahiptirler. Bu kümeden seçilen bir örneğe ait boy rakamları başarı notları konusunda bilgi veremeyecektir.

c) Örnek seçme yöntemi: Kullanılan örnekleme yöntemleri, elde edilen bilgilerin kümeyi temsil etme durumunu etkilemektedir.

d) Örnek büyüklüğü: Örnek büyüklüğü arttıkça küme daha iyi temsil edilmekte, küçük örneklerde tahminin güvenirliği azalmaktadır.

Örnekleme yöntemleri genel olarak iki grupta ele alınmaktadır: Gayeli örnekleme ve ihtimali örnekleme:

9.5.1. Gayeli örnekleme

Keyfi örnekleme, muhakemeli örnekleme gibi isimler de alan bu örnekleme türü, ihtimali olmayan bir örneklemedir. Kümeyi temsil edici birimlerin seçiminde veya bir örneğin temsil edici olup almadığını kararlaştırmada belirli bir yargı veya maksat güdülmüşse gayeli örnekleme yapılmış demektir. İhtimal örneklemesi dışında kalan diğer örnek seçme yöntemleri, gayeli örnekleme olarak adlandırılmaktadır. Aşağıda verilen örnekler gayeli örnekleme demektir:

- Bir bölgedeki tüm köyleri incelemek üzere yapılan bir araştırmada, yolu iyi olan köylerin seçilmesi.
- Telefon abone sayısının henüz çok az olduğu bir şehirde, tüketim anketini telefonla gerçekleştirmek,
- Bir köydeki çiftçilerin sadece gönüllü olanlardan bilgi toplamak.
- Kota örneklemesi de ihtimal örneklemesi dışında kalan gayeli örnekleme türüne girmektedir. Bir okuldaki öğrenciler arasındaki her yaş grubundan 5 er kişilik örnek seçileceğini ilân etmek, fakat bu 5 kişinin seçimini anketçinin arzusuna bırakmak gibi.

Gayeli örnekleme günümüzde artık bilimsel bir yöntem değildir. Çünkü bu tür örneklemede elde edilen bilgilerin populasyonu ne derece temsil ettiğini, hata ve güvenirlik derecesini istatistiki olarak ifade etmeye imkân yoktur. Yani, örnek verilerden faydalanarak yapılan tahmindeki doğruluk derecesi önceden tahmin edilememektedir. Ayrıca, çoğu zaman istatistiki olarak geçerli örnek hacminden daha fazla örnek ile çalışılmış olmaktadır.

Gayeli örnekleme ile tesadüfen iyi ve doğru neticeler elde edilebilir. Fakat ilk örnek değişince ne gibi bir sonuç alınacağı kestirilemez. Küme ne derece yeknesak ise ve araştırıcı kümeyi ne derece iyi tanıyorsa, kümeyi ortalama olarak temsil etmek üzere seçilen örnekler o derece iyi sonuçlar verecektir. Fakat bu da sübjektif bir sonuca yol açmaktadır. Çünkü araştırıcı değişince örnek de değişecektir. Zira, araştırıcıların kümeyi tanıma derecelerini ölçecek kıstas yoktur. Sayılan bu nedenlerle bugün artık gayeli örnekleme, anket formlarının ön testi, çerçevenin belirlenmesi veya tüm birimlerden bilgi alınamaması ve benzeri gibi durumlarda kullanılmaktadır.

9.5.2. İhtimal örneklemesi (Olasılıklı örnekleme, random örnekleme)

Örnekleri seçme yöntemi ihtimal teorisine dayanıyorsa veya örneğe giren her elemanın seçilme şansı önceden bilinebiliyorsa, bu tür örneklemeye ihtimal örneklemesi adı verilir, ihtimal örneklemesinde, elemanların örneğe girmesi (seçilmesi) bir şans olayıdır ve bu şansın vuku bulmasına dair ihtimal önceden bilinmektedir. Bu ihtimal içerisinde fertlerin (elemanların) seçimi de random olarak yapılacaktır. Böylece elde edilen veriler değerlendirilirken, her eleman kendi seçilme şansı dikkate alınarak işlem görecektir. İhtimal örneklemesinde, gayeli örneklemeden farklı olarak küme parametresine dair yapılan tahminlerin doğruluk derecesi ve hata payları istatistik olarak hesaplanabilir.

Daha önce de belirtildiği gibi, ihtimal örneklemesinde ve genellikle anket çalışmalarında sonlu kümeler esasından hareket edilir. Tahminlerin doğruluk derecesi, örneğe ait değerlerin frekans dağılımından faydalanarak hesaplanır. Kolaylık sağlaması bakımından, örnekten hesaplanan tahminlerin normal dağılım gösterdiği kabul edilmektedir. Normal dağılımda ise ortalama ve standart sapma bilinirse, frekans dağılımının şekli tamamen biliniyor demektir.

Genel özellikleri bu şekilde açıklanmış olan ihtimal örneklemesi kendi arasında çeşitlere ayrılmaktadır. Basit ihtimal örnekleme (BÖ), tabakalı örnekleme (TÖ), cluster örnekleme (CÖ) ve sistematik örnekleme (SÖ) şeklinde başlıca dört gruba ayrılan ihtimali örnekleme yöntemleri hakkında aşağıda kısaca bilgi verilecektir.

9.5.2.1. Basit ihtimali örnekleme (BÖ)

BÖ'de, kümeyi teşkil eden her elemanın örneğe girme şansı eşit bulunmaktadır. Hesaplamalarda da her elemana verilecek ağırlık eşit olacaktır.

Bu yöntemde örneğe girecek elemanların seçiminde ya kura usulü, ya da tesadüfi sayılar tablosu kullanılmaktadır. Bu seçimle ilgili ayrıntılar üzerinde durulmayacaktır. Ancak Tablo 30'daki veriler kullanılarak, bu yöntemle ilgili hesaplamaların nasıl yapıldığı açıklanacaktır. Bir ilde toplam işletme sayısı (küme) N= 75308 dir ve bu kümeden BÖ ile seçilen= 2072 işletmenin ücretli işçi varlığı dağılımı görülmektedir. Bu verilerden faydalanarak aşağıdaki değerler tahmin edilebilecektir.

Tablo 30: Bir İlden Seçilen İşletmelerin Ücretli İşçi Varlığına Göre Dağılımları

Ü. İşçi sayısı y_j	0	1	2	3	4	5	6	7	8	9	10	11	12	13	14	15	16	17	18	19	20
İşletme sayısı f_j	263	42	85	85	98	93	99	108	72	79	81	74	58	72	60	46	55	40	61	38	51
Ü. İşçi sayısı y_j	21	22	23	24	25	26	27	28	29	30	31	32	33	34	35	36	37	38	39	40	41
İşletme sayısı f_j	44	21	23	37	32	30	27	18	16	17	15	17	15	9	4	9	10	8	8	9	54

- İşletme başına ortalama işçi sayısı $\bar{y}_i = \dfrac{\Sigma f_i \cdot y_i}{n} = \dfrac{25883}{2072} = 12.49$

- Bu ortalamanın varyansı* = $S_{\bar{y}}^2 = \left(\Sigma f_i y_j^2 - n\bar{y}^2\right) \dfrac{N-n}{Nn(n-1)} = 0.0643$

- Ortalamanın standart hatası= $S_{\bar{y}} = \sqrt{S_{\bar{y}}^2} = 0.254$

- İldeki toplam işçi sayısı= $Y = N \cdot \bar{y} = 75308 \text{ x } 12.48 = 940597$

BÖ'nin diğer bir uygulama sekli de, oranların veya yüzdelerin tahmin edilmesidir. Söz gelimi toplam işletme sayısı 15762 olan bir bölgeden BÖ ile seçilen 315 işletmenin bilgisayar sahipliği ve işletme şekli bakımından dağılımı Tablo 31'de verildiği gibidir. Bu bilgilerden faydalanarak;

---

* Sonlu küme düzeltme faktörü olan $\left(\dfrac{N-n}{N-1}\right)$ in kullanıldığı bu eşitliğin elde edilişi:

$$S_{\bar{y}}^2 = \frac{S^2}{n} \cdot \frac{N-n}{N-1} = S^2 \cdot \frac{N-n}{n(N-1)} = \frac{\Sigma f_i y_j^2 - n\bar{y}^2}{(n-1)} \cdot \frac{N-n}{n(n-1)} = \left(\Sigma f_i y_j^2 - n\bar{y}^2\right) \frac{N-n}{n(N-1)(n-1)}$$

N çok büyük olduğu için paydaki (N-1) = N alınmıştır. Bu hesap şekli, sınıf aralığı C = 1 ve indi sapmaları dj = yj olmasındandır.

Tablo 31: 315 İşletmenin Bilgisayar Sahipliği ve İşletme Şekline Göre Dağılımı

Bilgisayar Durumu	**Ortaklık**	**Kişisel işletme**
Bilgisayarlı	153	121
Bilgisayarsız	10	31
TOPLAM	163	152

a) Bölgedeki kişisel işletmelerden bilgisayarlı olanların oranının tahmin edilmesi ve bu tahmine ait standart hatanın bulunması:

$$P = \frac{1}{n}\sum_{i=1}^{n} y_i$$

Burada: P = Hesaplanması istenen oran

n =152 (kişisel işletme sayısı)

i = l den n'e kadar gözlemler

yi = l (Bilgisayarlı olan kişisel işletmeler için)

yi = 0 (Bilgisayarsız kişisel işletmeler için)

$$P = \frac{1}{152} \cdot 121 = 0.796 \text{ (veya \%79.6)}$$

O halde kişisel işletmeler arasında bilgisayarlı olanların bölgedeki oranı %79.6 kadardır ve bunun standart hatası ise (formüldeki q = 1 - p dir):

$$S_P = \sqrt{\frac{pq}{n-1}} = \sqrt{\frac{(0.796)\ (0.204)}{151}} = 0.033 \text{ (veya \%3.3)}$$

b) Bölgedeki bilgisayarlı kişisel işletmelerin toplam sayısının tahmin edilmesi ve bu tahmine ait standart hatanın bulunması:

$$Y = N.P$$

$$Y = 15762 \cdot \frac{152}{315} \cdot \frac{121}{152} = 6054$$

Burada: Y = Bölgede bilgisayarlı kişisel işletme sayısı

P = Hem bilgisayarlı hem de kişisel işletmeler oranı

Standart hata ise: $S_Y = N\sqrt{\frac{p.q}{n-1}} = 15762\sqrt{\frac{(0.384)\,(0.616)}{315-1}} = 432$ *

c) Bölgedeki bilgisayarlı kişisel işletmelerin toplam sayısı (Y) ile ilgili % 95 güven aralığının hesaplanması:

$$N\left[P \pm t\left(1-\frac{n}{N}\,\frac{p\,.\,q}{n-1}+\frac{1}{2n}\right)\right] = 15762\cdot$$

$$\left[0.384 \pm 1.96\left(1-\frac{315}{15762}\cdot\frac{0.384\times 0.616}{314}+\frac{1}{2\times 315}\right)\right]$$

$$= 15762\ (0.384 \pm 0.055)$$

$$= 5190 \text{ ve } 6918$$

Burada $\frac{pq}{n-1}$ yerine $\frac{pq}{n}$ konulabildiği gibi, kesikli dağılım düzeltme faktörü olan $\frac{1}{2n}$ de ihmal edilebilir.

BÖ, en kolay örnekleme yöntemidir ve diğer ihtimal örneklemelerinin esasını teşkil eder. Diğer ihtimal örneklerinde olduğu gibi aralıklı tahmine imkân verdiği için, tahmin aralığı geniş tutularak güvenirlik derecesi artırılabilir. Ancak BÖ'nin uygulanabilmesi için, kümedeki birimlerin tümünün numaralanması gerekmektedir. Bu da büyük populasyonlarda oldukça güç ve zahmetli bir iştir. Diğer yandan, populasyonlar çoğu zaman tabakalara ayrılabildiği için, büyük kümelerde BÖ pek kullanılmaz. Fakat BÖ, teorinin açıklanmasında ve diğer örneklemelerin anlaşılmasında yararlı olmaktadır.

9.5.2.2. Tabakalı örnekleme (TÖ)

Tabakalama, kümenin gruplara (alt kümelere) ayrılarak, örneklerin bu gruplar içerisinde BÖ ile seçilmesi demektir. Tabakalar aynı veya farklı sayıda birim ihtiva ederler. Tabakalamada iki ana gaye vardır: Populasyona ait tahminlerin doğruluğunu artırmak ve populasyondaki farklı bölümlerin yeterince temsil edilmesini sağlamak. Tabakalar kendi içlerinde ne kadar homojen olursa, tahminin doğruluk derecesi o kadar yükselecektir. Uygun şekilde yapılan bir tabakalamada tabakalamaya başvurulmadığı duruma göre, daha az örnekle çalışmak yeterli olacaktır. Tabakalama sayesinde her tabakada örneklerin belirli

---

* Bu eşitlikte $p = \frac{121}{315} = 0.384$ şeklinde hesaplanmıştır ve bilgisayarlı kişisel işletmelerin oranını göstermektedir.

bir şansla temsil edilmesi sağlandığı gibi, bütün kümenin baştan sona kadar sırayla numaralanması zorunluluğu da ortadan kalkmaktadır, örnekleme maliyetinin düşük olması, bazı tabakalara daha çok ağırlık verilebilmesi, her tabakada farklı örnekleme yöntemi kullanarak her tabaka için bağımsız tahmin yapılabilmesi bu yöntemin üstün taraflarını teşkil etmektedir.

İstatistik dersini alan 40 kişilik sınıfın ortalama yaşını tahmin etmeye çalışalım. Sınıfın durumu aşağıdaki gibi olsun.

Erkek öğrenci sayısı	24
Kız öğrenci sayısı	16
Sınıf Toplamı	40 Kişi

Ayrıca erkek öğrencilerin gerçek ortalama yaşının 25, kız öğrencilerin ortalama yaşının 21 olduğunu kabul edelim. Eğer BÖ uygulansaydı, seçilmiş olan bir örnek erkek öğrencilerden oluşabilir ve bu durumda, kümeyi yansıtacak olan ortalama yaş yüksek çıkmış olacaktır. Örneğe tamamen kız öğrenciler çıkarsa bu defa kümeye ait tahmini ortalama yaş çok hatalı şekilde küçük hesaplanmış olacaktır. Eğer, bu örnekte olduğu gibi kesin tabakalar (kız ve erkek öğrenciler gibi) ayrılabiliyorsa, temsil edici olmayan örnek çekimini önlemek için tabakalı örnekleme yöntemine başvurulur. Anlamlı bir tabakalama yapılabiliyorsa, TÖ ile, BÖ yöntemine göre daha doğru olarak tahmin yapılabilir (örnek hacmi değişmiyor kabul edilmektedir). Bu durum, n örnek hacmi için aşağıdaki şekilde gösterilmiştir.

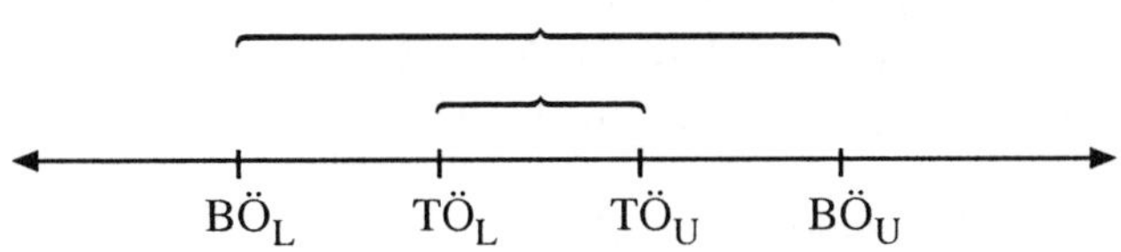

Şekilde görüldüğü gibi TÖ de tahminin alt sının (L) ile üst sınırı (U) arasındaki mesafe $BÖ_L$ ve $BÖ_U$ arasındaki mesafeden çok daha dardır.

Tabakalamada yapılacak ilk iş, ilgi duyduğumuz özellik bakımından kümenin tabakalara ayrılması ve bu tabakaların kendi içlerinde homojenlik sağlanmasıdır. Başarılı tabakalama, tabakadaki her müşahadenin kendi tabaka ortalamasına göre gösterdiği yayılma, kümedeki tüm müşahedelerin küme ortalamasına göre gösterdiği yayılmadan daha küçük olmasıyla yapılmış olur. Başka bir ifadeyle, tabaka içi varyansın tüm küme varyansından küçük olması gerekir. Sınıftaki öğrenciler, erkek ve kız öğrenciler olmak üzere iki tabakaya ayrılarak, her tabakadan bir örnek çekilip her tabaka için temsili bir ortalama yaş değeri elde edilebilir. Küme ortalamasına ait tahmini bulmak için de, her tabakaya ait temsili değerlerin tartılı ortalamaları hesaplanır. Her tabaka ortalamasına verilecek olan ağırlık, tabaka büyüklüğünün küme büyüklüğüne oranı kadardır.

Farzedelim ki erkek öğrencilerden çekilen örneğin yaş ortalaması 24.6, diğer grubun da 20.3 olsun:

$\overline{X}e = 24.6$

$\overline{X}k = 20.0$

$\frac{24}{40} = 0.6 = W_e$ (Erkek öğrencilere ait ağırlık, sayı olarak sınıftaki oranı).

$\frac{16}{40} = 0.4 = W_k$ (Kız öğrencilere ait ağırlık, sayı olarak sınıftaki oranı).

Tüm populasyona (sınıfa) ait ortalama yaşın tahmini şöyledir:

$F = W_e \overline{x}_e + W_k \cdot \overline{x}_k = (0.6)\ (24.6) + (0.4)\ (20.3) = 22.8$

Burada olduğu gibi, her tabakaya ait değerlerin, o tabakaya ait tartı ile değerlendirilmesi çok önemlidir. Tabakalar belirlenirken, tabii olarak mevcut olan durumdan veya kümedeki verilerin frekans poligonundan yararlanılır.

Tablo 32'de birim sayısı N=2072 olan bir kümenin 5 tabakaya ayrıldığı, her tabakadaki toplam birim sayısı ile örneğe seçilen sayı görülmektedir. Bu şeklide yapılan tabakalı örnekleme verilerinden faydalanarak ortalamanın ve ortalamaya ait varyansın nasıl hesaplanacağı aşağıda açıklanmaktadır.

Tablonun ilk beş sütunundaki rakamlar tabakalı örnekleme gereği önceden bilinen verilerdir. Diğer sütunlardaki veriler hesapla bulunmuştur. Örnek hacminin nasıl tayin edileceği ve bunun tabakalara nasıl paylaştırılacağı daha sonra incelenecektir. Tablo 32'de örnek hacmi 500 olarak kararlaştırılmış ve bu sayı 5 tabakadan ayrı ayrı seçilecek örnek toplamıdır. Başka bir ifade ile N=2072 işletme, n=500, 1=1,2,3,4,5 şeklinde tabaka sayısını göstermek üzere N_i=her tabakadaki toplam işletme sayısını, ni= her bir tabakadan seçilen örnek sayısını ifade etmektedir. j= her bir tabakadaki araç sayısını işaret etmekte ve j = 1,......ni olmaktadır. Örneğin birinci tabakadan seçilen 84 örnek işletmenin araç varlığı $\sum_{j=1}^{n_i} y_{ij} = \sum_{i=1}^{84} y_{ij} = 356$ kadardır. 356 ÷ 84 = 4.24 $= \overline{y}_i$ birinci tabakadan seçilen örneğe ait işletme başına düşen araç mevcudu ortalamasıdır. Bu ortalama 5. tabakada $\overline{y}_5 = 29.61$ bulunmuştur. $\pi_i = \frac{N_i}{N}$ şeklinde tabakaların büyüklüğünü (ağırlığını) gösterdiğine göre, tüm küme için işletme başına düşen ortalama araç sayısı aşağıdaki formülle tahmin edilmiş olacaktır:

Tablo 32: Tabakalı Örneklemede Kümeye Ait Oranlama ve Varyansın Tahmin Edilmesi

Net Kâra Göre Tabakalar (Milyar TL)	Tabakadaki işletme sayısı N_i	$\pi_i = \frac{N_i}{N}$	Örneğe Çıkan İşletme Sayısı n_i	$\sum_{j=i}^{n_i} Y_i$	$\bar{y}_i$	$\pi_i \bar{y}_i$	$\sum_{j=i}^{n_i} y_i^2$	S_i^2	π_i^2	$\pi_i^2 S_i^2$	$\frac{1}{n_i} - \frac{1}{N_i}$	$\left(\frac{1}{n_i} - \frac{1}{N_i}\right)\pi_i^2 S_i^2$
0-15	635	0.307	84	356	4.24	1.30	3796	37.54	0.094	2.50	0.0103	0.027
16-30	570	0.275	125	1442	11.63	3.20	23640	55.84	0.076	4.24	0.00063	0.027
31-50	475	0.229	138	2200	15.95	3.65	44886	71.70	0.052	3.73	0.0051	0.019
51-75	303	0.146	112	2642	23.59	3.44	83674	192.32	0.021	4.04	0.0056	0.023
76-100	89	0.043	41	1214	29.61	1.27	49344	334.93	0.002	0.67	0.0132	0.009
Toplam	2072	1.000	500	7854	-	12.86	205340	-	-	-	-	0.105

$\bar{y} = \Sigma\pi_i\bar{y}_i = 1.30 + 3.20 + 3.65 + 3.44 + .127 = 12.86$ araç.

Küme ortalamasına ait varyansı ($S^2\ \bar{y}$) tahmin etmek için, önce her tabakaya ait varyansın,

$S_i^2 = \frac{1}{n_i - 1}\sum_{j=1}^{n_i}(y_{ij} - \bar{y}_i)^2 = \frac{1}{n_i - 1}\left(\Sigma y_{ij}^2 - n_i\bar{y}_i^2\right)$ formülüyle tahmin edilmesi gerekir.

S_i^2 aşağıdaki eşitlikte yerine konularak küme ortalamasının varyansı tahmin edilmiş olacaktır:

$$S^2 y = \Sigma\left(\frac{1}{n_i} - \frac{1}{N_i}\right)\pi_i^2 S_i^2 = 0.105$$

Böylece tabakalı örneklemede elde edilen verilerden kümeye ait ortalama 12.86, varyans ise 0.105 olarak tahmin edilmiş olmaktadır.

9.5.2.3. Cluster örnekleme (CÖ)

Cluster, birbirine benzer demet, öbek, grup veya blok anlamına gelmektedir. İlk bakışta tabakalı örneklemeye benzemektedir. Uygulamada kolaylık sağlayan bir örnekleme şeklidir. İki nedenle BÖ (veya TÖ) değil de CÖ yapılır:

a) Kümeye ait çerçeve listesi mevcut değildir ve bu listenin sağlanması çok masraflıdır.

b) BÖ'de seçilen birimler dağınık ve birbirinden uzak olabileceği için, bunları tek tek ziyaret etmek maliyeti artırmaktadır.

Bu yöntemde populasyon, cluster denilen alt setlere (öbeklere) ayrılır. Tabakalı örneklemede tabakalar mümkün olduğu kadar birbirinden farklı gruplara o şekilde bölünür ki tabaka içi varyasyon böylece en aza indirilir. Cluster örneklemede ise, alt setler populasyondaki varyasyonu yansıtmak üzere mümkün olduğu kadar birbirine benzer şekilde düzenlenir. Her cluster (alt set) öyle teşkil edilmelidir ki, populasyondaki dağılım (diversity - varyasyon), cluster içerisinde de aynen yer alsın. Cluster'ler temel örnekleme birimleridir ve herbirine belirleme numarası verilir. Örneğe dahil olacak cluster seçimi random (ihtimali) olarak yapılır. Sonra, seçilen her cluster içerisinde ya tam sayım yapılır (=tek kademeli örnekleme) veya başka bir örneklemeye daha başvurulur (=çok kademeli örnekleme veya alt örnekleme). Hangisinin yapılacağı masraf ve zaman unsuruna göre kararlaştırılır. Mali imkânlar ve zaman elverişli ise cluster içerisinde tam sayım yapılır. Bu durumda seçilen cluster içerisindeki birimleri ayrıca numaralamaya gerek yoktur. Seçilen cluster içerisinde ayrıca örnekleme yapılacaksa, sadece bu cluster içerisindeki birimler numaralanır. Bu husus, yöntemin tabakalı örneklemeye, ya da basit örneklemeye göre üstün tarafıdır. Kaldı ki, bazı populasyonlarda birimlerin tümüne numara verip çerçeveyi oluşturmak mümkün olmamaktadır. Hane halkı örneklemesinde, şehirdeki apartmanları cluster olarak almak veya cadde ve sokakların oluşturduğu yerleşim adacıklarını cluster kabul etmek mümkündür. Şehirdeki tüm ailelere ait numaralı hazır liste bulunamayacağı için, şehir planından faydalanarak teşkil edilen çerçeve clusterden tesadüfi olarak seçilen cluster'ler içerisindeki tüm ailelerle veya bir kısmıyla anket yapılabilecektir.

Arazi üzerinde yapılan alan örneklemesi de cluster örneklemenin bir şeklidir. Alan örneklemesinde cluster'ler coğrafik yerleşim esasına göre teşkil edilir. Burada benzer örnekleme birimlerine sahip ünitelerin birbirlerine çok yakın yer alması ve böylece populasyonun benzer özelliklere sahip cluster'lere, ayrılamaması başarıyı azaltacaktır.

Tablo 33'de, cluster örnekleme ile elde edilen veriler yer almaktadır. Kentin bir semtinden rastgele n=8 cluster (bu örnekte cadde ve sokaklarla birbirinden ayrılmış adacıklar) seçilmiştir. Her cluster'deki aile sayısı ve bu ailelerin sahip oldukları otomobil sayısı anketle saptanmaktadır. Bu verileri kullanarak ortalamayı ve varyansı tahmin etmek mümkündür. Küme olarak aldığımız semtteki cluster sayısı N=80 dir ve her cluster'in büyüklüğü (cluster'deki aile sayısı) birbirinden farklıdır. Kentin imar dairesinden alınan bilgilere göre cluster başına düşen ortalama aile sayısı $\overline{M}$=40 kadardır. Kümedeki (semtteki) toplam aile sayısı M ile gösterilmektedir. Cluster (i) de Mi kadar aile bulunmakta ve her örnek clusterdeki otomobil sayısı Yi tam sayımla saptanmaktadır.

Tablo 33: Cluster Örneklemede Ortalama ve Varyans Tahmini

Seçilen örnek Cluster'ler	Cluster'deki Aile Sayısı (Mi)	Cluster'deki Otomobil Sayı ($Y_i = M_i \overline{y}_i$)
1	60	70
25	27	45
3	35	28
4	50	30
5	25	22
6	34	65
7	32	48
8	63	55
Toplam	326	363

Aile başına düşen ortalama otomobil sayısı şöyle hesaplanır:

$$\bar{y} = \frac{1}{n\bar{M}} \sum_{i=1}^{n} Y_i = \frac{1}{n\bar{M}} \sum_{i=1}^{8} M_i \bar{y}_i = \frac{363}{8(40)} = 1.13$$

Bu ortalamaya ait varyans ise:

$$S_{\bar{y}}^2 = \frac{N-n}{Nn(n-1)} \left(\frac{1}{\bar{M}^2} \sum_{i=1}^{n} Y_i^2 - n\bar{y}^2 \right) = \frac{80-8}{80 \times 8 \times 7} \cdot \frac{70^2 + 45^2 + \cdots + 55^2}{(40)^2} - 8(1.13)^2$$

$$= \frac{72}{4480} \cdot \left(\frac{18647}{1600} - 10.21 \right) = 0.02$$

9.5.2.4. Sistematik örnekleme (SÖ)

Sosyal ve ekonomik alanlarda, kolaylığı nedeniyle sık kullanılan bir yöntemdir.

N = 100 olan kümeden n = 5 örnek seçilecekse örnekleme aralığı $k = \frac{N}{n} = \frac{100}{5} = 20$ olacak, yani her k işletmeden bir işletme örneğe dahil olacak demektir. Burada k=20 olduğundan, her 20 işletmeden biri seçilecektir. 20 rakam içerisinden bir başlangıç sayısı random olarak tespit edilir. Bu sayı 15 olsun. O halde seçilecek ilk işletme 15 inci işletmedir. Bundan sonra seçilecek işletmeler, öncekine 20 eklenerek bulunur: 15+20 =35 inci işletme ise örneğe girecek ikinci işletme olacaktır. Seçilecek diğer işletmeler 55 inci, 75 inci, 95 inci gibi şeklinde devam edecektir. Bu şekilde yapılan sistematik örneklemede, kümedeki her k aralığından bir örnek seçilmesi garantilenmiş olmaktadır.

Bu metodun kolaylığı şuradan ileri gelmektedir: Kümedeki bütün birimler sayılmamış ve numaralanmamış ise, araştırıcı bu zahmetten kurtulmuş olmaktadır. Ayrıca, eğer kümenin toplam birim sayısı N önceden bilinmiyorsa ve örnekleme oranı kararlaştırılmış ise, buna dayanarak sistematik örnekleme uygulanabilir. Yöntemin bir diğer iyi yanı da, BÖ'ye kıyasla, seçilen örneklerin küme boyunca daha mütecanis olarak dağılması ve daha temsil edici ve etkin tahminler verebilmesidir.

Sistematik örnekleme iki sakıncalı yöne sahiptir. Birincisi, bir tek sistematik örnekten bayes'siz varyans hesaplanamamaktadır. Çünkü, kümedeki birim çiftlerinin en az birinin örneğe girmesi garanti edilmemektedir ki bu unbias (bayes'siz) varyans tahmini için şarttır. Farklı random başlangıcı olan iki ve daha çok sistematik örnek seçilerek buradan varyans hesaplanabilir. Pratikte diğer bir yol da, eğer küme birimlerinin dizilişi random ise, BÖ'deki varyans tahmini gibi işlem yapılır.

SÖ ile ilgili ikinci sakınca da, birimlerin kötü sıralanmış veya iyi düzenlenmemiş olmasının yetersiz bir tahmine yol açmasıdır. Örnekleme aralıkları içerisinde birimler homojen olarak toplanmış iseler, bu yöntem BÖ'ye göre daha iyi sonuç verecektir ve bu durumda adeta tabakalı örnekleme gibi düşünülebilir. Ancak küme tüm liste boyunca dalgalı homojen ise (peryodik ise), o zaman temsil kabiliyeti olmayan örnekler seçilmesi sakınca yaratmaktadır. Bir kentsel tüketim anketinde k=20 alınmışsa, her yirminci binanın köşebaşına rastlaması; meyve verim tahmininde her yirminci ağacın su kanalı kenarına rastlaması gibi.

Populasyondaki birimler için tabii olarak yer ve zaman bakımından bir silsile mevcut ise, bu durumda SÖ yapılacak demektir.

Sistematik örnekleme ile elde edilen Tablo 34'deki verilerden faydalanarak bir fakülteye düşen ortalama konferans salonu sayısını ve bu ortalamaya ait varyansın nasıl hesaplandığı açıklanacaktır. Tablodaki veriler, ülkedeki toplam 57 üniversiteden seçilmiş varsayılan 6 üniversitenin herbirinden SÖ İle 3 fakülte seçilmesi ve seçilen bu fakültedeki konferans salonu sayısı (yi) lerin saptanmasıyla elde edilmiştir.

Fakülte başına ortalama konferans salonu: $y = \frac{\sum_{i=1}^{14} \bar{y}_i}{n} = \frac{8.99}{6} = 1.49$

Ortalamaya ait varyans ise:

$$S_{\bar{y}}^2 = \frac{S^2}{n} = \frac{1}{n(n-1)} \Sigma(\bar{y}_i - \bar{y})^2 = \frac{1}{n(n-1)} \left(\Sigma \bar{y}_i^2 - \frac{(\Sigma \bar{y}_i)^2}{n} \right)$$

$$= \frac{1}{6 \times 5} \left(18.31 - \frac{80.82}{6} \right) = \frac{4.84}{30} = 0.16$$

Tablo 34: Sistematik Örnekleme ile Fakülte Başına Düşen Ortalama Konferans Salonu Sayısının ve Varyansın Tahmini

Örneğe Seçilen Üniversiteler	Üniversitelerden Seçilen Fakülte Savısı	Seçilen Her Fakülte'de Konferans Salonu (y_i)			Σy_i	$\bar{y}_i$
1	3	1	0	2	3	1.0
2	3	2	1	1	4	1.33
3	3	1	0	0	1	0.33
4	3	2	4	1	7	2.33
5	3	1	1	1	3	1.0
6	3	4	2	3	9	3.0
TOPLAM	-		-		27	8.99

Gazi Üniversitesinde okuyan 35.000 öğrencinin, okula geldikleri her gün ne kadar para harcadıklarını ve bu paranın aylık miktarını SÖ yoluyla tahmin edelim: Örnekleme aralığını 100 alalım ve ana giriş kapılarında her yüz kişiden 1 kişiye, toplam olarak 350 öğrenciye günlük harcama miktarını ayrı ayrı sormak suretiyle not edelim. n=350 öğrenciden oluşan örneğe ait ortalama $\overline{y}_i$ =45.000 TL ve buna ait varyans $S^2\ \overline{y}_i$ = 8.000 bulunmuş olsun.

Bir günde harcanan toplam para: Y = N . $\overline{y}_i$ = 35.000 x 45.000 TL= 1575 milyon TL.

Buna ilişkin varyans:

$$S_Y^2 = N^2 \frac{S_{\overline{y}_i}^2}{n} \cdot \frac{N-n}{N} = (35000)^2 \frac{8000}{350} \cdot \frac{35000-350}{35000} = 27720 \times 10^6$$

Bir ayda okula gelinen 20 günlük harcama: 20 x 1575 milyon TL= 31.500 milyon TL.

Aşağıdaki örnekte ise, SÖ'nin, bir bahçedeki elma veriminin tahmininde nasıl kullanıldığı açıklanmaktadır:

Bir elma bahçesinde N=1300 elma ağacı bulunmaktadır. Örnekleme aralığı k=10 ağaç olmak üzere bahçede sistematik örnekleme yapılarak seçilecek ağaçların verimleri ayrı ayrı ölçülerek bahçenin toplam elma verimi tahmin edilecektir. Bu durumda alınan örnek ağaç sayısı n=130 dur. Örnekten hesaplanan ağaç başına ortalama verim $\overline{y}_i$ =60.52 kg ve buna ait varyans $S^2\ \overline{y}_i$ = 14.40 kg bulunmuştur. Toplam verim Y ile gösterilirse Y= N . $\overline{y}_i$ = 1300 x 60.52 = 78676 kg.

$$S_Y^2 = N^2 \left(\frac{S^2 \overline{y}_i}{n} \right) \frac{N-n}{N} = (1300)^2 \frac{14 \cdot 40}{130} \cdot \frac{1300-130}{1300} = 168\ 480.0$$

Standart hata: $S_Y = \sqrt{S_Y^2} = 410.46$

O halde elma bahçesinin toplam verimi 78676 kg tahmin edilmiş olup,bu tahmine ait standart hata 410.46 kg dır.

9.6. En Uygun Örnek Sayısının Tespiti

Örneklemenin, kümeden seçilen örnekten faydalanarak küme hakkında bilgi edinmek amacıyla yapıldığı daha önce açıklanmıştı. Bunun için hangi sayıda örnek seçilmelidir ki kümeye ait en iyi tahmin elde edilebilsin? Gereğinden büyük bir örnek hacmi para ve zaman kaybına yol açar. Küçük bir örnek hacmi ise, alınan neticelerin doğruluğunu ve güvenirliğini azaltır. Çünkü, örnek hacmi değiştikçe, farklı tahmin değerleri ortaya çıkacaktır. Örnek hacmi küme büyüklüğüne eşit kılınacak olursa, o zaman hiç örnekleme hatası olmayacak ve örnek istatistiği küme parametresine eşit olacaktır. Bunun tam sayım demek olduğunu ve çeşitli nedenlerle tam sayım yerine örneklemeye başvurulduğunu biliyoruz. Örnek hacminin çok büyük alınması, ya da tam sayım yapılmasını önleyen faktörlerin tümünü masraf veya maliyet faktörü içerisinde toplayabiliriz. Ancak şu da bir gerçektir ki, örnekleme hacminin artırılmasına paralel olarak elde edilen tahminin değeri artmamaktadır. Aradaki ilgi, "azalan verim kanunu" gibidir.

En uygun örnek büyüklüğü, araştırmada belirlenen hedeflere ve mevcut sınırlandırıcı faktörlere göre değişmektedir. Bu faktörler şöylece sıralanabilir:

- Önceden belirlenen sabit bir örnekleme oranına göre örnek hacminin tayin edilmesi. $\frac{n}{N} = \%1$ oranının kararlaştırılarak populasyonun % 1 inin örneğe seçilmesi.

- Zaman faktörünün dikkate alınarak örnek hacminin tayini. Örneklemenin 30 günde tamamlanması zorunlu ise ve günde 50 anket yapılabilecekse, örnek hacmi n=1500 olacak demektir.

- Sınırlı olan finansman miktarına göre örnek hacminin belirlenmesi: Bir anketin maliyeti 1000 TL ve eldeki fon 1 milyon TL ise, örnek hacmi $n = \frac{1000000}{1000} = 1000$ alınacak demektir.

- Örnekleme anketinde çalışacak mevcut personel sayısı sınırlı ise, örnek hacminin ona göre belirlenmesi gerekebilir. Konuyla ilgili eğitim görmüş personel sayısı 50 kişi ise ve her anketörün iş hacmi 30 anket olarak saptanmış ise, örnek hacmi 1500 kadar alınacaktır.

- Sonuçların doğruluğunun ve güvenirliğinin sınırlayıcı unsur olarak alınması. Burada istatistiksel olarak kabul edilen hatanın büyüklüğü ve güvenirlik derecesi esas alınmaktadır.

En uygun örnek büyüklüğü (optimum örnek hacmi) tayin edilirken yukarıda sayılan faktörlerin biri veya birkaçı dikkate alınabilir. Biz,burada, yukarıdaki faktörlerin en sonuncusu olan, tahminin hata payı ve güvenirlik derecesini açıklayacağız. Hesaplamalarda, örnek ortalamalarının normal dağılım gösterdiği ve örnek seçiminin BÖ ile yapıldığı kabul edilmiştir. Bundan sonra yapılacak işlemler aşağıda sırayla izah edilmiştir:

A) Kabul edilebilir hatanın saptanması. Örnekleme sonucu elde edilen tahminle ilgili müsaade edilen hata miktarı önceden tespit edilmelidir. Ortalamanın aralıklı tahmini, $\mu = \bar{x} \pm t\ S_{\bar{x}}$ şeklindedir. Örnek ortalamasının sağında ve solunda kabul edilebilir hata E ile gösterilirse, $E = t\,S_{\overline{x}}$ olacak demektir. E değeri, incelenen konuya ve gösterilen hassasiyet derecesine bağlıdır. Bir yöredeki tarım işletmelerinin ortalama arazi büyüklüğü tahmininde E = 5 dekar alınabileceği gibi, ortalama yıllık gelir tahmininde E değeri birkaç milyon TL düşünülmelidir.

B) Yukarıdaki şartı sağlayan gerekli güven seviyesine de karar verilmelidir, örneğin; %90 ihtimalle $\overline{x} \pm tS\overline{x}$ sınırları içerisinde bulunacak. %10 ihtimalle bu sınırın dışında olacak anlamındadır. Güvenirlik derecesi yükseldikçe t değeri arttığı için, daha büyük hata sınırlan içerisinde tahminde bulunmak gerekecektir. %90 güven seviyesi için tablodaki t değeri 1.65 olduğundan, $E = t S_{\overline{x}} = 1.65 S_{\overline{x}}$ "eşitliği elde edilmiş olacaktır. Burada E=5 dekar kabul edildiği için, 3.03 ortalamanın standart hatasıdır:

$$5 = 1.65\,S\overline{x} \quad \text{ve} \quad S\overline{x} = \frac{5}{1.65} = 3.03$$

Diğer yandan örnek ortalamalarından hesaplanan varyans:

$$S_{\overline{x}}^2 = \frac{\sigma^2 x}{n}$$

$$S_{\overline{x}} = \frac{\sigma x}{\sqrt{n}}$$ değeri, $E = tS\overline{x}$ de yerine konulursa;

$$E = t\frac{\sigma x}{\sqrt{n}}$$ elde edilir.

Bu son eşitliğin her iki tarafını $\sqrt{n}$ ile çarpar ve (E) ye böldükten sonra karesini alırsak:

$$E\sqrt{n} = t\,\sigma_x$$

$$\sqrt{n} = \frac{t \cdot \sigma_x}{E}$$

$$n = \left(\frac{t\sigma_x}{E}\right)^2 = \left(\frac{1.65 \cdot \sigma_x}{E}\right)^2$$

Populasyona ait varyans ya da standart sapma bilinmediği için, son eşitlikteki σ_x belirlenmiş değildir. σ_x tahmini için üçüncü kademe işleme geçilir:

C) σ_x^2 veya σ_x gerekli okluğuna göre, araştırıcının bu konuda bir tahmine (bilgiye) sahip olması gerekmektedir. Bunun için aşağıdaki 4 yoldan biri izlenebilir:

a) Bazı hallerde kümeye ait standart sapma (σ_x) önceden bilinebilir. Bölgedeki süt fabrikasına Mayıs ayında gelen sütlerin yağ oranlarına ait standart sapma geçmiş tecrübelerden az çok yaklaşık olarak bilinebilmektedir. Veya, kutuya 1 kg'lık konserve doldurmak üzere ayarlanmış bir doldurma makinası, her kutuya her defasında 1 kg olan ortalama etrafındaki varyasyon, makinenin doldurma özelliğinden ileri gelir ve bu varyasyonun ne kadar olduğu daha baştan belirlidir. Bir çiftlikte buğday verimine ait varyasyon da önceden yaklaşık olarak bilinebilir.

b) Yakın yörelerde veya yakın zamanlarda, benzer konuda yapılan araştırmalarda belirtilen standart sapma miktarı, üzerinde durulan kümenin varyansı konusunda yaklaşık bir fikir verecektir.

c) Kümenin yayılım ölçüsü hakkında hiçbir bilgi yoksa, önceden küçük bir örnek seçilerek bu pilot örnekten, kümenin standart sapması aşağıda formülle tahmin edilir:

$$\hat{\sigma}_x = \sqrt{\Sigma(x-\overline{x})^2 / (n-1)}$$

Bulunan tahmin, $n = \left(\dfrac{(1.65)\,\sigma_x}{5 \text{ dekar}}\right)^2$ eşitliğinde σ_x, yerine konulur.

d) Yukarıdaki yöntemlerden hiçbiri mümkün değilse, kümeye ait değişim aralığı (range), bu konuda kaba bir fikir verebilir. 200 ilâ 1000 örnek hacmi arasındaki normal örneklerde, örneğe ait değişim aralığı R, küme standart sapmasının 6 katı kadardır. O halde $\sigma_x = \dfrac{R}{6}$ eşitliğinden standart sapma tahmini kabaca yapılabilecektir. Bazı araştırıcılar da $\sigma_x = \dfrac{R}{4}$ kabul etmektedirler.

Bu yöntemlerden biriyle belirlenen örnek hacmi seçilerek yapılan örneklemede, işletme büyüklüğü üzerinde çalışıldığı için örnekleme hatasının 5 dekarı geçmeyeceği %90 güvenirlikle söylenebilecektir. Bu analizde şu varsayımlar kabul edilmiştir:

1- $n > 30$ ve örnek ortalamaları normal dağılımlıdır.

2- Örneğin populasyona oranı, yani örnekleme oranı %5 den küçüktür ve bu nedenle;

3- $\dfrac{N-n}{N-1}$ şeklindeki sonlu çarpan ihmal edilmiştir. Yani, küme sonsuz bir küme gibi işlem görmüştür.

Oysa daha önce de belirtildiği gibi, ekonomik ve sosyal konularda genellikle sonlu kümelerle çalışılmaktadır. Bu nedenle sonlu küme düzeltme faktörünün işleme katılması gerekir. O zaman,

$$E = t \cdot \sigma_x / \sqrt{n} \cdot \sqrt{(N-n)/(N-1)}$$

eşitliğinden faydalanarak (n) hesaplanır. Bunun için kolay bir sıra izlenmesi bakımından aşağıdaki işlemler yapılır:

$$E = t S\overline{x}$$

$$S\overline{x} = \frac{E}{t}$$

$$\sigma^{2}{}_{\overline{x}} = \frac{S^2}{n}\left(\frac{N-n}{N-1}\right)$$

$$\sigma^{2}{}_{\overline{x}} = \frac{\sigma^2}{n}\left(\frac{N-n}{N-1}\right)$$

Bu son eşitlik $(\overline{x})$ ya ait varyanstır ve $\frac{\sigma^2}{n}$ değerinin (N-n) / (N-1) faktörü ile çarpılmasına eşittir. Buradan, örnek hacmini veren formül;

$$\sigma\overline{x}^2 = \frac{\sigma^2}{n} \cdot \left(\frac{N-n}{N-1}\right) \text{ ve } \sigma_{\overline{x}}^2 = S_{\overline{x}}^2 = D \text{ yazılarak;}$$

$$D = \left(\frac{E}{t}\right)^2 = \frac{\sigma^2}{n} \cdot \left(\frac{N-n}{N-1}\right)$$

$$n = \frac{N\,\sigma^2}{(N-1)\,D + \sigma^2}$$

bulunmuş olur. İşlem kolaylığı bakımından formüllerde $\left(\frac{E}{t}\right)^2 = D$ alınmıştır.

Yukarıdaki açıklamalardan da anlaşılacağı gibi kümenin homojenliği esas olmakla beraber, kümeden geçilecek uygun örnek büyüklüğü (n), aşağıdaki faktörlere bağlıdır:

- Kümenin büyüklüğü (sonlu veya sonsuz küme olup olmadığı),
- N = Küme büyüklüğünün bilinip bilinmediği,
- α = Kararlaştırılan α yüzdesi (testin anlamlılık düzeyi)
- D = Kabul edilen veya arzu edilen örnekleme hatası

- İncelenen değişkenin, ortalama ile ifade edilen nicel karakter gösterip göstermediği,
- İncelenen değişkenin oran (olasılık) ile ifade edilen nitel karakter gösterip göstermediği.

Bu faktörler dikkate alınarak örnek büyüklüğünü saptamada aşağıdaki tablo ortaya konulabilir. Bu tablo dikkate alınarak verilen örnek çözümlerde $\alpha = 0,10$ için t ve z değeri eşit olarak 1,65 alınmıştır. Formülleri birbirinden ayırmak için her durum (kutu) n_1'den n_8'e kadar sıralanmıştır.

Değişkenin Niteliği	Sonlu Küme		Sonsuz Küme	
	N ve σ Biliniyorsa	σ Bilinmiyorsa	σ Biliniyorsa	σ Bilinmiyorsa
Ortalamaya Dayalı Nicel Değişken	$n_1 = \frac{N \cdot \sigma^2 \cdot Z_\alpha^2}{(N-1) \cdot D^2}$	$n_2 = \frac{N \cdot S^2 \cdot t^2}{(N-1) \cdot D^2}$	$n_5 = \frac{\sigma^2 \cdot Z_\alpha^2}{D^2}$	$n_7 = \frac{t_\alpha^2 \cdot S^2}{D^2}$
Olasılığa Dayalı Nitel Değişken	$n_3 = \frac{N \cdot pq \cdot Z_\alpha^2}{(N-1)D^2 + Z_\alpha^2 pq}$	$n_4 = \frac{N \cdot t^2 \cdot pq}{(N-1)D^2 + t^2 pq}$	$n_6 = \frac{pq \cdot Z_\alpha^2}{D^2}$	$n_8 = \frac{t_\alpha^2 \cdot pq}{D^2}$

Örnek Çözüm – 1

Küme sonlu, N ve σ biliniyorsa, nicel değişkenlere ilişkin uygun örnek hacmi (n_1):

Türkiye'de banka şubelerinde çalışan personel sayısı ile ilgili bir örnekleme yapılacaktır. Toplam banka şubesi sayısı $N = 7000$, $\sigma = 4$, $E = 1$ kişi ve $\alpha = 0,10$ için $Z = 1,65$ alınırsa, uygun örnek hacmi $n_1 = 44$ olacaktır:

$$n_1 = \frac{N \cdot \sigma^2 \cdot Z_\alpha^2}{(N-1) \cdot D^2} = \frac{7000 \cdot 16 \cdot (2,72)}{(7000-1) \cdot 1} = \frac{304640}{6999} = 44$$

Örnek Çözüm – 2

Küme sonlu ve 6 bilinmiyorsa nicel değişkenlere ilişkin uygun örnek hacmi (n_2):

Ankara'da özel dershanelerin öğrencilerden aldığı aylık ortalama dershane ücretleri konusunda bir araştırma yapılacaktır. Kümenin varyansı bilinmediğinden, onun yerine pilot bir örnekten hesaplanan S = 25 YTL, t = 1,65, D = 20 YTL ve N = 500 dershane kabul edilerek uygun örnek hacmi $n_2 = 86$ bulunacaktır.

$$n_2 = \frac{N \cdot S^2 \cdot t^2}{(N-1) \cdot D^2} = \frac{500 \cdot 625 \cdot (1,65)^2}{499\ (20)^2} = \frac{312500\ (2,72)}{9980} = 86$$

Örnek Çözüm – 3

Küme sonlu, N ve σ biliniyorsa nitel değişkenlere ilişkin örnek hacmi (n_3)

Bir ildeki 800 okulda sınavların test ve klasik yöntemle yapılmaları üzerinde bir araştırma yapılacaktır. p = % 30 oranında test uygulaması olduğu yöneticilerin yaygın görüşüdür. α = 0,10 ve Z = 1,65 alınarak ve D = 0,10 kabul edildiğinde, uygun örnek hacmi n_3 = 54 olacaktır:

$$n_3 = \frac{N \cdot pq \cdot Z_\alpha^2}{(N-1)D^2 + Z_\alpha^2 pq} = \frac{800 \cdot (0{,}30)(0{,}70)(1{,}65)^2}{(800-1)(0{,}10)^2 + (1{,}65)^2 (0{,}30)(0{,}70)}$$

$$= \frac{800(0{,}57)}{799\,(0{,}01) + 0{,}57} = 54$$

Örnek Çözüm – 4

Küme sonlu ve σ bilinmiyorsa nitel değişkenlere ilişkin örnek hacmi (n_4):

Ankara'da özel dershanelerin ücretleri taksitlendirme durumlarına ilişkin bir araştırma yapılacaktır. Toplam dershane sayısı N = 500, genelde dershanelerin beşte birinin taksit yaptıkları (p = 0,20) görüşü yaygın ve α = 0,10 için t = 1,65 olduğuna göre, uygun örnek hacmi n_4 = 131 olacaktır (p olasılığının dörtte biri D = 0,05 alınmıştır):

$$n_4 = \frac{N \cdot t^2 \cdot pq}{(N-1)D^2 + t^2 pq} = \frac{500 \cdot (1{,}65)^2 \cdot (0{,}20)(0{,}80)}{(500-1)(0{,}05)^2 + (1{,}65)^2 \cdot (0{,}20)(0{,}80)}$$

$$= \frac{500(0{,}44)}{1{,}25 + 0{,}43} = 131$$

Örnek Çözüm – 5

Küme sonsuz ise ve σ biliniyorsa en uygun örnek hacmi (n_5):

Bir ilde lise öğrencilerinin sigaraya başlama yaşlarına ilişkin bir örnekleme yapılacaktır. Ortalama yaşa ilişkin standart sapma σ = 3, α = 0,10 için Z = 1,65 ve D = 1 yıl kabul edilirse, uygun örnek büyüklüğü n_5 = 25 bulunur.

$$n_5 = \frac{\sigma^2 \cdot Z_\alpha^2}{D^2} = \frac{(3)^2 \cdot (1{,}65)^2}{1} = \frac{(9)(2{,}72)}{1} = 25$$

Örnek Çözüm – 6

Küme sonsuz ve olasılık değerlerini yansıtan nitelik değişkenine ilişkin σ biliniyorsa uygun örnek hacmi (n_6):

Bir ilde sokak sütçüleri ve bunların bozulmuş süt pazarlamaları üzerinde bir örnekleme yapılacaktır. Sokak sütçülerinin yarısının bozuk süt sattıkları gözönünde tutularak α= 0,10 için Z_α= 1,65, kabul edilen hata ise p = 0,50 olasılığının % 5'i ise (D= 0,50x0,20=0,10), uygun örnek büyüklüğü n_6= 68 olacaktır.

$$n_6 = \frac{pq \cdot Z_\alpha^2}{D^2} = \frac{(0{,}50)(0{,}50)(1{,}65)^2}{(0{,}10)^2} = \frac{(0{,}25)(2{,}72)}{0{,}01} = \frac{0{,}68}{0{,}01} = 68$$

Örnek Çözüm – 7

Küme sonsuz ve σ bilinmiyorsa uygun örnek hacmi (n_7):

Ankara Ulus semtinde binlerce işyeri vardır. Bu işyerlerinin ortalama m^2 büyüklüklerini tahmin etmek üzere bir örnekleme yapılacaktır. α = 0,10 anlamlılık düzeyi ve buna karşılık tablodaki t = 1,65 esas alınacaktır. İşyerlerinin alan büyüklüğü ile ilgili yapılan küçük bir pilot örneklemede örnek varyansı S^2 = 225 ve kabul edilen tahmin hatası D = 4 m^2 olsun. Bu durumda rastgele seçilecek örnek hacmi n = 39 olacaktır:

$$n_7 = \frac{t^2 \cdot S^2}{D^2} = \frac{(1{,}65)^2 \cdot 225}{(4)^2} = \frac{612}{16} = 39$$

Örnek Çözüm – 8

Küme sonsuz ve olasılık değerlerini yansıtan nitelik değişkeni türünde ise, uygun örnek hacmi (n_8):

Bir ildeki lise öğrencilerinin sigaraya başlama yaşını tahmin etmek üzere bir örnekleme yapılacaktır. Lise öğrencilerinde sigara içme sıklığı p = 30 (q = 1 – 0,30 = 0,70), D = 0,15 hata payı ve α = 0,10 için t = 1,65 alınmıştır. Buna göre uygun örnek büyüklüğü n_8 = 25 olacaktır:

$$n_8 = \frac{t^2 \cdot pq}{D^2} = \frac{(1{,}65)^2 \cdot (0{,}30)(0{,}70)}{(0{,}15)^2} = \frac{(2{,}72)(0{,}30)(0{,}70)}{(0{,}15)^2} = \frac{0{,}571}{0{,}023} = 25$$

Örnek Çözüm – 9

Küme sonlu ve σ bilinmiyorsa nicel değişkenlere ilişkin uygun örnek hacmi (n)

Bir süt fabrikasına süt satan çiftçilerin her bir defada sattıkları süt miktarı ortalaması hesaplanmak istenmektedir. Teslim edilen süt miktarları ile ilgili varyans hakkında ön bilgi yoktur, ancak buna ait range R = 100 litredir. N=1000 olduğuna ve E = 3 litre hata sınırı içerisinde tahmine gerek duyulduğuna göre bunun için gereken örnek hacmi ne kadardır? (%90 güvenirlik için t = 1.65).

$$\sigma = \frac{R}{4} = \frac{100}{4} = 25 \quad (\text{Not: } \sigma = \frac{R}{4} \text{ bir varsayımdır.})$$

$$\sigma^2 = 625 \text{ ve } D^2 = \left(\frac{E}{t}\right)^2 = \left(\frac{3}{1,65}\right)^2 = 3.30$$

$$n = \frac{N\sigma^2}{(N-1)D^2 + \sigma^2} = \frac{1000 \times 625}{999\,(3.30) + 625} = 159.13 = 160$$

Örnek Çözüm – 10

Bir araştırıcı, yeni bir yemle besiye tabi tutulan N=1000 adet pilicin 4 hafta sonundaki toplam canlı ağırlık artışını tahmin etmek istemektedir. Bin tavuğu tek tek tartmak zaman alıcı olduğundan örnekleme yapılacaktır. 1000 gr. hata payı içerisinde kalınmak şartıyla örneğe alınması gereken piliç sayısını bulunuz? Başka araştırmalarda edinilen bilgilere göre küme varyansı σ^2 = 36.0 gram kadardır. Bir tek tavuk için $\frac{E}{tN}$ olacağından;

$$n = \frac{N\sigma^2}{(N-1)D^2 + \sigma^2}, \text{ bu formülle küme tahmini için } D^2 = \left(\frac{E}{tN}\right)^2 \text{ ve}$$

$$D^2 = \frac{(1000)^2}{(1.65)^2 \cdot (1000)^2} = \frac{(1000)^2}{(1.65 \times 1000)^2} = \frac{(1000)^2}{(1650)^2} = 0.36$$

$$n = \frac{1000 \times (36.0)}{999(0.36) + (36.0)} = \frac{36.000}{359.64 + 36.0} = 90.99$$

$$n = 91$$

Yukarıda verilen işlem, kümenin nicel bir özelliğine ait ortalamanın (veya toplamın) tahminini yapabilmek için seçilmesi gereken örnek hacmini (n) hesaplamaya yaramaktadır. Eğer elimizde mutlak rakamlar değil de populasyona ait nitel yapıdaki oran tahmin edilecekse o zaman, gerekli olan örnek hacmi değişik şekilde bulunacaktır. Bu durumda daha önce n_3 kutusunda örnek hacmini hesaplamak için verilen formülle σ^2 yerine pq konulacaktır (Z^2 = 1 varsayıldığından yazılmamıştır):

$$n = \frac{N \cdot pq}{(N-1)\,D^2 + pq}$$

p = İncelenen birimin populasyondaki oranıdır. Önceki araştırmalardan bu oran bilinmiyorsa 0.5 konulmaktadır.

$$q = 1 - P$$

$$D^2 = \left(\frac{E}{t}\right)^2$$

Örnek Çözüm – 11

Piyasaya yeni çıkartılan yarım kiloluk süt şişesinin hangi oranda benimsendiği araştırılacaktır. Süt fabrikasının bulunduğu kasabanın tüm ergin nüfusu N=2000 kişi ile ayrı ayrı görüşmek imkânı yoktur. E=0.05 hata payı içerisinde ve %90 güvenirlikle bu tahmini yapabilmek için kaç kişiyle görüşmek gerekmektedir? P konusunda hiç bir ön bilgi olmadığı için 0.5 alınacaktır.

$$p = 0.5$$

$$q = 1 - P = 0.5$$

$$D^2 = \left(\frac{E}{t}\right)^2 = \left(\frac{0.05}{1.65}\right)^2 = 0.0009$$

$$n = \frac{N\,pq}{(N-1)D^2 + pq} = \frac{2000\,(0.5)\,(0.5)}{(1999)\,(0.0009) + (0.5)\,(0.5)} = \frac{500}{2.049}$$

$$n = 244$$

Tabakalı Örneklemede Örnek Hacminin Tabakalara Tahsisi

Çeşitli örnekleme yöntemlerinde en uygun örnek büyüklüğü yukarıda belirtilen şekillerde tayin edildikten sonra, örnekler ya kura ile ya da tesadüfi sayılar tablosundan yararlanılarak saptanacaktır. Bu konu, tabakalı örneklemede özel olarak ele alınmaktadır. Tüm populasyon için örnek büyüklüğü belirlendikten sonra, bu örnek sayısı tabakalara nasıl dağıtılacaktır, ya da her tabakadan ne kadar örnek alınacaktır? Bu sorunun çözümünde en çok baş vurulan iki yol vardır. Birincisi, belirlenen örnek hacminin tabakanın büyüklüğüne göre tahsis edilmesi, ikincisi de tabakanın varyansına göre tahsis edilmesidir. Aşağıda bu iki husus ayrı ayrı örnekle açıklanacaktır:

a) Tabaka Büyüklüğü İle Orantılı Olarak Dağıtım:

Tablo 35'de görüldüğü gibi, populasyon büyüklüğü N=2027 ve her tabakadaki birim sayısı ise N_i ile gösterilmiştir. Önceden belirlenen n = 500 örneğin tabakalara tahsisi N_i/N oranlarına göre yapılmıştır. Buna göre birinci tabakaya 153 örnek, 5. tabakaya ise 21 örnek isabet etmektedir.

Tablo 35: Tabaka Büyüklüğüne Göre Örnek Hacminin Tahsisi

Tabakalar (Ha)	Her Tabakadaki işletme Sayısı N_i	$\pi_i = \frac{N_i}{N}$	$n_i = \pi_i \cdot 500$
0-15	635	0.307	153
16-30	570	0.275	138
31-50	475	0.229	115
51-75	303	0.146	73
76-100	89	0.043	21
TOPLAM	2072	1.000	500

b) Tabaka Varyansına Göre Dağıtım: Tablo 36'da, işletme büyüklüklerine göre yapılan tabakaların her tabakadaki işletme sayısı ve tabakalara ait standart sapma dikkate alınarak, seçilecek toplam 500 işletmenin hangi tabakalardan alınacağı son sütunda hesaplanarak gösterilmiştir. Tabakaların ağırlıklı varyansları toplamı $\Sigma \pi_i \sigma_i = 8.048$ kadardır.

Gerek Tablo 35'de, gerekse Tablo 36'da her tabakadan seçilecek örnek seçimi ihtimali olarak yapılacaktır. Ayrıca her iki tabloda da tabakalar arasında örnekleme maliyetinin değişmediği kabul edilmiştir.

Tablo 36: Tabaka Varyansına Göre Örnek Hacminin Tahsisi

Tabakalar (Ha)	Her tabakada işletme sayısı (N_i)	$\pi_i = \frac{N_i}{N}$	Standart Sapma (σ_i)	$n_i = 500 \times \frac{\pi_i \sigma_i}{\Sigma \pi_i \sigma_i}$
0-15	635	0.307	4.5	86
16-30	570	0.275	7.3	125
31-50	475	0.229	9.6	136
51-75	303	0.146	12.2	111
76-100	89	0.043	15.8	42
TOPLAM	2072	1.000		500

9.7. Örnek Sayısını Küçültme Yolları

Karşılaşılan çeşitli sınırlılıklar nedeniyle mümkün olduğu kadar az örnek üzerinde çalışmak gerekebilir. Gerekli örnek hacmini veren $n = \frac{N\sigma^2}{(N-1)\,D^2 + \sigma^2}$ formülünde görüldüğü gibi, populasyon varyansı yükseldikçe seçilmesi gereken örnek hacmi artmakta, buna karşılık kabul edilen hata payına tekabül eden D yükseldikçe, n azalmaktadır. Diğer yandan hata payını geniş tutarak örnek hacmini yine azaltmak mümkündür. Uygulamada önemli olan birinci yoldur. Yani, çalışılan kümeye ait varyansın düşük kılınmasıdır. Bunu için de küme, kendi içinde daha az dağılım gösteren homojen alt kümelere (tabakalara) ayrılır ve gerekli olan örnek hacmi her tabakadan ayrı ayrı hesaplanır. Bu şekilde hesaplanan toplam örnek hacmi, tabakalara ayırmadan tüm kümeden hesaplanan örnek hacminden düşük olacaktır. Daha önceki bölümlerde de belirtildiği gibi, gerçekten, tabakalı örneklemenin bir avantajı da çalışılacak örnek hacmini asgari kılmaktır.

Populasyon alt tabakalara ayrılarak, seçilecek olan örnekler bu alt tabakalardan alındığı takdirde, başka bir değişle, tabakalı örnekleme yapıldığı takdirde aşağıdaki avantajlar sağlanmış olacaktır:

1. Daha etkin bir tahmin yapılmış olacaktır. Çünkü tabaka içi varyanslar, tüm populasyona ait varyanstan daha azdır.
2. Alt tabakalara ait bağımsız tahmin yapıldığı için, onlara ilişkin daha ayrıntılı bilgi sağlanabilecektir.
3. Tabaka yapılmadığı duruma göre daha az örnekle çalışılacağı için, daha ekonomik bir örnekleme yapılmış olacaktır.

Aşağıda verilmiş olan teorik örnek, tabakalı örneklemenin yararlarını açıklamaya yardımcı olacaktır.

Bir yörede populasyon olarak düşünülen 9 işletmecinin eğitim seviyesi ve işletmelerin son yıla ait rantabilite oranları aşağıdaki gibidir. Bu verilerden hesaplanan populasyon ortalaması μ = 17.67 ve varyansı σ^2=2,61 dır.

İşletmeci No	**Eğitim seviyesi**	**Rantabilite oranı (%)**
1	İlkokul	15.5
2	Lise	19.0
3	Ortaokul	16.5
4	İlkokul	16.0
5	Ortaokul	18.0
6	Lise	20.5
7	Ortaokul	17.5
8	Lise	19.5
9	İlkokul	16.5

Aynı populasyon, 9 işletmecinin eğitim seviyelerine göre tabakalara ayrılarak, her tabakanın varyansı hesaplandığında, tabakaların kendi içlerinde daha homojen olmaları dolayısıyla daha düşük bir varyansla karşılaşılacaktır. Durum şöyledir:

I. Tabaka İlkokul Mezunları		**II. Tabaka Ortaokul Mezunları**		**III.Tabaka Lise Mezunları**	
İşletmeci No	Rantabilite Oranı	İşletmeci No	Rantabilite Oranı	İşletmeci No	Rantabilite Oranı
1	15.5	3	16.5	2	19.0
4	16.0	5	18.0	6	20.5
9	16.5	7	17.5	8	19.5
Ortalama = 16.0 Varyans = 0.17		Ortalama = 17.33 Varyans = 0.39		Ortalama = 19.67 Varyans = 0.39	

O halde işletmelerin eğitim seviyelerine göre 3 ayrı tabaka yapıldığında, her tabakanın varyansı, populasyon varyansından çok az olduğu için, her tabakadan ayrı ayrı örnekler çekmek suretiyle yapılan örnekleme daha az (n) sayısı verecektir.

9.8. Örnek Büyüklüğünü Saptamada Hazır Tablolar: α ve β Katsayılarının Kısa Yorumu (I. ve II. Tip Hatalar)

Daha sonraki bölümlerde ayrıca ele alınacağı gibi α oranı, istatistiksel analizlerde testin anlamlılık düzeyidir. Bir kentte doğan binlerce bebeğin % 90'nı 2,5 – 3,5 kg arasında ise, örneğin 2 kg ya da 4 kg ağırlığında bir bebeğin bu kentteki bebekler kümesine dahil olma olasılığı 100 – 90 = % 10 veya 0,10'dur. Bu orana α oranı denir ve anlamlılık düzeyi olarak bilinir. % 90 güven aralığını, % 10 ise yanılma payını gösterir. 2,5 – 3,5 kg aralığındaki kısmı (% 90) bu kentin çocuğu, bunun dışında kalan kısmı (% 10) bu kentin çocuğu değil olarak kabul ettiğimizde karşımıza bazı sorunlar çıkacaktır. Bu kentte doğduğu halde 2 kg ağırlığındaki bebek hakkında nasıl bir yargıya varmalıyız? Bu durum örneklerde I. tip hata (α tipi hata) ve II. tip hata (β tipi hata) olgusuyla ilgilidir.

Eğer yukarıdaki örnekte sözkonusu kentte doğan ve 2 kg gelen bebek; % 90 aralığında değil de bunun dışındaki % 10'luk kesimde yer aldığı için, bu kentin çocuğu değildir kanısına vardığımız zaman yaptığımız hataya I. tip hata adı verilir. Bu çocuk diğer çocuklardan farksızdır ve bu kentin çocuğudur şeklindeki gerçek olan durumu (başlangıç hipotezini) reddetmek bilimsel olarak hatalıdır. Bu doğru olmayan bir sonuçtur. O halde gerçekte doğru olan hipotezi reddetmek I. tip hatadır. Bu bebekle küme arasında fark yoktur şeklindeki Ho adı verilen yargı red edilerek, gerçekten bir hata yapmışsa, I. tip hata yapılmış demektir.

Aşağıdaki şekillerde görüldüğü gibi α = % 10 alındığında, bunun sağda ve solda olmak üzere her biri % 5'lik iki eşit parçadan oluştuğu unutulmamalıdır.

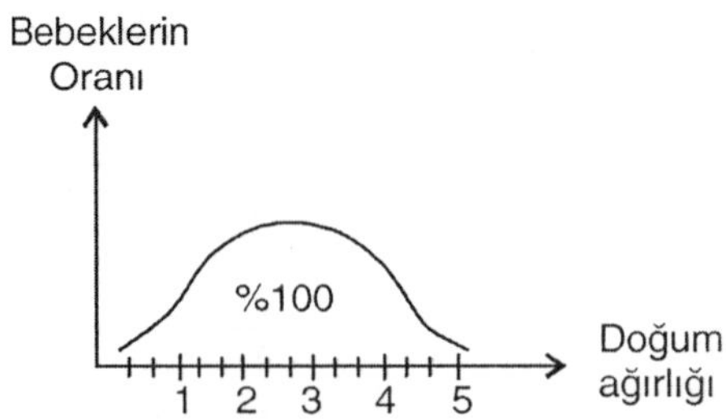

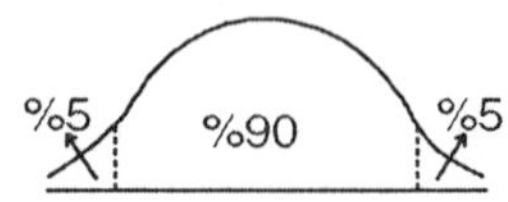

Eğer bebek bu kentte doğmadığı, ağırlık bakımından de kümeyle ilgisi olmadığı halde, bu çocuğu kent çocukları arasında kabul edersek bir hata yapılmış olur. Bu hataya da II. tip hata adı verilir. Bu hataya α hata olasılığından ayırt etmek için β tipi hata da denilmektedir. Bu durumda çocuk kentin çocuklarından olmadığı halde, gerçeğe aykırı şekilde, bu bebekle kentteki çocuklar arasında farklılık yoktur yargısına varıyoruz. Analizin sonucu gerçek durumun tam tersidir. Farklılık sıfırdır hipotezini kabul ediyoruz. Ancak bu gerçekte doğru olana aykırıdır. Ho hipotezinin (fark yoktur) kabul edilmesi gerçekte bir hata ise II. tip hata yapılmış demektir.

Örnek olarak seçilen çocuk, gerçekte kent çocukları kümesinden farklı olmadığı halde tesadüfen oluşan hatanın olasılığı α olduğundan, α bu testin (irdelemenin) anlamlılık düzeyidir. 1 – α ise testin güvenirlik düzeyi olup gerçekte doğru olan sıfır hipotezinin (Ho hipotezi) red edilmeme olasılığıdır. Çift yönlü testlerde yaygın olarak α = 0,10 alınmaktadır. α = 0,05 oranını kabul eden araştırmacılar da çoktur. α = 0,10 için az sayıda örnekle çalışmak mümkün iken, α = 0,05 alınırsa örnek hacmini artırmak gerekir.

Testin Gücü

II. Tip hata yapma olasılığı önceden düşünülmelidir. Bu olasılığa β adı verilir ve yaygın olarak % 20 kabul edilir. 1 – β oranına da istatistiksel testin gücü adı verilir. Bu gücün % 67'den yüksek olmasına özen gösterilmelidir. Analiz sonuçlarına güvenirliği bu güç belirlemektedir. Varılan yargıların bilimselliğini belirleyen istatistiksel güçtür.

Güven aralığını, ya da 1 – α düzeyini sabit tutarak örnek hacmi artırılırsa, testin gücü yükselir. Testin gücünü değiştirmeden sabit tutar ve güven aralığı düşürülürse, daha az örnek hacmi ile yetinilebilir. Hem güven aralığı, hem de testin gücü azaltılırsa, gereken örnek hacmi de azalır. Örnek hacmi artırılarak istatistiksel güç yükseltilir. Örnek hacmi ne kadar yüksek olursa β olasılığı o kadar düşük kalacağı için, testin gücü artmış olur. Başka bir değişle, gerekli örnek hacmi artırılırsa, Tip I ve Tip II hata azaltılmış olur. I. tip hatadan kaçınmak için α düzeyi, örneğin % 10 yerine % 5 alınmalıdır. II. tip hatadan kaçınmak için de β düzeyi düşürülerek, örneğin β = % 30 yerine % 20 alınmalıdır, yani testin gücü yükseltilmelidir.

Araştırmalarda α düzeyi daha çok kullanılırken, testin gücü o kadar yaygınlıkla kullanılmamaktadır. Çünkü α ile ilgili hatalar daha dikkat çekicidir ve daha ciddi sonuçlara yol açar. Alınan örnek, üzerinde çalışılan kümeden olduğu halde, kümeden değildir gibi gerçek olmayan durumu savunmak zordur ve sonuçları birçok tersliklere yol açar. Buna karşılık, eldeki örnek üzerinde çalışılan kümeden olmadığı halde, bu kümeye aitmiş sonucu o kadar zorda bırakan bir sonuç olmayabilir. Eğer iki grup arasındaki fark (ya da örnek ile küme arasındaki farkı) önemsemeyip de benzerlik önemseniyorsa, bu durumda α yerine 1 – β üzerinde durulmalıdır. Araştırmalarda çoğu kez, farklılıkların ortaya konulması amaçlandığı için α düzeyi ile yetinilmektedir. İki ilacın, iki yöntemin, iki uygulamanın, iki türün, iki zaman peryodunun farklı sonuç verip vermediklerini araştırmak gibi.

Savcı mahkemede iddia ettiği suçu (iddianamesini) ispat etmek zorundadır. Bu zor bir görevdir, fakat yeterlidir. α düzeyi ile yetinmek böyledir. Diğer yandan, sanık suçsuzdur yargısının ispatlanması istenmeyebilir veya üzerinde durulmayabilir. Suçsuzluğun ispatlanması veya bu insanın dışardaki diğer masum insanlara benzerliği ortaya konulacaksa 1 – β önemli hale gelir. Testin gücü II. tip hatadan kaçınabilmektir. Hatadan kaçınılmış ve sıfır hipotezinin red edilme olasılığı yüksek ise testin gücü yüksektir: % 70 yerine % 80'ne yükselmesi gibi. β = 0,20 alınırsa, testin gücü 1 – β = 0,80 olacaktır. Sıfır hipotezi red edilmiş ise ve bu gerçeğin kendisi ise, testin gücü yüksektir. Yani sıfır hipotezini red etmekle bir hata yapılmamıştır. Gerçekte yanlış olan sıfır hipotezini red etme olasılığı ne kadar yüksek ise, testin gücü o kadar yüksektir. Testin gücü II. tip hata yapma olasılığını azaltır.

Araştırmacılar sahip oldukları parasal olanaklara, amaçlarına ya da titizliklerine bağlı olarak α için 0,10 ila 0,01 arasında her değeri sıklıkla kullanmaktadırlar. α düzeyi yardımıyla I. tip hatayı etkilemek mümkündür. I. tip hata olasılığı α = 0,01 alınırsa düşük, α = 0,05 düzeyinde ise yüksek olacaktır. II. tip hatayı kontrol etmenin yolu ise örnek hacmini değiştirmektir. Örnek hacmi artarsa, II. tip hata olasılığı düşer.

Uygun örnek hacmini belirlemede birçok hazır tablolar ve bilgisayar programları vardır. Bu amaçla aşağıda iki tablo verilmiştir. Tablolardan ilki, sürekli nicel değişkenlerden oluşan N büyüklüğündeki kümelerden seçilmesi gereken kabul edilebilir örnek büyüklüklerini (n) göstermektedir.

Farklı Kümelerden Seçilmesi Gereken Kabul Edilebilir Örnek Hacmi

N	n	N	n	N	n	N	n
10	10	190	127	1100	285	5,000	357
20	19	200	132	1200	291	6,000	361
30	28	250	152	1300	297	7,000	364
40	36	300	169	1400	302	8,000	367
50	44	350	185	1500	306	9,000	368
60	52	400	196	1600	310	10,000	370
70	59	450	212	1700	313	15,000	375
80	66	500	217	1800	317	20,000	377
90	73	550	226	1900	320	30,000	379
100	80	600	234	2000	322	40,000	380
110	86	650	242	2200	327	50,000	381
120	92	700	248	2400	331	75,000	382
130	97	750	254	2600	335	100,000	384
140	103	800	260	2800	338	1,000,000	384
150	108	850	265	3000	341	10,000,000	384
160	113	900	269	3500	346		
170	118	950	274	4000	351		
180	123	1000	278	4500	354		

Kaynak: Sekeran, 1992, s. 253 (Aktaran: Altunışık ve Diğ., 2002, s. 59)

İkinci tabloda ise nitel değişkenlerden oluşan, değişkenlere ait p ve q olasılıkları belli olan kümeden, α ve örnekleme hatasına bağlı olarak seçilmesi gereken uygun örnek büyüklükleri verilmiştir.

N Büyüklüğündeki Kümelerden Farklı Kriterlere Göre Alınması Gereken Örnek Büyüklükleri (n)

Hedef Kitle Büyüklüğü (N)	α = 0.05 için örneklem büyüklükleri					
	± % 3 örnekleme hatası (d)		± % 5 örnekleme hatası (d)		± % 10 örnekleme hatası (d)	
	p = 0.5 q = 0.5	p = 0.8 q = 0.2	p = 0.5 q = 0.5	p = 0.8 q = 0.2	p = 0.5 q = 0.5	p = 0.8 q = 0.2
100	92	87	80	71	49	38
250	203	183	152	124	70	49
500	341	289	**217**	**165**	81	55
750	441	358	254	185	85	57
1.000	516	406	278	198	88	58
2.500	748	537	333	224	93	60
5.000	880	601	357	234	94	61
10.000	964	639	370	240	95	61
25.000	1023	665	378	244	96	61
50.000	1045	674	381	245	96	61
100.000	1056	678	383	245	96	61
1.000.000	1066	682	384	246	96	61
100.000.000	1067	683	384	246	96	61

Kaynak: T.Baş, 2001, s. 46.

10. VERİLERİN DÜZENLENMESİ VE ANALİZİ

İşlenmemiş veriler ham madde gibidir...

10.1. Editing

Daha önce açıklandığı gibi, kişilerden, firmalardan, ailelerden, kuruluşlardan veya doğadan çeşitli yöntemlerle elde edilen verilerin düzenlenerek analiz edilmesi gerekir. Verileri düzenlemek ve analiz etmekteki amaç daha anlamlı, kolay anlaşılır hale getirmek ve başkalarıyla yapacağımız iletişimde yararlanabilmemiz içindir. Verileri düzenleme, yapılacak işlemlere hazır hale getirmek demektir. Alandan toplanan bilgi formlarının (doldurulmuş anket formları) elden geçirilmesi, eksik ve hatalı işlemlerin belirlenerek tamamlanması, hatalı bilgi formlarını anketörlerle işbirliği yaparak okunur hale getirmek, hatalı bilgi formlarını tamamen değerlendirme dışı bırakmak gibi işlemlerin tümüne ELDEN GEÇİRME veya EDITING adı verilmektedir.

Editing işlemleri, bilgilerin toplandığı günden itibaren alandaki veya merkezdeki bürolarda yapılması gereken ilk iştir.

10.2. Tasnif veya Gruplandırma

İlk elden geçirme adı verilen editing işlemleri tamamlandıktan sonra bilgi formlarının veya dokümanların gruplandırılması yapılmalıdır, örneğin bu gruplamada duruma göre çeşitli özellikler dikkate alınabilir:

A. Büyüklüklere Göre Tasnif:

- Küçük
- Orta
- Büyük

B. İnsanları Yaşlarına Göre Tasnif:

- Çocuklar
- Gençler
- Orta yaşlılar
- Yaşlılar

C. Coğrafi Bölgelere Göre Tasnif:

- Karadeniz

- Marmara ve Trakya
- Ege
- Akdeniz
- İç Anadolu
- Doğu Anadolu
- Güney Doğu Anadolu

D. İlere Göre Tasnif:

- Adana
- .....
- .....
- Zonguldak

E. Konumlarına Göre Tasnif:

- Öğretim elemanları
- Öğrenciler
- Personel
- Yöneticiler

Eldeki bilgi formlarını veya dokümanları gruplandırdıktan sonra, artık bilgileri tablolaştırmaya başlayabiliriz.

OKUMA PARÇASI: Verileri Gruplama

Komşuluk ilişkisi veya işbirliği içinde olduğumuz ismini sayacağım bazı ülkelerin Türkiye'nin dostu olup olmadığı konusunda ne düşünüyorsunuz?

	Dost %	Dost değil %	Cevap yok %
Fransa	2.8	76.1	21.1
İngiltere	3.2	73.2	23.5
ABD	3.6	78.5	17.9
Yunanistan	4.2	78.1	17.7
Rusya	8.7	64.8	26.5
Almanya	17.7	56.9	25.3
İran	29.0	43.1	28.0
Pakistan	47.3	24.3	28.4
Azerbaycan	71.4	11.1	17.5

Türk halkına göre Türkiye'nin çözülmesi gereken sorunları %

İşsizlik	49.9
Ekonomi	35.4
Eğitim	34.2
Terör / Bölücülük / PKK	26.4
Sağlık	11.3
Geçim sıkıntısı / Pahalılık / Enflasyon	10.3
Sosyal güvence	5.4
Türban / Başörtüsü	4.6
Trafik / Ulaşım	4.4
Yolsuzluk / Rüşvet / Hortumculuk	4.0
Diğer	4.0
Siyasi istikrarsızlık / Kaos	3.4
Dış politika	3.2
Laiklik / şeriat düzeni	3.2
AB	2.8
Gelir dağılımı	2.6
Güvenlik / Kapkaç	2.4
Hükümete güven	1.2
Kıbrıs	0.8
Altyapı	0.2
Yargı / Adalet sistemi	0.2
Cevap yok	3.6

AB'ye üyelik süreci / Yaş

	18 - 27 yaş	28 - 43 yaş	44 ve üzeri	Toplam
Türkiye AB'ye mutlaka girmelidir	42.0	29.1	26.1	32.2
Girsek de olur girmesek de	29.3	38.3	30.9	33.0
Kesinlikle girmemeliyiz	22.9	24.0	29.7	25.6
Cevap yok	5.7	8.6	13.3	9.3

Milliyet Gazetesi 24.10.2006

OKUMA PARÇASI: Gençlik Araştırmaları

GELECEK BEKLENTİSİ MUTLU BİR EVLİLİK

Gençler kendilerinden memnun ve gururlu. Ancak gençlerin gelecekten ilk beklentileri ne kariyer ne de para. Onların gelecek beklentisi mutlu bir evlilik.

Gençler gelecekten ise ilk sırada ne para ne işte başarı değil, mutlu bir evlilik bekliyor. Kızların yüzde 65'inin erkeklerin de yüzde 59'nun ilk sıradaki beklentisini "mutlu evlilik" oluşturuyor. Kızlar gelecekten 5 büyük beklentilerini, mutlu bir evlilik, yüksek eğitim, işte başarı, iyi dostlara sahip olmak, kültürlü ve bilgili olmak şeklinde sıralanırken, erkekler mutlu evlilik, işte başarı, yüksek eğitim, iyi dostlara sahip olma, çok para sahibi olmak diyor. Gençlerin şu anda hayatlarındaki en büyük amaç ise eğitimlerini başarı ile tamamlamak. Gençlerin yüzde 30'u ilk amaçlarının bu olduğunu yüzde 25'i ise meslek ve kariyer sahibi olmak olduğunu vurguluyor. Araştırma günümüz gençliğinin kendisiyle barışık, yaşadığı hayattan çok da şikayetçi olmadığını ortaya koyuyor. Ne kadar eğlendikleri iyi vakit geçirip geçirmedikleri sorusuna ise çok ve oldukça iyi yanıtı verenlerin yüzdesi de 41.

GENÇLİK GELECEKTEN NE BEKLİYOR?

SORU ***Gelecekten en büyük 5 beklentinizi sıralar mısınız?***

Sabah Gazetesi 23.10.2006

10.3. Tabloların Hazırlanması

Çok sayıdaki anket formlarından veya başka dokümanlardan bilgilerin çıkarılması ve bunların düzgün şekilde sunulması için verilerin tabloya dökülmesi (tablolaştırma) zorunludur. Tablo adını verdiğimiz düzenlemenin başlıca dört kısmı bulunmaktadır:

- Tablonun numarası
- Tablonun başlığı (adı)
- Tablonun gövdesi
- Tablonun kaynağı

Bilimsel raporlarda ve tezlerde tablolar, 1'den başlanarak numaralandırılır. Tabloya numara vermekteki başlıca amaç, metin içerisinde rakamlara (verilere) atıfta (gönderme) bulunurken tabloların birbirine karışmasını önlemek ve kolaylık sağlamaktır. Diğer bir amaç ise, raporun içindekiler kısmında tabloları numara sırası ile düzenlemektir. Tablonun başlığı da, tabloya bir ad vermek ve diğer tablolardan başlık yardımıyla ayırmak amacına yöneliktir. Tablo başlığının kısa, anlaşılır ve tablodaki verilere uygun olması gerekir. Tablonun başlığı tablo hakkında bir fikir vermelidir.

Tablo gövdesi sıra ve sütunlardan oluşan kısımdır. Burada sözkonusu veriler ve bilgiler uygun şekilde sıralanmış ve düzenlenmiş olmalıdır.

Tablonun alt çizgisinin altında tabloda yer alan verilerin nereden alındığını gösteren kaynağa ilişkin bilgiler yer alır. Metin içerisinde niçin kaynak gösterme zarureti varsa, tablolar için de aynı nedenlerle kaynak göstermelidir. Tabloda yer alan verilerin irdelenmesi ve değişik sebeplerden ortaya çıkabilecek hataların düzeltilmesi için kaynak mutlaka verilmelidir. Ayrıca, tablolar başlı başına bağımsız bir bütünlük taşıdıkları için, tabloların kaynakları ile beraber okuyucuya ulaştırılması daha doğrudur. Eğer bir raporda yer alan tabloda kaynak yok ise, bu tablonun başka yerden alınmadığı ve araştırıcının kendi verilerini yansıtan özgün bir tablo olduğu sonucu çıkar. Tablodaki veriler birden çok kaynaktan elde edilmiş ise veya bir kısım rakamlar araştırmacının kendi tahminleri ise, bu gibi hususların kaynakta belirtilmesi yerinde olacaktır.

Aşağıda önce basit bir tablo örneği, daha sonra ise karmaşık bir tablo örneği verilecektir. Her iki tabloda yer alan veriler, gösterilen kaynaklardan alınmış gerçek verilerdir (Tablo 37).

Tablo 38 ise, birinciye benzer verilerin okul türlerine ve öğrenci sayılarına göre 1994 yılı için düzenlenmesiyle elde edilmiş olup, ilkine göre daha karmaşıktır.

Tablo 37: Yıllara Göre Türkiye'de Mesleki ve Teknik Lise Sayıları

Yıllar	Okul Sayıları
1985	1354
1986	1411
1987	1439
1988	1498
1989	1573
1990	1738
1991	1965
1992	2124
1993	2242
1994	2396

Kaynak: 1. DİE, Türkiye istatistik Yıllığı 1993, s.159.

2. 1995 Yılı Geçiş Programı, 30.10.1994 tarih ve 22096 mükerrer sayılı T.C. Resmi Gazete, Ankara.

Bu şekilde düzenlenmiş olan basit ve çapraz tabloların analizi ve yorumlanması daha sonra yapılacaktır. Örneğin; yukarıdaki tabloda Ticaret-Turizm ve Otelcilik Meslek Liselerinin 364 adet olduğu ve bu liselerde 180.000 öğrenci bulunduğu anlaşılmaktadır. Bu rakamların toplam içerisindeki % oranlarını ayrıca hesaplayıp, analizleri yapmak gerekebilir.

Tablo 38: Türkiye'de 1994 yılında Mesleki ve Teknik Liselerin Dağılımı ile Okul ve Öğrenci Sayıları

Okul Çeşidi	**Okul Sayısı**	**Öğrenci Sayısı (1000)**
Ticaret-Turizm ve Otelcilik Meslek Lisesi	364	180
Endüstri Meslek Lisesi	725	328
Kız Meslek Lisesi	485	68
İmam Hatip Lisesi	446	163
Diğer Meslek Liseleri	376	61
TOPLAM	**2396**	**800**

Kaynak: 1. DİE, Türkiye İstatistik Yıllığı 1993. s. 159.

2. 1995 Yılı Geçiş Programı, 30.10.1994 Tarih ve 22096 Mükerrer Sayılı T.C. Resmi Gazete, Ankara.

Tablonun ikinci sütunundaki okul sayısı coğrafi bölgelere göre, öğrenci sayıları da kız ve erkek olduklarına göre verilirse tipik bir çapraz tablo elde edilmiş olacaktır.

10.4. İstatistik Analizler

Toplanan verilerin düzenlenerek tasnif edilmesi, tabloların hazırlanması ve grafiklerin çizilmesinden sonra sıra istatistik analizlerin yapılmasına gelmiştir. İstatistik yöntemlerin verilere uygulanarak yapılan işlemlere istatistiksel analiz adı verilmektedir. İstatistik analizler yapmaktaki başlıca amaçlar aşağıdaki gibi sıralanabilir:

- Tezde veya raporda belirlenmiş olan hipotezin test edilmesi (hipotezin kabul veya red edilmesi),
- Mevcut durumu olduğu gibi ortaya koymak ve daha iyi anlaşılmasını sağlamak, genel eğilimi belirlemek, başkalarıyla veya geçmiş dönemle mukayesesini yapabilmek,
- İleriye dönük tahminler yapmak.

Bu amaçlara yönelik olarak yapılan istatistik analizler ve kullanılan istatistik tekniklerin hangi kademeler izlenerek belirleneceği Şekil 11'de gösterilmiştir. Söz konusu tekniklerin başlıcaları ise Tablo 39'da yer almıştır. Tabloda yer almayan başka istatistik analiz türleri de vardır. Ancak bu listeyle yetinilmiştir. Bu analizlere ilişkin ayrı ayrı örnek hesaplamalar yapılacaktır.

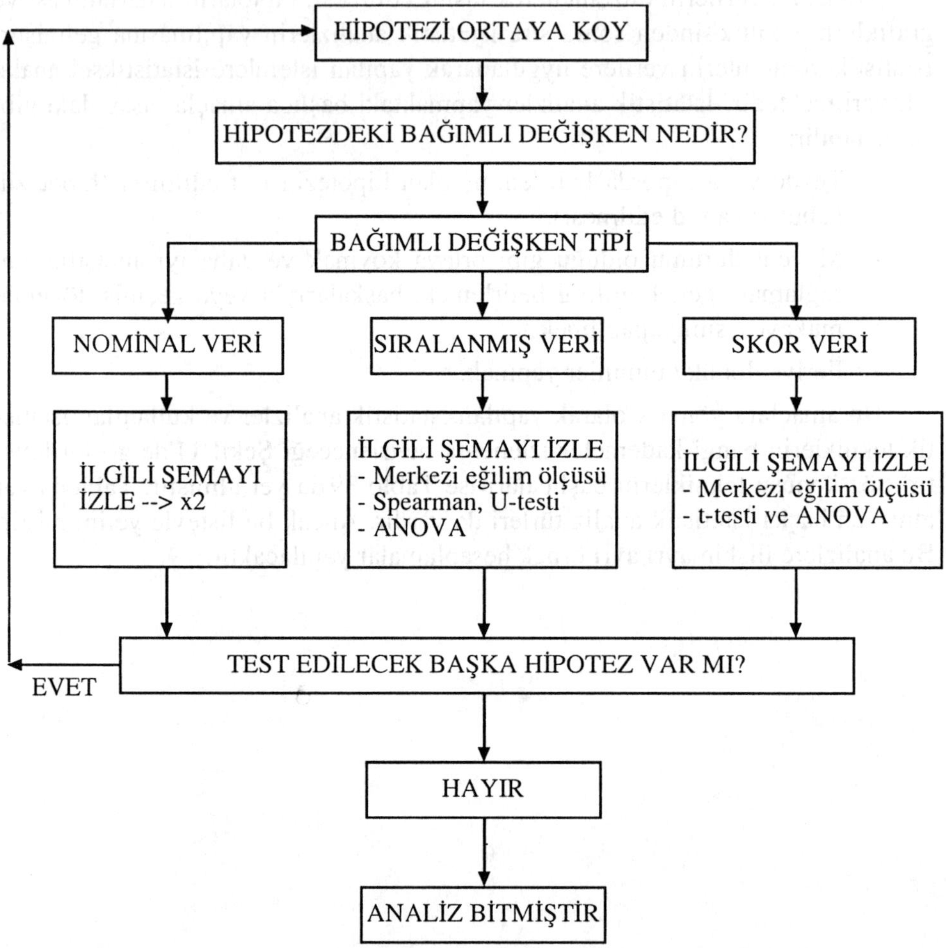

Şekil 11: İstatistik Analizlerin Seçimi Şeması

Kaynak: Grazioano ve Raulin, Research Methods, Harper and Row, 1989, s.307.

Tablo 39: Başlıca İstatistik Analizlerin Listesi

İstatistiksel Analizin Adı	Uygulanan Veri Türü	Başlıca Amaç
Değişim Aralığı (Range)	Sıraya Konulmuş veriler	En büyük ve en küçük veri arasındaki farkı ortaya koymak
Aritmetik Ortalama	Tüm rakamsal verilere uygulanır	En çok kullanılan merkezi eğilim ölçüsüdür
Ortanca (Medyan)	Sıraya konulmuş verilerde tayin edilmiş değerdir	Verileri iki eşit parçaya böler, yarısı medyandan küçük, yarısı büyüktür.
Tepe Değer (Mod)	Gruplandırılmış verilerden tayin edilir	En çok rastlanan, en fazla tekerrür eden değerdir
Varyans	Tüm veriler	Verilerin ortalama etrafındaki sıralanışlarının (dalgalanmalarının) bir ölçüsüdür.
Standart Sapma	Tüm veriler	Varyansın kare köküdür ve aynı amaçla kullanılır.
Değişim katsayısı	Tüm veriler	Standart sapmanın ortalama ile mukayese edilmesini sağlar
Korelasyon katsayısı	İki değişken serisine uygulanır	İki değişken arasında korrelasyon olup olmadığına işaret eder
Sıra korelasyonu (Rank korelasyonu)	Sıraları belirlenmiş iki değişken grubu	Yapılan iki sıralama arasında korelasyon ölçülmektedir
t- Bağımsızlık testi	İki bağımsız örneğe ait veriler	İki bağımsız örneği birbiriyle mukayese etmek
t- Bağımlılık testi	Birbiriyle ilgili iki örneğe ait veriler (eğitim öncesi/sonrası veya tedavi öncesi/sonrası)	İşlemin veya programın etkisinin önemli olup olmadığını anlamak
ANOVA: Varyans Analizleri	Tek faktörlü basit veya çok faktörlü tertipler	Değişimin kaynaklarını ölçmek ve test etmek
Ki-Kare Uygunluk Testi	Sonuçları sayı olmayan olaylara ilişkin veriler (iyi-kötü, başarılı-başarısız)	Olayları veya sonuçları birbiriyle mukayese etmek (Beklenen frekanslar bilinmektedir)
Ki-Kare Bağımsızlık testi	Sonuçları sayı olmayan ve beklenen değerleri hesaplanabilen olaylara ilişkin veriler	Olayları veya sonuçları birbiriyle mukayese etmek
Mann-Whitney U Testi	Kesiksiz ihtimal değişkenlerinden oluşan bağımsız örnek veriler	Aynı yığından çekilen fakat farklı işlem uygulanan tertiplerde işlemin etkisini test etmek.
Basit veya çoklu Regresyonlar	Bağımlı ve bağımsız değişkenler	Bağımsız değişkenlerin, bağımlı değişkenlere etkisini ölçmek ve bağımlı değişkeni tahmin etmek

İstatistik analizlerden hangisinin yapılacağını karalaştırırken Şekil 11'i izlemekte yarar vardır. Araştırmanın başında ortaya konulan hipotezin bir daha gözden geçirilmesi faydalı olacaktır. Bilindiği gibi hipotez, doğrulanması ve ispatlanması arzu edilen tez veya yargıdır. "Ailelerin ekonomik durumları, ailelerin okuldaki çocuklarının başarıları üzerinde etkili olmaktadır" şeklindeki bir hipotez ortaya koymak mümkündür. Öğrencilerin başarı düzeyini aldıkları notlarla mı, dönem ortalama notuyla mı, sınıf öğretmenlerinin kanaatiyle mı veya öğrencilerin sosyal ve sportif etkinlikleri ile mi ölçeceğiz? Başka alanlarda değişik ölçme/değerlendirme yöntemleri olabilir. Bağımlı değişken metrik ölçülerle ölçülüp tartılmış olabilir (skor veriler), bir sıralamaya tabi tutulmuş olabilir ya da sayısal frekanslar (tekerrür adedi) olabilir. Bu verilerin durumuna göre gerekli istatistiksel analizin türüne karar verilebilir. Şekil 11'de görüldüğü gibi, nominal veriler için Ki Kare (χ^2) tipi testler, sıralanmış veriler için sıra korelasyonu veya U-testleri, skor verileri için de t-testleri ile varyans analizleri uygun olabilir.

Bir araştırmada birden çok hipotez test edilebilir. Tüm hipotezler test edildikten sonra analiz sona ermiştir. Artık yapılacak iş bu analizleri yorumlamaktır.

10.4.1. Değişim Aralığı (Range):

İnceleme konusu verilerin en büyük ve en küçük değerleri arasındaki farktır. Bir basketbol takımında en uzun boylu 2.10 cm, en kısa boylu 1.70 cm ise, bu takıma ilişkin değişim aralığı 40 cm dir. Bir sınıfta en yüksek not ile en düşük not arasındaki fark da değişim aralığıdır. Bir fabrikada çalışan işçilerin aldığı ücret için de değişim aralığı (DA) önemli bir ölçüt olabilir.

10.4.2. Aritmetik Ortalama ($\overline{x}$):

Mevcut değerleri toplayıp, toplamı veri sayısına bölerek bulunan değerdir. Üniversite sorunlarına ilişkin olarak Ankara'daki 5 üniversite üzerine yapılan anket araştırmasında, rastgele seçilen 30 yöneticinin (YÖK üyesi, Rektör, Rektör yardımcıları, Dekanlar ve Dekan yardımcıları) idari görev süreleri aşağıdaki gibi elde edilmiştir (yıl olarak):

7	2	2	3	7	1	2.5	2	6	4.5	1.5	3	2	1	2.5
2	2	3	3	1	7.5	1	3	2	0.2	0.6	0.2	0.3	0.7	1.5

$$\overline{x} = \frac{\sum_{i=1}^{n} x_i}{n} = \frac{75}{30} = 2.5$$

yıl (Ankara'daki üniversite yöneticilerinin ortalama idari görev süresi).

30 adet yöneticiye ilişkin verileri aşağıdaki gibi frekans tablosunda 4 sınıf halinde ifade ettiğimizde, bu tablodan da aritmetik ortalamayı bulabiliriz:

Tablo 40: Üniversite Yöneticilerinin Görev süresine ilişkin Frekans Tablosu

Sınıflar (yıl): x_i	**Yönetici sayısı:** f_i	**Sınıf Orta Noktası:** O_i	$(O_i).(f_i)$
1-2	18	1.5	27.0
3-4	7	3.5	24.5
5-6	2	5.5	11.0
7-8	3	7.5	22.5
TOPLAM	30	-	85.0

$$\overline{x} = \frac{\Sigma O_i \cdot f_i}{\Sigma f_i} = \frac{85.0}{30} = 2.83 \text{ yıl}$$

Frekans tablosundan hesaplanan aritmetik ortalama, diğerinden farklı olarak 2.83 yıl olmuştur. Bu farklılık, tablo yönteminde yaklaşık değerler (sınıf orta noktaları gibi) kullanılmasından ileri gelmektedir. İtina gösterilerek en uygun frekans tabloları yapılırsa ikisi arasındaki fark en az olacaktır.

10.4.3. Ortanca (Medyan)

30 Üniversite yöneticisinin görev süresine göre sıralaması yapıldığında 15. ve 16. sırada yer alan değer ortancayı vermektedir. Yapılan sıralama aşağıda görülmektedir ve ortanca değer 2 yıl'dır. Eğer 15. ve 16. sıradaki veriler birbirine eşit olmaz ise iki değerin ortalaması medyan olacaktır.

Sıra No	1.	2.	3.	4.	5.	6.	7.	8.	9.	10.	11.	12.	13.	14.	15.
x_i	0.2	0.2	0.3	0.6	0.7	1.0	1.0	1.0	1.0	1.5	1.5	2.0	2.0	2.0	2.0
Sıra No	16.	17.	18.	19.	20.	21.	22.	23.	24.	24.	26.	27.	28.	29.	30.
x_i	2.0	2.0	2.0	2.5	2.5	3.0	3.0	3.0	3.0	3.0	4.5	6	7	7	7.5

Daha önce verilen frekans tablosundan yararlanarak ortanca hesaplanacak olursa, bu takdirde, ortancayı içeren sınıfın alt sınırı (X_L) ve birikimli frekanslar dikkate alınacaktır.

$$\text{Ortanca} = X_L + \frac{n/2 - \text{birik } f_i}{f_0} \cdot c = 1 + \frac{30/2 - 0}{18} \cdot 2 = 3 \text{ yıl}$$

Tablo 41: Frekans Tablosundan Ortanca Hesabı

Sınıflar (yıl)	f_i	Birikimli Frekans
1-2	18	18
3-4	7	25
5-6	2	27
7-8	3	30
TOPLAM	30	-

Bu tabloda ortancayı içeren sınıf birinci sınıftır. Çünkü $\frac{n}{2}=\frac{30}{2}=15$. sıradaki değer 1'den 18'e kadarki değerler içeren birinci sınıftadır.

X_L = Birinci sınıfın alt sınırı olup, değeri 1'dir.

Birik. f_i= medyanlı sınıftan önceki sınıfların tümüne ait birikimli frekanstır ve burada sıfırdır.

f_0= medyanlı sınıfın frekansıdır = 18

c = 2 (sınıf genişliği)

10.4.4. Tepe Değer (MOD)

İncelenen kümede en fazla rastlanan veya en çok tekrar eden olay mod'dur. Bir ayakkabı mağazasında satış sayısı bakımından 39 ölçüsü en yüksek ise mod 39 dur. 30 üniversite yöneticisine ilişkin verilerde mod 3 yıl'dır. Çünkü, en çok rastlanan yönetim süresi budur. Frekans tablosu yapılmış verilerden mod, aşağıdaki gibi hesaplanır:

$$\text{Mod} = x_L + \frac{f_{+1}}{f_{+1}+f_{-1}} \cdot c = 1 + \frac{7}{7+0} \cdot 2 = 1 + \frac{14}{7} = 3 \text{ yıl}$$

Burada x_L = Modu içeren sınıfın alt hududu = 1

f_{+1} = mod'lu sınıfa bitişik büyük sınıfın frekansı = 7

f_{-1} = mod'lu sınıfa bitişik küçük sınıfın frekansı = 0

c = sınıf genişliği = 2

10.4.5. Varyans

Değişim veya dalgalanmanın bir ölçüsüdür. Frekans tablosu yapılmış veya yapılmamış verilere ilişkin varyans hesaplanabilir. Ayrıntılı bilgi için istatistik kitaplarına bakılabilir. Kolaylık bakımından örnek hacmi **n = 5** olan örneği alalım.

Ankara'daki üniversite yöneticilerinden rastgele seçilen 5 tanesinin görev süresi aşağıdaki gibi bulunmuştur (x_i gözlemleri):

2.5 7 3 0.2 3

Bu örneğin varyansı (S^2) iki ayrı yolla hesaplanabilir:

a) Birinci Yol:

x_i	$x_i - \overline{x}$	$(x_i - \overline{x})^2$	x_i^2
2	-1	1	4
7	4	16	49
3	0	0	9
2	-1	1	4
1	-2	4	1
Σ= 15	0	22	67
$\overline{x} = 3$	-	-	-

$$S^2 = \frac{\Sigma(x_i - \overline{x})^2}{n-1}$$

$$S^2 = \frac{22}{5-1} = 5.5$$

b) İkinci Yol:

$$S^2 = \frac{\Sigma x_i^2 - \frac{(\Sigma x)^2}{n}}{n-1} = \frac{67 - \frac{(15)^2}{5}}{5-1} = \frac{22}{4} = 5.5$$

Örneklerin veya kümelerin varyansı mukayese edilerek, değişimin hangisinde yüksek olduğu ve bunun nedenleri üzerinde durulur.

10.4.6. Standart Sapma

Varyansın kare köküdür. Örnekleme bölünmelerinden hesaplanan standart sapma ise standart hata olarak bilinir. Bir kümenin varyansı σ^2=225 ise, standart sapma $\sigma = \sqrt{225} = 15$ demektir. Örneğe ait varyans S^2 ile gösterilir. Örnek ortalamasına ilişkin standart hata ayrıntıya girilmeden yaklaşık olarak $\sigma_{\overline{x}} = \frac{s}{\sqrt{n}}$ eşitliğinden hesaplanabilir.

10.4.7. Değişim Katsayısı

Standart sapmanın, ortalama içerisindeki yüzde oranına değişim katsayısı adı verilir. $\mu = 45$, $\sigma = 15$ ise, değişim katsayısı

$DK = \frac{15}{45} \cdot 100 = \%33$ elde edilir.

10.4.8. Korelasyon Katsayısı

Nedeni ve mantığı üzerinde durulmaksızın, iki değişken arasında ilgi olup olmadığını gösterir. Aşağıda Tablo 42'deki veriler kullanılarak **(r)** ile gösterilen korelasyon katsayısı şu şekilde hesaplanır:

$$r = \frac{\Sigma XY - \frac{(\Sigma X)(XY)}{n}}{\sqrt{\Sigma X^2 - \frac{(\Sigma X)^2}{n}}\sqrt{\Sigma Y^2 - \frac{(\Sigma Y)^2}{n}}} = \frac{730 - \frac{135 \times 19}{5}}{\sqrt{5225 - \frac{(135)^2}{5}}\sqrt{103 - \frac{(19)^2}{5}}} = \frac{217}{220.6} = 0.98$$

(1)'e çok yakın olduğunda bu değer yüksek bir korelasyona işaret eder. Korelasyon katsayısının standart hatası ise,

$$S_r = \sqrt{\frac{1-r^2}{n-2}} = \sqrt{\frac{1-0.98}{5-2}} = \sqrt{\frac{0.02}{3}} = 0.082$$

Tablo 42: Aile Geliri ile Balık Tüketimi Arasındaki Korelasyon Hesabı

Aile No	Ailenin Aylık Geliri (Milyon TL) (X)	Aylık Balık Tüketimi (kg) (Y)	$(X)^2$	$(Y)^2$	(XY)
1	20	3	400	9	60
2	30	5	900	25	150
3	10	1	100	1	10
4	60	8	3600	64	480
5	15	2	225	4	30
TOPLAM	135	19	5225	103	730
Ortalama	27	3.8	-	-	-

10.4.9. Sıra Korelasyonu

İki değişkenle ilgili veriler kg, cm, litre, ton vb. gibi birimlerle değil de, sadece bir sıralama tarzında belirtilmiş ise, bu iki değişken arasındaki ilgi sıra korelasyon katsayısı ile ölçülebilir. Örneğin zeka katsayıları (IQ), hakemlerin veya jürilerin verdikleri puanlar veya bir kısım özelliklere göre sıralanmış, birimi olmayan veriler için sıra korelasyonu hesaplanabilir. Aşağıdaki tabloda, 10 öğretim elemanının ders anlatma başarısı 1'den 10'a kadar puanlarla gösterilmiştir. Dekan ve Bölüm başkanının aynı öğretim elemanlarına verdiği puanlar arasında, yani her iki değerleme arasında bir ilgi var mıdır?

r_s ile gösterilen sıra korelasyon katsayısı formülü:

$$r_s = 1 - \frac{6\Sigma(d_i)^2}{n\,(n^2 - 1)}$$

$$\Sigma d_i^2 = \Sigma\,(X_i - Y_i)^2 = (5 - 6)^2 + (4 - 4)^2 + (3 - 5)^2 + (1 - 2)^2 + (2 - 3)^2 + (6 - 1)^2 + (7 - 9)^2 + (10 - 8)^2 + (9 - 7)^2 + (8 - 10)^2 = 48$$

n = 10 değerleri yerine konulursa;

$$r_s = 1 - \frac{6\,(48)}{10(10^2 - 1)} = 1 - \frac{228}{990} = 1 - 0.29 = 0.71$$

O halde, her iki yöneticinin puanlaması arasında pozitif bir korelasyon vardır ve bu nedenle her iki puanlama tutarlıdır denilebilir.

Tablo 43: Dekan ve Bölüm Başkanı Tarafından 10 Öğrt. Elemanına Verilen Puanlar

Öğretim Elemanları	Dekanın Yaptığı Sıralama (X)	Bölüm Başkanının Yaptığı Sıralama (Y)	$d_i^2 = (X - Y)^2$
A	5	6	-1^2
B	4	4	0
C	3	5	-2^2
D	1	2	-1^2
E	2	3	-1^2
F	6	1	5^2
G	7	9	-2^2
H	10	8	2^2
I	9	7	2^2
J	8	10	-2^2
			$\Sigma = 48$

Sıra korelasyon katsayısı yukarıdaki gibi (+) olabileceği gibi, (-) de olabilir. Başka bir ifade ile, sıra korelasyon katsayısı (+1) ile (-1) arasında değişebilir.

10.4.10. Bağımsızlık Testi

İki bağımsız örneğin ortalamalarını mukayese etmek için kullanılır. $\bar{x}_1$ ve $\bar{x}_2$ örnek ortalamalarını, **S_1** ve **S_2** fark kareleri toplamını, yani $\Sigma(x - \bar{x})^2$ tutarını, n_1 ve n_2 örnek hacimlerini göstermek üzere t için kullanılan formül:

$$t = \frac{x_1 - x_2}{S_{\bar{x}_1 - \bar{x}_2}} \qquad S_{\bar{x}_1 - \bar{x}_2} = \sqrt{\frac{S_1 + S_2}{n_1 + n_2 - 2}\left(\frac{1}{n_1} + \frac{1}{n_2}\right)}$$

Aşağıdaki tabloda iki grup işçinin haftalık ücretleri milyon TL olarak verilmiştir. Bu iki grubun aynı gruptan olup olmadığını irdeleyiniz.

Tablo 44: İki Grup İşçinin Haftalık Ücretleri (Milyon TL)

1. Grup (X_1)	**2. Grup (X_2)**
5	3
8	5
7	2
8	3
7	-

$$\mathbf{S_1} = \Sigma(x_i - \overline{x}_1)^2 = 251 - \frac{(35)^2}{5} = 6$$

$$\mathbf{S_2} = \Sigma(x_i - \overline{x}_2)^2 = 47 - \frac{(13)^2}{4} = 4.75$$

$$S_{(\overline{x}_1 - \overline{x}_2)} = \sqrt{\frac{6+4.75}{5+4-2}\left(\frac{1}{5}+\frac{1}{4}\right)} = \sqrt{\frac{10 \cdot 75}{7} \cdot \frac{9}{20}} = 0.83$$

Σx	:	35	13
Σx^2	:	251	47
n	:	5	4
$\overline{x}$	:	7.0	3.25
S	:	6.0	4.75

$$t = \frac{\overline{x}_1 - \overline{x}_2}{S_{\overline{x}_1 - \overline{x}_2}} = \frac{7-3.25}{0.83} = 4.52$$

(Not: Yukarıdaki eşitliklerde koyu S simgelerinin varyans olmayıp, fark kareleri toplamı olduğu unutulmamalıdır.)

Böylece hesapla bulunan t = 4.52 değeri, tablo değeri olan 2.36 dan (serbestlik derecesi SD = 7 ve testin önemlilik düzeyi ($\alpha = 0.05$) büyük olduğu için, iki grup arasında farklılık yoktur şeklindeki sıfır hipotezi red edilecektir. O halde iki grup ayrı özellikteki yığınlardan alınmış örneklerdir.

10.4.11. t-Bağımlılık Testi

Aynı yığından seçilmiş iki örneğe farklı iki işlem uygulandığında, ortaya çıkan sonuçları irdelemede kullanılmaktadır. Eğitim öncesi/sonrası veya tedavi öncesi/sonrası gibi. Tablo 49'da, 90 hastada belirti sayısına ilişkin (x), ilaçtan önceki ve sonraki veriler yer almaktadır. Ayrıca hesaplanan korelasyon katsayısı r = 0.84'tür.

$$t = \frac{\overline{x}_1 - \overline{x}_2}{\sqrt{S^2_{\overline{x}_1} + S^2_{\overline{x}_2} - 2\, r\, S_{\overline{x}_1} \cdot S_{\overline{x}_2}}}$$

$$S_{\overline{x}_1} = \frac{S_1}{\sqrt{n_1}} = \frac{0.94}{\sqrt{90}} = 0.099$$

$$S_{\overline{x}_2} = \frac{S_2}{\sqrt{n_2}} = \frac{0.102}{\sqrt{90}} = 0.010$$

$$t = \frac{3.20 - 2.90}{\sqrt{0.099^2 + 0.010^2 - 2.(0.84)(0.099.0.010)}} = \frac{0.30}{0.090} = 3.33$$

Tablo 45: Haçtan Önceki ve Sonraki Belirti Sayısına ilişkin Veriler

	İlaçtan önceki Sayı (x_1)	İlaçtan sonraki Sayı (x_2)
Ortalama ($\overline{x}$)	3.20	2.90
Standart Sapma (s)	0.94	0.102
Örnek hacmi (n)	90	90

Önceki t-testinde olduğu gibi burada da "ilacın etkisi olmamıştır" şeklindeki sıfır hipotezini (H_0) red ediyoruz. Çünkü t = 3.33 katsayısı, α = 0.05 ve SD= n-1 = 90-1 = 89 için tablo değeri olan 1.96 değerinden büyüktür.

10.4.12. Anova: Varyans Analizleri

a) Tek Yönlü Anova: Tablo 46'daki verileri kullanarak buna ilişkin hesaplamaları yapalım. Bir kitap fuarının açılışına katılan A, B, C gibi üç ayrı siyasi partinin mensuplarının fuardan kaçar adet kitap satın aldıkları sorulduğunda alınan yanıtlar dikkate alınarak, acaba satın alınan kitap sayası partilere göre değişiyor mu? Bunun için Genel Kareler Toplamı (GT), Gruplararası Kareler Toplamı (GAKT), Gurup içi Kareler Toplamı (GİKT), her ikisi için ayrı ayrı kareler ortalaması (KO) hesaplanarak F test katsayısına göre test yapılması gerekmektedir.

Tablo 46: Üç Farklı Parti Mensubunun Fuardan Aldığı Kitap Sayısı (i= parti sayısı, n= kişi sayısı)

A Partisi	B Partisi	C Partisi
3	4	9
1	3	7
3	5	8
2	5	11
4	4	9
3	-	-

				GENEL TOPLAM
Σx	16	21	44	81
Σx^2	48	91	396	535
n	6	5	5	16
$\overline{x}$	2,67	4.20	8.80	-
KT	5.33	2.80	8.80	-

Aşağıdaki özet Tablo'da da görüldüğü gibi, KO'nın elde edilmesi için, KT değerlerinin SD'ye bölünmesi gerekmektedir. Hesaplanan F değeri, F tablosundaki (α=0.05 ve 2 ve 13 serbestlik dereceleri için) 3.80 değerinden büyük olduğu için, kitap satın alma özelliği partilere göre önemli farklılık göstermektedir sonucuna varılır.

Tablo 47: Varyans Hesabına İlişkin Özet Tablo

Farklılığın Kaynağı	Serbestlik Derecesi (SD)	Kareler Toplamı (KT)	Kareler Ortalaması (KO)
Gruplararası	i - 1 = 2	108.00	54.00
Grup içi	n - i = 13	16.93	1.30
TOPLAM	n = 15	124.94	-

$$GKT = \Sigma x^2 - \frac{(\Sigma x)^2}{n} = 535 - \frac{81^2}{16} = 124.94$$

$$GİKT = \sum_{i=1}^{3} KT = 5.33 + 2.80 + 8.80 = 16.93$$

$$GAKT = \sum_{i=1}^{3} \frac{(\Sigma x)^2}{n_i} - \frac{(\Sigma x)^2}{n} = \frac{(16)^2}{6} + \frac{(21)^2}{5} + \frac{(44)^2}{5} - \frac{(81)^2}{16} = 108.0$$

$$F = \frac{GAKO}{GİKO} = \frac{54.0}{1.30} = 41.46$$

b) Kruskal - Wallis Testi (W): Tek yönlü varyans analizlerinde yığın dağılımının normalden uzaklaştığı izlenimi varsa, bu kez Kruskal Wallis testi uygulanır ve aşağıdaki formül kullanılır:

$$W = \frac{12}{n(n+1)} \sum_{i=1}^{K} \frac{R_i^2}{n_i} - 3(n+1)$$

Burada; n = toplam gözlem veya denek sayısı

K = grup sayısı

R_i = Her bir gruptaki sıra sayıları toplamı

n_i = Her bir gruptaki denek sayısı

Bulunan W katsayısı (K – 1) serbestlik derecesi ile χ^2 tablosundaki değerle karşılaştırılır. χ^2 tablo değeri W değerinden büyük ise sıfır hipotezi kabul edilir ($W > \chi^2_{tablo}$). Bu test, örnek hacmi yeterli ise tutarlı sayılmaktadır.

c) İki Yönlü ANOVA: İki etkenin veya iki faktörün etkili olup olmadığı bir tür varyans analizi ile irdelenebilmektedir. Tablo 48'de yer alan teorik veriler analiz edilerek, uyuşturucu maddelere ilişkin olaylarda bölgelere ve yerleşim yerine göre bir farklılaşma olup olmadığı araştırılacaktır. Yerleşim yerleri j = 1, 2, 3 ile coğrafi bölgeler de k = 1, 2, 3 ile gösterilirse, j = sıra sayısı, k = sütun sayısını ifade edecektir. Tablo 49'da toplamlar ve ortalamalar yer almaktadır.

Tablo 47: Her 10.000 Nüfus Başına Mahkemeye İntikal Eden Uyuşturucuyla İlgili Olay Sayısı (Coğrafi Bölgelere ve Yerleşim Yerlerine Göre, Teorik)

COĞRAFİ BÖLGE / Yerleşim Yerleri	GÜNEY BÖLGESİ	ORTA B.	KUZEY B.
KIRSAL	3	5	4
KASABA	11	10	12
BÜYÜKŞEHİR	16	21	17

Coğrafi bölgelere İlişkin "sıra" ortalamaları şöyledir:

$$\Sigma x_{1k} = 3+5+4 = 12 \quad ; \quad \bar{x}_{1k} = \frac{12}{3} = 4$$

$$\Sigma x_{2k} = 11+10+12 = 33 \quad ; \quad \bar{x}_{2k} = \frac{33}{3} = 11$$

$$\Sigma x_{3k} = 16+21+17 = 54 \quad ; \quad \bar{x}_{3k} = \frac{54}{3} = 18$$

Tablo 49: Yerleşim Yerleri ve Coğrafi Bölgelere İlişkin Toplamalar ve Ortalamalar

	GÜNEY	ORTA	KUZEY	TOPLAM	ORTALAMA
KIRSAL	3	5	4	12	4
KASABA	11	10	12	33	11
BÜYÜKŞEHİR	16	21	17	54	18
TOPLAMA	30	36	33	99	-
ORTALAMA	10	12	11	-	11

Yerleşim yerlerinin etkisini ifade eden "sütun" ortalamaları ise;

$$\Sigma x_{j1} = 3 + 11 + 16 = 30 \quad ; \bar{x}_{j1} = \frac{30}{3} = 10$$

$$\Sigma x_{j2} = 5 + 10 + 21 = 36 \quad ; \bar{x}_{j2} = \frac{36}{3} = 12$$

$$\Sigma x_{j3} = 4 + 12 + 17 = 33 \quad ; \bar{x}_{j3} = \frac{33}{3} = 11$$

$$\text{Genel Ortalama } \bar{x} = \frac{4 + 11 + 18}{3} = \frac{10 + 12 + 11}{3} = 11$$

Genel Kareler Toplamı

$$\sum_{j=1}^{3}\sum_{k=1}^{3} X_{jk}^2 = 3^2 + 5^2 + 4^2 + 11^2 + 10^2 + 12^2 + 16^2 + 21^2 + 17^2 = 1401$$

Yerleşim yeri farklılıklarından ileri gelen kareler toplamı:

$$YKT = \sum_{j=1}^{3}\sum_{k=1}^{3}(\bar{x}_k - \bar{x})^2 = 3\sum_{j=1}^{3}(\bar{x}_k - \bar{x})^2 = 3\left[(4-11)^2 + (11-11)^2 + (18-11)^2\right] = 294$$

Coğrafi bölge farklılıklarından ileri gelen kareler toplamı ise aşağıdaki gibidir,

$$BKT = \sum_{i=1}^{3}\sum_{j=1}^{3}(\bar{x}_j - \bar{x})^2 = 3\sum_{k=1}^{3}(x_j - \bar{x})^2 = 3\left[(10-11)^2 + (12-11)^2 + (11-11)^2\right] = 6$$

Genel Fark kareleri toplamı (GFKT) ise:

$$GFKT = \sum_{j=1}^{3}\sum_{k=1}^{3}(\bar{x}_{jk} - \bar{x})^2 = 1401 - 9(11)^2 = 312$$

Buna göre hata kareleri toplamı:

$$HKT = GFKT - BKT - YKT = 312 - 6 - 294 = 12$$

Yerleşim yerlerinin uyuşturucu olayları üzerindeki etkisi F testi yardımıyla irdelenebilir. Bununla ilgili olarak $F_h = \frac{KO}{HKO} = \frac{147}{3} = 49$ bulunur. Bu değer 2 ve 4 serbestlik dereceleri ile $\alpha = 0.05$ için tabloda $F_t = 6.94$ olduğundan; $F_h > F_t$ olur ve yerleşim yerlerinin etkisi önemlidir sonucu ortaya çıkar (burada F_h= hesaplanan F değeri, F_t= tablodan alınan F değeri demektir).

Coğrafi bölgelerin etkisi ise; $F_h = \frac{KO}{HKT} = \frac{3}{3} = 1$ değerinin 6.94 den küçük olması nedeniyle, etkinin önemsiz olduğu şeklinde ifade edebiliriz.

Tablo 50: Varyans Analizi Özet Tablosu

Farklılığın Kaynağı	**Serbestlik Derecesi (SD)**	**Kareler Toplamı**	**Kareler Ortalaması**	**F**
Yerleşim Yerleri	$3-1=2$	294	147	$\frac{147}{3}=49$
Coğrafi Bölgeler	$3-1=2$	6	3	$\frac{3}{3}=1$
HATA	$(9-1)-4=4$	12	3	-

10.4.13. Ki-Kare Uygunluk Testi

Parametrik olmayan testlerdendir. Sonuçları sayı olmayan ve gruplandırılabilen olaylar için kullanılır. Bu tür testlerde incelenen olaylara ilişkin olasılıklar önceden bilinmektedir. Buna beklenen değer veya teorik değer adı da verilmektedir. Düzgün bir madeni paranın bir kez atılışta yazı gelme olasılığı $\frac{1}{2}=0.5$ dir. Doğacak bir bebeğin kız olması olasılığı da 0.5 dir. Aşağıdaki örnekte de beş adet satış bölgesinin satış potansiyelleri eşit varsayılmıştır. Tablo 55'deki veriler gözlem değerlerini vermektedir. Ki-kare hesaplaması yapmak için aynı bölgeler için beklenen değerleri de yazmamız gerekmektedir. Toplam 500 adet satışın bölgeler arasında fark olmadan $\frac{500}{5}=100$ adet olarak dağılacağı beklenmektedir. Buna göre,

Tablo 51: Aynı Malın Farklı Bölgelerdeki Satış Miktarları (adet)

	A Bölgesi	B Bölgesi	C Bölgesi	D Bölgesi	E Bölgesi
Anket Yapılan Günde Satış Miktarı	110	130	70	90	100

$\chi^2=\sum_{i=1}^{k}\frac{(O_i-E_i)^2}{E_i}$ formülü yardımıyla Ki-Kare hesaplanacaktır. Burada;

k = 5; grup veya bölge sayısı

i = 1, …….. k

O_i = Filli gözlem değerleri (satışlar)

E_i = Beklenen teorik satış miktarları

Ki-kare hesaplaması için gereken bu değerler Tablo 52'de verilmiştir. Bu tablodaki değerleri Ki kare (χ^2) formülünde yerine koyduğumuzda;

$$\chi^2 = \frac{(110-100)^2}{100} + \frac{(130-100)^2}{100} + \frac{(70-100)^2}{100} + \frac{(90-100)^2}{100} + \frac{(100-100)^2}{100} = 20.0$$

Hesapla bulunan Ki-Kare, $\alpha = 0.05$ ve SD = k-1 = 4 için tablo değeri olan 9.50 den büyük olduğundan, satış miktarları bölgelere göre önemli farklılıklar göstermektedir.

Tablo 52: Ki Kare Hesabına İlişkin Değerler

	A	B	C	D	E
Gözlem (0)	110	130	70	90	100
Beklenen (E)	100	100	100	100	100
Fark (O-E)	10	30	-30	-10	0
$(O-E)^2$	100	900	900	100	0

10.4.14. Ki-Kare Bağımsızlık Testi

Sonuçları frekans olan ve beklenen değerleri hesapla bulunan olaylar için bu tür test uygulanmaktadır. Tablo 53'de çocuk isteyip istemedikleri konusunda 100 kadın ve 50 erkeğe sorulan soruların cevapları yer almaktadır. Alınan cevapların "hayır", "evet" ya da "kararsız" olduğuna göre dağılımı yapılmıştır.

$$\chi^2 = \sum_{i=1}^{k} \frac{(O_i - E_i)^2}{E_i}$$

Formülünde O_i değerleri bilinmekte, E_i değerleri ise bilinmemektedir.

Tablo 53: Çocuk Sahibi Olmak Konusunda 150 Kişinin Yanıtları

	İsteyen	**İstemeyen**	**Kararsız**	**Sıra TOPLAMI**
Erkekler	20	10	20	50
Kadınlar	20	20	60	100
Sütun TOPLAMI	40	30	80	150

Tabloda, sıra ve sütun toplamları dışında Toplam 6 kutuda 6 rakam vardır. Bu gözlem değerlerinin her biri için beklenen değerlerin hesaplanması gerekmektedir. Örneğin; erkeklerden çocuk isteyenlerin sayısı 20 kişidir. Bu gözlem değeridir. 150 kişiden 40 kişi çocuk istediğine ve yine 150 kişiden 50 kişi de erkek olduğuna göre, bu olaya ilişkin beklenen değer; $E = \frac{40 \times 50}{150} = \frac{2000}{150} = 13.33$. Diğer gözlemlere ilişkin beklenen değerler de hesaplanarak Tablo 54 düzenlenmiştir. Bu değerler yerine konularak % hesaplanır:

Tablo 54: Anket Guruplarına İlişkin Beklenen Değerler (Ei)

	İsteyen	**İstemeyen**	**Kararsız**
Erkekler	13.33	10.0	26.67
Kadınlar	26.67	20.0	53.33

$$\chi^2 = \sum_{i=1}^{k} \frac{(20-13.33)^2}{13.33} + \frac{(10-10)^2}{10} + \frac{(20-26.67)^2}{26.67} + \frac{(20-20)^2}{20} + \frac{(60-53.33)^2}{53.33}$$

$$\chi^2 = 3.33 + 1.67 + 1.67 + 0 + 0.83 = 7.50$$

Bu kitabın ek kısmındaki Ki-Kare tablosunda SD = (j-1) (k-1) = (2-1) (3-1) = 2 ve α= 0.05 hizasında 6.00 yer almaktadır. Buradaki j=gözlem tablosunda sıra sayısını (erkekler ve kadınlar), k = sütun sayısını (isteyen, istemeyen, kararsız) ifade etmektedir. Sonuç olarak 7.50>6.00 olduğundan; çocuk sahibi olmayı istemek veya istememek erkek ve kadın olmaya bağlıdır neticesine ulaşıyoruz.

Ki Kare analizlerinde dikkat edilmesi gereken 3 husus vardır;

a) Gözlem değerleri frekans sayısını gösterir. Rasyo değerler kullanılmaz.

b) Olaylar veya gözlemler birbirinden bağımsızdır.

c) Beklenen frekansların en çok yüzde yirmisinin 5 sayısından küçük olmasına izin verilir. Bu şart sağlanmazsa, küçük sayıdaki sınıflar birleştirilir.

10.4.15. Mann-Whitney U Testi

Aynı kümeden seçilen, ancak farklı işlemlere tabi tutulan örneklerden faydalanarak işlemin etkisini test etmede kullanılmaktadır. Tablo 55'de yaygın eğitim ve örgün eğitimden mezun olan öğrencilerin, işe giriş sınavında aldıkları puanlar yer almaktadır.

Tablo 55: İki Farklı Eğitim Türünden Geçmiş Adayların Sınavda Aldıkları Notlar ve Bu Notların Büyüklüklerine Göre Sıralanışı

Yaygın Eğitim Grupları (1)	SIRA	Örgün Eğitim Grubu (2)	SIRA
20	8	22	10.5
18	4	44	14
16	3	3	1
21	9	12	2
22	10.5	23	12
19	6	19	6
19	6	36	13
TOPLAM	46.5	TOPLAM	58.5

Bu test için gereken formül:

$$U = n_1 \cdot n_2 + \frac{n_1(n_1+1)}{2} - R_1$$

Burada; n_1 = Birinci gruptaki veri sayısı

n_2 = İkinci gruptaki veri sayısı

R_1 = Birinci gruptaki sıra sayılarının toplamı (sıra sayısı toplamı hangi grupta daha düşük ise R_1 yerine yazılır (46.5 < 58.5).

$$U = (7)(7) + \frac{7(7+1)}{2} - 46.5 = 49 + 28 - 46.5 = 30.5$$

İlgili tabloda $\alpha = 0.05$ için test değerleri 8 ve 41 olarak okunmaktadır. Bizim yukarıda hesapla bulduğumuz değer bu iki değerin arasında olduğundan, iki grup arasında farklılık yoktur sonucuna varıyoruz (İki grup arasında farklılık yoktur veya fark sıfırdır şeklindeki hipotezi kabul ediyoruz).

Araştırmacılar çoğu kez t testini yeterli bulduktan için, U testine daha nadiren başvurmaktadırlar.

10.4.16. Basit Veya Çoklu Regresyonlar

Bağımsız açıklayıcı değişkenlerin, bağımlı değişkeni ne oranda etkilediğini ortaya koymak amacıyla regresyon analizleri yapılır. "Fakir aile çocukları okulda daha başarılı olmaktadır" hipotezini araştırmak için ailelerin gelir düzeyleri bağımsız açıklayıcı değişken (X_i), çocukların not rakamları (Y_i) ise bağımlı değişken (açıklanan değişken) olarak ele alınabilir. Bu konuda başka bir örnek: Son 10 yılda Polatlı'daki bir çiftçinin tarlasından her yıl bir dekardan elde ettiği buğday verimi (Y_i), her yıl yağan yağış miktarı (X_i) tarafından büyük çapta belirlenmektedir. Yani, her yıl buğday veriminde ortaya çıkan dalgalanmalar, yağış miktarına bağlanabilir. Yağışların dışında, verim değişmelerini açıklayan başka faktörler de olabilir: Sulama durumu, buğdayın genetik olarak verim kabiliyeti, toprağın o yıl iyi işlenip işlenmediği, kullanılan gübre ve ilaçlar vb.

Aşağıda verilen örnekler basit regresyon örnekleridir. Çünkü bağımlı değişkeni açıklamak üzere bir tek faktör kullanılmaktadır. Bu tabloların her birinde X ile gösterilen bağımsız değişken, bağımlı değişkeni belirleyici durumdadır.

Tablo 56: Basit Regresyon İçin X ve Y Veri Dizileri (Teorik Örnekler)

Ailenin Aylık Geliri (Milyon TL) (X)	Çocuğun not ortalaması (Y)
10	6
25	5
12	6
7	6
35	6
8	7

Yıllar	Yağış Miktarı (mm) (X)	Buğday Verimi (Kg/Da) (Y)
1986	700	210
1987	500	150
1988	800	250
1989	450	140
1990	650	200
1991	610	190
1992	500	160
1993	400	140
1994	550	170
1995	750	230

Malın Fiyatı (X)	Satış Miktarı (Y)
10	500
9	550
11	425
8	550
10	450
12	350
7	625

Açıklayıcı değişken birden fazla olursa, buna çoklu regresyon adı verilir. Bir çocuğun okuldaki başarısı, ailenin gelir durumu dışında, anne ve babanın tahsil düzeyine bağlı olabilir. Buğday verimi, yağış dışında bir çok faktör yardımıyla açıklanabilir. Bir malın satış miktarı, fiyatın yanında satış kolaylıkları ve başka malların fiyatlarına göre de değişebilir. Bu gibi durumlarda ve elde yeterli veri var ise, çoklu regresyon analizleri yapılabilir.

Konuyu daha karmaşık istatistiksel hale getirmemek için, X ve Y arasındaki bağlantı şeklini doğrusal varsayacağız ve satış miktarının fiyatlara nasıl bağlı olduğunu aşağıda çözümlemeye çalışacağız.

Öncelikle, X ve Y değişkeni arasında korelasyon olup olmadığını araştırmalıdır. Eğer korelasyon varsa, regresyon analizi daha anlamlı olacaktır.

Korelasyon katsayısı, ilişkinin derecesini, yönünü ve önem derecesini göstermekte ise de, ilişkiyi kantitatif olarak (nümerik olarak) ölçmeye elverişli değildir. Zira, belirli bir X değerinin Y'yi nasıl belirlediği anlaşılamamaktadır. Regresyon analizi bunu mümkün kılmaktadır. Belirli X değerlerine tekabül eden Y değerlerini verecek şekildeki bir eşitliğin çözümü regresyon analizi sayesinde yapılmaktadır. Zaten, regresyon analizlerinin temel amacı tahminler yapmaktır.

Açıklayıcı veya bağımsız değişken olan X değişkeni belirli değerler aldığında, Y'nin alacağı değer, tam olarak bilinmez, ancak yaklaşık olarak tahmin edilir. Bu tahmin $Y = a + bX$ şeklindeki basit doğrusal regresyon denklemi kullanılarak ve en küçük kareler yöntemi ile yapılacaktır.

X ile Y arasındaki ilişkiyi muhtelif kalıplar içerisinde incelemenin mümkün olduğu, Şekil: 11'in incelenmesinden anlaşılmaktadır. Biz sadece basit doğrusal regresyon eşitliği üzerinde duracağız.

Regresyon analizi birçok alanlarda kullanılan bir yöntemdir. Hesaplanması ve anlaşılması en kolay olanı, iki değişkenin söz konusu olduğu ve $Y = a + bX$ şeklindeki basit doğrusal regresyondur. Tablo 57 de X ile gösterilen değişik fiyatlara karşılık Y ile gösterilen satış miktarları ifade edilmiştir. Burada sorulması gereken sorular şunlardır:

a) X ve Y arasında bir ilgi var mıdır?

b) Bu gerçek bir ilgi midir, yoksa tesadüfi midir?

c) X ve Y arasındaki ilgiyi bir doğru ile gösterebilir miyiz?

Tablo 57: Fiyatlar ve Satışlar Arasındaki Doğrusal Regresyon (Teorik)

Fiyatlar TL/ (Adet) X	Satılan Miktar (Adet)	X^2	Y^2	XY	$\hat{Y}$	$Y-\hat{Y}$	$(Y-\hat{Y})^2$
10	500	100	250000	5000	470.5	29.5	870.3
9	550	81	302500	4950	522.6	27.4	750.8
11	425	121	180625	4675	418.5	6.5	42.3
8	550	64	302500	4400	574.6	-24.6	605.2
10	450	100	202500	4500	470.5	-20.5	420.3
12	350	144	122500	4200	366.5	-16.5	272.2
7	625	49	390625	4375	656.6	-1.6	2.6
Toplam 67	3450	659	1751250	32100	-	0.2	2963.7
Ort. 9.571	492.8	-	-	-	-	-	-

Birinci sorunun cevabı, verilerin koordinat sistemi üzerinde serpilme diyagramını çizerek verilebilir. Serpilme diyagramında görüldüğü gibi, fiyatlar düştükçe satış miktarı artmakta, yani sol yukarıdan sağ aşağıya doğru bir eğilim dikkati çekmektedir. O halde arada bir ilgi vardır. Bunu korelasyon katsayısı ile de desteklemek mümkündür.

İkinci sorunun cevabı, ilginin gerçek olduğu şeklindedir. Çünkü ilgi teorik beklentiye uygundur. Regresyon denkleminin a ve b değerleri tahmin edilerek, bunların istatistiki olarak önemli olduğu gösterilirse, ilginin gerçek olduğu kanıtlanmış olacaktır.

Üçüncü sorunun cevabı olarak da, bilindiği gibi en küçük kareler yöntemiyle bulunan doğru, bu amacı gerçekleştiren en uygun doğrudur. Çünkü böyle bir doğru:

- $\overline{X}$; $\overline{Y}$ noktasından geçer.
- X; Y veri çiftlerinin gösterdiği noktaların regresyon doğrusundan sapmaların toplamı sıfırdır.
- Söz konusu sapmaların kareleri toplamı minimumdur. Regresyon denklemindeki a ve b'nin tahmini aşağıda yapılmıştır.

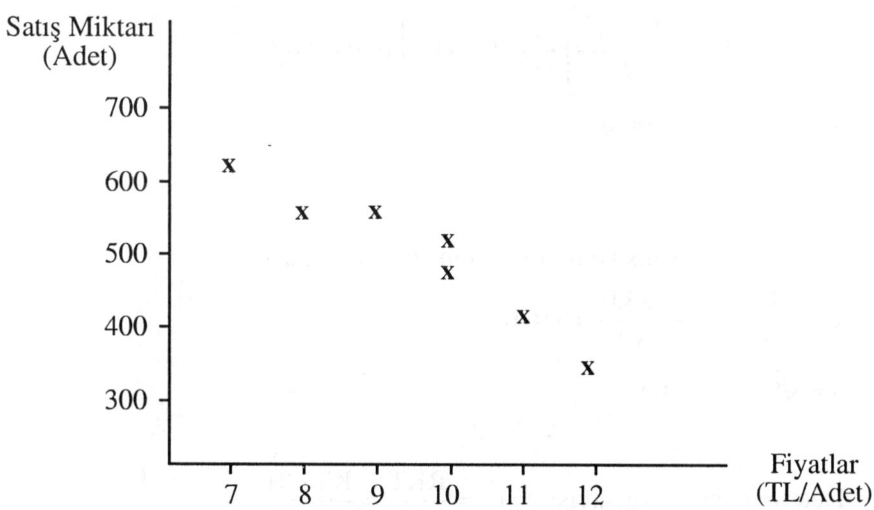

Şekil 12: Belirli Fiyatlara Karşılık Satış Miktarını Gösteren Serpilme Diyagramı

$$b = \frac{\Sigma XY - n\overline{X}\,\overline{Y}}{\Sigma x^2 - n\overline{X}^2} = \frac{32100 - 7.(9.57)(492.8)}{659 - 7.(9.57)^2} = \frac{-912.67}{17.89} = -51.04$$

$$a = \overline{Y} - b\overline{X} = 492 - (-51.04)(9.57) = 981.26$$

$$\hat{Y} = 981.26 - 51.04X$$

Bu denklemlerden faydalanarak her X değerine karşılık olarak bulunan Y tahmin değerleri ile, $Z\,(Y - \hat{Y})^2$ şeklinde gösterilen hata kareleri toplamı (HKT), Tablo 57'nin en son sütununda verilmiştir. HKT, her zaman bu şekilde hesaplanmayıp, en çok kullanılan hesaplama şekli;

HKT = Kareler toplamı - regresyon kareleri toplamı (RKT) eşitliğinden faydalanılarak yapılmaktadır. Yani,

$$HKT = KT - RKT$$

$$= \left[\Sigma Y^2 - \frac{(\Sigma Y)^2}{n}\right] - \left[b^2\left(\Sigma X^2 - \frac{(\Sigma X^2)}{n}\right)\right]$$

$$= \left[1751250 - \frac{(3450)^2}{7}\right] - \left[(-51.04)^2\left(659 - \frac{(67)^2}{7}\right)\right]$$

$$= 50892.9 - 46109.9$$

$$= 4783.0$$

Y ile ilgili varyans ve regresyonun standart hatası

$$S^2 = \frac{HKT}{n-2} = \frac{4783.0}{5} = 956.6$$

$$s = \sqrt{956.6} = 30.9$$

$$\text{Determinasyon Katsayısı} = r^2 = \frac{RKT}{KT} = \frac{KT - HKT}{KT}$$

$$= \frac{50892.9 - 4783.0}{50892.9} = 0.906$$

b katsayısı ile ilgili varyans ve standart sapma:

$$S_{b^2} = \frac{S^2}{\Sigma X^2 - \frac{(\Sigma X)^2}{n}} = \frac{956.6}{17.7} = 54.05$$

$$S_b = \sqrt{54.05} = 7.35$$

Regresyon doğrusunun eğimini gösteren b katsayısının önemli olup olmadığı, $t = \frac{b-\beta}{S_b} = \frac{-51.04}{7.35} = -6.94$ değerinin tabloda %5 ve SD = n-2 = 5 karşılığı olan 2.571 den büyük olması nedeniyle sıfır hipotezi reddedilerek, eğim katsayısının (b) önemli olduğu kabul edilmek suretiyle yapılır.

Tahmin edilen regresyon denkleminin nihai duruma göre yazılışı $\hat{Y} = 981.26 - 51.04\,(X)$; $r^2 = 0.906$ şeklinde olacaktır. Bu doğrunun koordinat ekseni üzerinde çizilmesi de Şekil 13'de gösterilmiştir.

Eğer bu denklem bir talep eşitliği olarak ele alınırsa, E ile göstereceğimiz talep esnekliği;

$$E = b\frac{\overline{X}}{\overline{Y}} = (-51.04)\frac{(9.57)}{(492.8)} = -0.991$$ bulunmuş olacaktır.

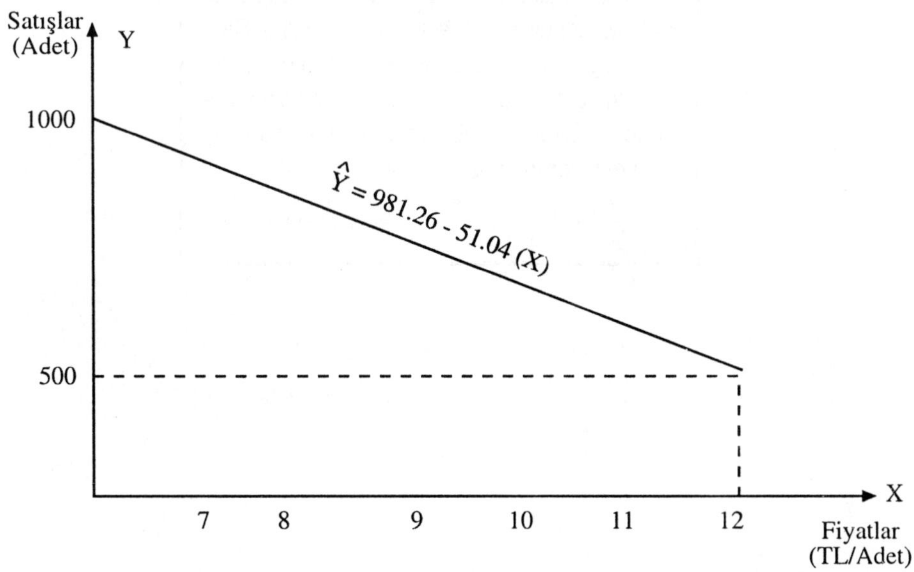

Şekil 13: Talep Fonksiyonu

$\hat{Y} = 981.26 - 51.04(x)$ regresyon tahmin modelini kullanarak, örneğin malın fiyatı X = 15 TL'ye yükseldiğinde satış miktarı Y'yi tahmin edebiliriz. Bunun için modelde (X) yerine 15 TL yazarak Y'yi hesaplamak yeterlidir: $\hat{Y} = 981.26 - 51.04\ (15) = 215.66$ adet satış olacaktır. Ekonomi kitaplarında talep konusu açıklanırken, dikey eksende fiyatların, yatay eksende miktarların gösterilmesi okuyucuyu yanıltmamalıdır. Neticede her iki değişken arasında ters orantı vardır. Tablo 58'de, ekonomik konularda başvurulabilecek başlıca tahmin yöntemleri özet olarak verilmiştir.

Tablo 59'da ise, parametrik ve parametrik olmayan testlere ilişkin özet bir tablo sunulmuştur. Bu testlere ait ayrıntılı bilgiler istatistik kitaplarından alınabilir.

KARINCALI DEPREMCİ

17 Ağustos depremi öncesinde evini on binlerce karıncanın basmasıyla birlikte araştırmaya başlayan Mustafa Fırat (29), "Şimdi karıncaların hareketlerine bakarak küçükler hariç hiçbir depremi kaçırmı-yoruz" dedi. Jeofizik Mühendisleri Odası İstanbul Şube Başkanı Oğuz Gündoğdu ise, Fırat'ın 5.0 büyüklüğündeki Balıkesir depremini kendisine önceden bildirdiğini belirterek, "kayda değer bir çalışma" yorumunda bulundu.

Milliyet Gazetesi 17.07.2001

Tablo 58: Ekonomik Konularda Başlıca Tahmin Yöntemleri

Model	METOD	TANIMI	UYGULAMA ALANI	BİLGİSAYAR ŞART MI?
Nedensel Tahmin Modelleri	REGRESYON ANALİZLERİ	Açıklayıcı tahminlerde sistemin bir inputu ile outputu arasında bir sebep-sonuç ilişkisinin mevcut olduğunu varsaymaktadır.	Halen mevcut malların ve hizmetlerin kısa ve orta vadeli tahminleri. Pazarlama stratejileri, üretim, personel alımı ve fiziksel alan planlamaları.	Hayır fakat genellikle kullanılmaktadır.
	ÇOKLU REGRESYON ANALİZLERİ	Açıklayıcı tahminlerde sistemin birden çok sayıdaki inputları ile output arasında sebep-sonuç ilişkisinin mevcut olduğunu varsaymaktadır.	Yukarıdaki ile aynı	Evet
Zaman Serileriyle Tahmin Modelleri	AYRIŞTIRMA METODU	Açıklayıcı tahminleme, sistemin output'u ile ZAMAN arasında sebep-sonuç ilişkisinin mevcut olduğunu varsayar. Sistemi ise TREND, MEVSİMSEL, DEVRESEL VE DÜZENSİZ olmak üzere dört parçaya ayırmaktadır.	Yeni fabrika ve ekipman planlaması, finansman, yeni ürün geliştirme ve yeni montaj yöntemleri konularında uzun vadeli tahminleme. Personel, reklam, envanter, finansman ve üretim planlaması konularında kısa vadeli tahminleme.	Hayır, fakat genellikle kullanılmaktadır.
	HAREKETLİ ORTALAMA METODU	Zaman serilerinde tesadüfi olumsuzlukları gidermek için; tahminlemede, hareketli ortalama ile yumuşatılan zaman serilerinden elde edilen projeksiyonlara dayanır. Hareketli ortalamalar; trendler, mevsimlik, devresel ve düzensiz dalgalanmalar dikkate alınarak hesaplanmakladır.	Envanter, takvimleme, kontrol, fiyatlama ve promosyon planlaması konularında kısa vadeli tahminler. Kısa vadeli ayrıştırma yöntemi için mevsimlik ve devresel unsurları hesaplamak için kullanılır.	Evet
	ÜSLÜ YUMUŞATMA METODU	Hareketli ortalamalara benzemekte ancak en yeni verilere daha çok ağırlık verilerek tartılı ortalamalar alınmaktadır.	Envanter, takvimleme, kontrol, fiyatlandırma ve tanıtımları planlama gibi işlemlerin kısa vadeli tahminlemeleri.	Evet
	OTOREGRESİF MODELLER	Ekonomideki zaman serilerinde birbirine yakın gözlemler arasındaki ilişkileri hesaplamak için kullanılır.	Zaman serisi olarak sıralanmış ekonomik verilerin kısa ve orta Vadeli tahminlerde; fiyat, envanter, üretim, stoklar ve satışlar gibi.	Evet
	UYARLAMALI SEÇİM METODU	Hareketli ortalamalar ve üslü yumuşatma metoduna benzer. Ancak en iyi ağırlıkları belirlemede iterative metodu kullanılır.	Hisse senedi başına kazanç, hisse senedi fiyatları, günlük talep ve envanter kontrollerinde kısa vadeli tahminlemeler için kullanılmaktadır.	Evet
	Box-Jenkins METODU	Tahminlenecek geçmiş seriler konusunda herhangi bir kalıp öngörülmemektedir: Genel gruptaki modellerden faydalı bir model belirlemek için iterativ yaklaşıma başvurulmaktadır.	Yukarıdaki ile aynı;	Evet

Kaynak: Hanke, J.E. ve Reitsch, A.G., Business Forcasting, Third Edition, Allyn and Bacon, 1989, s.457-458.

Tablo 59: Parametrik ve Parametrik Olmayan Testlere İlişkin Özet Tablo

GRUPLAR ARASINDA FARKLILIKLARIN TESTİ			
Örnek Çeşidi	**Veri Çeşidi**	**Parametrik**	**Parametrik Olmayan**
Tek Örnek	NOMİNAL		Binomiyal test Ki-kare testi: tek örnek için.
	ORDİNAL		Kolmogorov-Smirnov Run testi: tek örnek için.
	ARALIKLI	(t-testi: Ortalamaların farkı için	
	ORAN	Değişim katsayısı ve Geometrik ortalama	
Bağımsız İki Örnek	NOMİNAL		İki bağımsız örnek için binominal test. Fisher olasılık testi. Ki-kare testi: iki bağımsız örnek için.
	ORDİNAL		Medyan testi. Mann-Whitney U testi. Kolmogorov-Simirnov iki örnekli test. Wald-Wolfowitz run testi. Aşırı tepkiler için Moses testi.
	ARALIKLI	t-testi; Bağımsız örnekler için. Tek yönlü varyans analizi	Random testi.
Bağımlı İki Örnek	NOMİNAL		McNamer testi: Değişmelerin önem derecesi için.
	ORDİNAL		İşaret testi. Wilocxon testi: Gözlem çiftleri için işaret rank testi.
	ARALIKLI	t-testi: gözlem çiflleri için. Tek ve iki yönlü ANOVA. Tek yönlü ANCOVA	Walsh testi. Gözlem çiftleri için random testi.
Birkaç bağımsız örnek	NOMİNAL		Birkaç bağımsız örnek için Ki-kare testi.
	ORDİINAL		Median testinin uyarlaması. Kruskal-Wallis tek yönlü ANOVA.
	ARALIKLI	Tek ve iki yönlü ANOVA. Scheffe testi (çoklu mukayeseler)	
Birkaç bağımlı örnek	NOMİNAL		Cochran Q testi.
	ORDİNAL		Freidman iki yönlü ANOVA.
	ARALIKLI	Tesadüfi blok deseni için ANOVA	
Bir veya birden çok örnekler	NOMİNAL		Phi katsayısı. Contigency katsayısı. Ki-kare testi: rXc tablosu için. Goodman ve Kruskal lamda. Goodman ve Kruskal tau.
	ORDİNAL		Spearman sıra korelasyonu. Kendall sıra korelasyonu. Kendall kısmi sıra korelasyonu. Kendal uyum katsayısı. Mantel-Haenszel Ki-Kare.
	ARALIKLI	Pearson moment korelasyonu. Williams T^2 testi: Pearson Korelasyonları arasındaki fark için. Basit doğrusal regresyon. Çoklu regresyon. Faktör Analizleri. Cluster analizleri. Çok boyutlu ölçekleme. Discriminant analizleri.	

10.5. İstatistiksel Analiz Örnekleri

İstatistiksel analizlere basit örnekler verebilmek amacıyla kullanılan ve rastgele seçilmiş teorik veriler aşağıda gösterilmiştir.

Bir ilk okuldan rastgele seçilen 10'ar kişilik iki öğrenci grubunun ağırlıkları (kg) ve boyları (cm) olarak şöyledir:

Grup 1	Ağırlık (kg)	22	19	20	18	19	24	20	17	23	20
	Boy (cm)	80	78	84	75	93	90	92	82	87	82
Grup 2	Ağırlık (kg)	20	21	19	26	25	23	27	25	26	24
	Boy (cm)	-	-	-	-	-	-	-	-	-	-

10.5.1. Birinci Gruba İlişkin Ağırlık Verilerini Kullanarak Ortalama ve Standart Sapmanın Hesaplanması:

Örnek Büyüklüğü	10
Ortalama	20.20
Standart Sapma	2.20
TOPLAM	202.00
En Yüksek Gözlem	27
En Düşük Gözlem	17

Yukarıdaki analizlerde kullanılan verilerin dökümü:

22	19	20	18	19	24
20	17	23	20		

10.5.2. Birinci Grupta Ağırlıklar İle Boylar Arasındaki Korelasyon Katsayısının Hesaplanması (Pearson Korelasyon Katsayısı):

Hesap	**Gözlem: 1 (Ağırlık)**	**Gözlem: 2 (Boy)**
Örnek Büyüklüğü	10	10
Ortalama	20.20	84.30
Standart Sapma	2.20	6.06
Korelasyon Katsayısı		0.3784
Tek Taraflı Önemlilik Düzeyi		0.2808

Yukarıdaki hesaplamada kullanılan gözlem çiftleri

Ağırlık:	22	19	20	18	19	24	20	17	23	20 (kg)
Boy:	80	78	84	75	93	90	92	82	87	82 (cm)

10.5.3. Birinci Gruba Ait Ağırlıkları Kullanarak Verilerin Mutlak, Yüzde ve Aşağıdan Yukarıya Birikimli Frekansların Hesaplanması

Veri	Frekans	Birikimli F.	Yüzde	Birikimli Yüzdeler
24	1	10	10	100
23	1	9	10	90
22	1	8	10	80
20	3	7	30	70
19	2	4	20	40
18	1	2	10	20
17	1	1	10	10

10.5.4. Çapraz Tabloların Düzenlenmesi ve Grup Ortalamalarının Hesaplanması:

	Gözlem No	Kızlar	Erkekler	Toplam
AĞIRLIK (Kg)	1	19	22	
	2	20	24	
	3	18	20	
	4	19	23	
	5	17	20	
	Toplam	....	....	
	Ortalama	....	....	
BOY (Cm)	1	78	80	
	2	84	90	
	3	75	92	
	4	93	87	
	5	82	82	
	Toplam	....	....	
	Ortalama	....	....	

Yukarıdaki çapraz tabloda kızlar/erkekler ve ağırlık/boy olmak üzere 2x2 tablosu söz konusudur. Nokta ile gösterilen kısımlarda grup toplamları ve ortalamaları yer alacaktır. Tablodaki her kutuda beşer gözlem değeri yer almaktadır.

10.5.5. Z ve t Değerlerini Hesaplayınız:

Gözlem No	Gözlem Değeri (kg)	Z Değeri	t Değeri
1	22	0.818	58
2	19	-0.545	45
3	20	-0.091	49
4	18	-1.000	40
5	19	-0.545	45
6	24	1.726	67
7	20	-0.091	49
8	17	-1.454	35
9	23	1.272	63
10	20	-0.091	49
ORTALAMA ($\overline{x}$) = 20.20 Kg STANDART SAPMA (S) = 2.20			

10.5.6. Tesadüfi Örnek Seçimi

Yığının büyüklüğü =10 (önceden verilmiştir)

İstenen Örnek Hacmi = 4 (önceden verilmiştir)

Seçilebilecek örnek sayısı = 8 (Hesapla bulunmuştur)

Seçilen tesadüfi örnek numaraları = 7, 6, 9, 1

O halde, N = 10 küme büyüklüğünden n = 4 hacminde 8 örnek seçmek mümkündür ve bu örneklerden biri (7, 6, 9 ve 1) nolu örnekler olabilir.

10.5.7. Doğrusal Regresyon Hesabı:

$\hat{Y}$ = 1.0413 X +63.2661

X = Bağımsız değişken; BOY (cm)

Y = Bağımlı değişken, AĞIRLIK (kg)

n = 10 Gözlem

Regresyon Katsayısı	= 1,0413
Regresyon sabiti	= 63,2661
Korelasyon Katsayısı	= 0,3784
R2 (Çoklu Belirleme katsayısı)	= 0,1432
Önemlilik Düzeyi	= 2,2809
X (Ortalama)	= 84,30
Y (Ortalama)	= 20,20
Sx (Standart Sapma)	= 6,06
S (Standart Sapma)	= 2,20

10.5.8. Bağımsız Örnekler İçin t-Testi

	Grup 1 (Ağırlıklar kg)	Grup 2 (Ağırlıklar kg)
Örnek Büyüklüğü	10	10
Ortalama	20.20	23.60
Standart Sapma	2.20	2.76
Hesaplanan t-değeri: 3.0478 Tek Taraflı Önemlilik : 0.0035 Point-Biserial Korelasyon : 0.5834		

10.5.9. t-Bağımlılık Testi (Bağımlı Örnekler için t-Testi)

Aşağıdaki verileri kullanarak t-testi için gerekli değerleri bulunuz:

Gözlem	Grup 1:	20	19	20	18	19	24	20	17	23	20	(Ağırlık: kg)
Çifteleri	Grup 2:	20	21	19	26	25	23	27	25	26	24	(Ağırlık: kg)

	Grup 1 (Kg)	**Grup 2 (Kg)**
Örnek Hacmi	10	10
Ortalama	20.20	23.60
Standart Sapma	2.20	2.76
Ortalamalar farkı : 2.40 t-değeri : 2.80 Tek taraflı önemlilik : 0.0103		

10.5.10. Tek Örnek t-Testi

Test edilecek küme ortalaması μ = 19.0 (Verilmiştir)

Örnek Hacmi	10
Örnek Ortalaması	20.20
Küme Ortalaması	19.00
FARK	1.20
Standart Sapma	2.20
t-Değeri	1.72
Tek Taraflı Önemlilik	0.0594

10.5.11. Tek Yönlü Varyans Analizi (Grup Sayısı = 2, n = 10) (Grup: l Ağırlıklar, Grup: 2 Ağırlıklar)

Varyansın Kaynağı	Standart Sapma (SS)	Serbestlik Derecesi (SD)	Hesaplanan Varyans	F- Değeri
Gruplararası (G A)	57.80	1	57.80	9.29
Grup içi (GI)	112.00	18	6.22	-
TOPLAM	169.80	19	-	-

Gruplara İlişkin Veriler

Gruplar	n	Ortalama	Standart Sapma
1	10	20.20	2.20
2	10	23.60	2.76

10.5.12. İki Yönlü Varyans Analizi (2x2 Çapraz Tablosu Kullanıldı)

Varyansın Kaynağı	Serbestlik Derecesi (SD)	Hesaplanan Varyans	F-Oranı	Önem Derecesi
Sıra	1	20544.05	1053.54	0.0001
Sütun	1	61.25	3.14	0.0954
İnteraksiyon	1	0.45	0.02	0.8812
Bakiye	16	19.50	-	-
Toplam	19	1100.93	- -	-

Sıra ve Sütunlara İlişkin Hesaplamalar

	No	n	Ortalama	Standart Sapma
SIRA	1	10	20.20	2.20
	2	10	84.30	6.06
SÜTUN	1	10	50.50	33.95
	2	10	54.00	34.13

Not: Kitabın sonundaki Eklerde z, t, Ki-Kare ve F testleri yer almaktadır. Bunların nasıl kullanılacağına ilişkin ayrıntılı bilgi için istatistik kitaplarına başvurulabilir.

OKUMA PARÇASI

ARAŞTIRMA SONUÇLARINI YORUMLAMA

Frederick Herzberg tarafından 1968 yılında Harvard Business Review'da yayınlanan "One More Time: How Do You Motivate Employees" adlı makalede, araştırmasının sonucu şu şekilde ortaya konulmuştur: 1985 çalışan üzerinde yaptığı araştırma ile Herzberg, motivasyonu artıran en önemli faktörlerin iş tatmini ve iş ortamından duyulan memnuniyet olduğunu ortaya koymuştur.

Kaynak: Capital Guide 33, Mayıs, 1997, s. 77.

OKUMA PARÇASI: Anket Soruları Tutarlı mı?

Cronbach's Alpha (Kronbah α Katsayısı):

Sosyal araştırmalarda bilgi, tutum ve davranışları ölçmek üzere düzenlenen soruların birbirleri ile tutarlı ve yakınlık içerisinde olmaları gerekir. Sorulan soruların incelenen olayı açıklayıcı olması ve birbirleriyle korelasyonlu olması beklenir. Böyle olursa ancak incelenen olgunun açıklanması/anlaşılması kolaylaşır. Bunu belirlemek üzere Cronbach α güvenirlik analizi yapılır. İlk kez 1951'de Cronbach tarafından ortaya konulmuştur.

Cronbach α katsayısı 0 ile 1 arasında değişir. Katsayı 0,40'dan küçük ise ölçek güvenirli değil, 0,40 - 0,60 ise düşük güvenirlikte, 0,60 – 0,80 ise oldukça güvenirli ve 0,80 - 1,0 arasında ise yüksek derece güvenirlidir. Genelde 0,70 ve yüksek olması yeterlidir.

Sorular arasında korelasyon varsa, α katsayısı yüksek çıkar. Sorular arasında negatif korelasyon varsa, α katsayısı da negatif çıkar ve bu durum beklenen güvenirliğin olmadığını gösterir ve analizi bozar. Cronbach α katsayısı, tek boyutlu bir olgunun, sorulan sorular (değişkenler) tarafından ne derece ölçülebildiğini gösterir. Veri seti çok boyutlu ise, katsayı düşük olmaktadır. Bu katsayı, soru sayısı ile sorular arasındaki içsel korelasyonun (inter - corelation) bir fonksiyonudur ve aşağıdaki formül ile hesaplanır:

$$\alpha = \frac{N.\bar{r}}{1+(N-1).\bar{r}}$$

Burada:

N = Soru sayısı (ölçülebilen değişken sayısı)

$\bar{r}$ = Sorular arasındaki içsel korelasyonlar (Sorular arasındaki pearson korelasyonları ortalaması)

Soru sayısı çoğalırsa katsayı büyür. $\bar{r}$ düşük olursa, α katsayısı da düşük olur. Zaten $\bar{r}$ yüksekse, soruların tutarlılığı/güvenirliği iyi demektir. Bu katsayı istatistiksel bir test değil, bir güvenirlik veya tutarlılık katsayısıdır. Eğer veri seti çok boyutlu ise, bu durumda önce faktör analizi yapılır, sonra ilişkili alt setler arasında α analizi yapılır.

11. GRAFİKLERİN HAZIRLANMASI

11.1. Genel Bilgiler

a. Grafik Nedir?

Grafikler, anlamaya ve anlatmaya yardımcı olan şekillerdir. Yani, bir tür iletişim aracıdır. Bilgilerin ya da verilerin şekiller halinde sunulmasıdır.

- Şema
- Şekil
- Diyagram
- Histogram
- Poligon
- Eğri
- Resim
- Kroki
- Plan

gibi sözcüklerin de çoğu kez grafik ile aynı anlamda kullanıldığını görüyoruz. Ancak, bu sözcüklerden bazılarına farklı bilim dallarında değişen yoğunlukta anlam yüklendiğini görmekteyiz. Örneğin histogram, poligon veya eğri sözcüklerini İSTATİKÇİLER daha sık kullanmaktadırlar. Tasarımcılar plan, grafik, şema ve şekil sözcüklerine sıklıkla başvururlar. Matematikte ise geometrik şekiller yer almaktadır.

Grafikle ilgili İngilizce kitaplarda ise GRAPHICS, CHARTS, MAPS sözcüklerini yan yana görmek olanaklıdır.

Hangi ad ve hangi türde olsunlar, grafikler bilgi deposudur ve güçlü iletişim araçlarıdır. Görsel iletişim özelliği ön planda olduğundan, kaliteli ve estetik olmaları zorunludur. Amaca uygun, kolay anlaşılan, doğru, net ve dikkat çekici olmaları arzu edilir.

b. Grafik Çizmenin Amaçları

Bilimsel çalışmaların yanında ,eğitim, üretim, yönetim, pazarlama ve tanıtım gibi faaliyetler hem bilgi üretmeye hem de bilgileri iletmeye önem vermektedir. Araştırmacılar, eğiticiler, üreticiler ya da ticaretle uğraşanlar bilgi dolu mesajlarla başkalarını etkilemeye çaba göstermektedirler.

- Araştırmacı bilim adamı projesini ve sonuçlarını savunur.
- Eğitimci, fikirleriyle ve yöntemleriyle etkilemeye çalışır.

- Üretici, firmasına ve ürünlerine güven duyulmasını ister.
- Reklamcı, ilgili kişi ve örgütleri etkilemeye çalışır.
- Öğrenciler de grafikler yardımıyla verilen bilgileri ve mesajları doğru ve hızlı şekilde anlamak durumundadırlar.

Kişiler, günlük yaşamlarında çok sayıda bilgi ve mesajlarla karşılaşırlar. Gözlemler ve duyular yardımıyla algılanan bu bilgiler insan davranışlarını yönlendirmektedir. Yeni bilgiler ve mesajlarla insanların etkilenmesi çabaları çağdaş toplumlarda çok yaygındır.

Eğitim kurumları, her kademedeki öğrencilerin grafik konusunu bilmelerine ve yerli yerinde kullanmalarına önem vermektedirler. Ancak, yapılan araştırmalar ve gözlemler, ülkemizde öğrencilerin grafikleri anlamada ve yorumlamada çok iyi durumda olmadıklarını göstermektedir. Çünkü, bu ad altında bir ders eğitim sistemimizde yoktur. Bu nedenle de öğretmenler grafik konusunu kendi alanlarında gerektiği gibi kullanamamaktadırlar. Zira, grafik, hem ilgili olduğu alan bilgisi, hem çizim ve estetik, hem de iletişim unsurlarını topluca içeren çok yönlü bir olgudur.

Sınav düzenleyenler de grafiklere çok sık başvurmaktadırlar. Anlama, bilgi ve beceri düzeyini ölçmede şekil ve grafikler kolaylık sağlamaktadırlar. Karmaşık ve uzunca sorular, grafik yardımıyla kısa yoldan ve anlaşılır hale getirilmektedir.

Bunun içindir ki, üniversite giriş sınavlarında, Devlet memurluğu veya benzeri diğer sınavlarda grafikler sıkça yer almaya başlamıştır. Bilgisayarlar yardımıyla grafiklerin kolayca çizilebilmeleri, eğitim ve sınav sisteminde grafiklerin yerini genişletmiştir.

Diğer yandan, yaşamımızın bir parçası haline gelen bilim ve teknoloji de, yeni yeni grafikler ve şekiller ortaya çıkartmaktadır. Çünkü, yeni bilgilerin ve açıklamaların sunulmasında grafiklerden yaralanılmaktadır. Aklımıza takılan sorular ve anlamakta zorluk çektiğimiz olgular karşısında bilim imdadımıza yetişir. Evrenin anlaşılması ve açıklanması bilim sayesinde olanaklı hale gelmektedir. Bunun için, gerekli gözlem ve deneylerle bilgi toplamak, bu bilgilerden genel doğrulara ve prensiplere ulaşmak vazgeçemeyeceğimiz bir yöntemdir. Bu yöntemle yapılan araştırmalara bilimsel araştırma denilmektedir. Bilimsel araştırmalar sonucunda sorunlarımız çözümlenir. Yeni bilgiler, yeni ürünler ve yeni teknikler ortaya konulur. Bu aşamaların her birinde grafik kullanmak kaçınılmazdır.Grafikler uygun olarak düzenlenirse olguları daha kolay ve çabuk anlamamıza yardımcı olmaktadır. Grafik bir tür şekildir. Grafikleme, bilgilerin ya da verilerin şekiller halinde sunulmasıdır. Görünüm, renk, sadelik, estetik ve etkileme gibi hususlara dikkat edilerek grafikler daha verimli kılınabilir. Amaçlarına ve kullanıldığı alanlara göre çok çeşitli grafikler vardır.

Bu özellikleri nedeniyle, öğrencilerin bilgi ve anlama düzeylerini ölçmede grafiklerden çok sık yararlanılmaktadır. Halen ülkemizde yaygınlaşan sınav uygulamalarının tümünde grafiklerle düzenlenmiş sorular çok sayıdadır. 1981-2002 döneminde uygulanan 23 adet ÖSYM sınavında sözel soruların %6.25'i, sayısal soruların ise %4.37'si grafik, şema ve şekil içeren sorulardan oluşturulmuştur. Bu oranlar küçümsenemeyecek bir ağırlığı yansıtmaktadır. Bundan çıkartılması gereken sonuç, sınavlara hazırlanırken, grafikleri de herhangi bir ders konusu gibi ele almanın doğru olacağıdır. Öğrenci Seçme Sınavlarında (ÖSS), Dikey Geçiş Sınavları (DGS), Lisansüstü Eğitim Sınavları (LES) ve Kamu Personeli Seçme Sınavlarında (KPSS) yer alan grafiklerden örneklere daha sonra değinilecektir.

Konferanslarda, sınıf ortamlarında, seminer v.b. gibi sunumlarda metinlerin ve tabloların yerine grafiklerden yararlanılır. Hiç söze gerek kalmadan, öz, görülebilir, anlaşılabilir ve hatırlanabilir olması grafiklerin en büyük avantajıdır. Grafikler sunuma canlılık ve renk katar. Her amaca ve ortama göre çok çeşitli düzeylerde grafik düzenlemeleri yapılabilir. Buna ilişkin bazı örnekler aşağıdadır:

- Okul ödevleri için, kareli kağıtlar kullanılarak grafikler çizilebilir. Düz çizgiler ve kareler ölçeklemede yardımcı olurlar.
- Ticari fuar ve sergilerde harita ve krokiler çok işe yararlar.
- Gerek bilimsel, gerekse ticari ve teknik yayınlarda şema ve krokilerle bir olay veya işlem tanımlanır. Fidanın nasıl budanacağı veya dolabın nasıl monte edileceği şekil ve şemalarla gösterilir.
- Büyük bina ve tesislerde veya kentlerde yönler ve bulunulan yer krokilerde işaretlenir.
- Kent içi otobüs veya metro durakları şemalar halinde gösterilir.
- Bilimsel konuşmalarda dinleyicilere aktarılmak istenilen veriler grafikler yardımıyla aktarılır.
- Spor, trafik, adliye v.b. gibi konulara ilişkin olayların anlatımları şema ve şekiller yardımıyla daha net olarak yapılabilmektedir. Bir kısım olaylar zamanında fotoğraflanamadığında, bunların sonradan çizilen kroki ve şemaları kolaylık sağlamaktadır.
- Bilgisayar programları sayesinde birçok nesnenin veya olayın çok kullanışlı grafiklerle anlatımı olanaklı hale gelmiştir.

Bilginin, iletişimin ve etkileşimin günümüzdeki önemini yukarıdaki gibi kısaca vurguladıktan sonra, grafik çizmenin amaçlarını maddeler halinde yazabiliriz:

AMAÇLAR

a. Bilgileri görsel olarak ortaya koymak ve görülür hale getirmek,
b. Uzun yazıları sevmeyen ya da az okuyanlara hemen bilgi vermek,
c. Çok sayıda verileri ya da mesajları küçük bir yerde sergileyebilmek,
d. Karşıdakini etkileyebilmek ve daha inandırıcı olmak,
e. Tablodaki rakamları açıklamaya yardımcı olmak,
f. Bir olguyu kısa ve kolayca açıklamayı sağlamak,
g. Bir olayın veya konunun anlaşılıp anlaşılmadığını ya da kişilerin bilgi düzeyini ölçmek, grafik ve şekil içeren sorularla daha kolaylaşmaktadır.

c. Grafik Çiziminde Dikkat Edilecek Noktalar

Amaca uyan başarılı bir grafik çizmek için dikkat edilmesi gereken noktalar vardır. Ancak, bir ilkokul öğrencisinden, grafik uzmanına kadar her insan grafik çizebilir. Kuşkusuzdur ki bunların kaliteleri farklı olacaktır. Grafikte kullanılacak veriler, grafik çizmede güdülen amaç, dinleyici veya okuyucuların durumu, elde çizim için varolan teknik araç ve gereçler gözetilmesi gereken noktaların başında gelir. Burada sıralanan VERİLER, AMAÇ, MUHATAP KİTLE VE TEKNİK DONANIM gibi hususların yanında daha birçok konuların her biri ayrıntılı olarak değerlendirilmelidir. Bunun için aşağıdaki noktaların dikkate alınması gerekmektedir (Robertson, 1988, s. 25):

a. Grafikleri kimler inceleyecek veya görecekler?
   Öğrenciler, uzmanlar, halk, işçiler v.b. gibi
b. Her grafik ne kadar sürede incelenecektir?
   Grafikler salonda peş peşe ve hızla mı gösterilerek geçilecektir, yoksa sergilenerek uzun süre gösterimde kalacak mıdır?
c. Dinleyiciler veya okuyucular konuyu bilmekte midirler?
d. Kitap, broşür, fotoğraf gibi konuya ilişkin başka destek kaynaklar var mıdır?
e. Ne türde ve hangi kalitede bir grafik hazırlamalı?

f. Grafiklerin sunulması nasıl bir ortamda gerçekleştirilecektir?
g. Seyircilerin veya dinleyicilerin oturma düzeni ve ortamın ışıklandırılması ne durumdadır?
h. Grafikler bir defalık mı yoksa uzun ömürlü (dayanıklı) olarak mı hazırlanacaktır?

Hangi amaçla ve hangi kalitede olursa olsun, grafiklerin üç temel niteliği her zaman korunmalıdır:

Grafiklerin Temel Nitelikleri

- Grafikler görülebilir nitelikte ve konumda olmalı.
- Yazılar ve işaretler fark edilebilir ve seçilebilir boyutlarda olmalı.
- Ek açıklama ya da metin olmaksızın grafik amaçlanan bilgiyi vermelidir.
- Her grafik basitçe sunulmuş tek bir fikre yoğunlaşmalıdır, gerek siz karmaşıklık yaratmamalıdır.

Yukarıda belirtilen noktalara dikkat edilmek koşuluyla grafik çiziminde uygulanacak işlemler sırayla şöyledir:

a. Gerekli verileri sağlamalı, bu verileri doğruluk ve yeterlilik açısından gözden geçirmeli,
b. Verileri herkesin kullandığı ve anlayabildiği birimlerle ifade etmeli,
c. Rakamları en uygun şekilde kısaltarak veya yuvarlayarak kullanmalı,
d. Grupları veya simgeleri birleştirerek basitleştirmeli,
e. En uygun grafik türünü belirlemeli,
f. Verileri işaretlemeli,
g. Grafik çizimini gerçekleştirmeli,
h. Grafiğin yazı ve açıklamalarını tamamlamalı,
i. Ortaya çıkan grafiğin orijinal verilerle ve benzer grafiklerle karşılaştırılarak irdelemesini yapmalı.

d. Grafik Çiziminde Gerekli Olan Başlıca Araçlar ve Temel Bilgiler

Grafik çiziminde başarılı olmak için; çalışma masası, sandalye, ortamın ışık düzeyi ve ışığın yönü, gerekli teknik araç ve gereçlerin hazır olması gibi aşağıda ayrıntıları belirtilen birçok hususun göz önünde tutulması yararlı olacaktır (Robertson, 1988, s.150):

1. Yeterli bir ışık kaynağının olması ve ışığın soldan gelmesi,
2. Düzgün ve sağlam kurulmuş bir çizim masası ve ona uygun sandalye,
3. Çizim masasının eğiminin uygun olması, çok eğilmeyi veya tam dik oturmayı gerektirmemesi,
4. Araç ve gereçlerin kolay ulaşılabilecek mesafede tutulması,
5. Kağıtların, araç ve gereçlerin konulacağı ve saklanacağı yeterli dolap ve çekmecelerin bulunması,
6. Dönüşüm amacıyla artık kağıtlar için bir çöp kutusu bulundurulması,
7. Su ve her tür içeceğin çizim masasından uzak tutulması,
8. Kurşun kalemlerin masanın üzerinde açılmaması,
9. Kolayca kayabilen veya yuvarlanan nesnelerin masanın üzerinde bulundurulmaması,
10. Çizim masası üzerinde kesme işlemleri yapılmaması,
11. Masanın üzerinde kırpıntı ve yanıltıcı müsvetteler bırakılmaması,
12. Her çalışma gününün sonunda çizim masasının ve çizimin üzerinin örtülmesi.

Grafikler basit olarak el ile çizilebildiği gibi, çok yoğun araç-gereç ve bilgisayar desteği ile de çizilebilir. Grafik çizecek olan kişinin hangi olanaklara ve seçeneklere sahip olduğunu önceden bilmesi gerekir. Grafik çizimi başlı başına bir uzmanlık işidir. Ancak, tüm öğrencilerin ve hatta her insanın grafik konusunda bilmeleri gereken asgari temel noktalar vardır. Herhangi bir konu başkalarına aktarılırken veya izlenen bir grafiğin kolayca anlaşılması için bazı temel bilgiler kolaylık sağlayacaktır. Her ne kadar günümüzde grafiklerin çizimi, hazır bilgisayar programları sayesinde kolaylaşmış ise de, temel esaslar bilinmelidir. Harvard Graphics, Exel, FreeHand, CorelDraw ve SPSS programları birçok verilerin grafiklere aktarılmasında çok kolaylık sağlamaktadırlar. Yine de, grafik çizimi ile ilgili mutfak çalışmalarından haberdar olmanın yararları göz ardı edilemez.

Grafik çiziminde profesyonel ayrıntılara girmeden, üzerinde durulması gereken hususlar aşağıdaki gibi gruplandırılabilir:

- Kullanılan kağıtlara ilişkin bilgiler,
- Kullanılan araçlara ilişkin bilgiler,
- Zorunlu bazı matematik bilgiler

Yukarıda üç başlıkta sıralanan konulara ilişkin temel bilgiler aşağıda özet olarak verilecektir.

d.1. Kağıt Çeşitleri ve Kağıt Ebatları

Üzerine yazı yazmak veya çizim yapmak amacıyla kullanılan çok çeşitli kağıtlar vardır. Ancak, her tür ve kalitedeki kağıtlar çizimler için elverişli değildir. Kalitelerine göre kağıtların sınıflandırılmasında kullanılan "gramaj" ibaresi, 1 metre karelik tabaka kağıdın gram olarak ağırlığını ifade etmektedir.

Kağıt ebatları (boyutları), piyasada satılan 1 metre karelik tabaka kağıdın katlanma sayısı ile ifade edilmektedir. Hiç katlanmamış 1 metre karelik tabaka kağıt, A0 (a sıfır) olarak bilinir.

d.2. Grafik Çiziminde Kullanılan Araçlar

Grafik çiziminde kullanılan birçok araç ve gereç bulunmaktadır. Bu araç ve gereçler, ölçeklemeleri ve çizimleri kolaylaştırmakta ve daha mükemmel hâle getirmektedir. Evde, sınıf ortamında ve teknik büro ortamında kullanılabilen araçlar ve olanaklar çok değişiktir (Tablo 60). Sınıf ortamında yazı tahtası, kalem/tebeşir, cetvel ve silgiden başka araç bulunmazken; bilgisayarlar, printer, ploter ve ilgili diğer donanımlara sahip teknik büroda işler çok daha kolaydır.

Şekil ve grafik çiziminde kullanılan başlıca araç ve gereçler aşağıdaki gibi sıralanabilir:

1. Teknik resim masaları (değişik boyutlarda),
2. Cetveller (T cetveli, hareketli cetvel, yassı, ölçekli, yay ve tarama cetveli gibi),
3. Gönyeler (özel gönye, sabit açılı gönye),
4. Açı ölçerler (ayarlanabilir, plastik, metal),
5. Eğri cetvel (Pistole)
6. Şablonlar (değişik yazı ve şekiller için),
7. Pergeller (genel amaçlı veya ayarlı pergeller),
8. Kalemler (standart veya çıkma uçlu, yumuşak veya sert kalemler),
9. Silgiler (kurşun kalem veya mürekkep silgisi),
10. Teknik resim kalemleri (rapido kalemler),
11. Çini mürekkebi (Latex içeren ve belirli koyuluğu olan mürekkep),
12. Bilgisayar ve ilgili donanımları,
13. Diğer araçlar.

Çalışma ve çizim ortamları dikkate alınarak yukarıdaki araçlara ilişkin Tablo 60 düzenlenmiştir.

Tablo 60: Çalışma ve Çizim Ortamına Göre Grafik Hazırlamada Gerekli Araç ve Gereçler

Çalışma Ortamı	Çizim Ortamı	Gerekli Araç ve Gereçler
SINIF	KARA TAHTA	• Beyaz ve renkli tebeşir, • Cetvel ve gönye, • Tahta silgisi
SINIF	BEYAZ KAPLAMALI TAHTA	• Board marker renkli kalemler, • Cetvel ve gönye, • Tahta silgisi
EV, OFİS, ODA	KÂĞTLAR VE KARTONLAR	• Değişik ebatlarda düz ve kareli kâğıtlar, • Değişik ebatlarda beyaz ve renkli kartonlar, • Değişik incelikte kurşun ve boya kalemleri, • Rapidograf kalemler, uçlar, silgi vs. • Pergel, kumpas, çeşitli cetvel, gönye, iletgi vb.
EV, OFİS, ODA	BİLGİSAYAR	• Yeterli kapasitede bilgisayar ve printer, • Data show vb. yansıtıcı düzenekler, • Uygun grafik programları, • Baskıya uygun kâğıt,

d.3. Grafik ve Şekil Çiziminde Temel Bilgiler

Birçok grafik koordinat sistemi sayesinde kolayca çizilebilmektedir.Koordinat sistemi birbirini dik olarak kesen iki eksenden oluşmaktadır. Birbiriyle çeşitli yönlerden ilişkili olan iki değişkenin, bu eksenler yardımıyla gösterilmesi yaygın bir uygulamadır. Sebep-sonuç açısından; miktarların artış hızı ve yönü bakımından; yer, zaman ve grup farklılıklarını ya da pozitif ve negatif değerleri, koordinat sistemi sayesinde kolayca grafiğe dönüştürebilmek mümkündür.

Koordinat sistemini oluşturan yatay eksen apsis ekseni olup, x ekseni olarak bilinmektedir. Bu eksen sağa doğru artmaktadır. Dikey eksen ise ordinat ya da y ekseni adıyla anılmaktadır. Bu eksen yukarı doğru artış göstermektedir. Her iki eksende de okların yönü, artış yönünü işaret etmektedir. Dikey y ekseninin sağındaki alanda x değerleri pozitif, solundaki alanda negatiftir. Yatay x ekseninin yukarısındaki alanlarda y değerleri pozitif, altındaki alanlarda ise negatiftir. Aşağıdaki şekilde görüldüğü gibi, oluşan dört bölgenin işaret değerleri şöyledir:

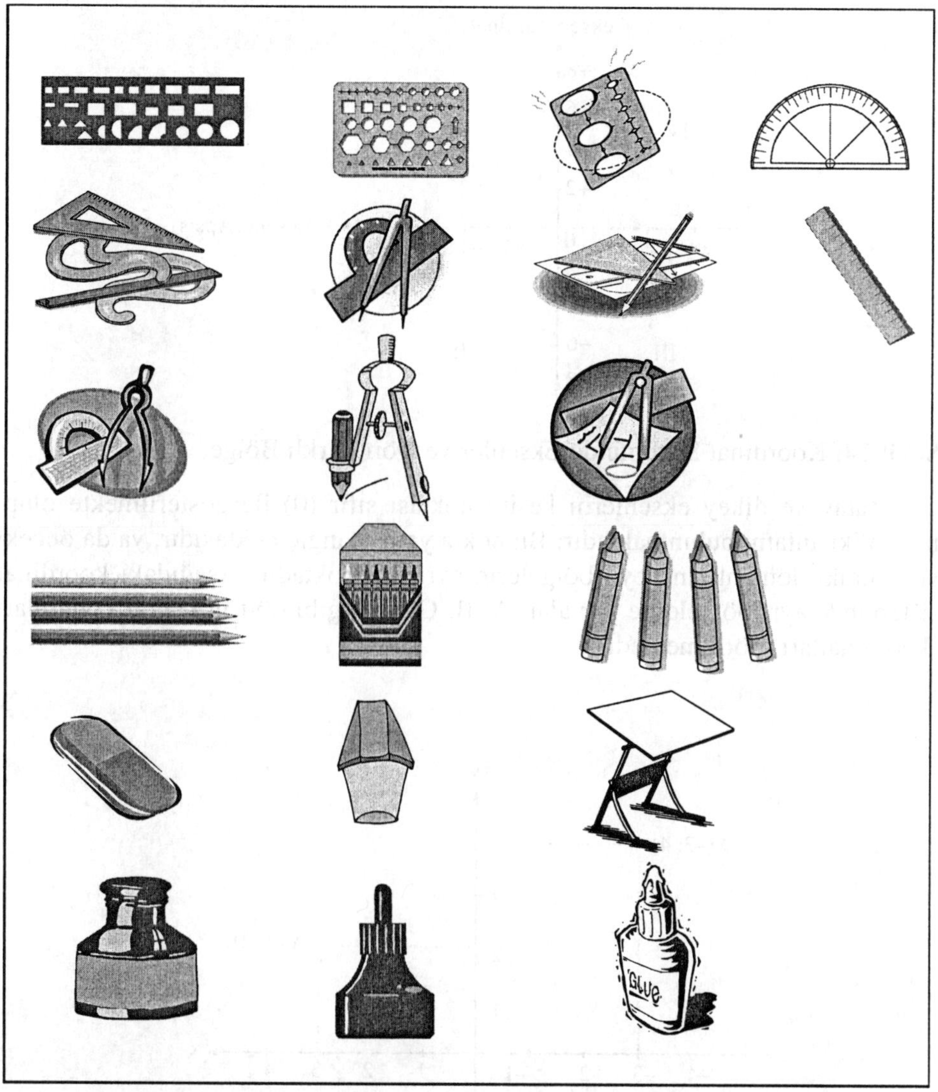

Grafik Çiziminde Kullanılan, Başlıca Araç ve Gereçler

I. Bölgede hem x , hem y pozitif,
II. Bölgede x pozitif, y negatif,
III. Bölgede hem x, hem y negatif,
IV. Bölgede x negatif, y pozitif değerlidir.

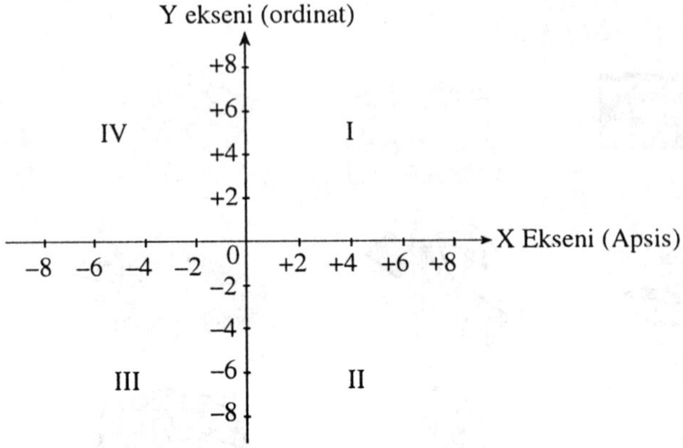

Şekil 14: Koordinat Sisteminde Eksenler ve Dört Farklı Bölge

Yatay ve dikey eksenlerin kesim noktası sıfır (0) ile gösterilmekte olup, bunun iki anlamı bulunmaktadır: Bu nokta ya başlangıç noktasıdır, ya da önceki ve sonraki dönemlerin veya bölgelerin ayrıştığı noktadır. Aşağıdaki koordinat sisteminde ayrı bölgelerde yer alan A, B, C ve D gibi dört noktanın konumları (koordinatları) görülmektedir.

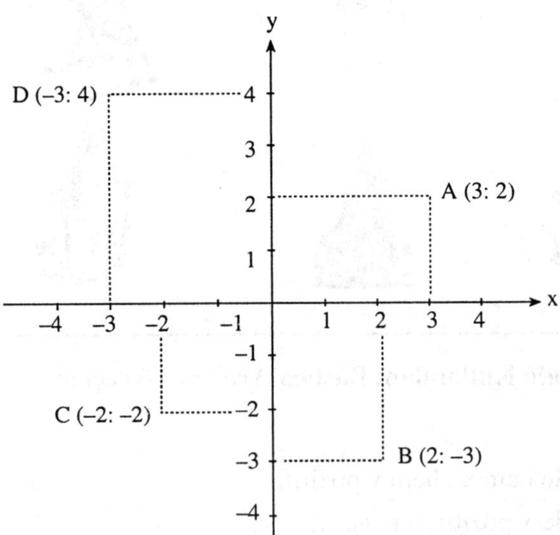

Şekil 15: Koordinat Sisteminde A, B, C ve D Noktalarının Konumları

Çok sık kullanılan bir doğrunun genel denklemi y=a+bx olarak yazılmaktadır. Bu şekilde yazılan doğru denklemindeki x ve y harfleri değişkenleri göstermektedir. a katsayısı, doğrunun y eksenini kestiği noktanın sıfır (başlangıç) noktasına uzaklığıdır. b ise, doğrunun eğimidir. Eğim, söz konusu doğrunun yatay eksenle yaptığı açının tanjantıdır (b=tgα). Aşağıdaki şekillerde farklı konumdaki doğruların a ve b değerleri kolayca görülebilmektedir.

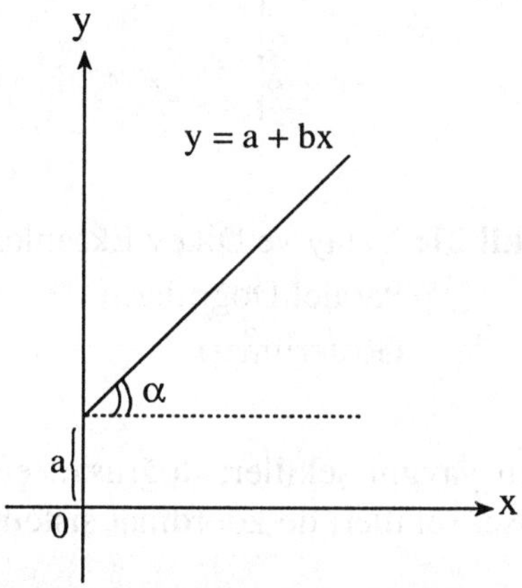

Şekil 16: Pozitif Eğimli, Giderek Yükselen Doğru

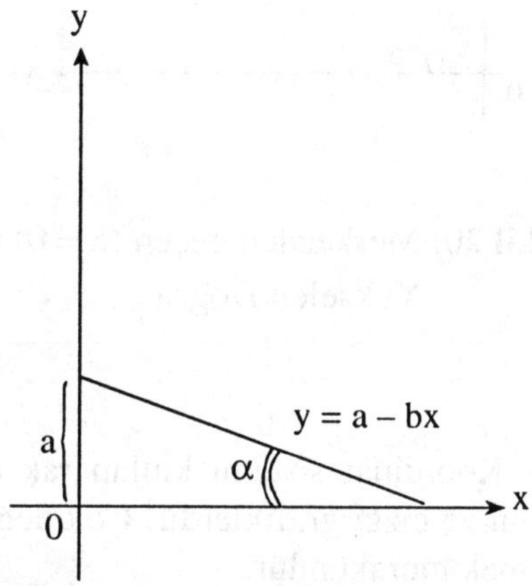

Şekil 17: Eğimi Negatif, Giderek Azalan Doğru

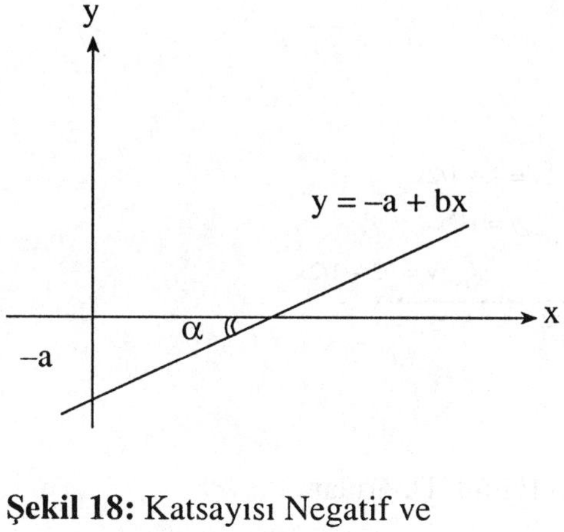

Şekil 18: Katsayısı Negatif ve Yükselen Doğru

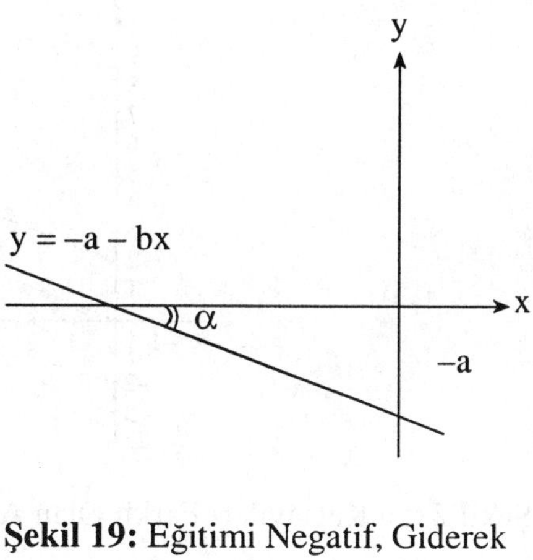

Şekil 19: Eğitimi Negatif, Giderek Azalan Doğru

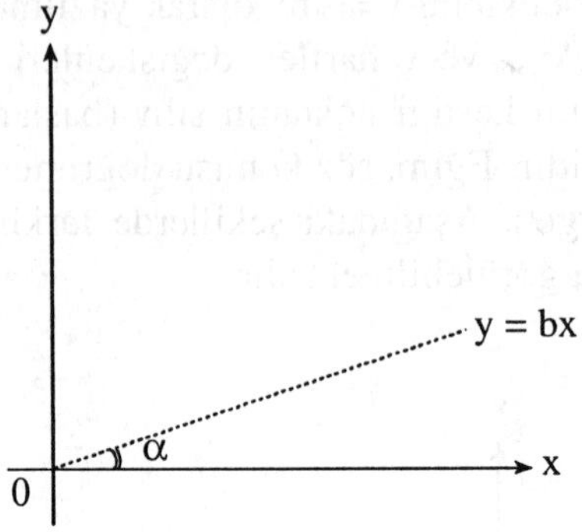

Şekil 20: Merkezden geçen (a = 0) ve Yükselen Doğru

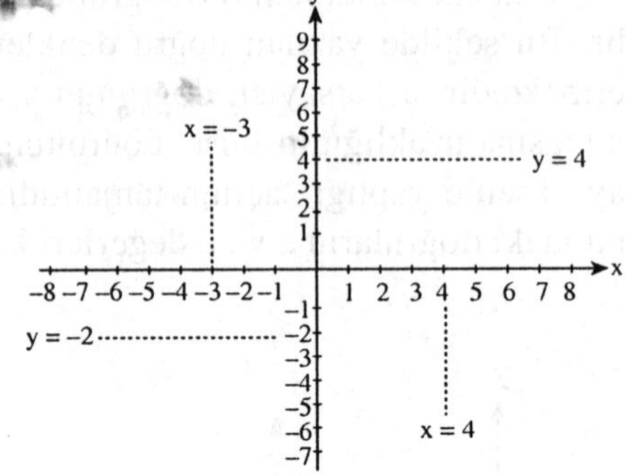

Şekil 21: Yatay ve Dikey Eksenlere Paralel Doğruların Gösterilmesi

Koordinat sistemi kullanarak çizilen en yaygın şekiller; doğrusal, çubuk, sütun ve çizgi grafiklerdir. Çok değişik eğrisel şekilleri de koordinat sisteminde çizmek mümkündür.

Doğrusal (linear) grafikler çok sık kullanıldığı için doğrusal çizgilerin farklı konumlarını aşağıdaki şekillerden izlemek yararlı olacaktır.

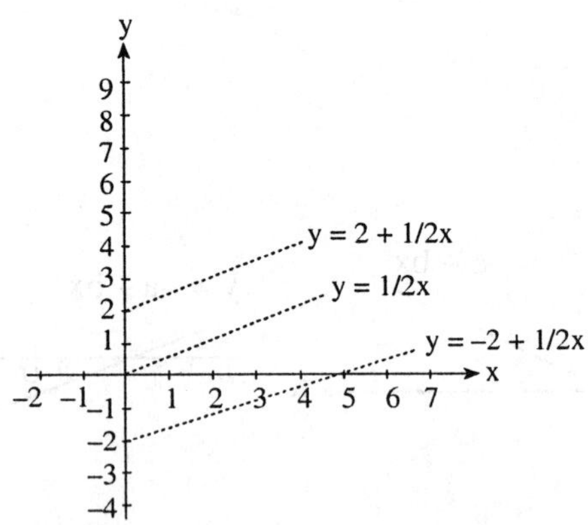

Şekil 22: a Katsayıları Farklı Olan Aynı Eğimli Doğrular

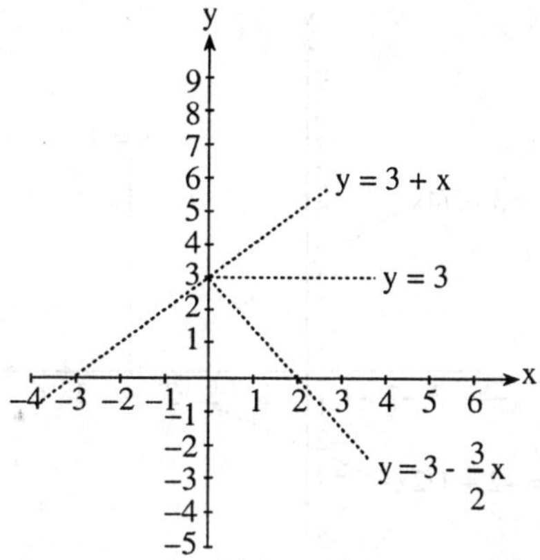

Şekil 23: a Katsayıları Aynı Olan Farklı Eğimli Doğrular

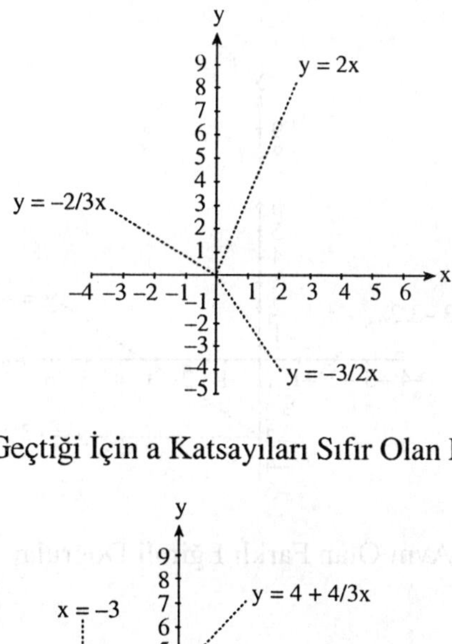

Şekil 24: Merkezden Geçtiği İçin a Katsayıları Sıfır Olan Farklı Eğimli Doğrular

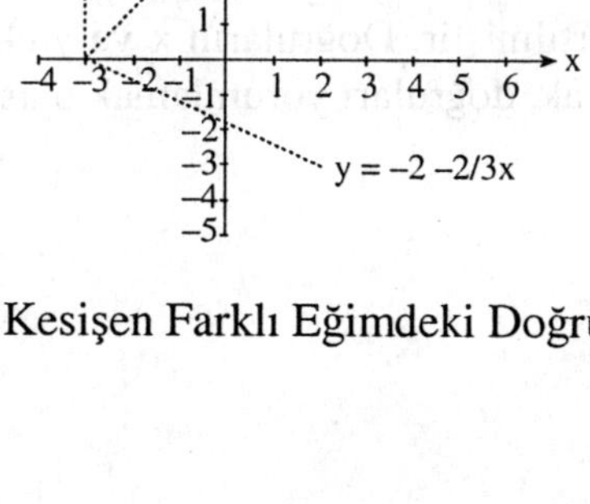

Şekil 25: Aynı Noktada Kesişen Farklı Eğimdeki Doğrular

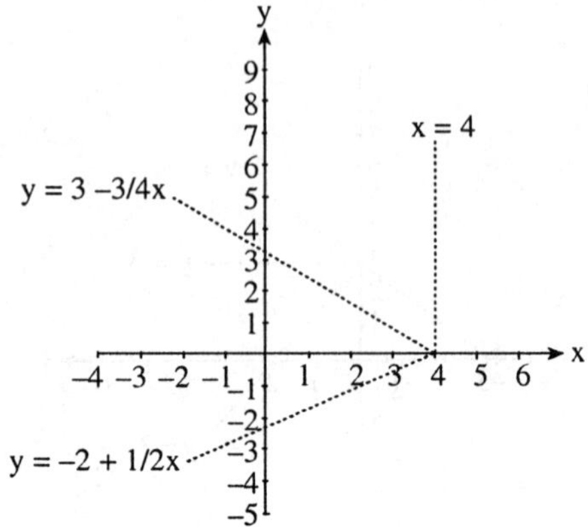

Şekil 26: Aynı Noktadan Geçen Eğimleri Farklı Doğrular

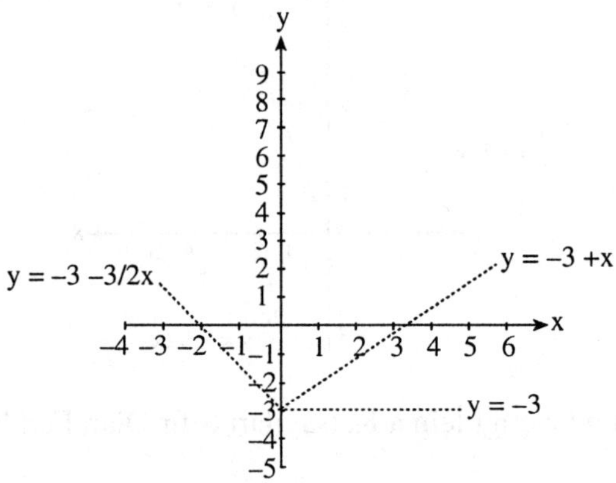

Şekil 27: a Katsayıları Aynı Olan Farklı Eğimli Doğrular

Daha önce şekil 15'de koordinatları verilen A, B, C ve D noktaları dikkate alınarak çizilen değişik konumdaki doğrular ve bunların doğrusal denklemleri, şekil 28'de bir arada belirtilmiştir. Doğruların x ve y eksenleriyle kesişme noktaları ve eğimlerine bakarak, doğruları yorumlamak olasıdır.

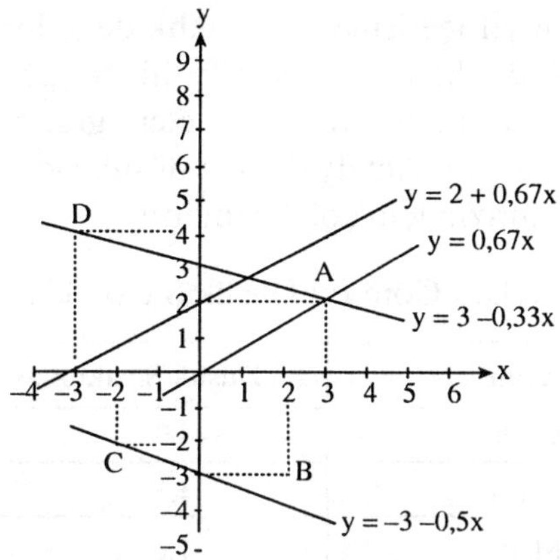

Şekil 28: Aynı Koordinat Sisteminde Farklı Doğruların Konumu

Koordinat eksenlerinde x ve y eksenlerinin kesişme noktası, M.Ö. ve M.S. ayırımını yapmakta kullanıldığı gibi, bir dönem öncesi ve sonrasını ayırmakta, ya da matematiksel sıfır değerini ifade etmekte işe yaramaktadır.

Aşağıdaki koordinat sisteminde sıfır noktası y ekseni için sıfır dolar miktarını, x ekseni için de Gümrük Birliğinin başlangıç yılı olan 1996 yılını göstermektedir.

Grafikte, Avrupa Gümrük Birliğine giriş tarihimiz olan 1996 yılından önceki ve sonraki dış ticaretimiz görülmektedir. Avrupa Birliğinden yaptığımız ithalat, Gümrük Birliği ile birlikte hızla artmış, ihracatımız ise önemli bir artış göstermemiştir. Grafik açıkça göstermektedir ki Gümrük Birliği Antlaşması, Türkiye'den çok Avrupa Birliği ülkelerinin yararına işlemiştir.

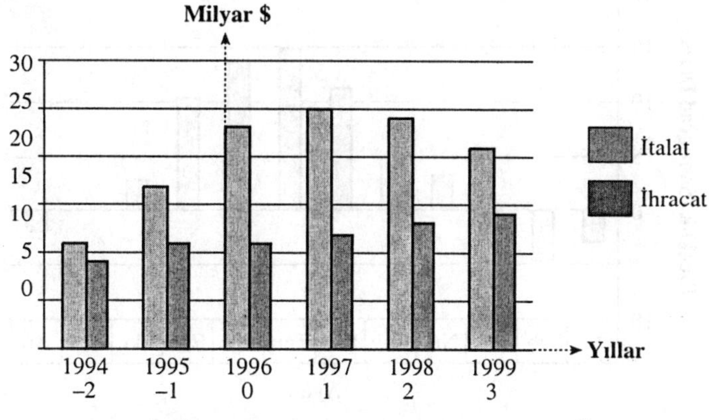

Şekil 29: Avrupa Birliği Ülkeleriyle Gümrük Birliğinden Önce ve Sonraki Yıllarda Dış Ticaretimiz (DİE, 2000)

Yerleşim yerlerinin yıl içerisindeki sıcaklık değerleri (+) ve (-) değerler o-larak koordinat sisteminde kolayca gösterilebilir. Aşağıdaki şekilde Antalya i-limizin aylara göre en düşük sıcaklık dereceleri grafik halinde gösterilmiştir. Uzun yıllar gözlemlerine göre Antalya'da en düşük sıcaklığın -5 derecenin altı-na düşmemesi tarım ve turizm için çok önemlidir.

Tablo 61: Antalya'da Aylara Göre En Düşük Sıcaklıklar

Aylar	En Düşük Sıcaklıklar
Ocak	–4,3
Şubat	–4,6
Mart	–1,6
Nisan	3,3
Mayıs	5,0
Haziran	11,1
Temmuz	14,8
Ağustos	13,6
Eylül	10,3
Ekim	2,9
Kasım	0,0
Aralık	–1,9

Kaynak: DİE, 2000 Türkiye İstatistik Yıllığı, Ankara.

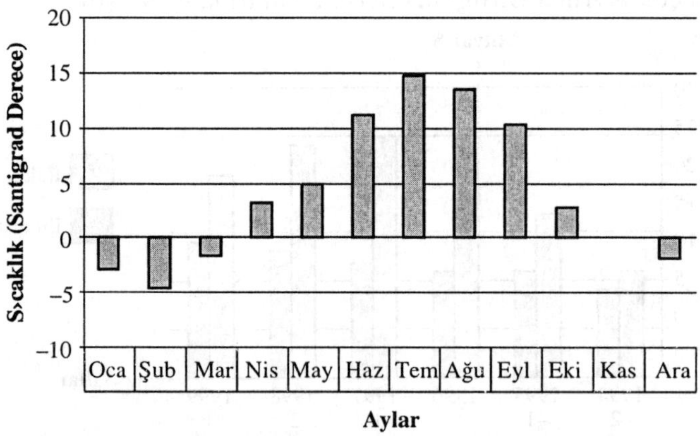

Şekil 30: Antalya İlinde Aylara Göre Son 72 Yılda Kaydedilen En Düşük Sıcaklıklar

Grafik çiziminde yararlı olabilecek bazı matematiksel ve geometriye ilişkin bilgiler aşağıda sırayla verilmiştir.

- Bir üçgenin iç açıları toplamı 180 derecedir.

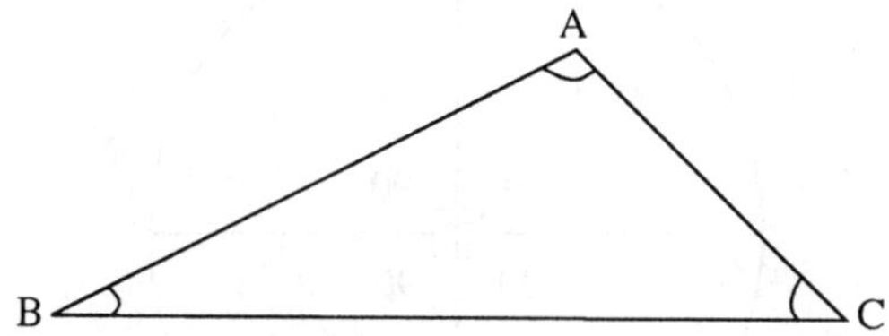

A + B + C = 180 derece

- Üçgenin bir açısı dik ise, diğer iki açının toplamı 90 derecedir.

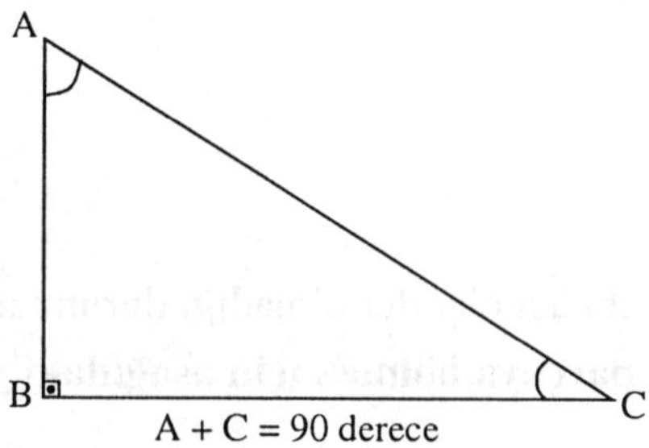

A + C = 90 derece

- Bir doğrunun eğimi, bu doğrunun yatay eksenle yaptığı açının tanjantıdır. Aşağıda verilen dik üçgende α açısının eğimi, tgα =AB/BC'dir. Bu dik üçgende α açısının karşısındaki dik kenarın, bitişik dik kenara oranı, α açısının tanjantıdır.
- Eşkenar üçgenin üç kenarı birbirine eşit ve açıların her biri 60 derecedir.

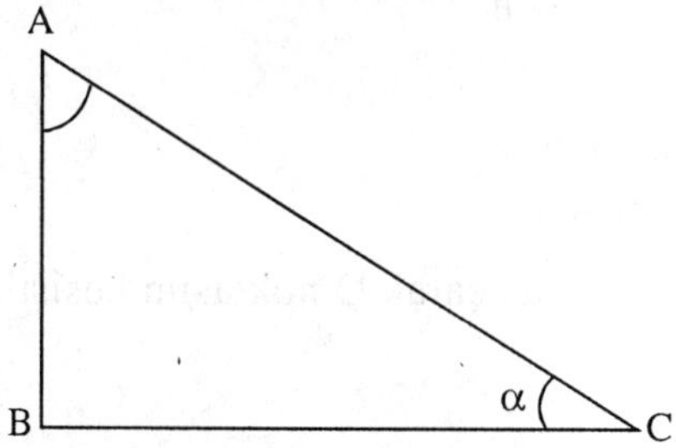

tgα = AB / BC

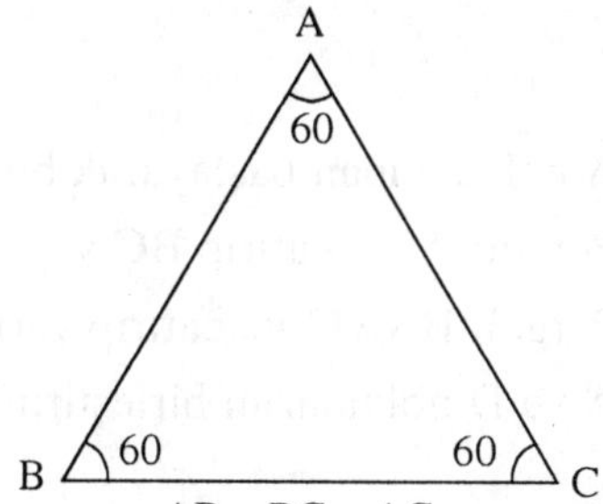

AB = BC = AC

- Tam açı 360 derecedir. Bir dairenin çevresi 360 derecelik açı oluşturur. Bu açı dört adet dik açıdan oluşur.

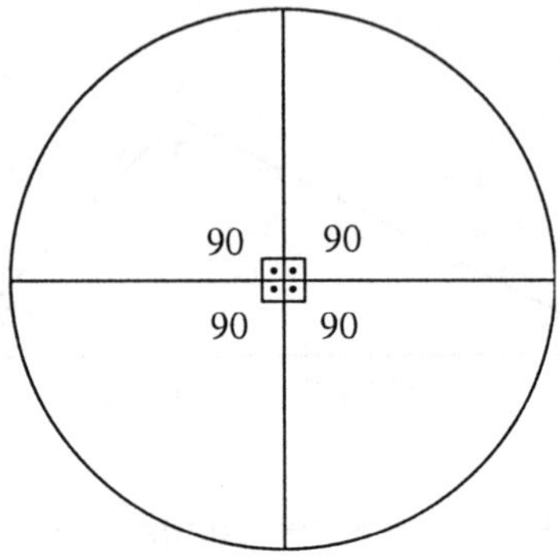

- İletki ve gönye gibi açı ölçerler olmadığı durumlarda;

a. Bir açıyı iki eşit parçaya bölmek için aşağıdaki yol izlenebilir:

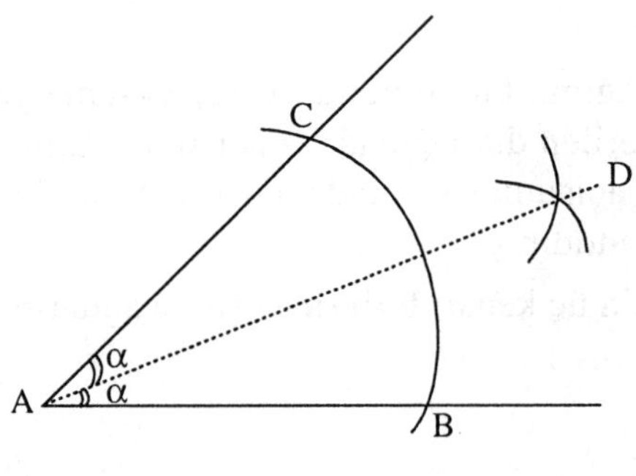

- A noktasından başlayarak bir açı çiziniz.
- Pergeli A'ya batırıp BC yayını çiziniz.
- Pergeli B ve C'ye batırıp yarıdan fazla açarak D noktasını kesiştiriniz.
- A ve D noktalarını birleştiriniz.

b. Bir dik açıyı üçe bölmek için:

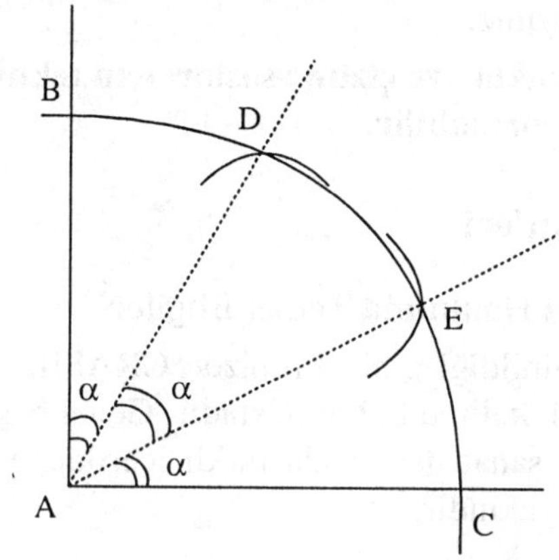

- Bir dik açı çiziniz.
- Pergeli A'ya batırıp BC yayını çiziniz.
- Pergeli bozmadan C noktasına batırarak D, B noktasına batırıp E noktasını bulunuz.
- D ve E noktalarını A ile birleştirip uzatınız.

c. Bir daire içine kare çizmek için:

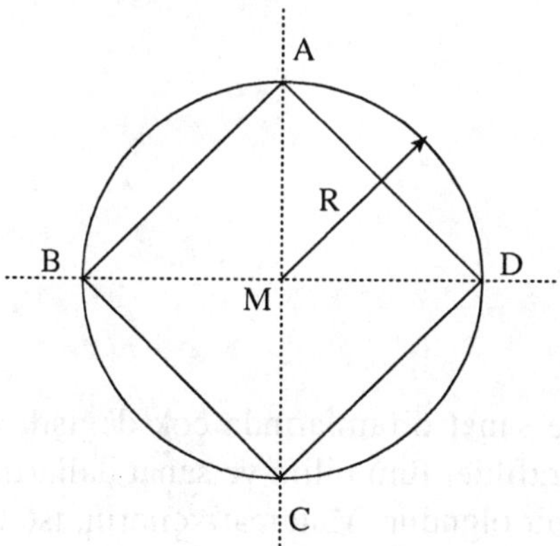

- Yatay ve düşey eksenleri çiziniz.
- Pergeli M merkezine batırarak; R yarıçaplı çember çiziniz.

- Bu çemberin eksenleri kestiği noktalar olan A, B, C ve D'yi birleştirerek kareyi tamamlayınız.

Daha başka kolaylıklar ve çizim esasları için teknik resim veya mesleki resim kitaplarına başvurulabilir.

11.2. Grafik Çeşitleri

a. Grafik Çeşitleri Hakkında Temel Bilgiler

Daha önce de değinildiği gibi, dilimizde GRAFİK sözcüğü ile eş anlamlı olarak kullanılan birçok kelime bulunmaktadır. Genel başlık grafik olmakla birlikte, değişik bilim ve sanat dallarında farklı içerikler yansıtan aşağıdaki sözcükler birbirlerine çok yakındır:

- GRAFİK
- ŞEMA
- ŞEKİL
- EĞRİ
- HİSTOGRAM
- DİYAGRAM
- POLİGON
- OGİV
- PİRAMİT
- RESİM
- KROKİ
- PLAN
- TASLAK
- ÇİZİM
- HARİTA

Eğitim, iletişim ve sanat ortamlarında çok değişik grafikler hazırlanmakta ve kullanılmaktadır. Grafikler tüm bilim ve sanat dallarında kullanılmakta ve bu yönüyle de çok yönlü bir olgudur. Matematikçilerin, istatistikçilerin, ekonomistlerin, işletmecilerin, iletişim ve reklamla uğraşanların, tasarımcıların, kısacası tüm meslek gruplarının grafiklerle az çok ilgileri bulunmaktadır. Aslında tüm insanlar grafik konusunda aşağıdaki iki kategoriden birine dahildir:

a. Grafik hazırlayanlar,

b. Grafik kullananlar (yararlananlar).

Grafikleri çok değişik açılardan gruplandırmak mümkündür:

1. GÖRÜNÜMLERİNE GÖRE GRAFİKLER: Şekilleri tipik olan bu grafiklerin adları görünümlerine göre verilmiştir. Pasta veya dairesel grafikler, çubuk, çizgi, sütun grafikleri, noktalı grafikler, eğriler v.b. gibi.

2. AMAÇLARINA GÖRE GRAFİKLER: Grafiği çizerken kullanılan veriler (değişkenler) arasındaki bir ilişkiyi vurgulamak amacını taşıyan grafiklerdir. Bunların başında serpilme diyagramları, çubuk ve sütun grafikleri ile barometre grafikleri gelmektedir. Bu çeşit grafiklerde daha çok koordinat sisteminden yararlanılmaktadır. Korelasyon matriksi bu kategoriye tipik bir örnektir.

3. MUKAYESE TARZINA GÖRE GRAFİKLER: Zaman ve yer farklılıklarına bağlı olan değişme ve karşılaştırmalar bu tür grafiklerle gösterilmektedir. Yıllara göre üretim, satış, ithalat ve ihracat gibi veriler ya da diğer sosyal ve kültürel verilerin yıllara veya bölgelere göre farklılıkları grafik halinde sunulabilir. Sütun, çizgi, histogram ve dairesel grafikler bu amaçlara uygundur. Coğrafi değişmeleri gösteren grafikler de bu gruptandır.

Verilere dayalı olarak karşılaştırmalar yapılırken; bir toplamın parçaları, parçaların kendi aralarındaki sıralanışları, verilerin frekansları (ortaya çıkış sayıları) veya verilerin kendi aralarındaki ilişkileri göz önünde tutulur.

4. KULLANILAN VERİLERE GÖRE GRAFİKLER: Grafikler verilere dayalı olarak çizilmektedir. Kullanılan veriler çok değişik olmakla beraber grafik çizimi açısından en önemlileri aşağıda verilmiştir:

- **Zaman Serisi Grafikleri:** Yıl, ay, hafta ve günlere göre değişme ve dalgalanmaları açıklayan grafikler. Yıllara göre öğrenci sayıları veya günlere göre döviz kurları gibi.
- **Kesit Verisi Grafikleri:** Aynı zaman dilimindeki bölge, sektör ve konu farklılıklarını gösteren grafiklerdir. Antalya'daki otellerin doluluk oranları, illere göre öğretmen sayıları gibi.
- **Verilerin Ölçeklerine Göre Grafikler:** Miktar veya kalite gösteren (nicelik ve nitelik) verilerin grafikleri de farklı olacaktır. 500 kişilik bir işçi grubundan alınan EVET/HAYIR yanıtları ile bu işçilerin aylık ücretleri farklı grafiklerle analiz edileceklerdir.

Bu yönüyle grafikleri çizerken verilerin aşağıdaki özellikleri göz önünde tutulmalıdır:

İsimlendirme Verileri: Doğum yerleri, okul adları gibi

Sıralama Veriler: Az / çok, küçük/ orta/ büyük gibi veriler

Oransal Veriler: Ağırlık, hacim, uzunluk ve değer ifade eden verilerdir.

5. ALAN VEYA KONULARINA GÖRE GRAFİKLER: Geometrik şekiller, elektrik şemaları, mimarlık ve mühendislik tasarımları, kroki ve haritalar, cihaz kullanım ve bakım şemaları, ekonomik, sosyal ve fen grafikleri gibi.

6. ÇİZİM TEKNİĞİNE GÖRE GRAFİKLER: Grafik çizimi çok basit araçlarla yapıldığı gibi, çok değişik teknik araç-gereçler ve bilgisayarlar kullanılarak da yapılabilmektedir.

7. BOYUTLARINA GÖRE GRAFİKLER: Grafikler küçük veya büyük boyutlu olabilirler. Dergi ve kitaplar için küçük boyutlar, sergiler ve sunumlar için büyük boyutlar tercih edilir.

8. KULANANLARA GÖRE GEÇİCİ VE KALICI GRAFİKLER: Bazı grafikler ders, seminer veya konferans esnasında bir defa kullanılmak üzere hazırlanırlar. Yayınlanmak ve sergilenmek üzere hazırlanan grafikler, daha dayanıklı malzemeler kullanılarak ve çok daha özenerek üretilmelidir.

9. ÖZEL GRAFİKLER: Nüfus piramidi, gelir dağılımı eğrisi, normal dağılım eğrisi, Gantt grafiği gibi şekiller özel türdeki grafiklerdir.

Bu gruplara ilişkin bilgiler Tablo 62'de topluca bir arada verilmiştir.

Yukarıdaki grafik gruplarına ilişkin örnekler aşağıda sırayla verilecektir. Buradaki grafik örnekleri daha çok görünümlerine göre grafikler olmakla birlikte, tüm grafik çeşitleri tanıtılmaktadır. Ancak, üst derecede bilgi ve uzmanlık gerektiren geometrik şekiller, matematik, fizik ve kimya grafikleri, mühendislik planları, kroki ve haritalar ile karikatür ve resimler kapsam dışı bırakılmıştır.

Tablo 62: Grafik Grupları

GRAFİK GRUPLAMA KRİTERİ	BAŞLICA ÖZELLİKLERİ	ÖRNEK GRAFİKLER/GRAFİK ŞEKLİ
GÖRÜNÜMLERİNE GÖRE	Şekil ve Görünümlerine Göre Adlandırılmaktadır	1. Pasta 2. Sütun 3. Yatay Barkod 4. Çubuk 5. Çizgi 6. Serpilme 7. Akış Diyagramla 8. Termometre 9. Alan 10. Ağaç 11. Kroki
AMAÇLARINA GÖRE	1. İlişki Gösteren Grafikler 2. Değişmeleri Gösteren Grafikler 3. Akışları Gösteren Grafikler	- Serpilme Diyagramları, Sütun ve Termometre Grafikleri - Histogramlar, Sütun ve Barkod Grafikleri - Akış Şemaları, Pert Şeması
ALAN VEYA KONULARINA GÖRE	1. Sosyal ve Ekonomik Konular 2. Matematik, Geometrik ve İstatistik Konular 3. Tasarım, Mimarî ve Sanatsal Grafikler 4. Coğrafî Grafikler 5. Elektrik Devreleri Şemaları ve Mamul Kullanım Şemaları	- Tüm Grafik Türleri
ÇİZİM TEKNİ!İNE GÖRE	1. Gerekli Araçları Kullanarak El İle Çizilenler 2. Bilgisayar Ortamında Çizilenler	- Tüm Grafik Türleri
KULLANILAN VERİLERE GÖRE	1. Nicelik Verilerine Göre Grafikler 2. Nitelik Verilerine Göre Grafikler 3. Zaman Serileri İle Çizilen Grafikler 4. Oran ve Endekslere Dayanan Grafikler 5. Periyodik Verilere Dayanan Grafikler 6. Logaritmik Verilere Göre Grafikler	- Tüm Grafik Türleri
MUKAYESE TARZINA GÖRE	1. Parça ve Kısımları Mukayese Eden Grafikler (%) 2. Sıralanmış veya Dereceleme Yapan Grafikler 3. Zamanla Olan Değişmeleri Gösteren Grafikler 4. Çoklu Bölümlere (frekanslar) Dayalı Grafikler 5. İlişkiyi Ölçerek MuakayeseYapan Grafikler	- Pasta Grafikleri - Şekil ve Alan Grafikleri - Çizgi ve Sütun Grafikleri - Histogramlar - Serpilme Diyagramları
BOYUTLARINA GÖRE	1. Dergi ve Kitap Boyutunda Grafikler 2. Sergi ve Sunum Amaçlı PANO ve POSTER Grafikleri	-Tüm Grafik Türleri
KULLANANLARA GÖRE	1. Öğrencilerin Hazırladıkları ve Kullandıkları Grafikler 2. Makalelerde ve Kitaplarda Yer Verilen Grafikler 3. Bilimsel Sunum yapanların Grafikleri 4. Herkese Hitap Eden Genel Amaçlı Grafikler	- Tüm Grafik Türleri
ÖZEL GRAFİKLER	Belirli Bir Kategoride Olmayan ve Tipik Özellikleri Olan Grafiklerdir	- Nüfus piramidi, Lorenz Eğrisi, Normal Dağılım Eğrisi, Ogivler, Konumlandırma ve Radar Grafikleri, Matriks Grafikleri

1. PASTA GRAFİKLERİ (DAİRESEL GRAFİKLER)

Pasta grafikleri, yandan pasta, yukarıdan bakıldığında çember (daire) şeklinde gözüken grafiklerdir. Bu nedenle pasta ve daire grafikleri aynı başlık altında toplanmıştır. Türkiye'de ailelerin yaptıkları harcamaların %30'u gıda maddelerine yapılan harcamalardan oluşmaktadır olgusu, Şekil 31'de en basit bir pasta grafiği ile gösterilmiştir. Ailelerin diğer harcamalarına ilişkin bilgiler ilerdeki sayfalarda ayrıntılı olarak görülebilecektir.

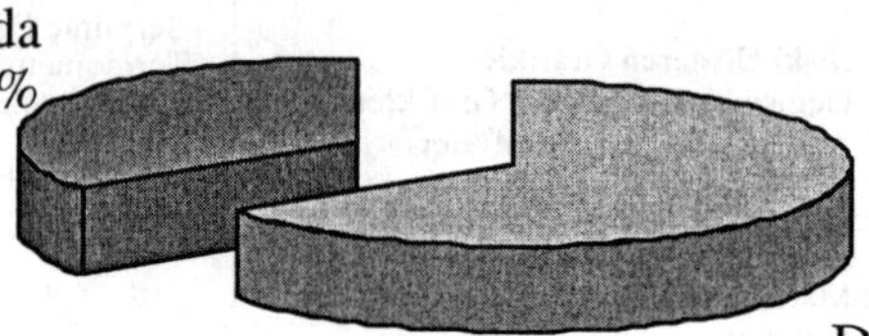

Şekil 31: Pasta Grafiği

Pasta grafikleri bir pastanın dilimleri gibi çizilirler. Bir bütünün kısımlarını veya yüzde oranlarını göstermeye elverişlidir. Çizimi ve anlaşılması kolaydır. Bir toplamın parçalarını veya yüzde oranlarını ortak bir payda altında ifade etmeye elverişlidir. Ancak parça sayısı 4-5 adetten fazla olursa, hem çizimi, hem de parçaların adlarını şekil üzerinde işaretlemek zorlaşır. Ayrıca farklı ölçeklerde çizilmiş pastaları ve dilimlerini birbiriyle karşılaştırmak yanıltıcı olabilir. Her çeşit veriyi pasta grafiklerine dönüştürmek olası değildir. Pastanın dilimlerini birbirinden ayırt edebilmek için, dilimler için uygun renkler veya işaretler kullanılmalıdır. Pastanın dilimleri koyu renkten açık renge doğru boyanabilir veya parçaların içlerine farklı desenler çizilebilir.

Pasta grafiklerine aşağıdaki gibi değişik alanlardan örnekler verilebilir.

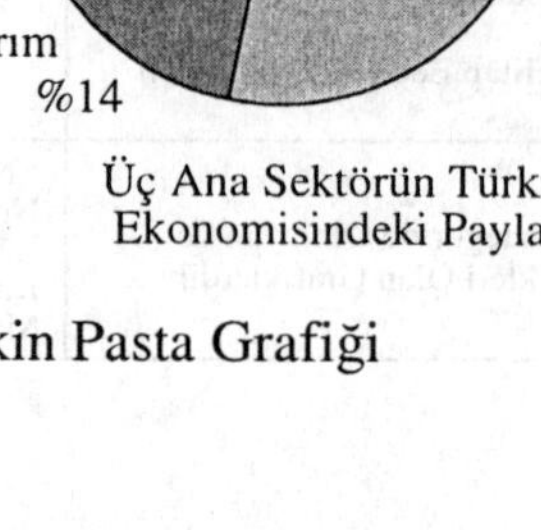

Üç Ana Sektörün Türkiye Ekonomisindeki Payları

Şekil 32: Ekonomiye İlişkin Pasta Grafiği

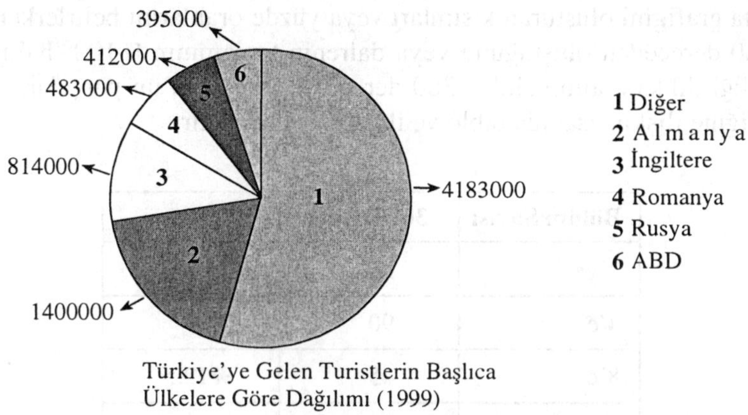

Şekil 33: Gelen Turistlerin Ülkelerine İlişkin Pasta Grafiği (DİE, 1999)

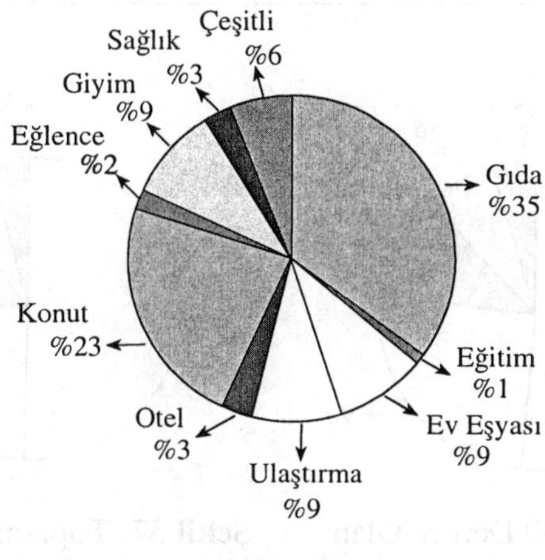

Şekil 34: Ailelerin Yaptığı Harcamaların Yüzde Dağılımı (DİE, 1994)

Pasta grafiklerini çizerken hangi cepheden görüldüğü de önemlidir. Tam yukardan görülürse dairesel grafik hâlini alır. Görünüm açısı kişiyi yanıltabilir.

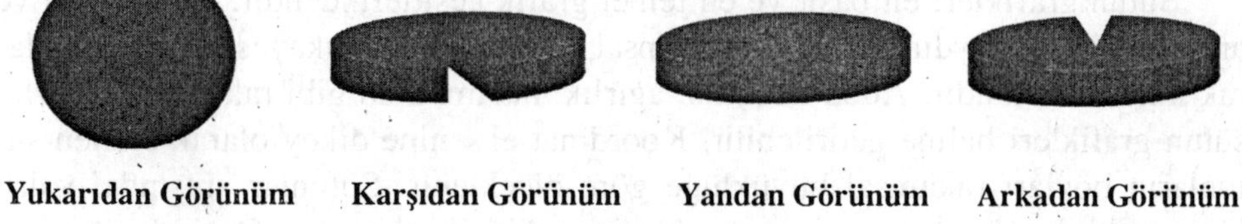

Şekil 35: Bir Pastanın Farklı Açılardan Görünümü

Pasta grafiğini oluşturan kısımları veya yüzde oranlarını belirlerken bir dairenin 360 dereceden oluştuğunu veya dairenin tamamının %100 halinde ifade edilebildiği dikkate alınmalıdır. 360 derecenin ve %100'ün parçalara nasıl bölünebildiğine ilişkin aşağıda tablo ve iki şekil verilmiştir.

Bölüm Sayısı	360 Derece	%100
2'ye	180	%50
4'e	90	%25
8'e	45	%12,5
10'a	36	%10
20'ye	18	%5

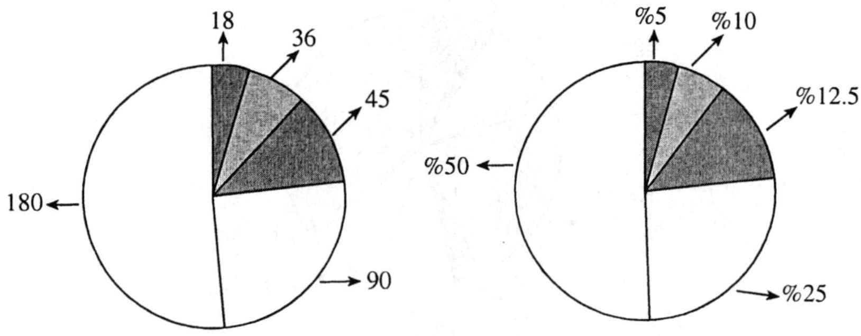

Şekil 36: Toplamı 360 Derece Olan Bir Dairenin Belirli Kısımları

Şekil 37: Toplamı 100 Olan Dairenin Belirli Yüzdeleri

2. SÜTUN GRAFİKLERİ

Sütün grafikleri en basit ve en temel grafik çeşitlerindendir. Çizilmeleri ve anlaşılmaları kolaydır. Özellikle rakamsal büyüklükleri mukayesede yaygın olarak kullanılmaktadır. Adet, uzunluk, ağırlık, hacim, alan gibi rakamsal değerler sütun grafikleri haline getirilebilir. Koordinat eksenine dikey olarak çizilen sütunların boyları rakamsal büyüklüğe göre ölçeklenir. Sütunlar arasında belirli bir uzaklık bırakılır. Yani sütunlar birbirine bitişik olmazlar. Genelde sütunlar uzun bir dikdörtgen olup, dikdörtgenin dar kenarı daima eşittir ve dikdörtgenin boyu incelenen değerleri yansıtır. Çeşitli tipleri mevcut olup, sütun gruplarında dikdörtgenler birbirine bitişik olabilir. Basit, gruplandırılmış, çakışık ve bölünmüş sütun grafiklerine ilişkin örnekler aşağıda verilmiştir ve aralarında çok az farklılıklar bulunmaktadır.

Şekil 38'de en basit sütun grafiğine bir örnek görülmektedir. En büyük üç ilimizin 1997 yılı nüfus miktarları, sütunların boylarıyla orantılı olarak çizilmiştir. Mukayese edilecek kentler yatay eksende birbirine eşit mesafede, nüfuslar ise farklı boylarda dikey durumda çizilmiştir.

Şekil 39'da ise gruplandırılmış sütün grafiği verilmiştir. Ekim 1997 yılı işsizlik rakamları bir grup, 1999 verileri ise ayrı bir grup halinde düzenlenmiştir.

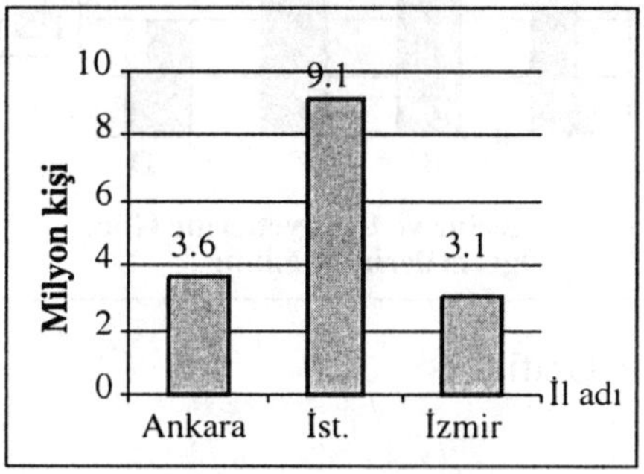

Şekil 38: Sütun Grafiği

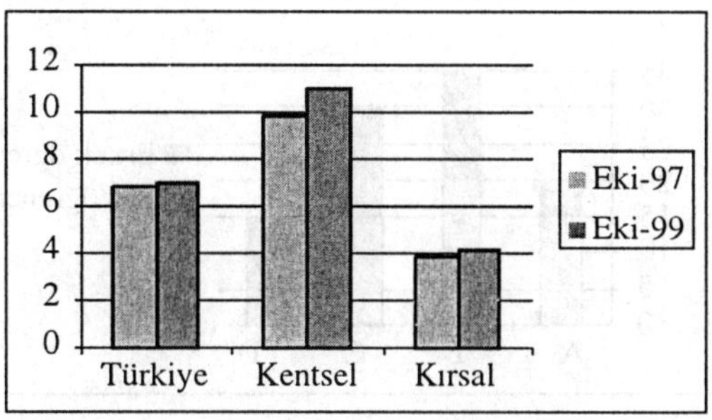

Şekil 39: Gruplandırılmış Sütun Grafiği

Her bir grupta kırsal ve kentsel yörelere ilişkin işsizlik verileri gösterilmiş, ayrıca bunların Türkiye ortalaması da eklenmiştir. Kırsal kesimde işsizlik oranı, kentsel bölgelerden daha düşük düzeydedir. 1999 yılında işsizlik oranları, 1997'ye göre bir miktar yükselmiştir. Şekil 40 çakışık sütun grafiğine bir örnek olarak verilmiştir. Kız ve erkek öğrencilerin grafikleri yan yana çakışık olarak çizilmiştir. Not düzeyleri harf sisteminde A, B, C, D gibi harflerle yatay eksende gösterilmiş, bu notlara sahip olan öğrencilerin yüzde oranları dikey eksene paralel bitişik sütunlar halinde düzenlenmiştir. A ve B gibi yüksek başarıyı gösteren notlarda kız öğrencilerin oranı daha fazla, başarısız D notunda ise erkek öğrencilerin oranı fazladır. C not düzeyinde erkek ve kız öğrenci oranları eşittir.

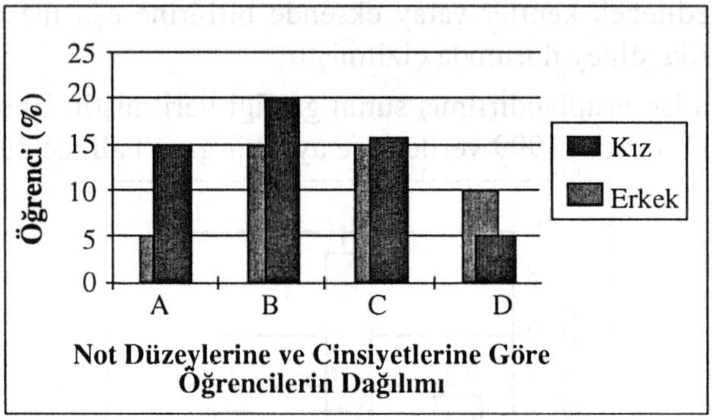

Şekil 40: Çakışık Sütun Grafiği

Bölünmüş sütun grafiği şekil 41'deki gibidir. Her sütun iki ya da daha fazla kısma bölünmüş olabilir.

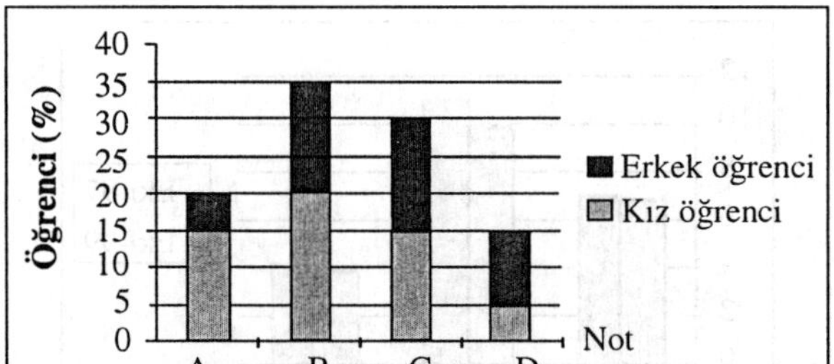

Şekil 41: Bölünmüş Sütun Grafiği

Bu örnekte her bir sütun kız ve erkek olmak üzere iki parçalıdır. A düzeyinde not alan öğrencilerin oranı %20, bu oranın %15 'i kız öğrenci iken geri kalan %5 'i ise erkek öğrencidir.

Şekil 42'de ise, Milli Piyango İdaresinin yıllara göre elde ettiği kâr miktarları milyar TL olarak sütun grafiği halinde gösterilmiştir.1996-2001 yılları arasında yıllık kârların devamlı artmakta olduğu dikkat çekmektedir.

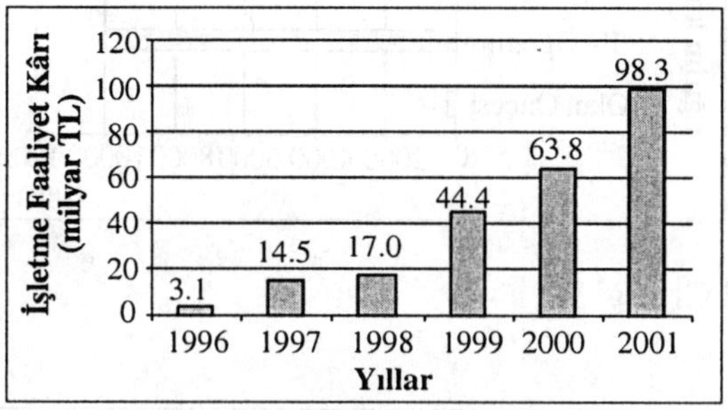

Şekil 42: Yıllık Kârları Gösteren Sütun Grafiği (DİE, 2000)

3. BARKOD GRAFİKLERİ

Barkod grafikleri yatay olarak çizilmiş sütun grafikleridir. İkisi arasında başka bir fark yoktur. Eksenler yer değiştirdiği için, sütunun boyu yatay eksenden okunmaktadır.

Şekil 43'de Türkiye'de öğrenci sayılarının (bin kişi olarak) okul kademelerine göre dağılımı gösterilmiştir. Şekil 44'te ise ülkemizde kişi başına düşen milli gelir, dolar olarak barkodlarla gösterilmiştir.

Eğitim Kademesi	**Öğrenci Sayısı (1000)**
Okul Öncesi	250
İlk Öğretim	10053
Orta Öğretim	2444
Yaygın Eğitim	2778
Yüksek Öğretim	1412

Kaynak: MEB, Millî Eğitim Sayısal Verileri 2000

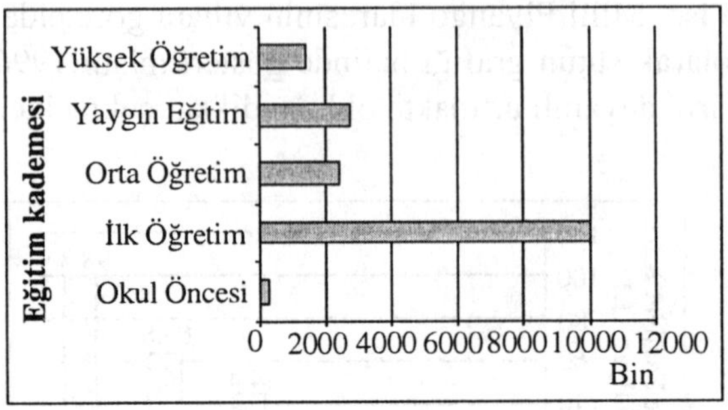

Şekil 43: Barkod Grafiği

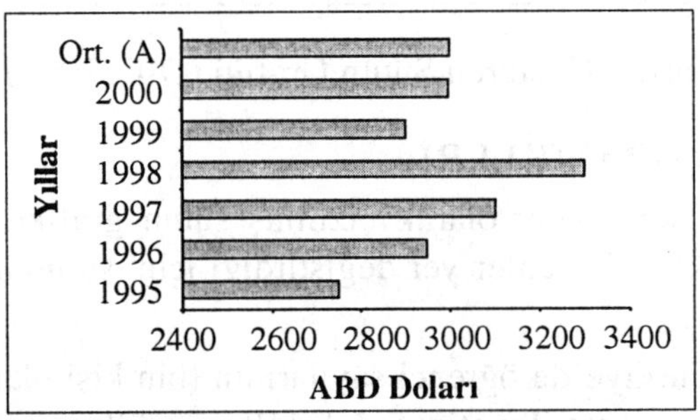

Şekil 44: Türkiye'de Kişi Başına Düşen Millî Gelirin Barkod Grafiği
(A: 1995-2000 Yılları ortalamasıdır)

4. NEGATİF DEĞERLERİ GÖSTEREN SÜTUN GRAFİKLERİ VE BARKOD GRAFİKLERİ

Rakamsal değerlerin daima artı ve eksi olabilecekleri dikkate alınırsa, buna uyan grafiklerin de çizilmesi doğaldır. Sıcaklık değerleri, firmaların kârları ve zararları, ekonominin büyümesi ve küçülmesi, fiyatların artması ve azalması, bütçe ya da dış ticaret açık ve fazlalıkları gibi ölçümler eksi (negatif) ve artı (pozitif) değerlerle gösterilebilir.

Şekil 45, Türkiye ve Avrupa Birliğinin 15 ülkesinin 1999 yılı bütçe dengelerini göstermektedir. Sıfır çizgisinin altında kalan sütunlar 9 ülkenin bütçe açığı verdiklerini, çizginin yukarısındaki 8 ülkeye ait sütunlar da bütçe fazlalığına sahip olduğunu yansıtmaktadır. Örneğin Türkiye'nin bütçe açığı milli gelirin (Gayri Safi Yurtiçi Hasıla) %12'sine yakın iken, İrlanda milli gelirin %2 'si kadar bütçe fazlası vermiş bulunmaktadır.

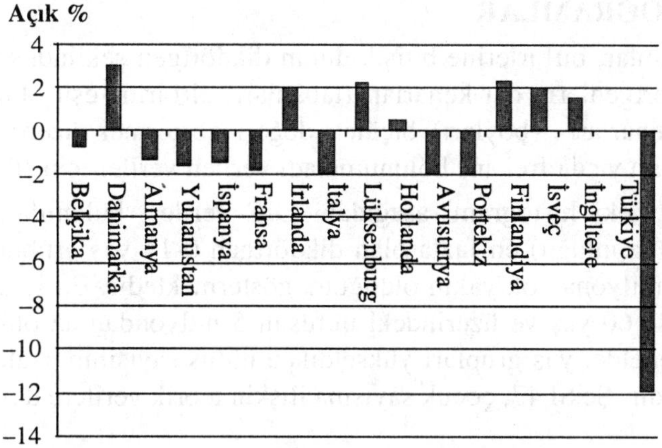

Şekil 45: Eksi ve Artı Değerleri Gösteren Sütun Grafiği

Şekil 46'da yatay sütunlar halinde gösterilen barkod grafiğinde ekonominin büyüdüğü yıllar (+), küçüldüğü yıllar eksi (-) oranlar ile yansıtılmıştır. Milli gelirin önceki yıla göre artış yüzdesi demek olan büyüme hızı, 1995 yılında %+8.0 iken, büyüme hızı 1999 yılında %-6.4 olmuştur. Ekonomideki bu küçülmenin temel nedeni söz konusu yılda Türkiye'nin yaşadığı büyük depremdir.

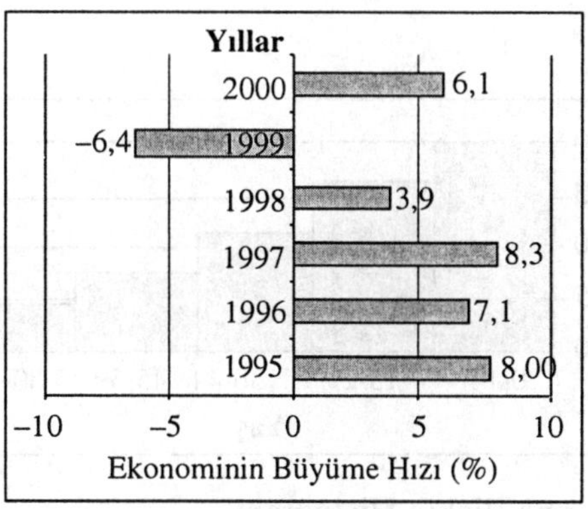

Şekil 46: Ekonominin Yıllık Büyüme Hızına İlişkin Barkod Grafiği

5. HİSTOGRAMLAR

Histogramlar, birbirlerine bitişik duran dikdörtgen şeklindeki sütun grafikleridir. Dikdörtgenlerin dar kenarları (tabanları) birbirine eşit olup, dikdörtgenlerin uzun kenarları (boyları) ölçülen değeri göstermek üzere değişebilirler. Çoklu bölünüm ya da frekans bölünümü adı verilen veriler için sıkça kullanılır.

Şekil 47'deki histogram, aşağıdaki DİE verileri kullanılarak çizilmiştir. Yüksekliği (uzunluğu) en fazla olan dikdörtgen 0-14 yaş grubundaki nüfusun sayısının 20 milyona çok yakın olduğunu göstermektedir. En sağdaki en küçük dikdörtgen ise 60 yaş ve üzerindeki nüfusun 5 milyondan az olduğunu yansıtmaktadır. Genelde, yaş grupları yükseldikçe nüfus sayısının azaldığı açıkça izlenebilmektedir. Şekil 47, çocuk sayısına ilişkin teorik verilere dayanmaktadır.

Yaş Gurubu	Nüfus (milyon)
0 – 14	19.7
15-29	16.1
30-44	10.4
45-59	6.2
60+	4.0

Kaynak: DİE, Yaş Gruplarına Göre Türkiye'nin Nüfusu (1990)

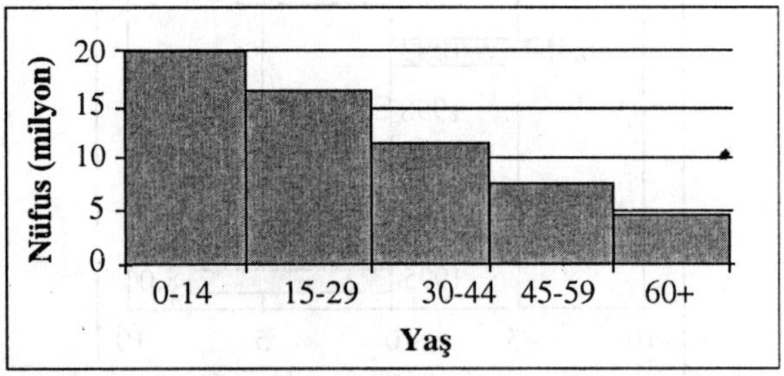

Şekil 47: Yaş Gruplarına İlişkin Histogram

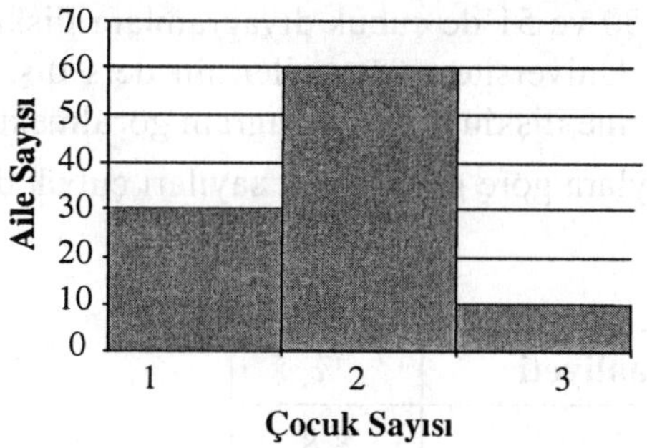

Şekil 48: Ailelerin Çocuk Sayısına İlişkin Histogram (Teorik Veriler)

Gelir gruplarına, ödenen vergi miktarlarına, öğrencilerin notlarına ya da köylerin büyüklüklerine ilişkin ve daha pek çok konudaki veriler için de benzer histogramlar çizilebilir.

Bir il'de çalışan çocukların haftalık ücretlerine göre dağılımı da histogram benzeri bir grafikle gösterilebilir. Aşağıdaki grafikte en yaygın haftalık ücretin 30 milyon TL olduğu ve bu ücretle çalışan çocuk sayısının 200 olduğu görülmektedir. 10 milyon TL veya 60 milyon TL haftalıkla çalışanların sayısı ise 50'nin altındadır. Diğer ücret grupları için de benzer yorumlar yapılabilir.

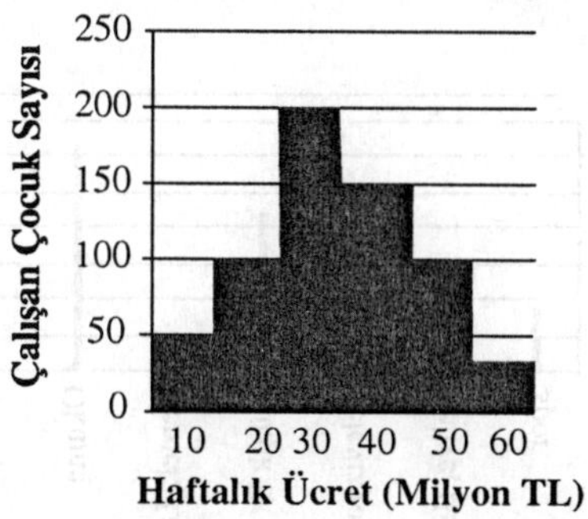

Şekil 49: Çalışan Çocukların Haftalık Ücretlerine Göre Dağılımı (Teorik Veriler)

6. ÇUBUK DİYAGRAMLAR

Çubuk diyagramlar, sütun grafiklerine veya barkod grafiklerine çok benzerler. Tek farkları, grafiklerin sütun ya da dikdörtgen yarine, düz çubuklar halinde olmasıdır.

Aşağıdaki şekil 50 ve 51'de çubuk diyagramlara ilişkin örnekler verilmiştir. Şekil 50'de Gazi Üniversitesi öğrencilerinin ders dışında boş zamanlarını nasıl değerlendirdiklerine ilişkin çubuk diyagram görülmektedir.

Şekil 51'de ise aylara göre gelen turist sayıları çubuk diyagram halinde verilmiştir.

Boş Zaman Faaliyeti	%
Spor Yaparak	8,8
Kahve ve Bilardo Sal.	3,2
Televizyon Seyrederek	8,8
Müzik Dinleyerek	21,7
Dernek ve Lokal	3,1
Kitap ve Dergi Okuyarak	32,3
Tiyatro, Sinema ve Kons.	22,1

Kaynak: G.Ü. Üniversite Gençliği 2001 Araştırması, Ankara.

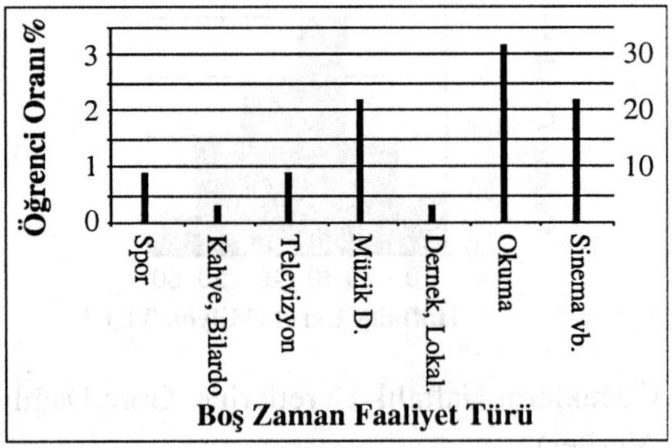

Şekil 50: Gazi Üniversitesi Öğrencilerinin Boş Zamanlarını Değerlendirmelerine İlişkin Çubuk Diyagram

Aylar	Turist Sayısı
Ocak	359046
Şubat	371727
Mart	409483
Nisan	426558
Mayıs	691365
Haziran	784642
Temmuz	931895
Ağustos	1079249
Eylül	879261
Ekim	800527
Kasım	435804
Aralık	320808

Kaynak: DİE İstatistik Yıllığı 2000

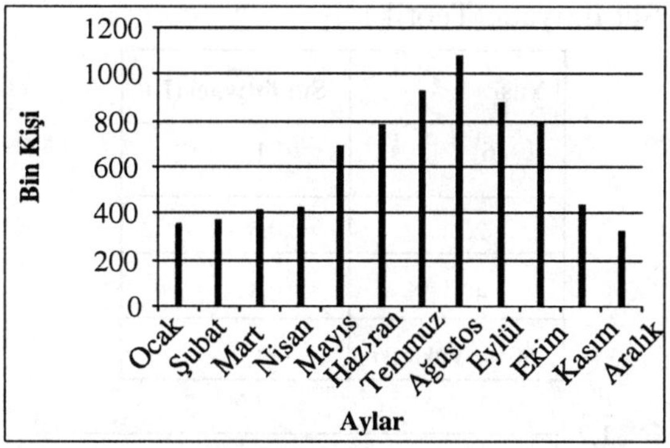

Şekil 51: 1999 Yılında Aylara Göre Gelen Turist Sayılarına İlişkin Çubuk Diyagram

7. ÇİZGİ GRAFİKLER

Çizgi grafikler çizgilerden oluşur. Ancak tam dikey veya yatay olmayan çizgilerdir. Genel eğilimin kolayca izlenmesini sağlar. Dikey ve yatay eksenlerin anlamı önceki grafiklerde olduğu gibidir. Şekil 52'deki çizgi grafik, turist sayısının 1993-97 döneminde devamlı artarak 10 milyon sayısına yaklaştığını, ancak bu yıldan sonra azalma eğilimine girdiğini ifade etmektedir.

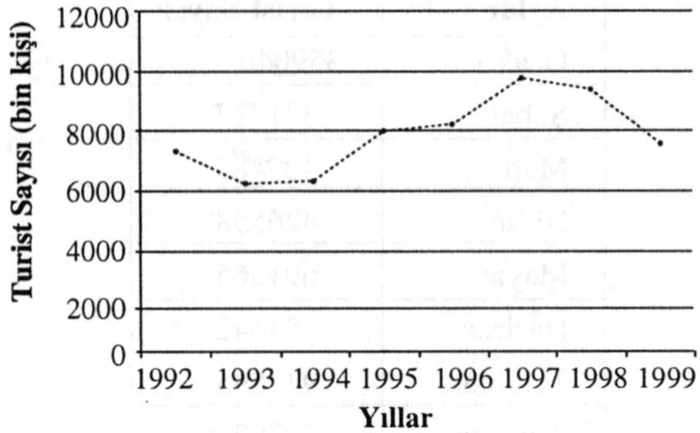

Şekil 52: Türkiye'ye Gelen Turistlerin Yıllara Göre Sayılarını Gösteren Çizgi Grafik

Şekil 52'de günlük içme sütü ihtiyacı çizgi grafikle anlatılmak amaçlanmıştır. Hem küçük bebeklerin, hem de yaşlıların günde ortalama 1 litre içme sütüne gereksinim duydukları, ergin yaşlarda ise bu ihtiyacın yarım litre kadar olduğu görülmektedir.

Yaşlara Göre Süt İhtiyacı (Teorik)

Yaşı	**Süt ihtiyacı (L)**
1 – 6	1
20	0,5
40	0,5
60 ve Yukarısı	1

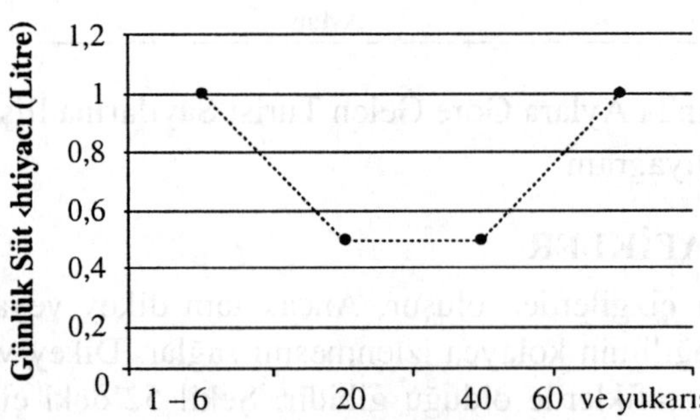

Şekil 53: Değişik Yaştaki Kişilerin Günde İçme Sütü ihtiyaçlarına İlişkin Çizgi Grafik

8. SERPİLME DİYAGRAMLARI

Noktalı grafikler, grafik üzerinde belirlenen yerlerin kalın ve koyu noktalar halinde gösterilmesiyle çizilmektedir. İki değişken arasındaki ilgiyi göstermek için kullanılmaktadır.

Şekil 54'te çocukların boylarıyla ağırlıklarını gösteren serpilme diyagramına bakarak, boylar uzadıkça genel olarak ağırlıkların da arttığını söyleyebiliriz.

Şekil 55'deki serpilme diyagramı, gelir düzeyi yükseldikçe, kişilerin ekmek tüketimlerinin (adet) azaldığını göstermektedir. Zira, noktaların genel eğilimi azalma yönündedir.

Çocuk No	Boy (cm)	Ağırlık (kg)
1	90	33
2	110	47
3	120	45
4	80	30
5	100	40
6	90	38
7	120	50

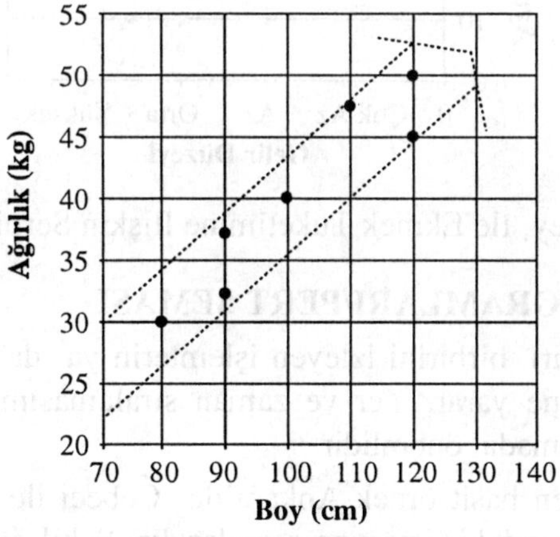

Şekil 54: Yedi Çocuğun Boyları ve Ağırlıklarına İlişkin Serpilme Diyagramı (Teorik)

Kişi No	Gelir Düzeyi	Ekmek Tüketimi
1	orta	15
2	yüksek	10
3	az	50
4	çok az	60
5	orta	40
6	yüksek	20
7	az	55
8	çok az	65

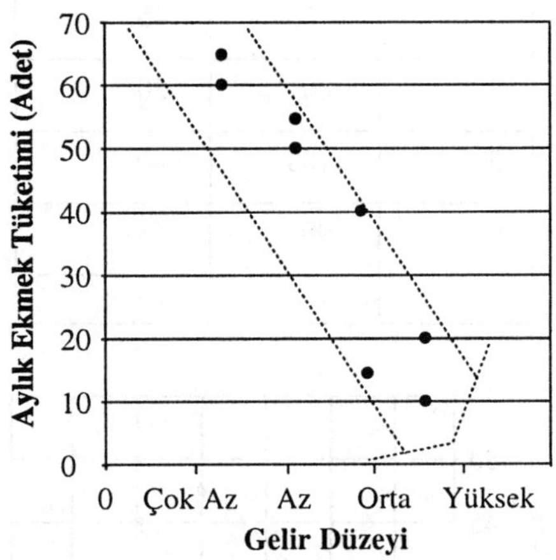

Şekil 55: Gelir Düzey, İle Ekmek Tüketimine İlişkin Serpilme Grafiği

9. AKIŞ DİYAGRAMLARI/PERT ŞEMASI

Akış diyagramları, birbirini izleyen işlemlerin ya da konumların bır şema halinde gösterilmesine yarar. Yer ve zaman sıralamasını yansıttığı için karar vermede veya planlamada önemlidir.

Akış şemasına en basit örnek Ankara'da Cebeci ile Aşti arasında çalışan raylı sistem vagonlarındaki istasyon şemalarıdır. Şekil 56'deki bu şemada istasyonlar arasındaki mesafe ya da güzergahtaki kıvrılmalar (virajlar) önemsenmemiştir. Yalnızca durakların hangi sırayla sıralandığı gösterilmiştir. Bu diyagramda yön önemli değildir.

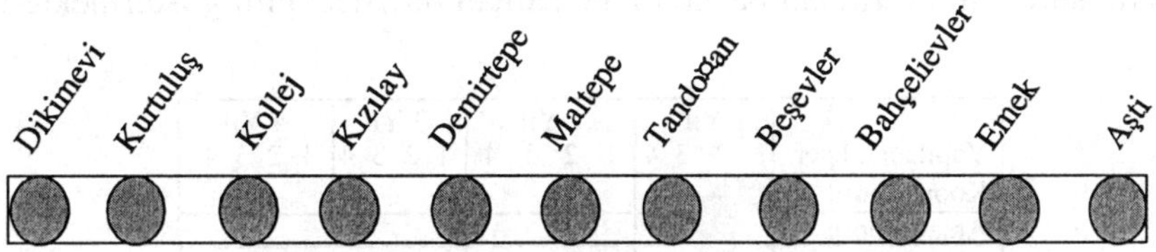

Şekil 56: Ankaray Duraklarına İlişkin Akış Diyagramı

Örneğin, aşağıda verilen akış diyagramına pert şeması adı da verilmektedir. Bir konut kooperatifinin kuruluşundan, konutların tamamlanarak sahiplerine teslimine kadar yapılması gereken işlemlerin sıralaması gösterilmiştir. Şema 57'de bir çok ayrıntı yer almamasına karşın, Türkiye koşullarında kooperatif yoluyla konut yapımına ilişkin aşamalar kabaca şekildeki gibidir. Her faaliyetin ne kadar zaman aldığı şemadan anlaşılamamaktadır.

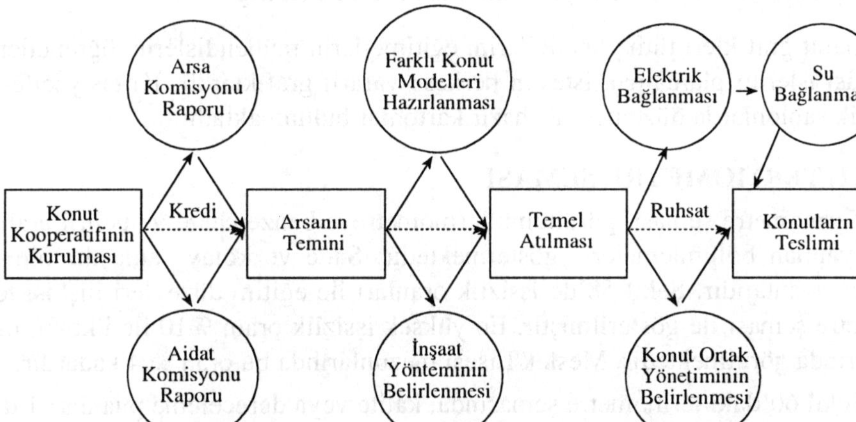

Şekil 57: Kooperatif Yoluyla Konut Yapımına İlişkin Pert Şeması

10. GANTT GRAFİĞİ

Gantt grafiği bir tablo ve şema karışımıdır. Konut yapımında yer alan işlemlerin her birinin ne kadar zamanda tamamlanacağı Gantt grafiğine bakılarak anlaşılabilir. Şekil 58'de Gantt grafiğindeki ilk sütunda yapılacak işlemler sıralanmış, bu işlerin 4 yılda tamamlanacağı öngörülmüştür. Her bir yıl dörde bölündüğü için, faaliyetlerin çeyrek yıl olarak izlenmesi olanaklıdır. Buna göre kooperatifin kurulması ilk yarım yılda (6 ay) tamamlanacak, 4.yılın son çeyreğinde de konutların teslimi yapılacak demektir. Koyu renkli işaretlerin boyu faaliyetin süresini, ne zaman başlayıp, ne zaman bitirileceğini göstermektedir.

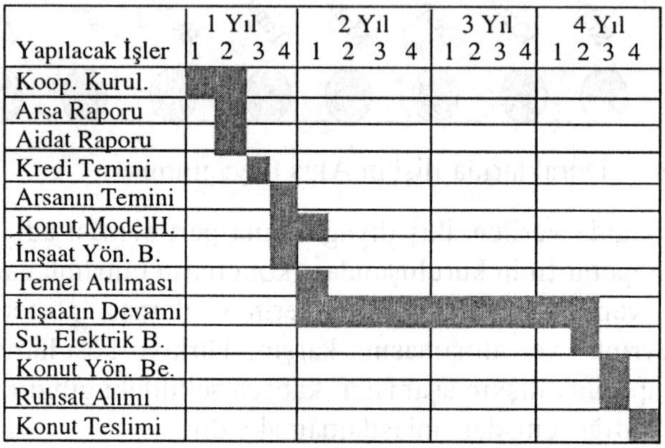

Şekil 58: Konut Yapım Faaliyetlerine İlişkin Gantt Grafiği

Gantt grafikleri tüm yöneticilerin, eğitimcilerin mühendislerin, öğrencilerin kısacası işlerini planlamak isteyen herkese yararlı grafiklerdir. Kırtasiyecilerde değişik şablonlarda düzenlenmiş hazır kartonlar bulunmaktadır.

11. TERMOMETRE ŞEMASI

Termometre şeması, görünümü termometreye benzemekte ve belirli aralıklarla yapılan bölümlemeleri göstermektedir. Sade ve kolay anlaşılır olması başlıca avantajıdır. Şekil 58'de işsizlik oranları ile eğitim düzeyleri ilişkisi termometre şeması ile gösterilmiştir. En yüksek işsizlik oranı %10 ile ilkokul mezunlarında görülmektedir. Meslek Lisesi mezunlarında bu oran % 4 kadardır.

Şekil 60'daki termometre şemasında, kalite veya dereceleme puanları 1 den 100 kadar değişmek üzere düzenlenmiştir. Mahalledeki hipermarketi, müşteri memnuniyeti açısından değerlendirmek için uygulanabilir bir ölçeklemedir. Iskalada belirtilen yedi kalite özelliği açısın müşterilerden puanlandırma yapmaları istenir ve hipermarketin imajı ve kalitesi konusunda bir fikir elde edilmiş olur. Şekildeki örnekte, müşteri hipermarkete mal çeşitliliği açısından yüz üzerinden 40 puan verirken, raf düzeni 80, kasanın seri çalışması 90 puan olarak değerlendirmiştir. Her bir müşteriden ayrı ayrı değerlendirme yapması istenmektedir.

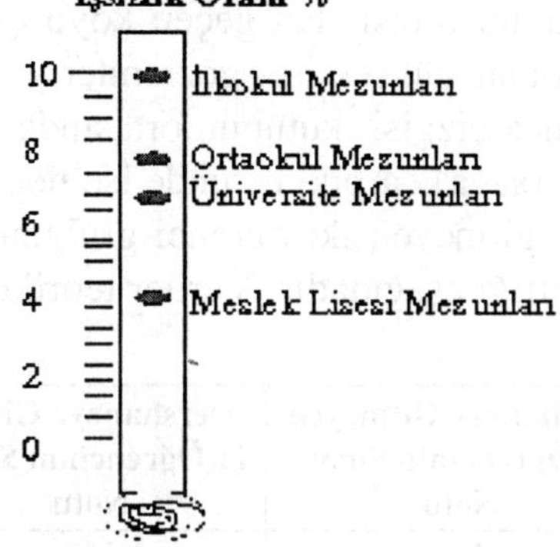

Şekil 59: İşsizlik Oranlarının Eğitim Düzeyi ile İlgisini Gösteren Ternometre Grafiği

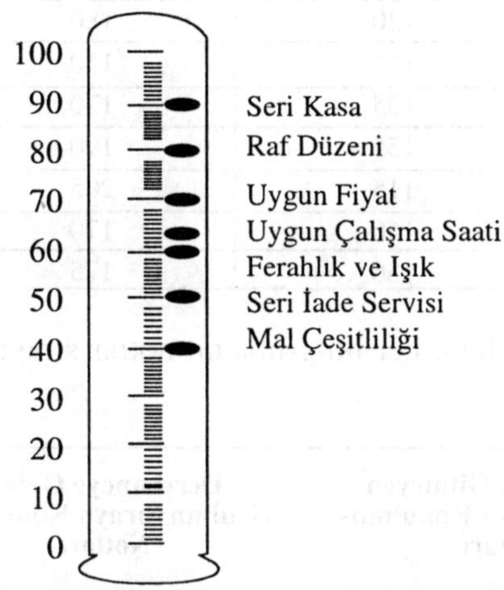

Şekil 60: Kalite Puanlamasına İlişkin Termometre Şeması

12. SAPLI KUTU GRAFİKLERİ

Saplı kutu grafiği, bir dağılıma ait birinci çeyrek, ikinci çeyrek(ortanca) ve üçüncü çeyrek değerlerinin konumunu net olarak ortay koymaktadır. Küçükten büyüğe doğru sıraya konulmuş yüz adet gözlem içerisinde 25.'ci gözlemin değeri 1.çeyrek;50.'ci gözlemin değeri 2.çeyrek veya ortanca, 75.'ci gözlemin değeri ise 3.çeyrek olarak adlandırılır. Bunlara "dörde bölenler" adı da verilmektedir. Saplı kutu grafiğinde asıl kutunun uzunluğu, 1.çeyrekle 3.çeyrek arasındaki mesafedir. Bu iki mesafe arasında verilerin %50'si yer aldığından, aritmetik ortalamanın vermediği merkezi eğilimin durumunu bu grafikten kolayca anlamak mümkündür. Kutunun ortasından geçen koyu çizgi dağılımın ortancasıdır. Kutunun boyu ne kadar yüksek ise, gözlemler yaygın, yani merkezden uzak demektir. Eğer ortanca çizgisi kutunun ortasından geçen merkez çizginin altında ise dağılım pozitif(sağa) çarpık, üstünde ise negatif (sola) çarpık demektir. Dershaneye giden ve gitmeyen iki öğrenci grubunun sınav notları ve buna göre çizilen saplı kutu grafiği aşağıdadır. Veriler teoriktir ve şekil 60 bu verilere göre çizilmiştir.

Dershaneye Gitmeyen 11 Öğrencinin Sınav Notu	**Dershaneye Giden 11 Öğrencinin Sınav Notu**
160	140
140	165
155	130
125	125
130	180
110	150
135	170
155	190
115	205
150	170
180	175

Bu grafiği çizmek için, her iki gruba ait notlar sıraya konulur ve çeyrek bölenler bulunur.

Dershaneye Gitmeyen Grubun Sıraya Konulmuş Notları		**Dershaneye Giden Grubun Sıraya Konulmuş Notları**	
1. 110		1. 125	
2. 115		2. 130	
3. 125	1. Çeyrek	3. 140	1. Çeyrek
4. 130		4. 150	
5. 135		5. 165	
6. 140	2. Çeyrek (ortanca)	6. 170	2. Çeyrek (ortanca)
7. 150		7. 170	
8. 155		8. 175	
9. 155	3. Çeyrek	9. 180	3. Çeyrek
10. 160		10. 190	
11. 180		11. 205	

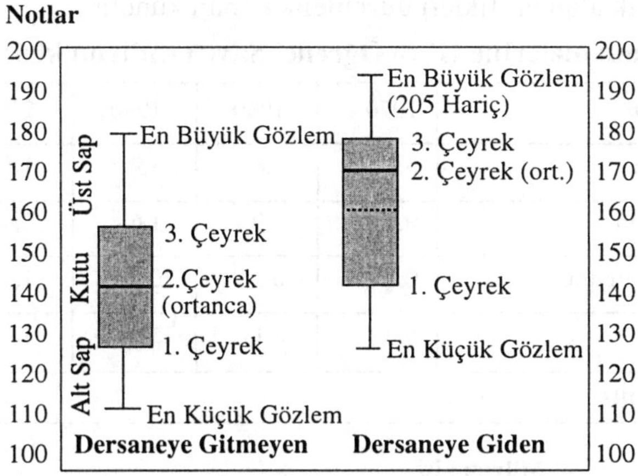

Şekil 61: Dershaneye Giden ve Gitmeyen Öğrencilerin Sınav Notlarına İlişkin SAPLI KUTU Grafikleri

Daha sonra, %25'lik dilimler halinde 1.çeyrek, 2.çeyrek ve 3.çeyrek değerleri işaretlenir. Kutuların saplarını işaretlemek için her iki grubun en küçük ve en büyük değerleri belirlenir. Ancak işaretlemede uç değerler(aşırı küçük veya büyük değerler) dikkate alınmaz. Nitekim dershaneye giden ikinci grupta 205 yerine 190'dan başlanmıştır.

İki gruba ait çizilen saplı kutu grafiği incelendiğinde; dershaneye gitmeyen grubun daha homojen olduğu, kutunun boyunun daha kısa olduğu, ortancanın kutunun ortasından geçtiği için negatif veya pozitif çarpık olmadığı, gerek ortanca ve gerekse uç değerler bakımından daha düşük (başarısı az) öğrenci grubunu yansıttığı ileri sürülebilir.

Dershaneye giden grubun ise ortanca notunun ve uç notların daha yüksek olduğu, kutunun boyu daha uzun olduğundan not dağılımının daha geniş yelpazede olduğu, ortancanın kutu merkezinden yukarda bulunması nedeniyle de negetif çarpık olduğu gözlenmektedir.

13. ALAN GRAFİKLERİ

Çeşitli büyüklükleri karşılaştırmak için alan grafikleri çok sık kullanılmaktadır. Dikdörtgen, kare, daire ve üçgen şekilleri en çok yararlanılan geometrik şekillerdir. Bu şekilleri çizerken büyüklüklerinin ve konumlarının yanılmaya yol açmamasına dikkat edilmelidir. Aşağıdaki tablonun verileri kullanılarak şekil 62, 63 ve 64 hazırlanmıştır.Bu şekillerin alan olarak büyüklükleri, sorunu anlamaya ve yorumlamaya yardımcı olmaktadır.

Çok değişik alan grafikleri düzenlemek mümkündür.

Eğitim Kademelerine Göre Öğrenci Sayısı (milyon kişi)

Okul Türü	1970	1980	1990	2000
İlköğretim	5,5	6,8	8,9	10,1
Ortaöğretim	0,4	1.0	1,6	2,4
Yüksek Öğretim	0,1	0,3	0,6	1,4
Toplam	6.0	8,1	11,1	13,9
Kaynak: DİE				

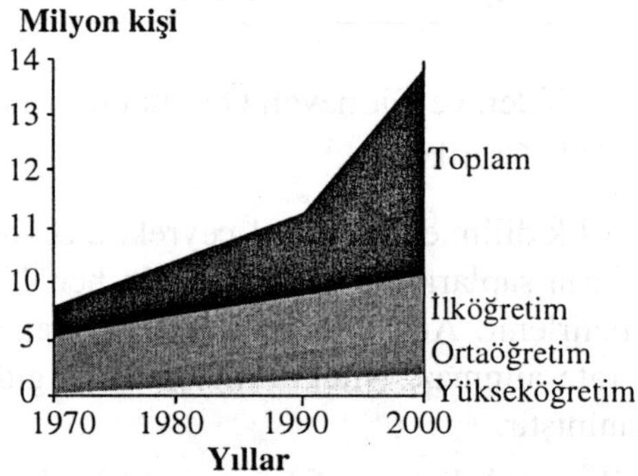

Şekil 62: Türkiye'de Öğrenci Sayılarına İlişkin Alan Grafiği (DİE, 2000)

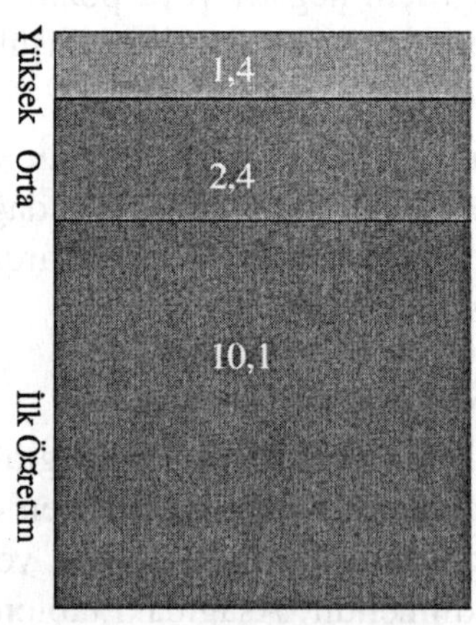

Şekil 63: 2000 Yılında Türkiyede Öğrenci Sayılarına İlişkin Alan Grafiği (Milyon Kişi)

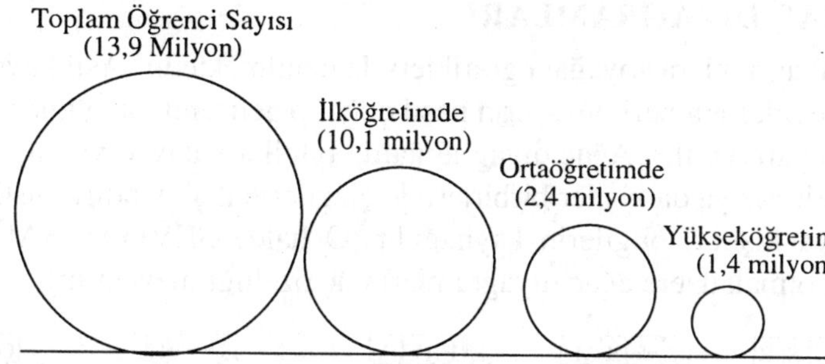

Şekil 64: Türkiye'de Öğrenci Sayılarına İlişkin Dairesel Alan Grafiği (DİE, 2000)

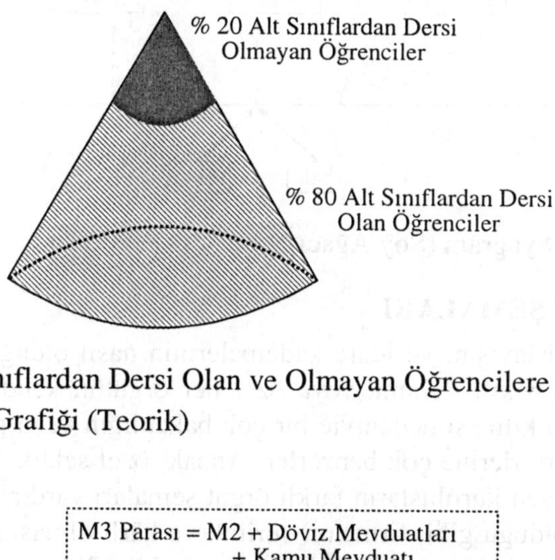

Şekil 65: Alt Sınıflardan Dersi Olan ve Olmayan Öğrencilere İlişkin Alan Grafiği (Teorik)

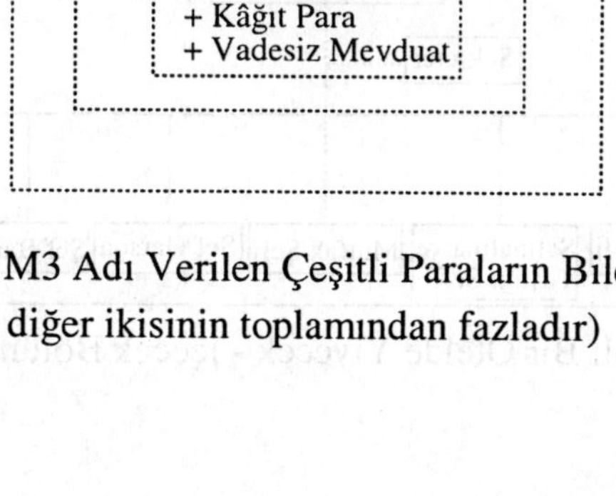

Şekil 66: M1, M2 ve M3 Adı Verilen Çeşitli Paraların Bileşimleri (M3 parası diğer ikisinin toplamından fazladır)

14. AĞAÇ DİYAGRAMLARI

Ağaç diyagramlara soyağacı grafikleri de denilmektedir. Asıl kaynaktan veya önceki ebeveynlerden beri bireylerin nasıl çoğalıp gelişerek bu günlere gelindiğini izlemek için yararlanılır. Ağaç diyagramlarda bilgiler yatay veya düşey olarak izlenebilir. Birimler ya da kişiler birbirleriyle çizgilerle ilişkilendirilmiştir. Buradaki birimler veya kişiler, bilgilerin kaynağıdır. O halde SEVİYE, BAĞLANTI ve BİRİMLER olmak üzere ağaç diyagramların üç özelliği mevcuttur.

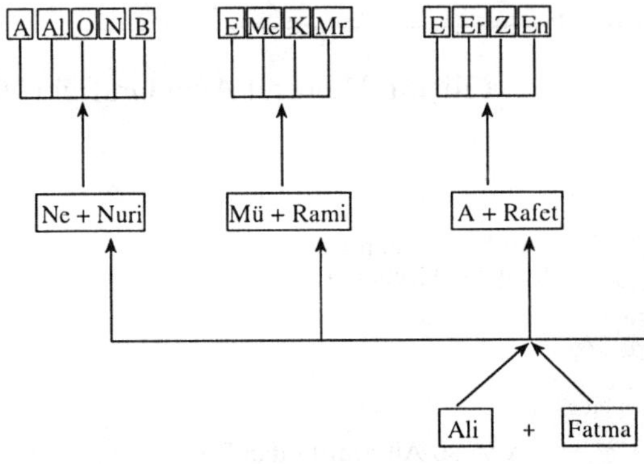

Şekil 67: Ağaç Diyagram (Soy Ağacı)

15. ÖRGÜT ŞEMALARI

Bir örgütün işleyişini ve idare kademelerinin nasıl olduğunu anlamak için örgüt şemalarına bakılır. Kamu veya özel her örgütün kendi şemaları vardır. Yasaların zorunlu kılması nedeniyle bir çok bakanlığın veya genel müdürlüğün örgüt şemaları birbirlerine çok benzerler. Ancak özel sektör firmalarının veya kâr gayesi gütmeyen kuruluşların farklı örgüt şemaları vardır. Örgüt şeması tanıtımda önemli olduğu gibi, firmanın verimli ve kârlı olmasında da önem taşır. Şekil 68'de otelin bir bölümüne ilişkin şema, şekil 69'da ise Millî Eğitim Bakanlığı şeması görülmektedir.

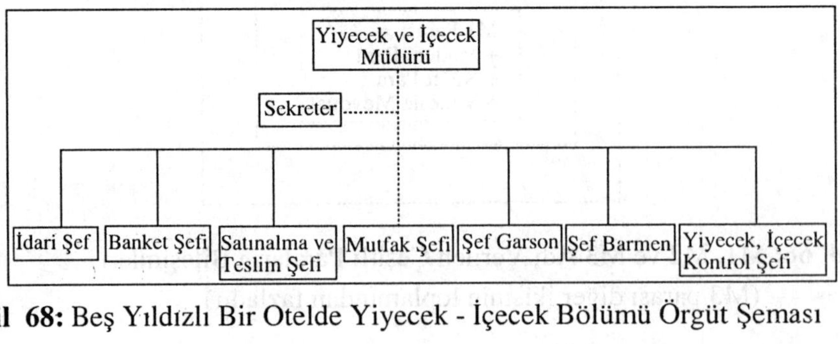

Şekil 68: Beş Yıldızlı Bir Otelde Yiyecek - İçecek Bölümü Örgüt Şeması

MİLLÎ EĞİTİM BAKANLIĞI TEŞKİLATI

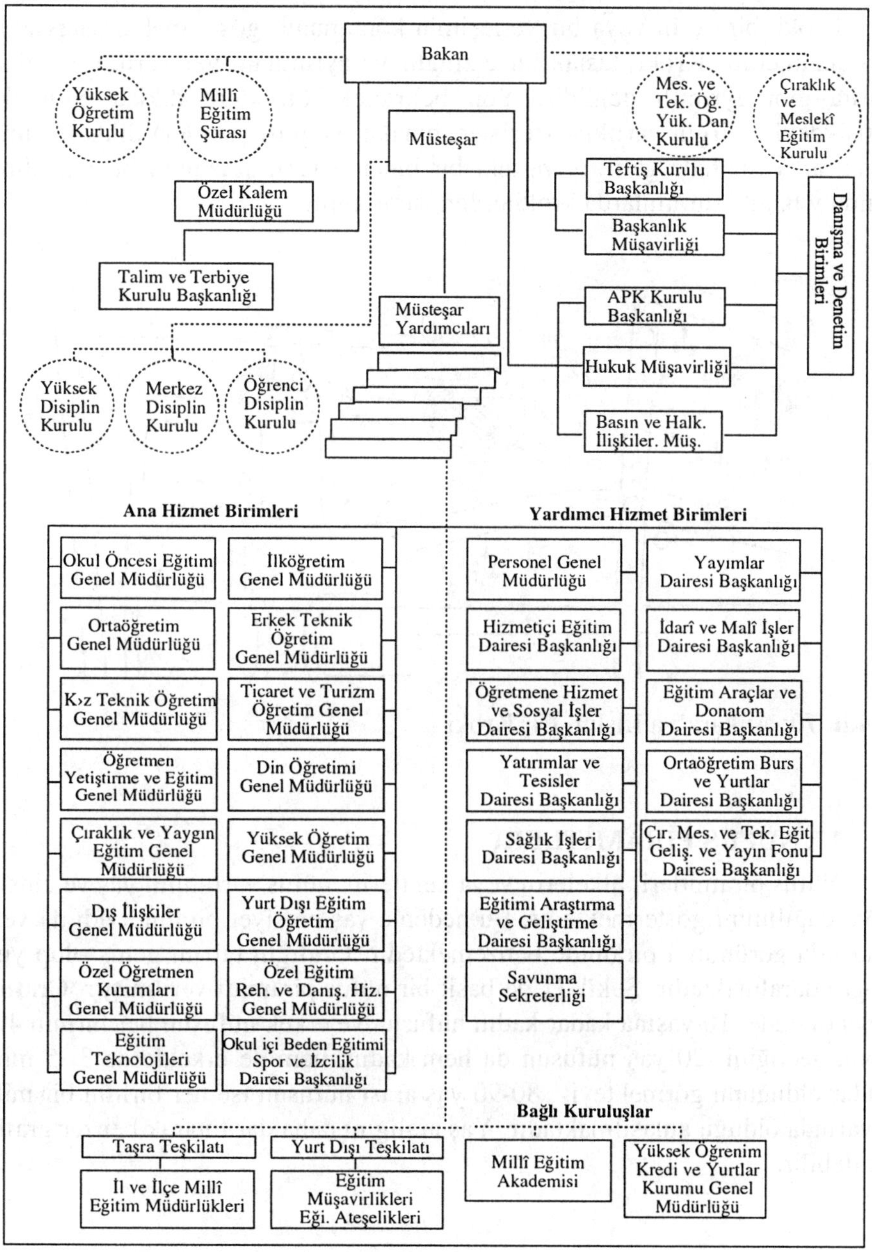

Şekil 69: Milli Eğitim Bakanlığı Örgüt Şeması

Kaynak: MEB-APK 1999

16. KROKİLER

Kroki, bir yerin veya bir yerleşimin konumunu göstermek amacıyla yapılan çizimlerdir. Kroki, taslak bir çizimdir ve ayrıntılara yer verilmez . Plan ve harita gibi ayrıntılı değildir. Yön belirterek, ölçeklere dikkat edilerek ve bitişikdeki belirgin varlıklar (tesisler, binalar, coğrafi şekiller) dikkate alınarak kroki anlaşılır hâle gelir. Kent'teki bir binanın yeri, arazideki bir parselin konumu v.b. gibi durumlarda krokilerden yararlanılır.

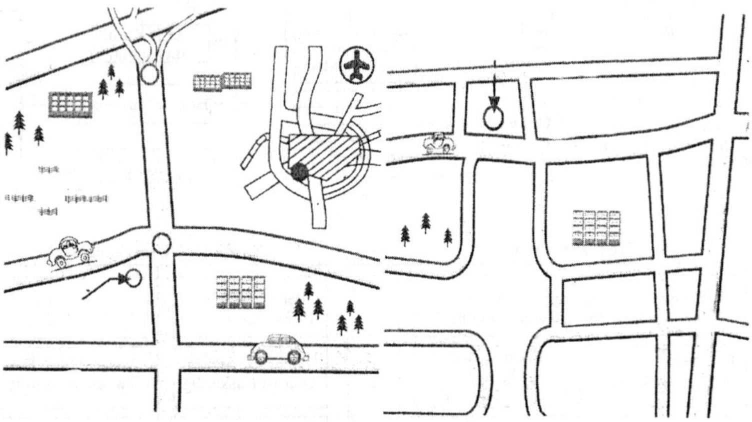

Şekil 70: Ankara'ya İlişkin Bir Kroki

17. NÜFUS PİRAMİTLERİ

Nüfus piramitleri, ülkelerin veya kentlerin nüfus varlığının yaş ve cinsiyete göre dağılımını göstermektedir. Bu nedenle yaş-cinsiyet piramidi adı da verilir. Grafiğin görünümü piramide benzemektedir. Grafiğin tabanı geniş olup yukarı doğru daralmaktadır. Şekil 71'de basit bir nüfus piramidi verilmiştir. Grafik incelendiğinde, 10 yaşına kadar kadın nüfusun ve erkek nüfusun her birinin 4 milyonu geçtiğini, 20 yaş nüfusun da hem kadın, hem de erkeklerde 3, 5 milyon kadar olduğunu görmekteyiz. 80-90 yaş arası nüfusun ise her birinin bir milyon civarında olduğu anlaşılmaktadır. Yaş aralığını daha dar tutarak benzer grafikler çizilebilir.

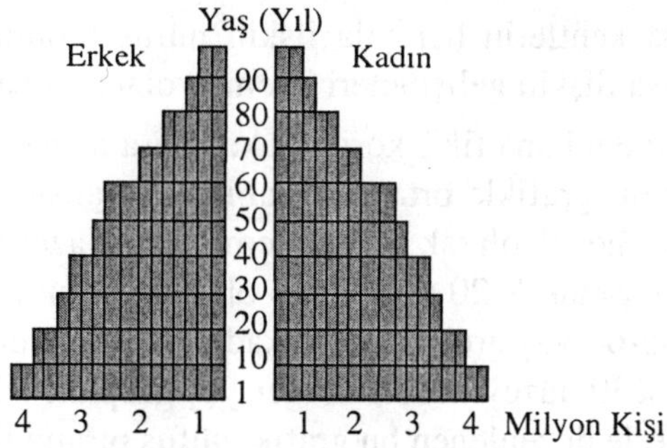

Şekil 71: Nüfus Pramidi (Teorik Veriler)

Şekil 72, Devlet İstatistik Enstitüsünden alınmıştır ve 1990 yılı nüfus piramididir. Sağa ve sola doğru piramidin basamaklarının tam simetrik olması beklenmez. Ancak savaşlar ve dış göçler yaş basamaklarındaki simetri görüntüsünü bozabilir. Savaş yıllarında 20-40 yaş arası erkek nüfusun sayısı azalabilir.

Nüfus piramidi yan yana iki yatay barkod grafiğinden ibarettir. Sağdaki ve soldaki barkodların uzunluğu aynı yaştaki erkek ve kadın nüfus sayısını karşılaştırmaya yardımcı olur. Her yaştaki (veya yaş grubundaki) nüfus miktarı sayı olarak, ya da yüzde (%) olarak yazılabilir. Şekil 71 ve 72'deki grafiklerde nüfus, milyon kişi olarak sayı halinde ifade edilmiştir.

Nüfus piramidi grafiklerinin başarılı ve amaca uygun olması için ölçeklerin ve isimlendirmelerin iyi yapılması ve karışık bir görünüm vermemesi gerekir.

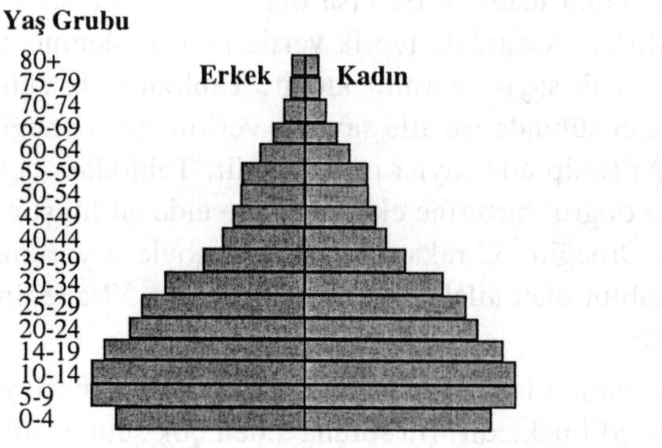

Şekil 72: Türkiye'nin 1990 Yılı Nüfus Piramidi (Kaynak: DİE)

Ülke, bölge veya kentlerin her yıla ilşkin nüfus piramitleri birbirleriyle karşılaştırılarak, nüfusa ilişkin gelişmeleri izlemek olanaklı hale gelmektedir.

Nüfus piramitlerindeki ana fikir korunarak, sigara içenlerin yaş ve cinsiyete göre dağılımı benzer bir grafikle ortaya konabilir. Bu amaçla düzenlenen şekil 73'de, yaş ilerledikçe genel olarak sigara içme oranı azalmaktadır.75-84 yaş grubunda sigara içme oranı % 20 düzeyinde olup, bu oran kadınlarda daha düşüktür(%12 kadar). 45-64 yaş grubunda ise kadın ve erkeklerde sigara içme oranı birbirine eşit ve %30 düzeyindedir. Diğer yaş grupları için de yorumlar yapılabilir. Teorik verilerle düzenlenen bu grafik, nüfus piramidini andırmaktadır.

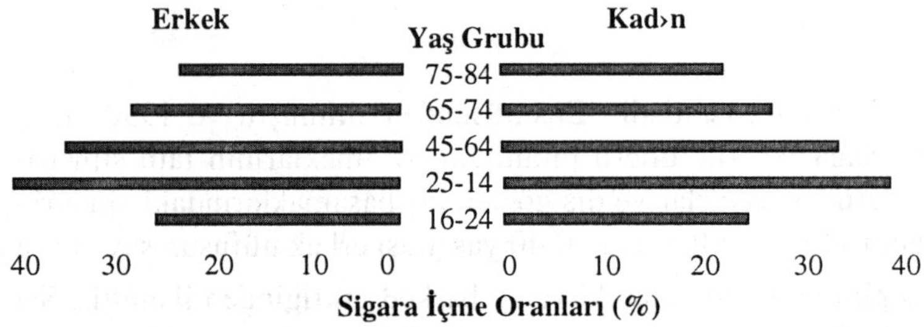

Şekil 73: Sigara İçme Oranının Yaş Gruplarına ve Cinsiyete Göre Dağılımı (Teorik)

18. OGİVLER (EKLEMELİ EĞRİLER)

Ogiv eğrileri, ...den çok ve ...den az grafikleri olarak bilinmektedir. Örneğin, bir firmada 500 milyon TL' den çok ya da az ücret alanlar veya bir basket takımında 1.90 cm'den uzun ya da kısa olanlar gibi örnekler ogiv eğrileriyle kolayca anlatılabilirler. Aşağıdaki teorik verilerle düzenlenmiş tabloda bir köydeki 100 ailenin çocuk sayısı görülmektedir. Tablonun ilk sütununda ailedeki çocuk sayıları, ikinci sütunda ise aile sayıları verilmiştir. Örneğin çocuksuz aile sayısı 10, 5 çocuğa sahip aile sayısı ise 6 ailedir. Tablodaki üçüncü sütun, aile sayılarının aşağıya doğru birbirine eklenmesiyle elde edilmiştir. Buna, ...den az sütunu adı verilir. Örneğin; 52 rakamının anlamı şöylece yorumlanır: 2 ve daha az sayıda çocuk sahibi olan aileler 52 kadardır. Veya 52 ailenin çocuk sayısı 2 ve daha az sayıdadır.

Tablonun son sütunu ise, ikinci sütunun en aşağıdan başlayıp yukarı doğru toplanmasıyla elde edilmektedir. Bu sütuna ...den çok sutunu adı verilir.

Ailedeki çocuk Sayısı	Köydeki Aile Sayısı	Aşağıya Doğru Eklemeli (...den az)	Yukarıya Doğru Eklemeli (...den çok)
0	10	10	100
1	18	28	90
2	24	52	72
3	30	82	48
4	12	94	18
5	6	100	6
Toplam	100	–	–

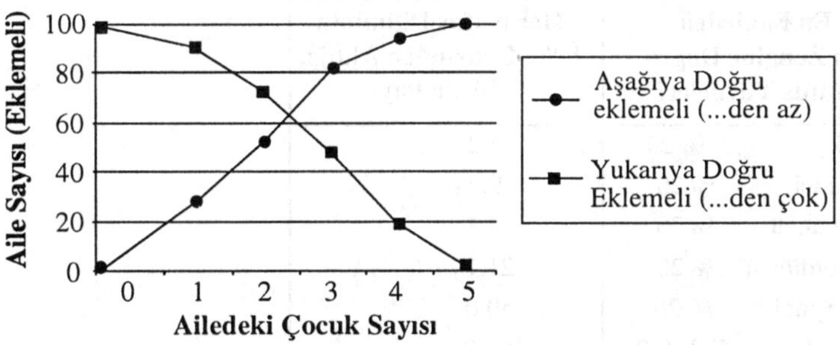

Şekil 74: Ogiv Eğrileri

Örneğin bu sütundaki 72 rakamını yorumlayalım . 72 ailenin çocuk sayısı 2 ve daha çoktur. Başka bir deyişle 2 ve daha çok sayıda çocuğa sahip olan aile sayısı 72'dir. Aynı yorumlar şekil 73'deki ogiv eğrileri ile de yapılabilir.

Ogiv eğrileri çok değişik konulardaki anlatımlar ve yorumlamalar için kullanılmaktadır. Bir ülkede asgari ücretin altında ücret alan insanların oranı, yılda 10 milyar TL'den çok vergi veren mükelleflerin sayısı, 3 ve yüksek ortalamayla mezun olan öğrencilerin sayısı gibi bir çok örnek verilebilir. Ogiv eğrilerinde karşılaştırmaya temel alınan veriler mutlak sayı (adet) olabileceği gibi, oransal (yüzde) rakamlar da olabilir.

19. LORENZ EĞRİSİ

Çok yaygın olarak bilinen grafiklerden birisi de LORENZ Eğrisidir. Gelir dağılımı, toprak dağılımı veya satışların dağılımı gibi yorumlar bu grafik yardımıyla kolayca yapılabilmektedir. Bu grafiğin çiziminde de oransal veriler eklemeli hale getirilerek kullanılmaktadır.

Aşağıdaki ilk tabloda, Türkiye'nin nüfusu gelir durumuna göre, en fakirden en zengine kadar beş dilime (%20 lik dilimlere) ayrılmış ve her dilimin ülke gelirinden aldığı pay, yanına yüzde olarak yazılmıştır. Bu tabloda en az gelirden en çok gelire doğru nüfus dilimleri %20'şerlik kısımlar halinde yazılmış, bunların ülke gelirinden sağladıkları pay da karşılarında belirtilmiştir. Örneğin ülke nüfusunun en fakir %20'lik kısmı ülke gelirinden ancak %5,2 kadar pay almaktadır. Tepedeki en zengin %20'lik nüfus ise, ülke gelirinin yarısını (%50) elde etmektedir.

Altındaki ikinci tabloda yer alan rakamlar, ilk tablodaki veriler aşağıya doğru toplanarak düzenlenmiştir.

Her Nüfus Diliminin Ülke Gelirinden Aldığı Pay

En Fakirden En Zengine Doğru Nüfus Yüzdeleri		**Her Nüfus Diliminin Ülke Gelirinden Aldığı, Yüzde Payı**
İlk	% 20	5.2
İkinci	% 20	9.6
Üçüncü	% 20	14.1
Dördüncü	% 20	21.1
Beşinci	% 20	50.0
Toplam	% 100.0	100.0

Eklemeli Olarak Her Dilimin Elde Ettiği Gelir Oranları

Yukarıdan Aşağıya Doğru Eklemeli Nüfus (%)	**Yukarıdan Aşağıya Doğru Eklemeli Gelir (%)**
20	5.2
40	14.8
60	28.9
80	50.0
100	100.0

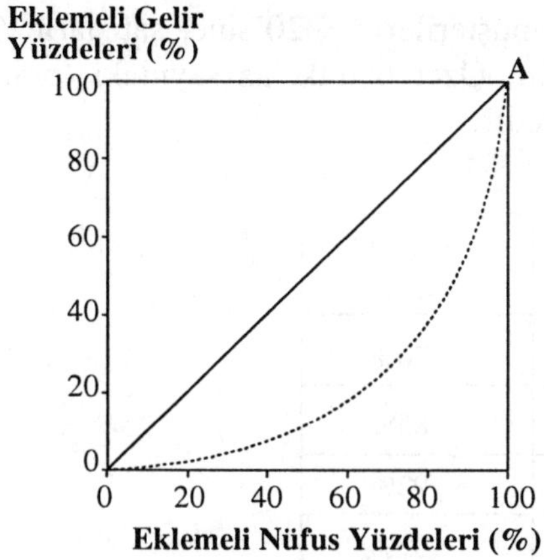

Şekil 75: Lorenz Eğrisi (Eklemeli Veriler Yardımıyla Çizilmiş Kesik Çizgili Eğri)

Bu tabloda nüfusun en fakir % 40'ı, ülke gelirinin % 14, 8'ini, nüfusun %60'ı ise gelirin %28, 9'nu, nüfusun %80'ni ise gelirin %50 elde etmektedir. Böylece eklenmiş rakamlar kullanılarak şekil 75'deki LORENZ EĞRİSİ çizilmiştir. 0A ekseni karenin köşegenidir. Karenin alt kenarı eklemeli nüfus yüzdelerini, karenin dik kenarı ise eklemeli gelir yüzdelerini göstermektedir. 5.2, 14.8, 28.9, 50.0 ve 100.0 gibi dikey eksenlerdeki gelir yüzdelerinin sırayla bunlara rastlayan %20, %40, %60, %80, %100 gibi nüfus yüzdeleriyle eşleştirilerek bulunan noktalar birleştirilerek noktalı eğri elde edilir. Bu eğri LORENZ eğrisi olup, köşegene ne kadar yakın olursa gelir dağılımı iyi, uzak olursa gelir dağılımı kötüleşiyor demektir. Yukarıdaki veriler; DİE'nin 1987 araştırmasından alınmıştır.

Şekil 75'deki LORENZ Eğrisini, bir ülkedeki tarım topraklarının çiftçiler arasında adil paylaşıp paylaşılmadığını anlamak üzere de düzenlenebilir. Bunun için aynı grafikte çiftçi nüfusun eklemeli yüzdelerini karenin alt kenarında, bu nüfus dilimlerinin sahip oldukları arazi oranlarını da karenin dikey kenarında (gelir ekseni yerine) işaretlemek yeterlidir. Böylece elde edilen toprak dağılımına ilişkin LORENZ eğrisi köşegene yakın olursa toprak dağılımı adil, eğri köşegenden ne kadar uzak ise toprak paylaşımı o derece bozuk demektir.

Karenin eksenlerini farklı isimlendirerek, LORENZ EĞRİSİ'ni köşegenin sol tarafında konumlandırmak olasıdır. Müşterilere satış oranlarına ilişkin aşağıdaki tabloda satış yüzdeleri ve müşteri yüzdeleri kullanılarak şekil 76'daki LORENZ EĞRİSİ elde edilmiştir. Eğri çizilirken en büyük müşteri grubundan en küçük müşteri grubuna doğru bir sıralama olduğu unutulmamalıdır. Lorenz eğrisine bakıldığında satışların %70'i müşterilerin %20'sine, satışların %85'i ise müşterilerin % 40'ına yapılmaktadır. Özet olarak, az sayıdaki (orandaki) müşteri, satışların çoğunu temsil etmektedir.

Müşterilerin Oranı	**Satıştaki Oranı**
20%	70%
40%	85%
60%	92%
80%	97%
100%	100%

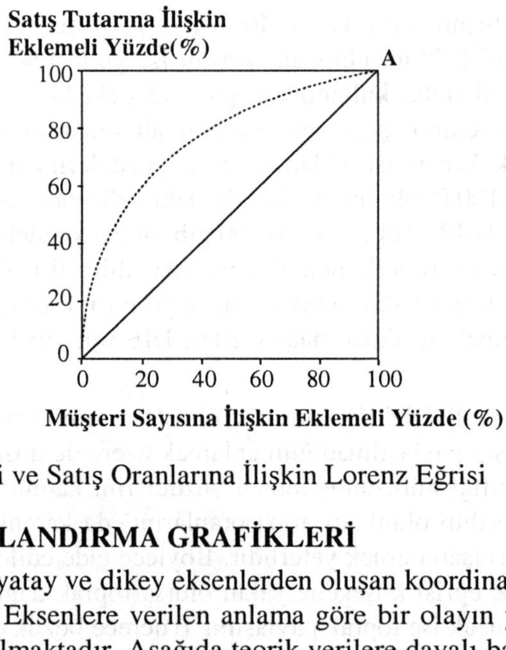

Şekil 76: Müşteri ve Satış Oranlarına İlişkin Lorenz Eğrisi

20. KONUMLANDIRMA GRAFİKLERİ

Bu grafikler, yatay ve dikey eksenlerden oluşan koordinat sistemi kullanılarak çizilmektedir. Eksenlere verilen anlama göre bir olayın yerleşimi veya konumu ortaya konulmaktadır. Aşağıda teorik verilere dayalı bazı örnek grafikler verilmiştir.

Şekil 77'de değişik otomobil markalarının iki boyutlu konumu kırmızı noktalarla gösrerilmiştir. Şekle göre fiyatı ve konforu en yüksek olan iki marka Porsche ve BMW' dir. Porsche fiyatta, BMW ise konforda daha üst düzeydedir.

Murat 124 ve Lada araçları ise konforu düşük ve fiyatı ucuz olan otomobillerdir.

Şekil 78'de ise çeşitli sabun markaları nem ve koku durumlarına göre konumlandırılmıştır. Yukarıdakine benzer yorumlar burada da yapılabilir. Grafiğe göre en nemli ve kokulu sabunun LUX, nemsiz ve kokusuz sabunun ise TARİŞ olduğu izlenimi verilmektedir.

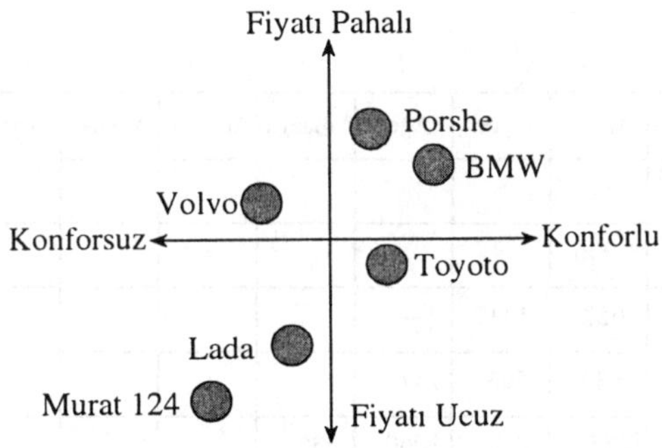

Şekil 77: Fiyat ve Konfora Göre Otomobillerin Konumu (Teorik)

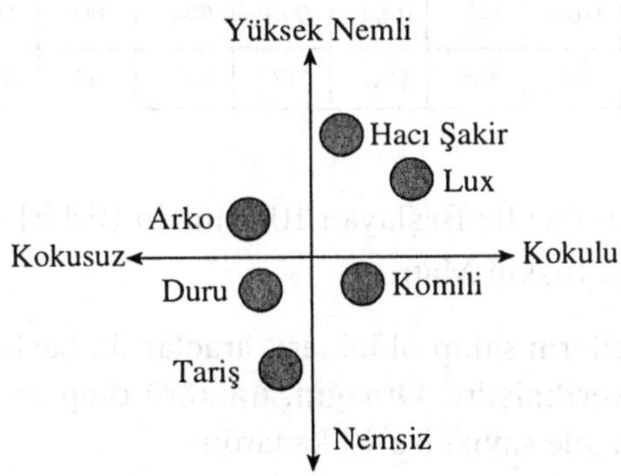

Şekil 78: Nem ve Koku Özelliklerine Göre Sabun Markalarının Konumu (Teorik)

21. MATRİKS GRAFİKLER

İki farklı eksende değişik iki özelliği yansıtmak üzere dörtgen ya da üçgen halinde çizilen grafiklerdir. Bunlardan en tipik olanı, şehirlerarası karayolu mesafelerini gösteren mesafe matriksleridir. Aşağıdaki şekil 79'da ülkemizde (A) harfi ile başlayan 10 ilimizin bir birlerine uzaklıkları km olarak matriks halinde verilmiştir. Şekilde, yandan AMASYA sırası ile, yukarıdan AĞRI sütunu kesiştirilerek okunan 737 değeri, bu iki ilin arasındaki karayolu uzaklığının 737 km olduğunu göstermektedir.

İLLER	Adana	Adıya.	Afyon	Ağrı	Amasya	Ankara	Antalya	Artvin	Aydın	Aksar
Adıyaman	333	–								
Afyon	573	906	–							
Ağrı	972	652	1317	–						
Amasya	611	636	593	737	–					
Ankara	490	755	257	1060	336	–				
Antalya	556	889	288	1453	874	545	–			
Artvin	1016	734	1256	380	709	999	1473	–		
Aydın	893	1026	347	1664	940	604	341	1603	–	
Aksaray	265	598	365	990	417	225	463	1010	685	–

Şekil 79: Baş Hafleri (A) İle Başlayan 10 İlimizin Birbirleriyle Olan Uzaklıklarına (km) İlişkin Matriks

Şekil 80'de çiftçilerin sahip oldukları araçlar ile besledikleri hayvan türlerine ilişkin matriks verilmiştir. Örneğin, traktörü olup da tavşan besleyen aile sayısı 20, at besleyen aile sayısı ise 40 kadardır.

	20	10	40
	30	25	14
	40	15	6

Şekil 80: Bir Bölgedeki 200 Çiftçinin Sahip Oldukları Traktör, Pulluk ve Otomobil gibi Araçlar İle Beslendikleri Tavşan, Koyun ve At Gibi Hayvanlara İlişkin Matriks

Şekil 81'de üç eksenli üçgen bir matriks görülmektedir. Her kenarın karşı köşeye uzaklığı eşittir ve eşit parçalara (oranlara) ayrılmıştır. Bu parçalar 10'dalık veya yüzdelik oranlar halinde olabilir. Her eksen sıfır düzeyinden başlar ve uzaklaştıkça yüksek miktarları ifade eder. Un, yağ ve şekerden yapılan bir pastanın hangi oranları içerdiğini aşağıdaki grafikten anlamak olasıdır. Soldaki ilk şekilde işaretli yer, pastanın yüksek oranda şeker (4/10 oranında), yağ ve unun her birinin ise yaklaşık 2/10 oranında olduğuna işaret etmektedir.

Ortadaki şekilde ise un, yağ ve şekerin eşit oranda olduğunu, en sağdaki şekilde ise pastada yağ ve şekerin az, unun ise yüksek oranda bulunduğunu anlamaktayız.

Üçlü değişkenlerin yol açtığı sonuçlar için benzer grafikler oluşturulabilir. Ekonominin gelişmesinde eğitim, sermaye ve doğal kaynakların payı; öğrencinin başarısında ailenin, okulun ve kişisel özelliklerin rolü aynı grafiklerle gösterilebilir. Benzer örnekler çoğaltılabilir.

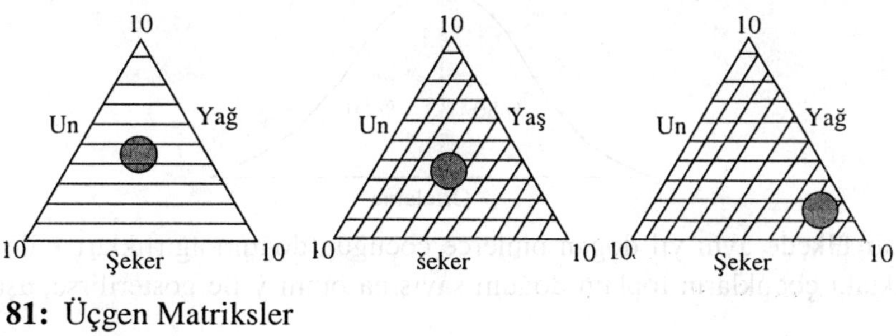

Şekil 81: Üçgen Matriksler

22. NORMAL DAĞILIM EĞRİSİ (ÇAN EĞRİSİ)

Normal dağılım eğrisi önemli olduğundan, ayrıntılı şekilde incelenmesinde yarar vardır. Ağırlık, boy, miktar, fiyat gibi ortaya çıkışları tesadüfe bağlı olan değişkenlere şans veya olasılık değişkeni adı verilir. Sürekli olasılık değişkenlerinin en önemli özelliği normal dağılımlı olmalarıdır. Normal eğri, çan eğrisi ve Gauss eğrisi eş anlamlıdır. Görünümü çan şeklinde olan eğrilere normal dağılım eğrisi adı verilir. Bir kısım doğal, sosyal veya teknik olgulara ilişkin veriler normal dağılım göstermektedirler. Çok sayıdaki bu veriler topluluğunun her biri kümedir. Bir ülkede bir yıl içinde doğan bebeklerin doğum ağırlıklarına göre oransal dağılımı, fabrikada üretimin hedeflenen normlara uygunluğu, aynı yıl dikimi yapılan yüzlerce fidanın bir süre sonunda boylarının dağılımı, öğrenci notlarının ya da piyasada çeşitli fiyatların seyri de normal dağılım gösterebilir. Bu tür veriler ortalamanın etrafında simetriktir. Başka bir değişle, verilerin yarısı ortalamadan büyük, yarısı da ortalamadan küçüktür. Böyle bir eğri, sağa veya sola çarpıklık göstermediği gibi, basıklık ölçüsü de sabittir. Matematik ifadeyle, çan eğrisinin moment çarpıklık katsayısı sıfır, basıklık katsayısı (ortalamanın dördüncü momenti) ise 3'tür. Birçok durumlarda normale yakın dağılımlar da normal varsayılarak, analizler normallik varsayımı ile tamamlanır. Şekilde, eğrinin tepe noktasından geçen eksen, eğrinin altında kalan alanı iki eşit parçaya bölmektedir. Eğri, sağda ve solda yatay ekseni kesmez. Bu eğrinin fonksiyonu yazılırken, yatay eksen x ile, dikey eksen y ile gösterilmektedir. x yapılan ölçümleri veya gözlemleri, y ise bu ölçümlere ilişkin oranları ya da olasılıkları temsil eder. Olasılıklar P ile gösterilir. Aynı olaya ilişkin tüm değişkenler çan eğrisi ile kapsandığından, bu değişkenlere ait olasılıklar toplamı 1'dir. Dolayısıyla, eğri ile x ekseni arasında kalan toplam alan da 1'dir. Böyle olunca, yatay eksende iki değer arasındaki alan integral yoluyla hesaplanarak, bu alandaki x değişkenlerine ilişkin olasılık bulunabilmektedir. İstatistik kitaplarındaki normal dağılım tabloları bu şekilde integral hesaplanarak düzenlenmiştir.

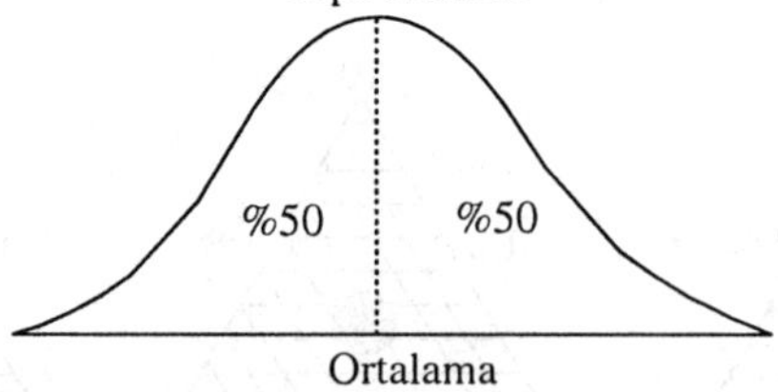

Bir ülkede aynı yıl doğan binlerce çocuğun doğum ağırlıkları x ile ve her ağırlıktaki çocukların toplam doğum sayısına oranı y ile gösterilirse, aşağıdaki şekildeki gibi, çan eğrisinin nasıl oluştuğu ortaya çıkar. Yeni doğan bebeklerin doğum ağırlığı ortalamasını 2.5 kg kabul edersek, çan eğrisi 2.5 kg'ın sağında ve solunda simetrik durumdadır. Doğum ağırlıklarına ait kümenin ortalamasını m harfi ile, standart sapmasını s ile gösterdiğimizde; N = kümedeki toplam birim sayısı, e = 2.71828.... olan doğal logaritma katsayısı, p = 3.14159 olan pi katsayısını da kullanarak çan eğrisinin fonksiyonu aşağıdaki gibi yazılabilir:

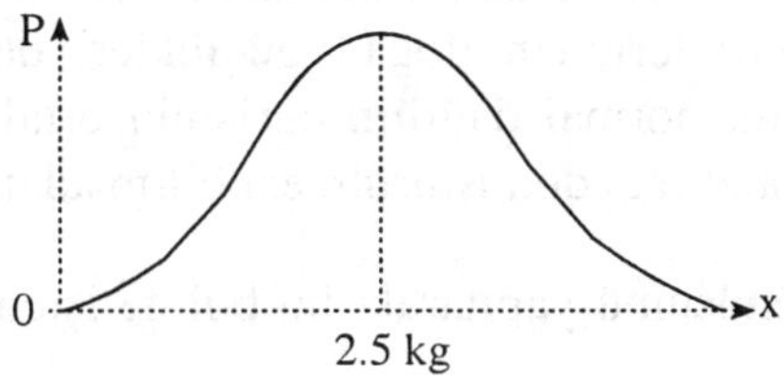

$$y = f(x) = \frac{N}{s\sqrt{2\pi}}\, e^{\frac{-(x-m)^2}{2s^2}}$$

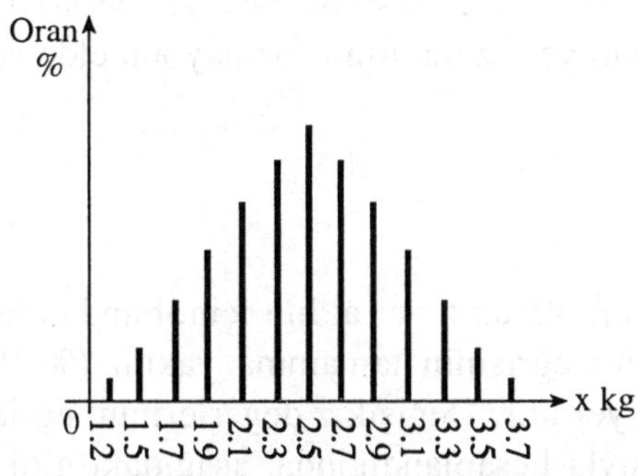

Bebeklerin Doğum Ağırlıklarına İlişkin Çubuk Diyagram

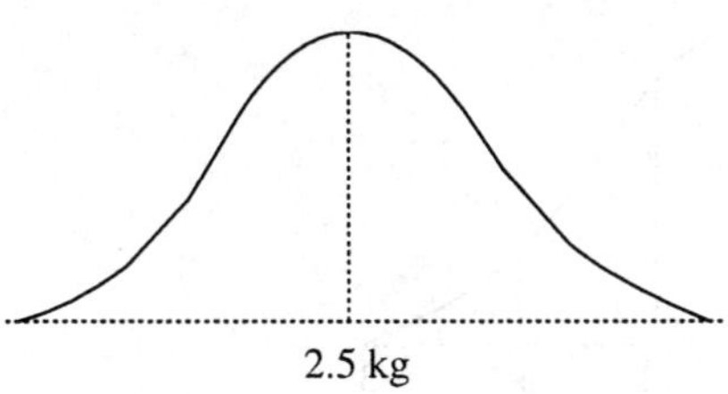

Çubuk Diyagramdan Elde Edilen Çan Eğrisi

Bu fonksiyonda incelenen x olayı, şans değişkeni, yani olasılık değişkenidir. Teknik, ekonomik, sosyal, canlılar ve doğayla ilgili birçok olay rastgele oluşur ve şans değişkenidir. Çocukların doğum ağırlıkları da böyledir. Teorik olarak kümedeki birim sayısı sonsuz kabul edildiği için, çan eğrisi x eksenini, ortalamanın sağında ve solunda kesmez varsayılır. Ancak, alt kümelerde veya büyük örneklerde N sayısı ne ise yazılır ve dikkate alınır. Yukarıda denklemi yazılan normal dağılımın ortalaması m ve standart sapması s'dir. Her dağılım bu iki özelliği ile bilinir. Çünkü her kümenin ortalaması ve standart sapması birbirinden farklıdır. Ölçü birimlerinden doğan güçlükleri de dikkate alarak olayı daha basitleştirmek için; normal dağılım eğrisinin ortalaması sıfır ve standart sapması 1 olan bir yazılıma dönüştürülmesi bilim adamlarınca keşfedilmiştir.

Bu $\frac{x-m}{s}$ amaçla dönüşümü yapılarak, bu bölme işleminin sonucu z simgesi ile gösterilmiştir. Bir kısım x değerleri ortalamadan küçük olduğu için, z değeri (+) veya (-) değerler alabilir. Bu nedenle aşağıdaki gibi yazılabilmektedir:

$$\pm z = \frac{x-m}{s}$$

Bu şekilde z dönüşümü, normal dağılım fonksiyonunda yerine konularak, ortalaması sıfır, standart sapması 1 olan yeni z dağılımı fonksiyonu elde edilmiş olacaktır:

$$y = f(z) = \frac{1}{\sqrt{2\pi}} e^{\frac{-z^2}{2}}$$

Bu fonksiyonda bağımsız değişken olarak z yer aldığı için, bundan böyle z dağılımı olarak anılacaktır. z dağılımı eğrisinin tamamına yakını (% 99.73), z = - 3 ile z = + 3 değerleri arasında yer alır. Değişik z değerlerinin, eğrinin ne kadar alanını kapsadığı, integral yoluyla hesaplandığında, aşağıdaki gibi belirgin durumlar saptanabilmektedir:

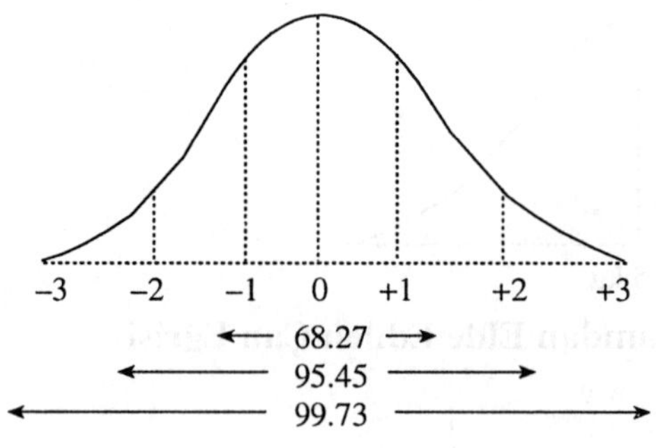

z = - 1 ile z = + 1 arasında kalan alan, eğri altındaki tüm alanın % 68.27'sini,

z = - 2 ile z = + 2 arasında kalan alan, eğri altındaki tüm alanın % 95.45'ini,

z= - 3 ile z = +3 arasında kalan alan, eğri altındaki tüm alanın % 99.73'nü oluşturmaktadır.

Buradaki oranlar, öğrenci çalışmalarında yuvarlaklaştırılarak % 68, %95 ve %99 olarak kullanılmaktadır. z değerleri ile standart sapmalar arasında bir ilişki vardır. Kümenin standart sapması (S), aşağıdaki formülle hesaplanır:

$$S = \sqrt{\frac{\Sigma(x-m)^2}{N}}$$

Yeni doğan çocuklara ilişkin örnekte, binlerce çocuğun doğum ağırlığı ortalaması m = 2.5 kg ve standart sapması s = 0.5 kg bulunmuş ise, ortalamanın sağında ve solunda + 1 ve – 1 değerleri arasında tüm bebeklerin % 68'i yer alıyor demektir. Çünkü, z = (x-m)/s dönüşümünde, x = 3 kg ve m = 2.5 kg yazılarak;

$$z = \frac{3\,\text{kg} - 2.5\,\text{kg}}{0.5\ \text{kg}} = +1$$

ve ortalamanın sol tarafı için de aynı şekilde x = 2 kg, m = 2.5 kg yazılarak;

$z = \frac{x-m}{S} = \frac{2-2.5}{0.5} = \frac{-0.5}{0.5} = -1$ bulunur. –1 ile +1 değerleri arasında toplam eğri alanının yaklaşık % 68'inin yer aldığı daha önce belirtilmişti.

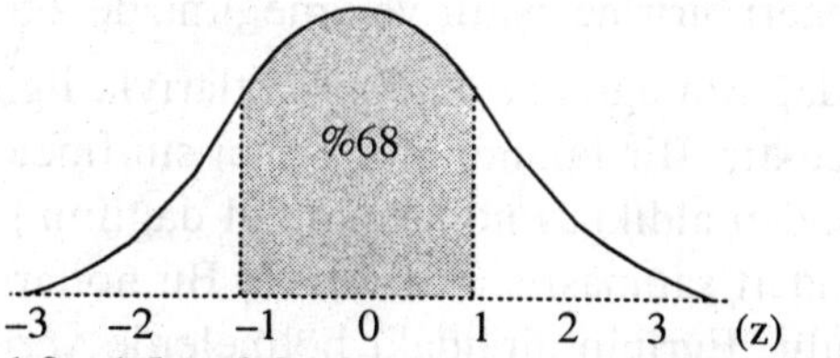

z = -2 ile z = +2 değerleri arasında (ortalamanın sağında iki adet 0.5 kg ile solunda iki adet 0.5 kg mesafede) tüm kümenin % 95'i yer aldığından, bu demektir ki 1.5 kg ile 3.5 kg arasında tüm bireylerin % 95'i; aynı şekilde z = -3 ile z = +3 değerleri arasında (sağda ve solda 3 standart sapma mesafede) tüm kümenin % 99'u yer almaktadır. x ile temsil edilen doğum ağırlıklarını kullanarak, yukarıdaki oranları aşağıdaki gibi grafik üzerinde işaretlemek yararlı olacaktır.

Ortalamaya göre simetrik olan bu eğriye bakarak aşağıdaki sonuçları yazmak olasıdır:

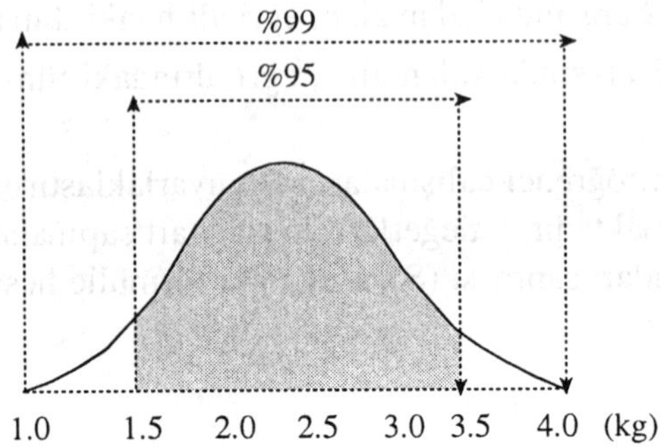

1. 2.5 kg ile 3.0 kg arasında, tüm bebeklerin % 34'üyer alır. Çünkü 68'in yarısı % 34'tür.
2. Ortalamanın sağında 2 z ile 3 z arasındaki alan 99/2 - 95/2 = %2'dir. O halde 3.5 ile 4 kg arasında ağırlığa sahip olan bebekler, söz konusu ülkede aynı yıl doğan tüm bebeklerin (kümenin)%2'si kadardır.
3. 4 kg'dan ağır gelen çocukların oranı yaklaşık % 0.5 olup, bu oran 1 kg'dan hafif doğan çocukların oranına eşittir. Çünkü bu ağırlıklar, -3 ve +3 z değerlerinin dışında kalan alan olup, toplamı %1 kadardır.
4. Çocukların yarısı 2.5 kg'dan ağır, yarısı da 2.5 kg'dan hafif olarak doğmuşlardır.
5. Tüm bu özellikleri nedeniyle, normal dağılımın ortalaması, ortanca değeri ve tepe değeri biririne eşittir ve örneğimizde 2.5 kg'dir.

Standart normal dağılım eğrisini öğrenci notlarıyla ilgili başka bir örnekle açıklamak yararlı olacaktır. Bir fakülte'nin birinci sınıfında okuyan 800 öğrencinin matematik dersinden aldıkları notlar normal dağılım göstermekte ve ortalaması m = 60 ve standart sapması s = 10 olsun. Bu notların dağılımına ilişkin aşağıdaki eğri çizilebilir. Eğrinin altındaki bölmelerde yer alan sayılar, o bölmenin % oranını göstermektedir. Bu verilere bakarak aşağıdaki sonuçlar yazılabilir:

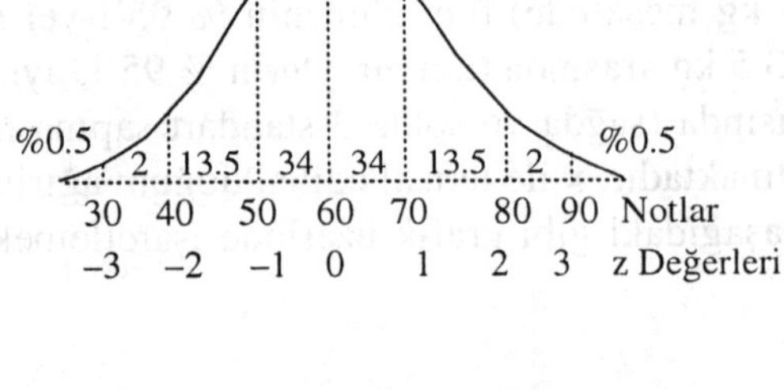

1. 800 öğrencinin yarısı 60'tan yüksek not almıştır.
2. 40 nottan az alan öğrencilerin oranı % 2.5 kadardır.
3. 70 ve yukarı not alanlara ödül verilecek olursa, kaç öğrencinin ödül alacağı, şekilde 70'in sağındaki bölmelerde yer alan sayıların toplanmasıyla; 13.5 + 2.0 + 0.5 = %16 bulunan bu oranın toplam öğrenci sayısına uygulanmasıyla, 800 x 0.16 = 128 öğrencinin ödül alacağı bulunmuş olur.

Eğrinin altındaki % oranları, olasılık halinde P olarak yazılacak olursa, tüm olasılıklar toplamı, yani eğrinin altındaki toplam alan, tüm bireyleri kapsayacağından P = 1 olur ve bölmelerdeki % değerleri P olasılıkları halinde aşağıdaki gibi yazılabilir:

1. 0 ile 1 z arasındaki bireylerin olasılığı P = 0.34 (%34),
2. 0 ile 2 z arasındaki bireylerin olasılığı P = 0.475 (%47.5)
3. 0 ile 3 z arasındaki bireylerin olasılığı P = 0.495 (%49.5)

Eğri simetrik olduğundan, eğrinin sol tarafındaki -z değerleri için de aynı olasılıklar geçerlidir. İstatistik ders kitaplarından, z dağılımı ve z tablosu ile ilgili ayrıntılı bilgiler elde edilebilir.

23. LOGARİTMİK GRAFİKLER

Logaritma bir kısım matematik işlemlerin kolayca yapılmasını sağlar. Üslü, karekök veya küp köklü karmaşık işlemler anlaşılır ve kolayca grafiklenebilir hale getirilmektedir. 10 tabanlı logaritmayı anlatmaya yarıyan en basit işlem şöyledir:

102=100

log100=2

O halde, 100 sayısının logaritmasının 2 olması, 10 rakamının üssü ne olmalıdır ki 100 elde edilebilsin demektir. Burada; 100 = logaritması hesaplanan sayı, 10 = taban sayısı, 2 = logaritmik değer, yani 100 sayısının logaritmasıdır. Logaritmanın tersi olan işlem ile antilogaritma hesaplanır. Yukarıdaki örnekte 2'nin antilogaritması 100'dür.

103=1000

log1000=3

Log 1000 = 3 eşitliğinde ise, 1000 sayısının logaritması 3'tür. Yani, 1000 sayısını elde etmek için 10 sayısını 3 kez birbiriyle çarpmak gerekmektedir

Sayıların logaritmaları, ilgili hazır cetvellere bakılarak anlaşılır.

(1) $K=K_0.q^n$ eşitliğinde; K_0 = şimdiki kapital,

q = faiz artışı oranı (katsayısı),

n = yıl sayısını gösterdiğine göre,

K = n yıl sonra sermayenin ulaşacağı miktardır.

n yıl sonra sahip olunacak sermaye miktarı K, her iki tarafın logaritması alınarak, yukarıdaki üslü eşitlik, doğrusal eşitlik haline getirilir ve çözümler basitleştirilebilir:

(2) $LogK = logK_0 + nlogq$

Bu ise, y = a + nx gibi bir doğru denklemidir ve işlemler basitleşmiştir. Çünkü bu son eşitlik y = a + bx klasik doğrusal denklemle aynıdır.

(1) nolu denklemin grafiği eğrisel iken, (2) nolu denklem doğrusal bir grafikle gösterilebilir. Burada K, K_0 ve q değerlerinin kendileri değil de, cetvellerden alınmış logaritmaları kullanılmaktadır.

Logaritmik grafiklerde kullanılan veriler, logaritması alınmış rakamlardır. Yatay ve dikey eksenlerden yalnızca birisinde logaritmik veriler kullanılmışsa grafik YARI LOGARİTMİK, her iki eksende logaritması alınmış veriler varsa TAM LOGARİTMİK GRAFİK adı verilir. Logaritmik grafikler, oransal verilerin kullanılması durumunda daha gerçekçi sonuç vermektedirler. Büyüme hızları, faiz oranları, fiyat artış yüzdeleri (enflasyon oranları) gibi verilerin analizinde ve grafiklenmesinde logaritmik grafikler çok elverişlidir.

Normal grafiklerde eksenler mutlak rakamlardır ve değişmeleri gösteren rakamlar da aynı birimle gösterilmektedir. Ancak, yüzde değişmeler (oransal değişmeler) logaritmik değerlerle kolayca ifade edilebilmektedir. Böylece çizimi daha zahmetli olan eğrisel görünüm, doğrusal hale dönüştürülmüş ve çizilmesi de kolaylaşmış olmaktadır.

Aşağıda 10'a kadar sayıların alt kısmına logaritmik değerleri yaklaşık olarak yazılmıştır. Mutlak sayılar aynı miktarlarda birer birer artmasına karşılık, logaritmik karşılıkları giderek azalan miktarlarda artış göstermektedir. Sayı 1'den 2'ye artarken, laogaritması 0.3 artış göstermekte iken ; 9 ila 10 arasındaki logaritma artışı 1.0-0.95 = 0.05 kadardır. 0.05 ile baştaki 0.3 arasındaki fark çok büyüktür.

Sayıların Mutlak Değerleri	0	1	2	3	4	5	6	7	8	9	10
Sayıların Logaritmaları	0	0	0.3	0.48	0.6	0.7	0.78	0.84	0.9	0.95	1.0

Mutlak sayıların her birinin ikiye katlanması (%100 artış) ve logaritmik sayıların ikiye katlanması ile oluşan artışın görünümü aşağıda verilmiştir. Mutlak sayılardaki artış hızlı iken, logaritmik artışların yavaş yavaş olduğu izlenmektedir.

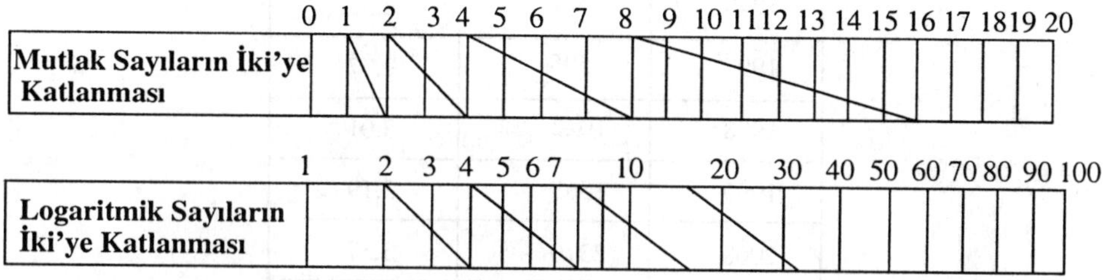

Aşağıda, mutlak ve logaritmik değerlerde 5'erlik artışların görünümü verilmiştir. Mutlak sayılarda eşit iken, logaritmik değerlerde artışlar giderek azalan mesafeleri yansıtmaktadır.

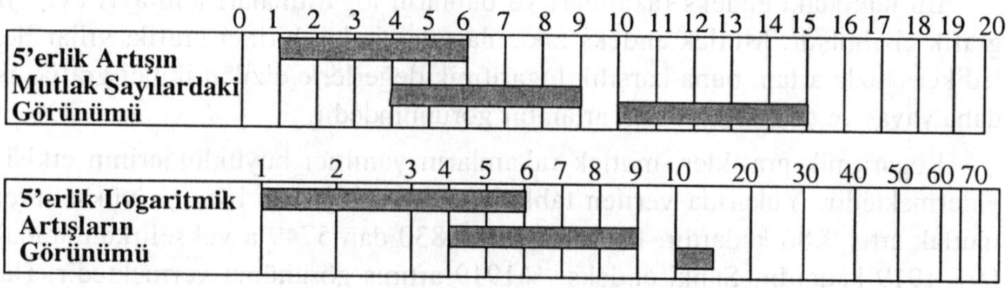

Türkiye'de 1984-2002 yılları arasındaki fiyat artışları Devlet İstatistik Enstitüsü yayınlarından alınarak aşağıda verilmiştir. Tablodan görüldüğü gibi, 1994 yılında 100 olan endeks, 1995'te 186'ye, 1996'da 327'ye ve nihayet 2002 yılında ise 5749'a ulaşmıştır.

Yıllar	Fiyat Endeksi (1994 = 100)	Endeksin Logaritması
1994	100	2.00
1995	186	2.27
1996	327	2.51
1997	595	2.77
1998	1022	3.01
1999	1565	3.19
2000	2370	3.37
2001	3830	3.58
2002	5749	3.76

Aynı tablonun son sütununda ise, endekslerin logaritmaları hesaplanarak tabloya eklenmiştir. Logaritmik değerler olarak fiyatlar 1994'te 2 iken, 2002 yılında yalnızca 3.76'ya yükselmiştir.

Bu tablodaki endeks rakamları ve bunların logaritmaları için ayrı ayrı iki grafik çizilmiştir. Mutlak endeks rakamlarıyla çizilen birinci grafik, yıllar ilerledikçe hızla artan, buna karşılık logaritmik değerlerle çizilen ikinci grafik ise daha yavaş ve doğrusala yakın artan bir görünümdedir.

Logaritmik grafikler, mutlak rakamların yanıltıcı büyüklüklerinin etkisini gidermektedir. Yukarıda verilen tabloda endeks 100'den 186 'ya yükselirken, mutlak artış %86 kadardır. Buna karşılık 3830 dan 5749'a yükselirken aradaki fark 1919 kadardır. Sanki endeks %1919 artmış görünümü vermektedir. Halbuki 3830'dan 5749'a olan artış yalnızca %50 kadardır. Yukarıdaki tabloda yer alan mutlak endeks ve logaritmik değerler kullanılarak çizilen aşağıdaki iki grafik birbirinden çok farklı görünümdedir. Logaritmik grafik doğrusala çok yakındır. Bu nedenle ileriye dönük tahminler daha kolay yapılabilir.

Tam logaritmik grafiklerde her iki eksende de logaritmik değerler kullanılır. Logaritmik değerler, mutlak değerlere göre küçülmüş veriler olduğu için, grafiklerini düzenlemek ve çizmek kolaylaşmaktadır.

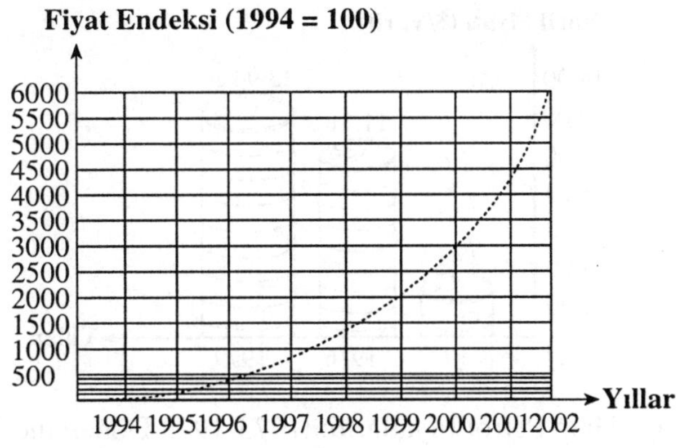

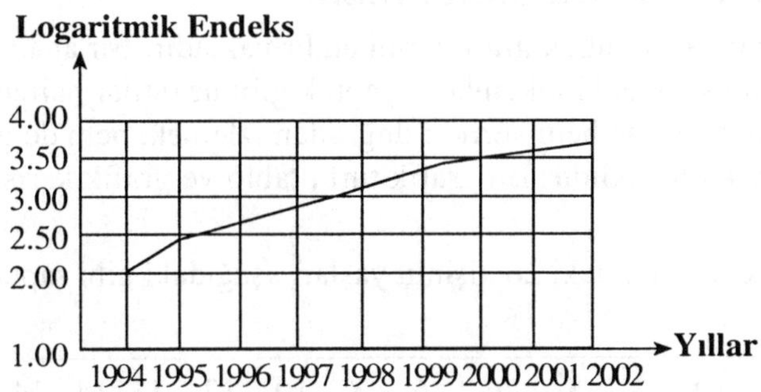

24. ŞEKİL'li veya RESİM'li GRAFİKLER

Konuyla ilgili şekil ve resimlerin kullanıldığı grafiklerdir. Ham petrol üretiminin varil şeklinde çizimlerle gösterilmesi gibi. Ülkenin ordusundaki asker sayısının silahlı ve üniformalı resimlerle, eşya ve ürün şekillerinin üretim ve tüketimle ilgili olarak kullanılması, öğrenci, işçi, işveren tiplerinin resim veya şekil halinde kullanılması örnek olarak verilebilir.

Resimli grafiklerin çizimine özel dikkat gösterilmelidir. Görünümleri dikkat çekici olursa, kolayca anlaşılır ve yorumlanabilir. Ancak seçilen resmin konuya uygun ve orantılı boyutta olması, temsil edici olması, okuyucu ve dinleyici gibi ilgili ortamın bilgi ve eğitim düzeyine uygun olması gerekmektedir.

Aşağıda dünya petrol fiyatlarının seyri, varil büyüklükleri yardımıyla anlatılmaya çalışılmıştır.

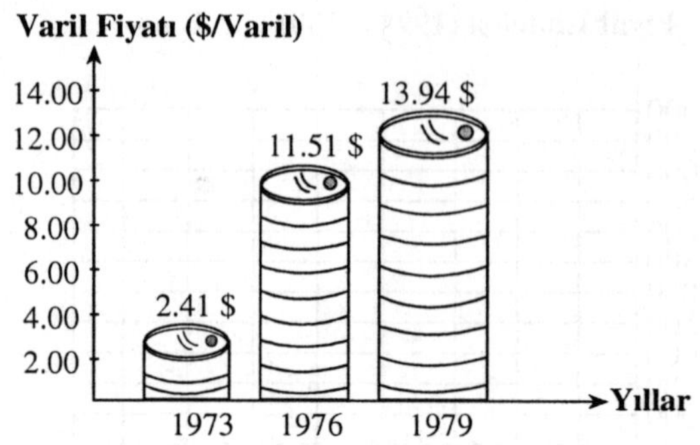

Şekil 82: Dünya Ham Petrol Fiyatlarının1973-1979 Dönemindeki Seyri

25. DAL ve YAPRAK GRAFİKLERİ

Görünümü yatay çubuk grafiklerini andırmaktadır. Bir ana rakam esas (dal) alınarak, bunun sağındaki rakamların yaprak gibi uzantılar hâlinde yazılmasıdır. Eldeki veri adedi az ise hem verileri doğrudan izlemek, hem de görünümden bir fikir elde etmek olanaklıdır. Bu grafik türü, tablo ve grafik karışımı bir görüntü vermektedir.

Bir tiyatro salonundaki 26 kişinin yaşları aşağıdaki gibi saptanmış olsun:

12	19	3	5	26	6	8	10	17	13	14	14	20
34	15	30	18	21	17	15	6	25	33	22	16	8

Yukarıdaki verilerin yaş sınıflarına göre gruplanması yapılırsa aşağıdaki dağılım tablosu elde edilir.

Yaş Grubu	Kişi Sayısı	Kişilerin Sıralanmış Yaşları
0-9	6	3-5-6-6-8-8
10-19	12	10-12-13-14-14-15-15-16-17-17-18-19
20-29	5	20-21-22-25-26
30-39	3	30-33-34

Bu tablonun dal-yaprak grafiği aşağıdaki gibidir. Onlar basamağındaki rakam sol tarafta çizginin dışına yazılarak, onu tamamlayan birler basamağı sırayla dal basamağın sağına uzantı hâlinde yazılmaktadır.

0	3 5 6 6 8 8
1	0 2 3 4 4 5 5 6 7 7 8 9
2	0 1 2 5 6
3	0 3 4

Şekil 83: 26 Kişinin Yaş Dağılımına İlişkin Dal-Yaprak Grafiği

26. GRAFİK ÇİZİMİNDE YAPILAN HATALAR VE YANILMALAR

Grafik çiziminde birçok hatalar yapılabilir. Yanlış anlamalara yol açan şekil ve görüntüler ortaya çıkabilir. Gözetilen amaçtan çok farklı sonuçlar doğabilir. Ya da estetik bakımdan iyi olmayan bir görüntü oluşabilir. Grafik çiziminde önemli olan **DÖRT** ögeyi unutmamalıyız:

- **Amaç**
- **Kullanılacak Veriler**
- **Hitap Edilen Kitle**
- **Çizim İçin Var Olan Teknik Olanaklar**

Her şeye rağmen ortaya konulan grafiğin basit, kolayca görülebilen ve anlaşılabilen, amaçlanan mesajı veren ve estetik duruşu olan bir eser olmalıdır.

Belirtilen dört ögeyi gözetmeyen ve gerekli özelliklerden birini veya birkaçını taşımayan grafikler eksik veya hatalı sayılır.

Grafik çiziminde karşılaşılan başlıca hatalar veya eksikler aşağıda kısaca belirtilmiştir:

a. Grafik çiziminde en önemli konu ÖLÇEKLEMENİN hatalı yapılmamasıdır. Gerek koordinat sisteminin kullanılmasında, gerekse resim ve krokilerde ölçeklerin iyi seçilmesi ve hatalı kullanılmaması gerekir. Optimal ölçeklendirme şarttır.

b. Grafiğin sayfa ve metin içerisinde KONUMLANDIRMASI iyi yapılmalıdır. Bir sayfanın tamamı bir grafiğe ayrılacaksa, sayfa düzenlemesinin uygun olmasına dikkat etmelidir. Grafiğin büyüklüğü sayfayla orantılı olmalı, sayfanın kullanılabilir alanını grafik doldurmalıdır. Çok küçük kalmış veya boş sayfanın bir tarafına yaslanmış durumda olmamalıdır. Sayfanın kenar boşlukları da uygun şekilde ayarlanmalıdır.

c. Metin içerisinde grafiğe gönderme yaparak, grafik adı veya numarası ile açıklamaya başladıktan sonra, grafik için yeterli yer ayrılmalı ve uygun ölçekte yer olması sağlanmalıdır. Numarası ve adı ile metin içerisinde grafik kaybolmamalıdır. Grafikle beraber olan yazı ve açıklamalar için uygun bir yazı formu seçerek, metinle karışması önlenmelidir.

d. Grafiğin tam anlaşılmasını engelleyen gerekli açıklamalar, bilgiler ve birimler unutulmamalıdır. Grafik numarası ve grafik adı, kesinlikle grafiğin altında ve grafiğe uygun bir mesafede yazılmış olmalıdır. Bu amaçla grafik adı farklı bir punto ve koyulukta yazılmalıdır.

e. Grafikle ilgili sayılar ve ölçüler uygun şekilde yuvarlaklaştırılarak, çok ayrıntıya gitmeden verilmelidir. Genellikle milyon, milyar ve ton kısaltmaları yapılmalıdır.

f. Aynı grafikte çok sayıda ve farklı özellikte şeklin yer alması anlamayı zorlaştırır. Grafik açık ve net olmaktan çıkar.

h. Aldatıcı görünümlerden kaçınmalıdır. Şekil ve resimlerin görünümleri ve birbirleriyle orantıları bakımından aldatıcı izlenim vermemelidir.

Aşağıda verilen grafiklerin tümü hata ve eksiklere sahiptir.

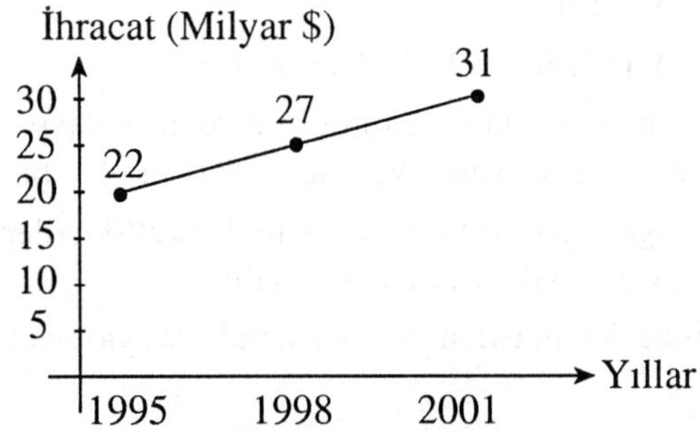

Şekil 84: Türkiye'nin 1995-2001 Yılı İhracat Miktarları

Hata: Ölçeklendirme; grafik çok yukarda kalmış ve grafiğin adı tüm yılları kapsadığı halde ara yıllara ilişkin veri yok.

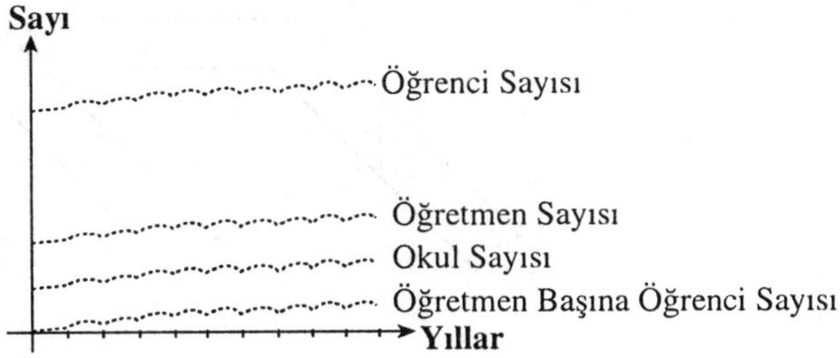

Şekil 85: Yıllara Göre Millî Eğitimde Gelişmeler

Hata: Çok ölçekli ve çok sayıda eğrinin aynı grafikte yer alması

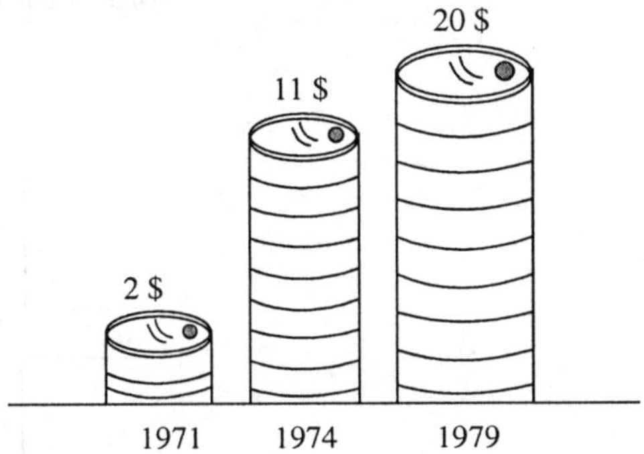

Şekil 86: Ham Petrol Fiyatlarının Seyri (Varil Başına $)

Hata: Varil büyüklükleri fiyatlarla orantılı değil, aldatıcı.

Şekil 87: Devlet Demir Yolları ve Kara Yolu ile Taşınan Yolcu Sayıları

Hata: Biri diğerinin kaç katı yolcu taşıdığı belirli değil ve hangi ülke ve yıla ait grafik olduğu belirtilmemiş

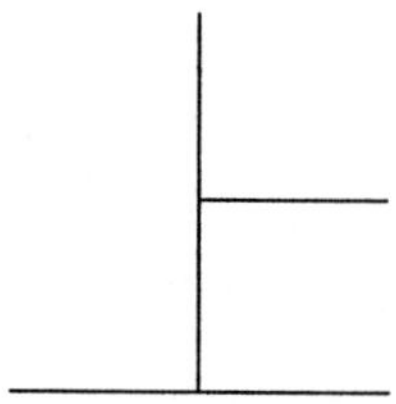

Şekil 88: Her Üç Doğru Aynı Uzunlukta
Hata: Ancak farklı uzunlukta görünümü var.

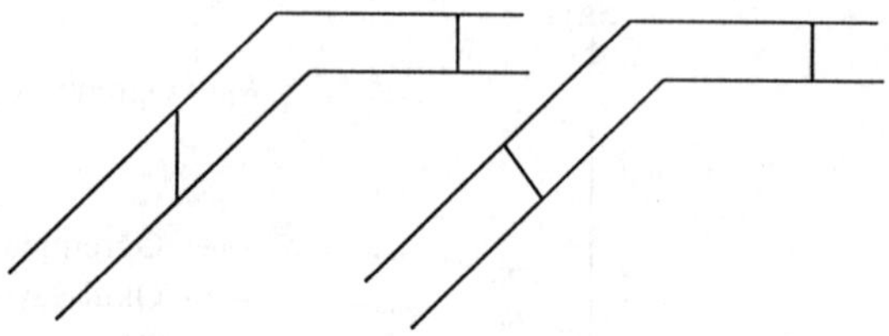

Şekil 89: Dikey Çizgiler Aynı Uzunlukta
Hata: Dikey çizgiler farklı uzunlukta görünümü var.

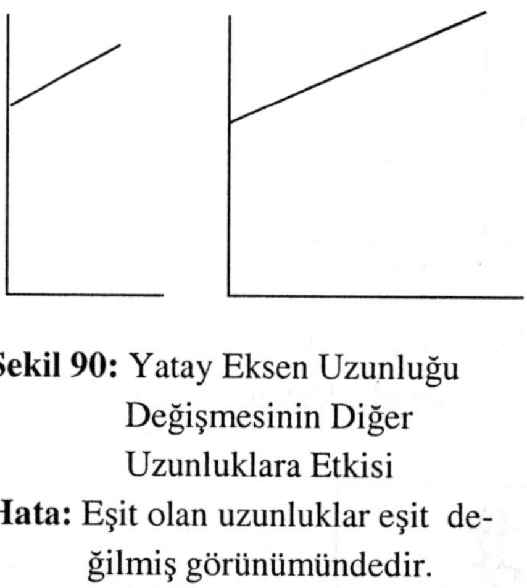

Şekil 90: Yatay Eksen Uzunluğu Değişmesinin Diğer Uzunluklara Etkisi
Hata: Eşit olan uzunluklar eşit değilmiş görünümündedir.

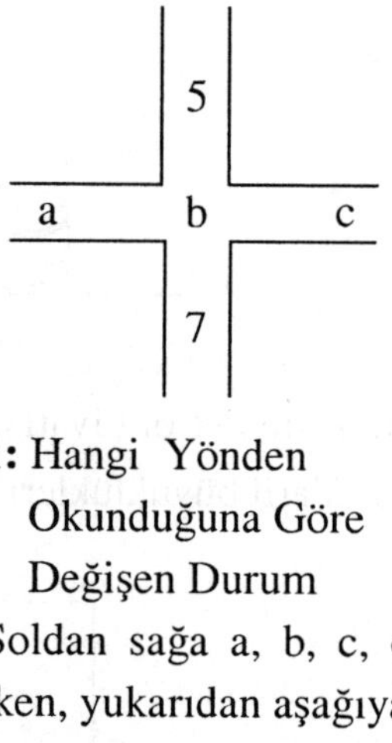

Şekil 91: Hangi Yönden Okunduğuna Göre Değişen Durum
Hata: Soldan sağa a, b, c, okunurken, yukarıdan aşağıya 5, 6, 7 okunmaktadır

Koordinat ekseninin yanlış seçilmesine ve kullanılmasına örnek olarak aşağıdaki veri ve grafikler verilebilir.

Rastgele seçilen 5 kişinin yaşları ve her gün kaç saat T.V. izledikleri aşağıda verilmiştir.

Kişi No	Yaşı	TV izleme (Saat)
1	20	3
2	35	4
3	30	5
4	20	2
5	40	1

Eksenleri hatalı işaretlemek ve ölçekleme ile ilgili aşağıdaki durumlar ortaya çıkabilir.

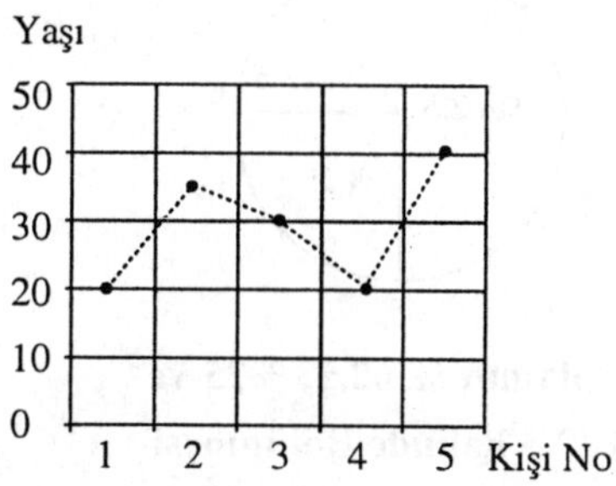

Hatalı Grafik Türü (Çizgi Grafik Uygun değil.

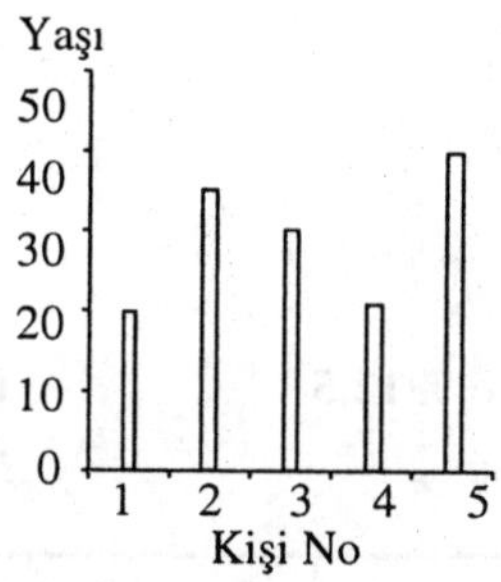

Çubuk Grafik Daha Uygun

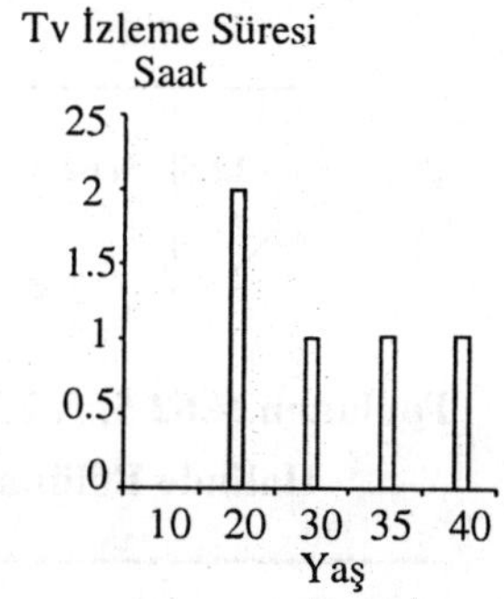

Eksenleri Değiştirilmiş Çubuk Grafik (Eksenler Hatalı)

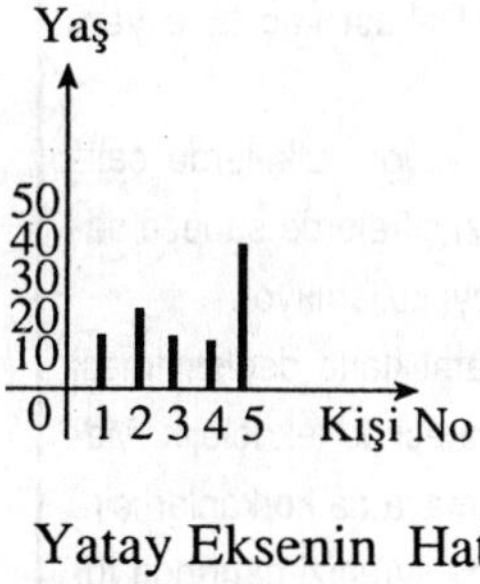

Yatay Eksenin Hatalı Ölçeklenmesi (Grafik sola dayalı)

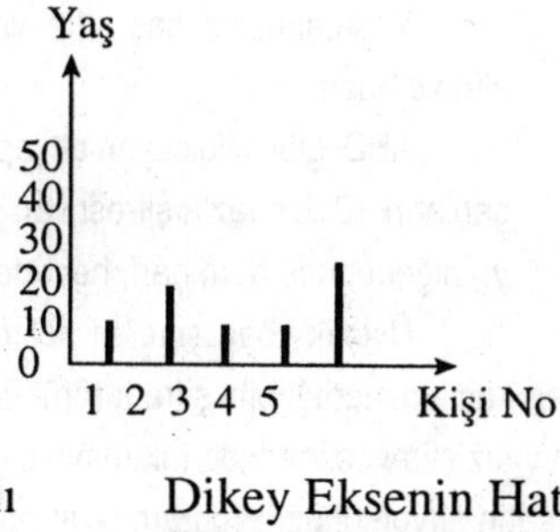

Dikey Eksenin Hatalı Ölçeklenmesi (Grafik aşağıya sıkıştırılmış)

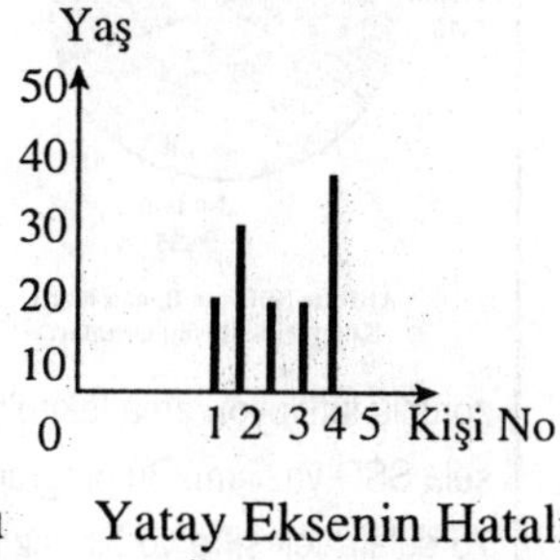

Yatay Eksenin Hatalı Ölçeklenmesi (Grafik sağda kalmış)

HATALI

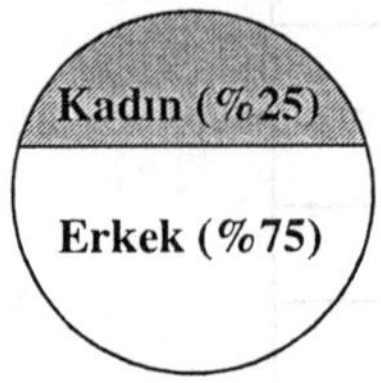

Deneklerin Dağılımına İlişkin Hatalı Bölümleme

DOĞRU

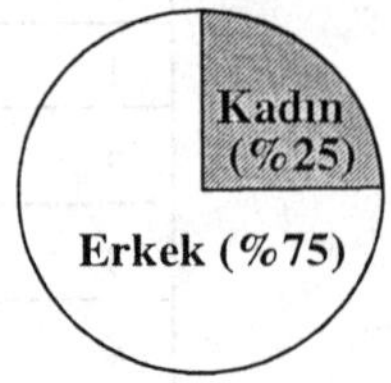

Deneklerin Dağılımına İlişkin Doğru Bölümleme

HATALI

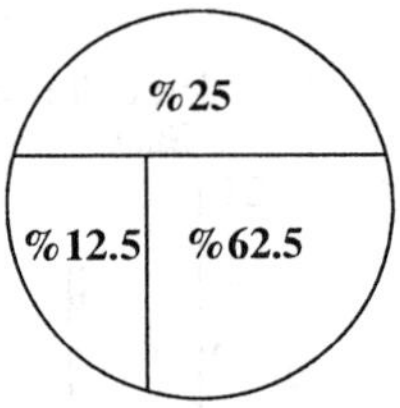

Toplamın %62.5, %25 ve %12.5 Halinde Bölünmesi

DOĞRU

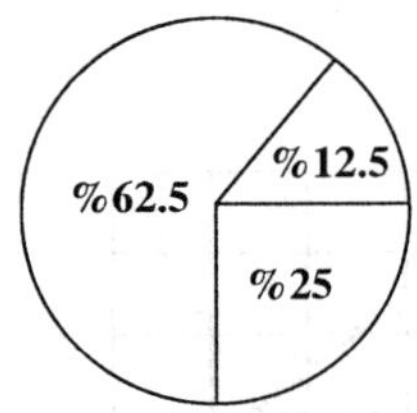

Toplamın % 62.5, %25 ve %12.5 halinde Bölünmesi

OKUMA PARÇASI: Teknoloji ve Yaşam

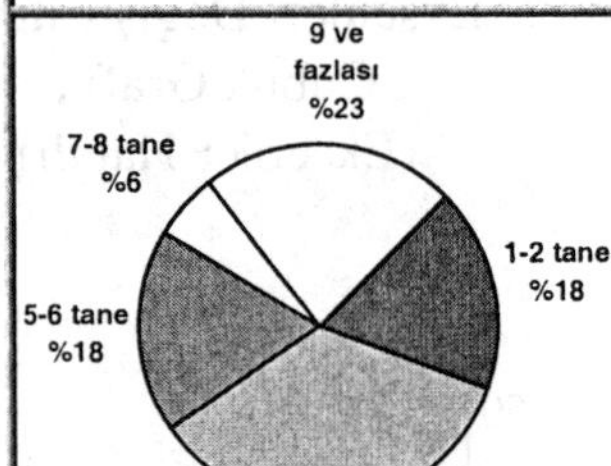

ABD'de Nüfusun Banka Kartı Sahipliğine İkişlin Oranları

AÇIL SUSAM AÇIL

Sizin kaç şifreniz var? Soru mecazi değil, tam tersine fevkalade fiziki. Banka kartınız, bilgisayarınız, posta hesabınız, chat odanız.

Yaşamımızda kaç şifre var? Dahası kaç tane yeni şifreye hazırsınız?

ABD gibi bilgisayar altyapısı yaygın ülkelerde çalışanların 10'dan fazla şifresi var. Bazı şifrelerde sadece sayı, diğerlerinde hem harf, hem de sayı kullanılıyor.

Üstelik çoğu şifrenin belireli aralıklarla değiştirilmesi zorunlu tutuluyor. ama teknolojiden kaçış olmadığı gibi şifre terörünün çaresi de teknolojik. Mesela SSO yazılımı. Bu program sayısız şifreyi ezberinde tutamayan, yazmaya da korkanlar için. 75 dolara tek şifre ve bir yazılım satın alıyorsunuz. Program sizin onlarca şifrenizi hatırında tutuyor. Siz tek şifre giriyorsunuz, program geçerli şifreye dönüştürülüyor. Çocukluğunda duyduğu tek şifre "açıl susam açıl" olan orta yaş için dijital hayatın kabusa dönüşmesi rastlantı değil.

Hürriyet Gazetesi 06.11.2005

OKUMA PARÇASI: Teknolojik Hız

HAVACILIK TARİHİNİN KİLOMETRE TAŞLARI

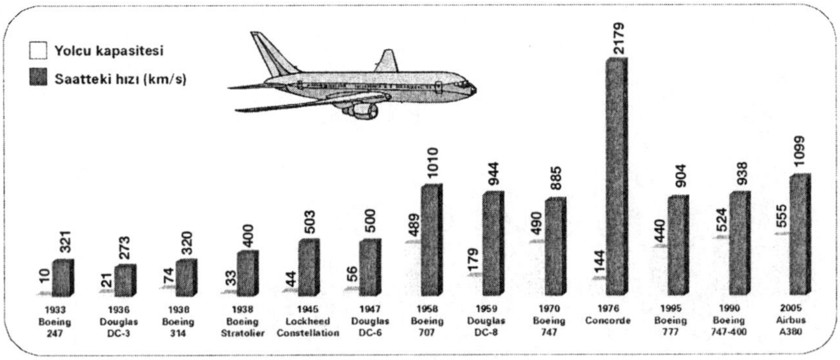

Havacılık sektörü 50 yılda baş döndüren bir hızla gelişti, uçakların hem hızı hem de menzili arttı.

Hürriyet Gazetesi Pazar eki 23.01.2005

OKUMA PARÇASI: Yöntem ve Sunum

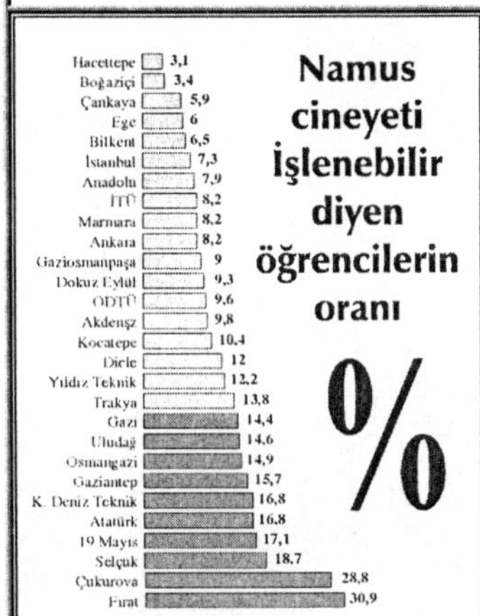

ÜNİVERSİTELİ BİLE "TÖRE İÇİN ÖLDÜRÜRÜM" DERSE

Üniversite anketi, son dönemin en önemli tartışma konularından "töre ve namus cinayetleri" konusunda alarm zilleri çaldıracak ölçüde çarpıcı sonuçlar verdi. Araştırma şirketi Metropoll'ün 30 üniversiteyi kapsayan anketine göre, "Namus için cinayet işlenir" diyen öğrencilerin oranı, Anadolu'daki bazı üniversitelerde yüzde 30'lara ulaştı.

ÜNİVERSİTE gençliği arasında yapılan bir araştırma, yüksek eğitim almış gençlerin bile "töre cinayetleri"ni "normal" bulduğu gerçeğini ortaya çıkardı. "Töre için cinayet işlenir" diyen üniversite gençlerinin oranı, Fırat Üniversitesi'nde yüzde 30.9, Çukurova Üniversitesi'nde yüzde 28.8, Selçuk Üniversitesi'nde yüzde 18.7, Ondokuz Mayıs Üniversitesi'nde yüzde 17.1, Karadeniz Teknik ve Atatürk Üniversitelerinde yüzde 16.8, Gaziantep Üniversitesi'nde de yüzde 15.7 oldu.

4 bin 449 öğrenciyi kapsayan ankette, "Namus için cinayet işlenebilir" diyen öğrencilerin üniversitelerine göre dağılımı, düşündürücü sonuçlar ortaya koyarken, bu konuda en liberal eğilim Yeditepe Üniversitesi'nde çıktı. Yeditepe Üniversitesi'nde tek bir öğrenci bile "Namus için cinayet işlenir" demedi.

Hürriyet Gazetesi 07.09.2007

İkinci Kısım

RAPOR YAZMA

OKUMA PARÇASI

MAKALE İNCELEMESİ

İNCELENEN MAKALENİN ADI: The Internet Shopper

YAYIMLANAN YER: Journal of Advertising Research, Yıl: 1999 Mayıs/Haziran, Cilt: 39, Sayı: 3, Sayfa: 52-58.

MAKALEYİ HAZIRLAYAN: Naveen Dunthu (Georgia State University), Adriana Garcia (United Parcel Servise, UPS).

GİRİŞ

Yazarlar, yapılan telefon anketine dayalı olarak internet müşterilerinin, internet müşterisi olmayanlardan yaşça daha büyük olduğunu ve daha fazla para kazandığını belirlemiştir. İnternet müşterileri, internet müşterisi olmayanlara göre daha fazla kolaylık arayan, yenilikçi, atılgan, farklılık arayan ve daha az risk karşıtı olan kişilerdir. İnternet müşterileri aynı zamanda, internet müşterisi olmayanlara göre marka ve fiyat konusunda daha az bilinçlidir. İnternet müşterilerinin reklam ve doğrudan pazarlamaya karşı tutumu, internet müşterisi olmayanlardan daha olumludur. Tüm bu bulgular aşağıda tartışılmıştır.

Aşağıda öncelikle araştırmanın amacı ve bu amaç doğrultusunda oluşturulan hipotez cümleleri verilmiştir. Daha sonra araştırmanın yöntemi ve sonuçları kısaca özetlenmiştir.

ARAŞTIRMANIN AMACI

Araştırmanın amacı, sosyo ekonomik, güdüsel ve tutumsal karakteristikler açısından internet müşterilerinin profilini çıkartmaktır. Tasviri özellikte olan bu araştırma sonunda internet müşterileri ile internet müşterisi olmayanlar arasında ne fark olduğu anlaşılacaktır. Bu amaç doğrultusunda yazarlar bir takım bilgilere dayalı olarak 11 tane hipotez oluşturmuştur. Daha sonra bu hipotezleri test etmek için bir telefon anketi uygulanmıştır.

Hipotezler:

H1: İnternet müşterileri, internet müşterisi olmayanlardan yaş, eğitim, gelir ve cinsiyet bakımından farklılık göstermektedir.

H2: İnternet müşterileri, internet müşterisi olmayanlara göre daha fazla kolaylık arar.

H3: İnternet müşterileri, internet müşterisi olmayanlardan daha yenilikçidir.

H4: İnternet müşterileri, internet müşterisi olmayanlara göre riske daha yatkındır.

H5: İnternet müşterileri, internet müşterisi olmayanlardan daha atılgandır.

H6: İnternet müşterileri, internet müşterisi olmayanlara göre daha fazla marka bilincine sahiptir.

H7: İnternet müşterileri, internet müşterisi olmayanlara göre daha fazla fiyat bilincine sahiptir.

H8: İnternet müşterileri, internet müşterisi olmayanlara göre daha fazla çeşitlilik arar.

H9: İnternet müşterilerinin alışverişe karşı tutumu, internet müşterisi olmayanlara göre daha olumludur.

H10: İnternet müşterilerinin doğrudan pazarlamaya karşı tutumu, internet müşterisi olmayanlara göre daha olumludur.

H11: İnternet müşterilerinin reklama karşı tutumu, internet müşterisi olmayanlara göre daha olumludur.

ARAŞTIRMANIN YÖNTEMİ

Bu araştırma keşif türünden bir araştırmadır. Araştırmada alan araştırması yöntemi kullanılmıştır. Hipotezlerin denenmesinde kullanılacak verileri toplamak üzere, büyük bir şehrin telefon rehberinden tesadüfi olarak seçilen 2000 ev telefon numarası, uzman görüşmeciler tarafından aranmıştır. Evdeki yetişkenlerden (en az 16 yaşında olan) internet aktifi olan (geçmiş ay içinde interneti en az bir defa kullanmış olan) herhangi birisiyle yapılan 790 görüşme başarıyla tamamlanmıştır. Diğerleri, katılımı reddedenlerden, telefonla arandığında evde bulunamayanlardan (en az bir defa arama yapılmış olmasına rağmen), internet erişimi olmayanlardan ve/veya teleksekreterini açık bırakmış olan kişilerden oluşmaktadır. Keşif türündeki bu araştırma için elde edilen % 39'luk kesintisiz cevaplama oranının kabul edilebilir olduğuna karar verilmiştir. Bu oran, son üç yıl içerisinde Journal of Advertising Research dergisinde yayımlanan çalışmalar sonucu bulunan ve rapor haline getirilen cevaplama oranı sıralamasında oldukça iyi bir konumdadır.

Cevaplayıcılara öncelikle internet kullanımları ve demografik özellikleriyle ilgili sorular yöneltilmiştir. Cevaplayıcılar daha sonra ev içi alışveriş davranışlarıyla ilgili soruları yanıtlamıştır (katalogların, doğrudan ve tele pazarlama sistemlerinin mal ve hizmet satın alımında televizyon alışveriş kanallarının kullanımı). Ardından, cevaplayıcılara internetten daha önce hiç ürün alıp almadıkları sorulmuştur.

Son olarak cevaplayıcıların tutumunu (alışveriş, doğrudan pazarlama ve reklama karşı) marka ve fiyat bilincini, risk hoşnutsuzluğunu, çeşit arama eğilimini, kolaylığa verdiği önemi ve atılganlığını ölçmek için kısa sorular sorulmuştur. Değişkenler bu sorular yardımıyla ölçülmüş Cronbach alfa güvenilirlik katsayıları Tablo A'da verilmiştir. Aşağıda telefon anketinde kullanılan soruları gösteren Tablo A verilmiştir:

Tablo A: Ölçülen Değişkenler[a]

Değişkenler	Sorular	Alfa
Risk Hoşnutsuzluğu	- Pişman olmak yerine emin olmayı tercih ederim. - Herhangi bir şey satın almadan önce emin olmak isterim. - Riskli şeylerden kaçınırım.	0.77
Yenilikçilik	- Değişiklik yapmaktan hoşlanırım. - Bir şeyler yaparken yeni yollar denemekten hoşlanırım. - Yeni ürünler genellikle taklittir.	0.74
Marka Bilinci	- Genellikle markalı ürünleri satın alırım. - Mağaza markaları düşük kalitededir. - Tüm markalar birbiriyle yaklaşık aynıdır.	0.80
Fiyat Bilinci	- Genellikle en ucuz parçayı satın alırım. - Genellikle sadece indirimde olan parçaları satın alırım. - Çoğu kez kendimi fiyatları kontrol eder şekilde bulurum. - Pazarlıklarla alışveriş eden bir kişi, parasından oldukça fazla tasarruf eder.	0.81
Kolaylığa Verilen Önem	- Ürün bilgilerini toplamak için zaman harcamaktan nefret ederim. - Karmaşık (komplike) şeyleri sevmem. - Evden alışveriş yapmak kolaydır.	0.75
Çeşit Arama Eğilimi	- Çoğu kez planlı satın alımlar yaparım. - Bir şeyleri hevesle satın almaktan hoşlanırım. - Kendi kendime söz vermeden önce iki defa düşünürüm. - Her zaman alışveriş listeme bağlı kalırım.	0.87
Reklama Karşı Tutum	- Reklamlar yararlı bilgiler sağlar. - Reklamların çoğunlukla yanıltıcı olduğunu düşünürüm. - Genellikle reklamlara önem vermem.	0.78
Alışverişe Karşı Tutum	- Alışveriş eğlence demektir. - Alışverişten oldukça hoşlanırım. - Bir şeyler almak beni mutlu eder.	0.88
Doğrudan Pazarlamaya Karşı Tutum	- Telefonda yapılan ısrarlar, kişisel dokunulmazlığıma yapılan saldırıdır.[b] - Postayla broşür almak hoşuma gider. - Çoğu kez alışveriş yapmak için ürün kataloglarını kullanırım.	0.72

a. Araştırmada beşli likert ölçeği kullanılmıştır. Deneklerden her soruya beş kategori üzerinden: "Kesinlikle katılıyorum", "Katılıyorum", "Kararsızım", "Katılmıyorum", "Kesinlikle katılmıyorum" cevaplarından birini vermesi istenmiştir. Ölçek maddelerine verilen çeşitli cevaplar puanlanarak ortalamaları alınmıştır. **b.** Ters ölçekli sorulardır.

SONUÇLAR (BULGULAR)

Çalışmanın sonuçları ortalama değer esas alınarak Tablo B'de gösterilmiştir. Cevaplayıcılar, internet müşterileri (internetten daha önce mal satın almış olanlar) (n=122) ve internet müşterisi olmayanlar (internetten daha önce hiç satın alım yapmamış olanlar) (n= 668) şekilde iki gruba ayrılmıştır. Her hipotezin doğrulanması veya reddedilmesi için T-testleri (sınıflama ölçekli değişkenler olduğu zaman Ki-kare testleri) yapılmıştır.

Sonuçlar, eğitim ve cinsiyet bakımından internet müşterilerinin, internet müşterisi olmayanlardan farklılık göstermediğini ortaya koymaktadır. Bununla birlikte, internet müşterileri yaşça daha büyük ve daha fazla para kazanan kişilerdir. Bu sonuçlara dayalı olarak, H1 hipotezi kısmen reddedilebilir. İnternet kullanıcıları genelde genç olmasına rağmen, internette aktif şekilde alışveriş yapanlar, yüksek gelirlerine bağlı olarak kendi kartlarına kolayca sahip olabilen ve yüksek satın alım gücü olan yaşça büyük internet kullanıcılardır. Bu sonuçlar, genç internet kullanıcılarının internette sörf yaparken temelde neşe ve eğlence aradığını, yaşça daha büyük internet kullanıcılarınını ise internette ürün satın almaya daha eğimli olduğunu göstermektedir.

Güdüsel karakteristikler açısından sonuçlar, H2, H3 ve H4 hipotezlerini doğrulamaktadır. Bunun sebebi, internet müşterilerinin, internet müşterisi olmayanlara göre daha fazla kolaylık arayıcı, daha fazla yenilikçi ve daha az risk karşıtı olmasıdır. İnternet müşterileri aynı zamanda internet müşterisi olmayanlardan daha atılgandır ve daha fazla çeşit arar. Bu durumda H5 ve H8 hipotezleri de doğrulanmaktadır. Bununla birlikte internet müşterileri, internet müşterisi olmayanlara göre daha az marka ve fiyat bilincine sahiptir. Bu da H6 ve H7 hipotezlerinin reddedilmesi anlamına gelmektedir. İnternet müşterilerinin fiyat bilincindeki bu eksiklik, onların ortalama üstü sosyoekonomik sınıfa dahil olmalarının bir sonucu olabilir. Onlar açısından fiyat, internetin sağlayacağı diğer faydalar yanında önemsizdir. Onlar en iyi alışveriş ve dağıtımı aramazlar; onlar için önemli olan gereksinimlerini karşılayacak ürünün bulunmasıdır. Geleneksel satın alma kararlarında marka ve fiyat, ürün kalitesinin önemli bir göstergesi sayılmaktadır. Bununla birlikte, ağ sitelerinde genellikle ayrıntılı ürün kalite bilgileri bulunabildiğinden, internet müşterileri için marka ve fiyat ürünün kalitesini gösteren semboller olmaktan çıkmıştır.

Tablo B: İnternet Müşterilerine Karşı İnternet Müşterisi Olmayanlar

Hipotez Sayısı: Değişkenler	İnternet Müştesiri (n= 122)	İnternet Müşterisi Olmayanlar (n= 688)	0.05 Manidarlık (Anlamlılık) Düzeyi? E: Evet H: Hayır
H1: Yaş a	3.3	2.8	E
H1: Eğitim b	2.8	2.6	H
H1: Gelir c	3.4	2.8	E
H1: Cinsiyet d	1.5	1.5	H
H2: Kolaylığa Verilen Önem	4.0	2.9	E
H3: Yenilikçilik	4.0	2.8	E
H4: Risk Hoşnutsuzluğu	2.5	3.2	E
H5: Atılganlık	3.5	2.0	E
H6: Marka Bilinci	3.4	3.2	H
H7: Fiyat Bilinci	3.9	3.7	H
H8: Çeşit Arama Eğilimi	3.8	2.9	E
H9: Alışverişe Karşı Tutum	2.4	2.3	H
H10: Doğrudan Pazarlamaya Kar. Tut.	2.9	2.2	E
H11: Reklama Karşı Tutum	3.4	2.9	E

a. yaş:1 = < 20;2 = 20-35;3 = 36-50; 4 = 51-65 > 65b **b.** eğitim: 1= bazı okullar; 2= lise diploması, 3= bazı yüksek okullar, 4= lisans derecesi, 5= yüksek lisans derecesi. **c.** gelir: 1 = <15M> 2= 15-30K; 3= 31-45K; 4 = 46-60K; 4 => 60 K **d.** cinsiyet: 1 = kadın; 2= erkek.

Hipotez haline getirilmemiş olmasına rağmen, çalışmada internet müşterilerinin, internette sörf yaparken bir haftada harcadıkları sürenin, internet müşterisi olmayanlara göre daha fazla olduğu da bulunmuştur. İnternette ürün ve ürün bilgilerinin aranması işlemi, internet müşterilerinin interneti, internet müşterisi olmayanlara göre daha uzun süre kullanmalarına neden olmaktadır.

İnternet müşterilerinin reklam ve doğrudan pazarlamaya karşı tutumu, internet müşterisi olmayanlara göre daha olumludur. Bu sonuçlar H10 ve H11 hipotezlerini doğrulamaktadır. Bununla birlikte, internet müşterilerinin alışverişe karşı tutumu, internet müşterisi olmayanlara göre daha olumlu değildir. Dolayısıyla H9 hipotezi reddedilebilir. İnternet müşterileri, eğlence arayan müşterilerin tam tersine ekonomik ve kolaylık arayan müşteriler gibi görünmektedir. İnternet müşterilerinin alışverişe karşı tutumu, internet müşterisi olmayanlardan daha olumlu olmadığı için, internet müşterilerini internet müşterisi olmayanlara göre daha fazla eğlence arayan müşteriler olarak göremeyiz.

İnternet müşterileri hakkında çıkartılan böylesi bir profil, internet pazarlaması stratejilerini geliştirmekte olan pazarlama veya reklam yöneticisi için oldukça yararlı olacaktır.

RAPOR YAZMA

Alim unutmuş,	*Hatırda kalmaz,*	*Sözler uçar,*
kalem unutmamış.	*satırda kalır.*	*yazılar kalır.*

12. BİLİMSEL RAPOR (TEZ) YAZIMINDA DİKKAT EDİLMESİ GEREKEN ÖZELLİKLER

Aşağıdaki açıklamalar, düzeyli bir bilimsel araştırmanın hangi niteliklere sahip olması gerektiğini de ortaya koymaktadır.

Bilimsel raporların veya akademik tezlerin yazımına başlanması için önceki aşamaların tamamlanmış olması gerekir: Araştırma konusu, araştırma problemi, araştırmanın yöntemi, kütüphane çalışmasının tamamlanması, verilerin elde edilmesi ve analiz edilmesi, bunlara dayalı tablo ve grafiklerin hazırlanması yazımdan önceki aşamalardır.

Bu aşamalara ilişkin büro ve alan çalışmalarının önceden iyi planlanması ve uygulanması da, araştırmada sonradan giderilmesi mümkün olmayan hatalı adımlardan korunmayı sağlar.

Bilimsel araştırma raporu (tez) başlıca iki yönden dikkati çeker: ŞEKİLSEL ÖZELLİKLER ve BİLİMSEL İÇERİK.

Şekilsel Özellikler, raporun görünümü, düzeni ve dili ile ilgilidir. Bilimsel içerik ise, araştırmanın bilimsel değeri ve düzeyi ile ilgilidir. Değinilen bu hususlar aşağıda kısa paragraflar halinde ele alınacaktır:

1. Tezin ilk müsvettesi önemlidir. Bilimsel raporun ilk kez ortaya konulan şekline tezin müsvettesi denir. Geçmiş yıllarda tezlerin müsvettesi el ile veya daktiloda yazılırdı. Günümüzde bilgisayarlar bu işi kolaylaştırmışlardır. Müsvetteyi elde ederek bunun üzerine çalışmanın birçok yararları bulunmaktadır:

- Hataları düzeltmek mümkün olur.
- Eksikleri tamamlanabilir,
- Gereksiz fazlalıklar atılır,
- Rapor geliştirilir ve iyileştirilir.

Raporu hazırlayan müsvetteyi gözden geçirebileceği gibi, ilgili bir uzman veya tez danışmanı da bu incelemeyi yapabilir.

2. Raporun hacmi (sayfa sayısı) konusunda önceden yaklaşık bir fikir sahibi olunmalıdır. Raporun beş sayfa, 50 sayfa veya 150 sayfa olacağına göre yapılacak hazırlıklar farklı olacaktır. Master ve doktora tezlerinin büyük çoğunluğu 125-175 sayfa arasındadır. Daha az veya daha çok sayfalı tezler de olabilir. Bu konuda kesin bir kural veya sınırlama yoktur. Bazı matematiksel ya da deneysel raporlar sınırlı bir sayfa sayısı ile ortaya konulabilirler. Tarih, edebiyat veya sanata ilişkin eski metinler, belgeler, çizim ve şekiller içeren tezler daha fazla sayfa gerektirebilir.

3. Raporun ne kadar zamanda tamamlanabileceği de önemlidir. Bir haftada, bir ayda veya üç ayda tamamlanabilecek raporlar olabilir. Raporun (konunun) hassasiyeti ve ayrıntıları, raporun yazım süresini etkiler. Bütün veriler ve bilgisayar çıktıları hazırda varsa, doktora veya master tezi yazımının ve basımının üç ayda tamamlanabileceği söylenebilir.

4. Zorunlu başlıklar unutulmamalıdır. Her bilimsel raporda veya makalede yer alması gereken kısımlar ya da başlıklar şunlardır:

- GİRİŞ
- YÖNTEM
- BULGULAR
- SONUÇ
- KAYNAKÇA LİSTESİ

Bilimsel örgütler veya üniversiteler yukarıdaki başlıklara farklı eklemeler ve düzenlemeler getirebilmektedirler. Giriş başlığından önce Türkçe ve yabancı dilde özet, anahtar kelimeler, en son sayfalarda da teşekkür yazısı yer alabilmektedir.

5. Sayfa Düzeni: Sayfaların yazım ve görünüm düzenlemesidir. Genelde raporlar standart A4 kağıtlarına yazılmaktadır. Sayfaların dört tarafında bırakılacak boşluklar, harf büyüklükleri (punto), satır aralıkları ve paragraf düzenleri, raporun sunulacağı ilgili kurumun kurallarına göre gerçekleştirilmelidir. Times Roman tipi harfler, 10 punto büyüklüğü ve satır aralıklarının 1.5 olması çok yaygın bir uygulamadır. Ana başlıkların daha büyük puntolarla, alt başlıkların daha küçük puntolarla yazılması, başlıkların ondalık sisteme göre birbirleriyle uyumlu olarak numaralanması da önemlidir.

6. Tablo ve şekillerin (grafikler) metin içersinde uygun yerde ve konumda olması çok önemlidir. Uygun teknikle düzenlenmiş tablo ve şekiller metnin görünümüne uyumlu olmalıdır. Tablo ve şekiller numaraları ve adları ile yer alma-

lıdır. Tablo ve şekillerin yarısı bir sayfada, yarısı diğer sayfada olmamalıdır. Kısa da olsa her tablo ve şeklin yorumu yapılmalıdır. Tablo ve şekillere, metin içerisinde atıf yapıldıktan sonra yer verilmelidir.

7. Anlatım dili (Üslup): Raporun; açık, sade ve anlaşılır bir dille kaleme alınması çok önemlidir. Çok uzun ve karmaşık cümlelere yer verilmemelidir. Anlatımda, kitap dili adı verilen geniş zaman ve edilgen kip kullanılmalıdır. Buldum, hesapladım yerine; bulunmuştur, hesaplanmıştır gibi. Raporun anlatım dili; araştırmanın amacı, ilgili olduğu alan (fen, sosyal, sanat v.b. gibi) ve raporu okuyacaklar göz önünde tutularak kararlaştırılmalıdır. Teknik ve akademik terimlere ancak gerektiği kadar yer verilmelidir. Yeni ve ilk kez kullanılan terimlerin açıklamalarına da yer verilmelidir.

8. Yazımda dilin gramer kurallarına da dikkat edilmelidir. Türk Dil Kurumunun İmla Klavuzu esas alınmalıdır.

9. Raporun bilimsel içeriği, araştırmanın değeri ve düzeyi ile ilgilidir. Raporun içeriği her bakımdan tutarlı, amacına uyan, bilgi üreten, yenilik ve katkı getiren yapıda olmalıdır. Araştırmanın amacı ile izlenen yöntem ve ulaşılan bulgular arasında tutarlılık olması beklenir. Betimleme, bilgi üretme, sebep , sonuç ilişkilerini açıklama, sorun çözme, yenilik getirme gibi olabilecek amaçlardan hangisi seçilmiş ise, bu amaca uygun olan veri toplama ve analiz yönteminin kararlaştırılması, bunların uygulanması ve varılan sonuçların doğru ve tutarlı olması gerekir. İyi bir bilimsel araştırmanın izlediği yöntem ve ulaştığı sonuçlar bakımından örnek alınabilecek, yol gösterici ve yararlı olması arzu edilir. Rapor birilerinin işine yaramalıdır. Eğitimciler, araştırmacılar, sanayi ve ticaret sektörü herhangi bir şekilde bu rapordan yararlanabilmelidir. Yenilik, özgünlük, bilime ve uygulamaya getirdiği katkı, araştırmaların düzeyini yansıtan en olumlu sıfatlardır. Yeni bir konu ilk defa araştırılıyorsa veya bilinen bir konu farklı bir yaklaşımla (yöntemle) ele alınıyorsa, böyle bir araştırmanın yeni ve özgün olmaması için bir neden yoktur. Böyle araştırmalar, bilimsel içeriği ve düzeyi yüksek araştırmalardır.

10. Raporun çoğaltılması veya yayınlanması: Raporun başkalarına sunulması, araştırmanın iletişim aşamasıdır. Başkalarının incelemesine sunulan rapor övgü alabilir, eleştiri alabilir, eksik ve yetersizlikleri ortaya konulabilir. Kısacası, araştırmanın bulguları başkalarına ulaştırılarak onların yararlanmaları sağlanmış olur. Araştırma raporunu tek nüshü halinde çekmecede veya kasada saklamanın anlamı yoktur. Bunun tek istisnası sır ve gizlilik taşıyan araştırmalardır. Araştırma sonuçlarının yayın yoluyla başkalarıyla paylaşılması, zaman ve kaynak tasarrufu sağlar, benzer araştırmaların tekrar tekrar yapılmasını önler. Bir araştırma raporu 5-10 nüsha kadar hazırlanabileceği gibi (akmademik tezler

böyledir), 50-100 adet, ya da binlerce adet baskısı yapılabilir. Sınırlı sayıdaki baskılar, bilgisayar çıktısı fotokopi yoluyla çoğaltılarak elde edilebilir. Yüzlerce veya binlerce adet baskılar, sayfaların master kalıpları çıkartılarak gerçekleştirilir. Burada temel belirleyici faktör maliyetlerdir. Sınırlı sayıda çoğaltılan araştırma raporları bir yayınevi veya matbaadan geçerek yayın numarası alırsa kitap sayılır. Değilse, yayınlanmamış araştırma raporu olarak kalır. Bu nedenle kitapların iç ve dış kapakları üzerinde şu bilgilerin yer alması gelenek halini almıştır, bazen de zorunludur. (Bu bilgilere kitabın künyesi de denilebilir):

- Raporun adı (kitabın adı),
- Yazarı veya yazarları,
- Yayınlayan kurum veya yayınevi,
- Yayın yeri ve tarihi,
- Yayın türü: Araştırma raporu, ders kitabı, roman, bilimsel kurgu v.s.,
- ISBN Numarası: Uluslararası Standart Kitap Numarası.

Bilimsel raporlar için en yaygın iletişim formu makalelerdir. Bilimsel makaleler bilimsel dergilerde yayınlanır. Dergiler, birçok yönden kitaptan farklıdır. Bir yılda birkaç kez yayınlanması, dergide birçok makelenin ve yazarların yer alması, araştırma sonuçlarının kısa, güncel ve özet olarak duyurulması, hızla ve düzenli aralıklarla okuyuculara ulaşılabilmesi dergilerin ve makalelerin olumlu yönleridir. Dilimizde dergi, mecmua, yıllık aynı anlamda kullanılmaktadır. İngilizce'de ise Journal, Review, magazine, yearbook, Quarterly, Bulletin gibi adlar da dergi yerine kullanılmattadır.

Uluslar arası Atıf Endeksinde yer alabilmesi için; dergilerin aşağıdaki özellikleri taşıması gerekir:

- Derginin Bilimsel Hakem Heyetine sahip olması.
- Derginin yılda en az üç kez yayınlanması.
- Son üç yılda kesiksiz şekilde yayınını sürdürmekte olması.

Bir dergi makalesinin künyesi şu bilgilerden oluşur:

- Makalenin yazar ve yazarları,
- Makalenin adı (tırnak içerisinde yazılmalıdır),
- Derginin adı,
- Derginin cilt ve sayı numarası,
- Makalenin ilk ve son sayfa numaraları,
- Derginin adından anlaşılmıyorsa derginin yayınlandığı yer ve ülke.

Her ciddi derginin bilimsel makale yazım koşulları derginin son sayfalarında özenle ilan edilmektedir.

13. BİR TEZİN ANA BÖLÜMLERİ

Bilimsel araştırma veya makale çalışması ne kadar iyi plânlanmış, objektif ve amaca uygun olarak geliştirilmiş olursa olsun, eğer başkalarının anlayabileceği ve uygulayabileceği tarzda kaleme alınmamış ise, eksik kalmış demektir. Böyle bir rapor, başkalarıyla iletişimde yetersiz kalmış sayılır. Araştırmacının veya bilim adamının bir amacı da başkalarıyla bilgi alışverişinde bulunmak olduğu için, şekil ve ifade kurallarına uymayan raporlardan, arzu edilen iletişim sağlanamaz. Bu açıdan, belirli kurallara uygun olarak hazırlanan araştırma raporları, konuyu daha iyi anlamayı, katkıda bulunmayı, denetimi ya da eleştiride bulunmayı kolaylaştıracağı için daha değerlidirler. Bu nedenlerle, bilimsel araştırmanın ve bilimsel yöntemin gerekleri arasında, konunun usulüne uygun şekilde raporlaştırılması önemli bir yer tutmaktadır. Başka bir deyişle, bilimsel yöntemlere uyularak gerçekleştirilmiş bir araştırmanın son halkası, bu araştırmanın veya tezin rapor haline getirilmesidir. Rapor yazımı denilen olay budur.

Bilim adamlarının yazılı eserleri, gazete, dergi, yıllık, broşür ve kitap halinde yayınlanmış olabilirler. Tüm bu eserler, derleme ya da bilimsel araştırma olarak iki gruba ayrılabilirler. Derleme rapor veya derleme kitap, başkalarından alınan fikirlerin ya da bilgilerin, yeni katkılara fazlaca gerek görülmeden sunulmasıdır. Derleme yayınlarda özgünlük, bilimsel yenilik ve bir tezi savunma endişesi olmayabilir. Bilimsel araştırmaların özgünlüğü iki husustan kaynaklanmaktadır. Yeni bir yönteme başvurulması veya yeni bir konunun ele alınarak araştırılması.

Bilimsel bir tezin akademik açıdan irdelenmesi, Şekil Yönüyle ve Bilimsel İçerik yönüyle olmak üzere iki yönlü yapılabilir:

a. **Şekil Yönünden İnceleme:** Bir tezde bulunması gereken kısımlar, sayfa düzeni, gramer ve dil kurallarına uygunluğunun incelenmesidir. Çağdaş bir tezde ÖZET, GİRİŞ, YÖNTEM, BULGULAR, SONUÇ/ TARTIŞMA ve KAYNAKÇA listesi bulunmalıdır. Sayfaların kenar boşlukları harf büyüklükleri, satır aralıkları da standartlara uymalıdır. Anlaşılır sade bir dil kullanılması ve noktalama işaretlerine de uymak gereklidir.

b. **Bilimsel İçerik Yönünden İnceleme:** Tezin amacı, hipotezleri, izlenen yöntem, toplanan veriler, verileri analiz şekli ve bulgular açısından tezde bir bütünlük ve uyum olmasıdır. Böylece araştırma amacına ulaşmış ve bir katkı (sorun çözme, bilgi üretme, yenilik getirme gibi) sağlanmış olacaktır.

Üniversitelerimizdeki yayın faaliyetlerini aşağıdaki gruplar altında toplamak mümkündür:

- Öğrenci dönem raporları
- Öğrenci mezuniyet projeleri/Bitirme tezleri
- Yüksek lisans (master tezleri)
- Doktora tezleri
- Sempozyum özetleri
- Seminer tebliğleri
- Kongre/konferans tebliğleri
- Derleme yayınlar
- Tercüme yayınlar
- Ders kitapları
- Yardımcı ders kitapları
- Laboratuar/Uygulama klavuzları
- Teknik broşürler
- Proje raporları
- Bilimsel araştırmalar

Bu yayınlar birbirinden farklı özelliklere sahiptirler. Bu farklılıkların başında bilimsel değer, hacim ve kapsam, harcanan zaman, emek ve masraf ile yayın sekli ve yayınlayan kurum gibi hususlar gelmektedir. İçerikler, kullanılan ifadeler ve muhataplar da birbirine benzemez. Tüm bu farklılıklara rağmen, bir tezin ana bölümleri genel olarak ortaya konulacak ve bilimsel rapor yazımında dikkat edilecek hususlar üzerinde durulacaktır. Yukarıda belirtildiği gibi, araştırma konularının çok değişik olması, kapsam ve ayrıntılarının farklılığı, tüm raporların ve tezlerin aynı kalıp içerisinde düşünülmesini engellemektedir. Raporun hazırlanmasına katılan her kademedeki personelin yeterliliği, raporun düzenlenmesine ye yazılmasına ayrılan zaman ve finansman, raporun amacı, istenilen ayrıntılar raporun şeklini ve ana bölümlerini ortaya çıkaracaktır.

Aşağıda sıralanmış olan BİR TEZİN ANA BÖLÜMLERİ belirlenirken göz önünde bulundurulan örnek, ülkemiz içerisinde ve dışarıda bilim kamu oyuna açık, akademik değeri olan bitirme tezi, master tezi ve doktora tezi gibi çalışmalardır. İşletmecilik, pazarlama vb. gibi alanlardaki çalışmalarda bu bölümlerin hangilerinden vazgeçilebileceği, yeri geldikçe vurgulanacaktır. Aşağıdaki şemada, giriş bölümünden önce Romen rakamlarıyla işaretlenmiş sayfalara KAPAK SAYFALARI adı verilir ve çoğu zaman birer sayfayı geçmez. Eğer çok fazla ara başlıklar kullanılmışsa ya da tablo, grafik ve şekil sayısı yüksek ise, bu gibi sayfaların çok yer işgal edeceği açıktır. Bu ana bölümler ayrı ayrı ele alınarak incelenecektir. Ancak bu şema, akademik olmak iddiasındaki bir araştırmada bulunması gereken ana bölümleri göstermektedir.

BİR TEZİN ANA BÖLÜMLERİ

I. KAPAK SAYFASI

II. ÖZET VE ANAHTAR KELİMELER

III. YABANCI DİLDE ÖZET (ABSTRACT) VE KEY WORDS

IV. İÇİNDEKİLER (Başlıklara Göre)

V. TABLOLAR LİSTESİ

VI. GRAFİKLER VEYA ŞEKİLLER LİSTESİ

VII. KISALTMALAR VEYA SİMGELER

1. GİRİŞ
   - Araştırmanın Amacı
   - Araştırmanın Önemi
   - Araştırmanın Kapsamı
2. LİTERATÜR BİLDİRİMİ: KONUYLA İLGİLİ ÇALIŞMALAR
3. YÖNTEM
   - Veri Toplama Yöntemi
   - Analiz Yöntemi
4. ARAŞTIRMA KONUSU HAKKINDA GENEL ve TEORİK BİLGİLER
5. ARAŞTIRMA BULGULARI / VERİLERİN ANALİZİ
6. ARAŞTIRMANIN SONUÇLARI
7. ÖNERİLER
8. EKLER
9. KAYNAKÇA

TEŞEKKÜR

13.1. Kapak Sayfası

Kapak sayfası, raporun ilk sayfasıdır. Raporu okuyan, bazı önemli bilgileri kapak sayfasından edinir ve ilk etkilerin olumlu olması çok önem taşır. Kapak sayesinde okuyucuyu etkilemek için dikkat edilecek iki husus vardır: Kapak düzenlemesi ve kapaktaki bilgiler. Kapak düzenlemesi bir grafikerin yapacağı iştir. Kapakta kullanılacak şekiller, renkler, harflerin türü ve büyüklükleri gibi düzenlemelerin itina ile yapılması gerekir. Yazarın kendisi bu konuda grafikere yardımcı olmalıdır. Kapak üzerinde yer alacak desenin veya şeklin, kitabın konusuyla ilgili olması beklenir.

Kapak sayfasında bazı bilgilerin yer alması zorunludur. Bu bilgiler, cilt kapağının üzerinde aynen yer alacaktır. Genel olarak kapak sayfasında şu bilgiler veya yazılar bulunmalıdır:

- Raporun veya tezin adı (tezin konu başlığı)
- Raporu hazırlayan kişi, grup veya kuruluş adı
- Raporun hazırlandığı ya da basıldığı yer
- Raporun hazırlandığı (tamamlandığı veya basıldığı) tarih
- Rapor yayınlanmış ise yayıncının adı veya araştırmanın sahibi olan kurum
- Yayın numarası (yayın seri numarası veya ISBN numarası)

Ancak, yukarıdaki bilgilerin belirli bir sıra ve düzen içerisinde ve güzel bir görünüm verecek tarzda kapağa yazılması gerekmektedir. Rapor, tez, broşür, kitap gibi farklı yayın türlerinde kapak sayfaları değişik miktarlarda bilgi verirler. Kapak sayfasında en belirgin ve dikkati çekmesi istenilen mesaj, yayının veya raporun adıdır. Bu bakımdan, daha büyük ve koyu harflerle yazılması gerekebilir.

Kolay ve net şekilde anlatabilmek amacıyla, daha önce yapılmış ve yayınlanmış bir araştırma örnek olarak ele alınacaktır. "TÜRKİYE'DE AİLELERİN TURİZME KATILIMLARI VE TURİZM HARCAMALARI" adlı araştırma, kapaktan itibaren başlamak üzere somut bir örnek olarak göz önünde tutulacaktır. Bu konu, 1992-93 eğitim ve öğretim yılında öğrencilerle beraber sınıfta uygulama çalışmaları halinde plânlanmış ve tüm aşamaları birlikte sonuçlandırmıştır.

Yukarıda verilen esaslar dikkate alınarak yapılan kapak düzenlemesi, müteakip sayfalarda yer almaktadır. Kapakta yer alan bilgilere göre, çalışmanın gerçekleştirildiği kurum adı, araştırma dizisinin kaçıncısı olduğu, araştırmanın adı, yazarın adı, yayın yeri ve yayın tarihi gibi bilgiler yer almaktadır. Böylece ilk bakışta konu adı dikkati çekmektedir. Eğer eser, bir üniversite öğrencisinin bitirme tezi (mezuniyet tezi), ya da master tezi ise, bu bilginin de açık yazılması gerekir:

Gazi Üniversitesi Ticaret ve Turizm Eğitim Fakültesi

Bitirme Tezi No: ...

Bu durumda, tezi hazırlayan öğrencinin adının Bölüm adıyla beraber verilmesinde yarar vardır. Ayrıca, tez danışmanı da akademik unvanıyla beraber yazılmalıdır. Öğrenci tez kapağına ilişkin bir örnek daha sonra verecektir.

KAPAK SAYFASI ÖRNEĞİ: 1

Gazi Üniversitesi Ticaret ve Turizm Eğitim Fakültesi

Araştırma Yayınları No:......

TÜRKİYE'DE AİLELERİN TURİZME KATILIMLARI VE TURİZM HARCAMALARI

RAUF ARIKAN

ANKARA

1994

Bitirme tezlerine Fakülte Yönetimi tarafından numara verilmekte ise, buna da kapakta yer ayrılmalıdır. Tezlere numara vermenin birçok yararları vardır. Tez çalışmalarının bir envanter dahilinde muhafaza edilebilmesi, konu tekrarlarına ve kopyalamalara mani olunması, olayın bir düzen ve disiplin içerisinde yürütülebilmesi bakımından Fakülte veya Yüksekokul Yönetimlerinin tezler için bir "Kayıt Defteri" açarak numaralama yapmaları yararlıdır. Bu işlemi birçok üniversite yapmamaktadır. Bir öğretim üyesinden aldığı tezi tamamlayamayan bir öğrencinin, tez danışmanından habersiz konu değiştirmesi veya süre kısıtlamalarına uyulabilmesi ancak böyle bir yöntemle mümkün olabilir.

OKUMA PARÇASI

Harvard mezunu Marc Abrahams'ın kurucusu olduğu Alternatif Nobeller 1991 yılından beri veriliyor. İşte bazı örnekler:

Harvard Üniversitesi'nden bir grubun gereksiz buluş ve araştırmalara verdiği alternatif Nobeller bu yıl da sahiplerini buldu. Hindistancevizi düşmesi sonucu meydana gelen yaralanmalar, gaz kokusu sızdırmayan don bu yılın ödüllü araştırma ve buluşları arasında yer alıyor.

Alternatif Nobel örnekleri

- Depremlerin yayın balıklarının kuyruklarını sallaması sonucu meydana gelip gelmediğini yedi yıl araştıran Japon Meteoroloji Ajansı'na fizik ödülü.
- Başka ülkelerle savaşmak yerine birbirlerini tekmeleyip çimdikleyerek barışı korudukları için Tayvanlı milletvekillerine barış ödülü.
- Güvercinlere Picasso ve Monet'nin resimlerini ayırt ermeyi öğreten Japon uzmanlara psikoloji ödülü.
- Sarımsak ve ekşi kremanın sülüklerin iştahı üzerindeki etkilerini araştıran Norveçli uzmanlara biyoloji ödülü.
- Farklı tatlarda çiklet çiğneyen insanların beyin dalgalarını ölçen Çek ve Japon araştırmacılara biyoloji ödülü.
- Otomobil camlarına yapışan bütün sinek cinslerini ortaya çıkaran ABD'li uzmana entomoloji ödülü.
- Deniz taraklarına Prozac vererek mutluluk dozunu artıran ABD'li uzmana biyoloji ödülü.
- Bisküviyi çaya batırmanın optimal yolunu hesaplayan İngiliz'e fizik ödülü.
- Sadakatsiz kocaları ortaya çıkaran iç çamaşırı sprayi için Japon uzmana kimya ödülü.
- Bilgisayara bir kedinin yaklaşmakta olduğunu gösteren PawSense programı için Amerikalı uzmana bilgisayar ödülü.

KAPAK ÖRNEĞİ 2

T.C.
GAZİ ÜNİVERSİTESİ
SOSYAL BİLİMLER ENSTİTÜSÜ

TÜRKİYE'DE İŞLETME KOOPERATİFLERİ

YÜKSEK LİSANS TEZİ

Esin UÇAR

Danışman
Prof. Dr. RAUF ARIKAN

Ankara-1994

KAPAK ÖRNEĞİ 3

ANKARA
ÜNİVERSİTESİ

FEN
BİLİMLERİ
ENSTİTÜSÜ

BUĞDAY DESTEKLEME SÜRECİNDE
BORSA UYGULAMALARI (POLATLI ÖRNEĞİ)

Sevinç DEMİRCİ

Yüksek Lisans Tezi
TARIM EKONOMİSİ ANA BİLİM DALI
1994
ANKARA

KAPAK ÖRNEĞİ 4

ORGANİZE ALIŞVERİŞ MERKEZLERİ YÖNETİMİ VE TÜKETİCİLERİN BU MERKEZLERE İLİŞKİN YAKLAŞIMLARI

Sanem ALKIBAY

Hacettepe Üniversitesi
Sosyal Bilimler Enstitüsü

Lisansüstü Eğitim, Öğretim ve Sınav Yönetmenliğinin
İşletme Anabilim Dalı İçin Öngördüğü
DOKTORA TEZİ
Olarak Hazırlanmıştır.

Ankara
Aralık, 1993

KAPAK ÖRNEĞİ 5

DETERMINANTS OF THE
MARKETING-MANUFACTURING INTERFACE

A THESIS
SUBMITTED TO THE DEPARTMENT OF MANAGEMENT
AND
GRADUATE SCHOOL OF BUSINESS ADMINISTRATION
OF BILKENT UNIVERSITY
IN PARTIAL FULFILMENT OF THE REQUIREMENTS
FOR THE DEGREE OF
MASTER OF BUSINESS ADMINISTRATION

By
Hikmet Burcu Akıncı
May 26, 1993

13.2. Özet

Bir araştırma raporunda kapak sayfasından sonra ÖZET kısmı yer almaktadır. Bu kısmın, bir sayfayı geçmemesi, hatta daktilo yazısıyla yarım sayfa olması en uygunudur. Özet hazırlamaktaki amaçlar şunlardır:

a) Tezin tümünü okumak için zaman bulamayanlar veya gerek duymayanlar, araştırma hakkında ilk bilgileri kısa yoldan özet yardımıyla elde edebilirler. Tezi sipariş etmek isteyen yayıncılar veya tasnif etmek isteyen kütüphaneciler, ya da literatür taraması yapan araştırmacılar için özet kısmı gerekli ve yeterlidir.

b) Bir kısım kuruluşlar, tezin tümünü değil, sadece özetleri yayınlamakta ve abonelerine duyurmaktadırlar. Yalnızca tez özetleri yayınlanan dergiler bu amaca hizmet etmektedirler (Dissertation Abstracts dergisi gibi). Özet yardımıyla yapılan çalışmayı tanıdıktan sonra, bunun siparişi yoluna gidilmektedir.

c) Tez özetleri sayesinde yapılan araştırmaları izlemek mümkün olduğu için, tekrarlara ve böylece kaynak israfına yol açılmamış olur.

Özet kısmının belirtilen amaçları sağlaması için özette üç grup bilginin yer alması gerekmektedir:

a) Özetin ilk kısmında birkaç cümle halinde tezin (raporun) amacı, önemi ve kapsamı belirtilmelidir.

b) Ayrıca, bilgi toplama ve değerlendirmede uygulanan yöntem hakkında özlü olarak bilgi verilmelidir. Araştırmada kullanılan verilerin nereden ve nasıl elde edilmiş olduğu kısaca açıklanmalıdır.

c) Özet'in üçüncü kısmını, araştırmada elde edilen en önemli bulguya veya sonuca ayırmak gerekmektedir. Sonuç, bir rakamla, bir cümleyle veya bir yargıyla ortaya konulabilir. Bu sonuç, araştırmanın başında açıklanan hipotezin doğrulanması ya da red edilmesi tarzında da olabilir. Böylece, sadece sonucu merak eden okuyucuya bilgi verilmiş olur.

13.3. Anahtar Kelimeler

Özet sayfasının alt bölümünde **anahtar kelimeler** yer almalıdır. Yayın tarayıcılar, kütüphaneciler veya araştırıcılar için tezin başlığı her zaman yeterli bilgiyi vermeyebilir. Bu nedenle, tezin içeriğini yansıtmak üzere 3-5 kelime ayrıca yazılmalıdır. 'Türkiye'de Ailelerin Turizme Katılımları ve Turizm Harcamaları" adlı araştırma için, içeriğini aydınlatıcı olması bakımından aşağıdaki anahtar kelimeler kullanılabilir:

Hane büyüklüğü, gelir dağılımı, tüketim harcamaları, tatil harcamaları.

Özet ve Anahtar Kelimeler sayfasının şekli aşağıda gösterilmiştir.

13.4. Abstract (Yabancı Dilde Özet)

Abstract kısmı da, Türkçe özetin karşılığıdır. Bu özet, İngilizce, Fransızca, Almanca, Arapça gibi akademik önemi Yüksek Öğretim Kurumu (YÖK) tarafından kabul edilen dillerden biri ile verilir. En yaygın bilim dili İngilizce olduğu için anahtar kelimelerin karşılığı olarak "KEY WORDS" kullanılır ve abstract kısmının altına yazılır. Anahtar kelimeler için belirtilen hususlar, abstract için de aynen geçerlidir.

TÜRKİYE'DE AİLELERİN TURİZME KATILIMLARI VE TURİZM HARCAMALARI

ÖZET

Bu araştırmada, ülkemizde ailelerin turizm olayı ile ilgileri 1992 yılında elde edilen verilerle çeşitli açılardan incelenmiştir. Kullanılan veriler, Türkiye genelinde rastgele seçilen 440 adet aileden anket yöntemiyle elde edilmiştir. 1992 yılı verilerine göre, aile başına harcanabilir ortalama yıllık gelir 84.3 milyon TL. bulunmuştur. Ailelerin %75'inin tatil amacıyla turizm olayına katıldıkları ve aile başına yılda ortalama 6.6 milyon TL tatil harcaması yaptıkları ortaya konulmuştur. Tatil harcamalarının toplam harcamalara oranı %7.8 kadardır. Tatil yapamayan ailelerin oranı ise % 25 kadardır.

Anahtar kelimeler: Hane büyüklüğü, gelir dağılımı, tüketim ve tatil harcamaları.

TOURISTIC BEHAVIOUR AND EXPENDITURES OF TURKISH FAMILIES

ABSTRACT

Participation to the domestic tourism event of turkish families were investigated by using survey data from the year 1992. This survey was conducted throughout the country by interviewing with randomly selected 440 families. As a result of this survey, 75 % of the families had holiday apportunuties and the rest not had such opportunity. Disposible income per family per year was 84.8 million TL and 7.8 % of this income spent as touristic expenditure.

KEY WORDS: Family size, income distribution, comsumption and touristic expenditures.

13.5. Ön Söz / Teşekkür

Araştırma raporlarında veya tezlerde önsöz başlığı altında bir sayfaya her zaman gerek yoktur. Ön söz daha çok kitap niteliğindeki yayınlarda yer almaktadır.

Ön sözde daha ziyade çalışmanın hazırlanış ortamına, nedenlerine ve bundan doğan ilişkilere yer verilir, kişisel duygu ve yorumlara değinilebilir. Çalışmayı kimin teşvik ettiği, kimlerden yardım gördüğü, hangi zorluklarla karşılaşıldığı, eserin hangi amaca yönelik olduğu, varsa eksiklikleri ya da sınırlılıkları, teşekkür borçlu olunan kişi ve kurumlar belirtilir.

Ancak her araştırmada veya eserde genel olarak teşekkür hususu yer almalıdır. Akademik açıdan yardım alınan kişi ve kurumlara, mali destek verenlere, kaynak tedarikinde, alan çalışmasında, yazım veya baskı konusunda yardımcı olanlara teşekkür belirtilir. Zaten araştırmaya mali destek sağlayan kuruluşlar bunun uygun şekilde belirtilmesi şartını koymaktadırlar. **"Bu çalışmaya TÜTİBAK** ***tarafından mali destek sağlanmıştır"*** gibi.

Ön söz'e yer vermeyen bazı çalışmalarda teşekkür, raporun en sonunda da yer alabilir. Teşekkür yazımında ciddiliği korumak ve mesleğe "yağdanlıkçı" bir hava yermemek gerekmektedir: Hiç yardım almadığı halde tez jürisine girmesi muhtemel kişilere önceden teşekkür etmek, eşi, dostu, aile fertlerini isim isim anarak onlara teşekkür etmek gibi. Diğer yandan da birçok kişiden önemli yardım ve destek alındığı halde onların isimlerini anmamak ve yokmuş gibi farzetmek de doğru değildir. Bu durum, tıpkı, pastahaneden aldığı hazır pastaları evinde kendi eliyle yapmış gibi konuklarına ikram eden ev hanımına benzer. Üstelik hazır pastanın tarifini de konuklara vermeye kalkışanlar da çoktur.

Çok özel durumlar dışında, ön söz veya teşekkür sayfasının bir sayfadan fazla olmasına gerek yoktur. Akademik tezlerde teşekkür sayfası, raporun en sonuna yazılmaktadır.

13.6. İçindekiler

Rapor içeriğinin bir sıra dahilinde ve sayfa numaralarına göre yer aldığı kısımdır. Belirli bir sayfa sıralaması yoktur. Konu başlıkları ve alt başlıkları ondalık sistemine göre sırayla numaralanır ve başlık yazıldıktan sonra karşısına da hangi sayfada yer aldığı yazılır.

Çok geniş hacimli bazı raporlarda veya kitaplarda bölüm, kısım, ünite gibi ara bölümlemeler yapılmakta ve bunlara harf veya romen rakamıyla numara verilebilmektedir.

Ancak öğrenci tezlerinde veya akademik yükselme tezlerinde ondalık sistem, en pratik ve yaygın olan sistemdir. Buna ilişkin örnek aşağıdadır:

İÇİNDEKİLER

Sayfa no

13.7. Tablo, Grafik Veya Şekil Listesi

Hangi tablonun veya grafiğin hangi sayfada sunulduğunu bir bakışta görebilmek amacıyla bunlara numara verilerek sayfa numarasına göre sırayla yerleştirilmesi gerekmektedir. Tablo veya grafiklerin numarası, adı ve bulunduğu sayfa bu konuda yeterli olacaktır. Tablonun ve grafiklerin hazırlanmasında dikkat edilecek hususlar önceki bölümlerde açıklanmıştır.

Tablo, grafik veya şekillere ilişkin düzenleme birbirine benzediği için aşağıda sadece Tablo listesi örnek olarak verilmiştir.

TABLOLAR LİSTESİ

Tablo No	Tablonun Adı	Sayfa No
1	Türkiye'nin Turizm Geliri	17
"	"	"
"	"	"
"	"	"
"	"	"
"	"	"

13.8. Kısaltmalar Veya Simgeler

Kısaltılmış adların veya simgelerin metin içerisinde kullanılması hem kolaylık, hem de ekonomi sağlamaktadır. Uzun isimleri veya bir kısım yabancı adları kısaltılmış şekliyle kullanmak yaygın olarak baş vurulan bir yöntemdir. Buna ilişkin bazı örnekler aşağıdaki gibidir:

TBMM = Türkiye Büyük Millet Meclisi
AB = Avrupa Birliği
BM = Birleşmiş Milletler
DPT = Devlet Planlama Teşkilatı
TÜBİTAK = Türkiye Bilimsel ve Teknik Araştırma Kurumu
GSMH = Gayri Safi Milli Hasıla
MG = Milli Gelir

13.9. Giriş

Bir raporun giriş bölümü konunun genel olarak ortaya konulduğu ve tanıtımının yapıldığı bölümdür. Giriş bölümüne ayrılacak sayfa sayısı bakımından herhangi bir sınırlama yapmak doğru değildir. Ancak girişte üç hususun itina ile vurgulanmasında yarar vardır.

Öncelikle tezin amacı belirtilmelidir. Bir sorunu çözmek, bir yöntem geliştirmek veya mevcut durumun saptanması amaç olarak alınmış olabilir.

İkinci olarak tezin ve konunun önemi üzerinde durulur. Yapılan çalışmanın milli ekonomi açısından, ya da bilime katkı bakımından taşıdığı önem vurgulanmalıdır. Bu önem, çalışmanın ilgili kurum veya şirkete sağlayacağı fayda açısından da düşünülmelidir.

Son olarak da, tezin kapsamı vurgulanmalıdır. Konu, bölge veya zaman açısından nelerin kapsama alındığını, hangilerinin kapsam dışı bırakıldığı sebepleriyle beraber açıklanmalıdır. Belirli sınırlamalar yapılmışsa belirtilmelidir. Raporun başka hangi bölümlerden oluştuğu konusunda da açıklamalar yapılabilir.

"Türkiye'de ticaret liselerinde eğitim ve öğretim sorunları" adlı bir araştırmada GİRİŞ bölümü hazırlanırken şu hususlara yer verilebilir: Öğrenci mevcudu, öğretmen ve okul sayısı bakımından mesleki orta eğitim kurumlan arasında önemli bir yere sahip olan ticaret liseleri son yıllarda çeşitli eleştirilere konu olmaktadır. Bunların başında, bu lise mezunlarının eğitimlerine uygun alanlarda iyi şartlarda iş bulamamaları, üniversiteye devam edebilenlerin sayıca az olması, eğitim ve öğretimin kalitesinin yükseltilememesi gibi hususlar bulunmaktadır. Orta düzeydeki meslek eğitiminde, bu liselerden beklenen amaçların daha iyi yerine getirilebilmesi için her düzeydeki sorunların incelenmesi yararlı olacaktır. Öğrenciler, veliler, öğretmenler ve idareciler düzeyinde ticaret liselerinin sorunları saptanarak çözüm yolları aranmalıdır.

Böyle bir araştırma mali yetirsizlikler ve zaman kıtlığı nedeniyle sadece Ankara ilindeki ticaret liselerinden bilgi toplanarak gerçekleştirilebilir.

Böylece konunun zaman ve yer bakımından karşılaştığı sınırlılıkların gerekçeleriyle beraber açıklanması doğru olacaktır.

Tezin veya raporun hangi bölümlerden oluştuğu da giriş bölümünde belirtilmelidir.

Yine de giriş kısmının kaç sayfadan oluşacağı ve hangi hususlara değinileceği bilim dallarına göre çok değişiklik göstermektedir.

ULUSLARARASI STANDART KİTAP NUMARASI

ISBN

ULUSLARARASI STANDART KİTAP NUMARASI

ULUSLARARASI STANDART KİTAP NUMARASI

ISBN ISBN

ULUSLARARASI STANDART KİTAP NUMARASI

KÜLTÜR BAKANLIĞI
Kütüphaneler Genel Müdürlüğü
ISBN Türkiye Ajansı

ISBN Uygulanmasında İzlenmesi Gereken Yöntem

- Yayıncılar ISBN sistemine katılabilmek için yıllık ve on yıllık tahmini yayın kapasitelerini (çeşit olarak) ve yayıncı hakkındaki diğer bilgileri "ISBN Durum Bildirimi" formunu doldurarak ISBN Türkiye Ajansı'na müracaat edeceklerdir.
- Müracaat, Ajans'a ulaştığında yayıncıya, 10 yıllık yayın kapasitesiyle orantılı bir yayıncı önsayısı verilecektir. Bu sayı sadece İlgili yayıncıyı temsil eder, başka hiçbir yayıncı kullanamaz. Örneğin 413 Redhouse Yayınevine ait bir yayıncı önsayısıdır.
- Yayıncı önsayısı alındıktan sonra yayıncı, yayınlayacağı her kitap, eğitim amaçlı video veya teyp kasedi, harita, atlas ve benzeri yayın için, sözkonusu yayın baskıya girmeden önce, "Kitaba Ait Bilgiler" formunu 2 nüsha olarak doldurup Ajans'a gönderecek ve yayın için ISBN alacaktır. Aksi takdirde sisteme dahil olmanın hiçbir anlamı yoktur. "ISBN Durum Bildirimi" ve "Kitaba Ait Bilgiler" formu Ajans'dan sağlanabilir.
- ISBN, 4 grup ve 10 haneden oluşur ve yayın ülkesini, yayıncısını ve kendisini temsil eder. Gruplar arasına (-) işareti konur. Her yayına ayrı bir ISBN tahsis edilir.

Örnek:

ISBN 975-17-0000-0

- ISBN yayıncıya ulaştığında numara doğru olarak kitabın iç kapağının arkasına ve dış kapağın arka yüzüne matbaa tekniği ile basılacaktır. Numaranın lastik damga veya çıkartma yöntemi ile basılması sisteme aykırıdır.
- Yayına basılmayan ya da yanlış basılan numaranın hiçbir geçerliliği yoktur ve Ajans bu durumlarda bilgilendirilmelidir.
- Acil durumlarda 231 35 64 numaralı telefon kullanılarak ISBN konusunda bilgi alınabilir. Ancak bazı yayıncılar sürekli olarak bu yolu kullanmaktadır. Bu da ISBN deki yanlış basılma oranını arttırmaktadır.
- Yayınlanacak olan esere ilişkin bilgiler, ilgili form incelenerek 2 nüsha olarak dikkatle doldurulmalıdır. Bu bilgiler bilgisayara yüklenmektedir ve yapılacak çalışmalarda bu bilgiler kullanılacaktır. Ayrıca basılan ISBN'lerin doğruluğunun kontrolü ve bibliyografik bilgilerin tam olarak tespiti için, basılan yayının bir nüshasının, Ajansa gönderilmesi gerekmektedir.
- Eğer bir yayının yeni bir baskısı yapılıyorsa ve önceki baskıdan içerik ve fiziksel açıdan önemli bir farklılık yoksa, önceki baskının numarası kullanılır. Ancak Ajans önceden bilgilendirilmelidir.
- Yeni baskıdaki fiyat değişikliği yeni bir ISBN gerektirmez. Ancak yayın hem karton kapaklı hem de bez ciltli basılıyorsa her iki biçim için de farklı ISBN'ler alınmalıdır.
- Yine bir yayının farklı dillerde ve birbirinden bağımsız baskıları yapılıyorsa her dildeki baskı için ayrı ISBN'ler alınmalıdır. Bir kitap yeni bir ad ile basılırsa bu da yeni bir ISBN gerektirir.
- Çok ciltli eserler için tüm ciltleri temsil eden bir takım numarası ve her cilt için ayrı ISBN tahsis edilir. Bu nedenle birden fazla ciltten oluşan eserlerde, numara istenen eserin kaçıncı cilt olduğu mutlaka belirtilmelidir.
- Ancak, takım halinde satılan ve takım halinde yararlanılabilecek eserlerde (Bazı ansiklopediler, Örnek: Ana Britannica) tek numara alınmalıdır.
- "Kitaba Ait Bilgiler" formu temiz ve okunaklı olarak 2 nüsha doldurulup gönderilecektir. Bu form yayıncı tarafından fotokopi tekniği ile çoğaltılarak kullanılmalıdır. Form Ajans'a ulaştığı gün hiçbir bürokratik İşleme tabi tutulmaksızın numara tahsis edilecek ve bir nüshası yayıncıya derhal geri gönderilecektir.

ISBN uygulaması ile her türlü soru, istek ve önerilerinizi ISBN Türkiye Ajansı'na mektup veya telefonla iletebilirsiniz.

Adres: Kültür Bakanlığı Kütüphaneler Genel Müdürlüğü ISBN Türkiye Ajansı
Necatibey Cad. No: 55 Kat: 4 D: 12 06440 ANKARA
Tel/Fax:0312 231 35 64

13.10. Kaynak Tarama/Literatür Bildirimi

Kaynak araştırması yapılarak, konuyla ilgili olarak daha önce yapılmış çalışmalardan haberdar olmak bir araştırıcının önemli görevleri arasındadır. Bu sayede bazı yararlar elde edilmiş olacaktır:

a) Daha önce yapılmış bir çalışma tekrar edilerek kaynak savurganlığından kaçınılmış olur.

b) Daha önce yapılmış bir çalışma olsa dahi, o çalışmayı daha geliştirmek, daha da ileriye götürmek mümkün olabilir.

c) Benzer çalışmalarda kullanılan yöntemlerden yararlanmak mümkün olur.

d) Aynı konuda çalışan bilim adamlarıyla işbirliği sağlanabilir.

c) Bir tezi veya raporu okuyaŋ kişilere bilgi verilerek, önceki çalışmalar konusunda aydınlatılır.

f) Böylece araştırmada veya tezde nelerin yeni, nelerin öncekilerden alınma olduğu daha iyi ortaya çıkar. Bu sayede diğer araştırmacılara da kadirşinaslık yapılmış olur.

Giriş kısmını takibeden "Literatür Bildirimi'nden beklenen esas amaç, yapılan çalışmayla doğrudan ilgili başlıca çalışmaları özet olarak tanıtmaktan ibarettir. Bu tanıtmada, yöntem konusu veya elde edilen sonuçlar üzerinde durulur. Başka deyişle, anılan eserden ne yönde yararlanıldığı açıklanır. Bir kısım bilim dallarında literatür bildirimi giriş bölümü içerisinde verilmekte ve ayrı bir başlığa gerek görülmemektedir. Şirket raporlarında veya dar kapsamlı çalışmalarda böyle yapılsa dahi, bilimsel çalışmalarda literatür bildirimi çalışmanın değerini yükseltir. Kaynak gösterme yöntemleri daha sonra ele alınacaktır. Ancak burada kısaca literatür bildiriminin nasıl yapıldığı açıklanacaktır. Tanıtılacak olan makaleyle ilgili bilgiler aşağıdaki gibi olsun:

Yazan	:	R. Arıkan
Adı	:	Türkiye'de Ailelerin Turizme Katılımları ve Turizm Harcamaları
Yayın Şekli	:	Türkiye Kalkınma Bankasının Her Yıl Yayınladığı TURİZM YILLIĞI-1994 içerisinde 16-26 Sayfalar Arasında Bir Makale.
Yayın Yeri	:	Ankara
Yayın Tarihi	:	1994

Bu makaleye literatür bildiriminde yer vermek isteyen araştırıcı için başvurulabilecek seçenekler aşağıda sırayla açıklanmıştır:

Seçenek I

Anket yöntemiyle 440 aileyi kapsamak üzere yapılan bir araştırmada Türkiye'de ailelerin % 25'inin tatil yapmadığı saptanmıştır (Arıkan, 1994).

Seçenek II

440 aileyi kapsayan bir araştırmada 1994 yılında ülkemizde ailelerin %25'inin tatil yapmadığı ortaya çıkmıştır (8).

Seçenek III

Arıkan tarafından yapılan bir araştırmada, Türkiye'de ailelerin tatil yapma ve tatil harcamaları ortaya konulmuştur([2]).

Birinci seçenekte cümlenin sonundaki (Arıkan, 1994) ifadesi, bu kaynakla ilgili ek bilgilerin, kaynakça listesinde bulunmasına yardımcı olmaktadır. Arıkan'ın 1994 yılında yayınlanmış eserine tamamlayıcı bilgi için bakılabilir demektir.

İkinci seçenekte, tamamlayıcı bilgi için raporun sonundaki kaynakça listesinde (8) nolu kaynağa bakılacağı ifade edilmektedir.

Üçüncü seçenekte ise, dipnot sistemi kullanılmış olup, aynı sayfanın altında metin kısmından bir çizgi ile ayrılmış (2) notu dipnotu, söz konusu kaynağı tanıtmaktadır. Aşağıdaki dipnotu bu amaçla konulmuştur.

Araştırmacı, bu seçeneklerden hangisini kullanmayı kararlaştırmış ise, tüm kaynak bildirimlerinde aynı yöntemi devam ettirmesi gerekir. Kaynağın birini dipnotu tarzında, öbürünü numaralama yöntemi ile bildirmesi doğru değildir.

13.11. Yöntem

Yöntem, araştırmada takibedilen metodlann tanıtılmasına yer veren bölümdür. Sosyal ve ekonomik araştırmalarda bu başlık altında iki grup bilginin aktarılması gerekir. Bunlardan birincisi araştırmada kullanılan verilerin nasıl toplandığı hususunun açıklanmasıdır. Anket, gözlem, sayım, arşiv, deney vb. gibi veri toplama yöntemlerinden hangisinin ve ne şekilde uygulandığının izah edilmesidir. Seçilen veri toplama yönteminin tanıtılması, niçin bu yöntemin seçildiği ve nasıl uygulandığı bu bölümün konusudur. Bazı araştırmalarda birden çok sayıda veri toplama yöntemine ihtiyaç duyulabilir. Örneğin; kent trafiği araştırmasında, trafiğin yol açtığı kirlilik ve gürültü, deney ve gözlem yöntemiyle ölçülerek kaydedilebilir. Kent içi trafik konusunda kişilerin ne düşündüğü ise anket yöntemi kullanılarak saptanabilir.

---

[2] Arıkan, R., 'Türkiye'de Ailelerin Turizme Katılımları ve Turizm Harcamaları", Turizm Yıllığı-1994, Ankara, 1994, s. 16-26.

İkinci grup bilgi ise analiz yönteminin açıklanmasıyla sağlanabilir. Çeşitli yöntemlerle elde edilen bilgilerin nasıl düzenlenerek ve hangi işlemlerden geçirilerek sonuçlara varıldığı bildirilmelidir. Burada söz konusu olan analiz (değerlendirme) yöntemlerinin hangileri olduğu önceki bölümlerde açıklanmıştır. Özellikle kullanılan istatistiksel yöntemlerin niçin seçildiği ve uygunluğu tartışılmalıdır.

13.12. Teorik/Genel Açıklamalar

Raporun bu kısmı konunun teorik esaslarını ya da konuyla ilgili genel bilgileri ortaya koymayı amaçlamaktadır. Araştırmanın gerektirdiği analizlere ve bulgulara geçmeden önce konuyla ilgili genel kavramların ve temel bilgilerin sınırlı şekilde ve amaca uygun olarak verilmesi yararlı olacaktır.

Bunu bir örnekle açıklamakta yarar vardır:

"Türkiye'de Ailelerin Turizme Katılımları ve Turizm Harcamaları" konulu bir araştırmada iki hususta temel bilgiler verilebilir:

Turizm nedir ve ekonomimizde turizmin yeri nasıldır? Bu tanımlama yapılarak turizmin diğer sektörlerden farkı ortaya konularak, iç ve dış turizmin boyutları çeşitli açılardan açıklanabilir.

İkinci yönden ise, tüketim harcamaları içerisinde turizm (tatil) harcamalarının yeri belirtilir. Tatil harcamalarını etkileyen faktörler üzerinde temel bilgiler verilebilir.

Eğer değişik bir konuda, örneğin; "Tek Düzen Muhasebe Sistemi" üzerinde bir araştırma söz konusu ise, daha önceki muhasebe sistemlerinin kısa bir tarihçesini vermek bu bölüm için uygun olabilir.

13.13. Verilerin Analizi

Burada söz konusu olan analizlerin ve yorumların nasıl yapıldığına ilişkin bilgiler daha önce açıklanmıştı. Verileri tasnif ederek grafikleme ve ileri istatistik analizlere kadar süren bu işlemler sonucunda üzerinde durulan olayın aydınlatılmasına çalışılır.

Araştırmanın başında belirlenen hipotezlerin kabul edilmesi veya red edilmesi bu analizlerin sonucunda mümkün olmaktadır.

13.14. Araştırmanın Sonuçları

Kademeler halinde planlanarak tamamlanmış olan araştırmada, toplanan verilerin analiz edilmesi neticesinde bazı sonuçlara ulaşılmış olması doğaldır. Bu sonuçlara "ARAŞTIRMA BULGULARI" adını verenler de mevcuttur. Elde edilen bulguların, araştırmanın amaçlarıyla uyumlu halde olması gerekir. Bu bulgular aşağıdaki şekillerde gruplandırılarak ifade edilebilir:

- **Bir sorunu çözmüş olmak:** Eğer belirli bir sorunu çözmek amaçlanmış ve bu gerçekleştirilmiş ise, bu sonuç belirtilmelidir.
- **Bilgi üretmek:** Yeni bilgiler elde edilmiş ise bunları belirli bir düzen içerisinde açıklamalıdır. Ülkemizde bir ailenin yaz tatili döneminde ortalama olarak ne kadar harcama yaptığı ve bu harcamayı oluşturan giderlerin oranları ortaya konulmuş ise bu bir sonuçtur.
- **Yeni bir yöntem geliştirmek:** Ekonomik ve sosyal bilimlerin her alanında yeni yöntemlere ihtiyaç vardır: İşletme yönetimi, pazarlama, muhasebe, eğitim vb. alanlarda kaynakların daha etkin kullanılmasına yardımcı olan, ya da ölçme ve değerlendirme yöntemlerine ilişkin yenilikler araştırmanın sonuçlan olarak ortaya konulabilir. Verilere uygulanabilecek yeni bir analiz tekniği de bir sonuç olabilir.
- **Ekonomik yarar sağlamak:** Elde edilen bilgilerin ekonomik yarar getirmesi söz konusu ise bu durumun sonuç olarak açıklanması mümkündür. Bir gıda maddesinin hiç bozulmadan en uzun süre saklanması hangi sıcaklık ve nem derecelerinde mümkün ise bu bilgiler kolayca ekonomik faydaya dönüştürülebilir. En uygun sınıf ortamı ve eğitim/öğretim araçları geliştirilerek eğitimde randıman yükseltilebilir. Bunlara benzer örnekler çoğaltılabilir.

Özet olarak, araştırmadan hangi sonuçlar elde edilmiş ise, bunların net şekilde ortaya konulması ve açıklanması gerekir.

13.15. Öneriler

Araştırmada elde edilen sonuçlar doğrultusunda bazı önerilerde bulunmak gerekebilir. Bu önerilerin açık olarak yazılması faydalıdır. Bazı tez veya raporlarda "sonuç ve öneriler" tarzında her iki kısım birleştirilebilir. Öneriler ile amaçlanan husus, sorunun çözümünde ya da, daha da iyileştirilmesinde veya beklenen ekonomik yararın sağlanmasında nelerin yapılması gerektiğinin ortaya konulmasıdır. Araştırma sonucunda elde edilen yeni bilginin ve yöntemin nasıl değerlendirileceği, ekonomik yarar sağlamak için hangi sorun çözümlenmiş ise benzer tüm sorunların çözümünde aynı yolun izlenip izlenmeyeceği gibi hususlarda öneriler geliştirilebilir. Öneriler, maddeler halinde sıralanabileceği gibi, konular bakımından ya da muhatap alınan gruplar bakımından da tasnif edilerek düzenlenebilir.

13.16. Ekler

Ekler kısmında aşağıdaki hususlar ver alabilir:

a) Metin kısmında çok hacim işgal edebilecek istatistik tablolar,

b) Bir kısım resim, harita, kroki, şekil veya grafikler,

c) Araştırmada kullanılan anket formu örneği,

d) Araştırmada sözü edilen bazı metin parçaları, mektuplar veya belgeler.

Eklerin rapor sonunda verilmesinin birçok nedenleri vardır. Bunlardan en önemlisi tezin bilimselliğini ve güvenirliğini desteklemektir. Ayrıca tüm okuyucuların ilgilenmediği kısımlar ekte verilerek tamamlayıcı bilgiler bu şekilde sunulmuş olur. Diğer yandan birçok istatistik cetvellerin ve yardımcı belgelerin tez metni içerisinde yer alması tezin bütünlüğünü ve akıcılığını bozabilir.

13.17. Kaynakça

Tezde doğrudan ve dolaylı olarak yararlanılan tüm yayınların ve belgelerin bir düzen içerisinde belirtildiği listeye kaynakça adı verilmektedir. Kaynakça düzenlemenin amaçları ve yöntemleri daha ilerde geniş olarak açıklanacaktır. Yeterli, zengin ve uygun şekilde düzenlenmiş bir kaynakça listesi tezin değerini bir kat daha artırır ve okuyucu üzerinde iyi bir etki bırakır. Birçok insan, bir tezi ya da raporu incelemeye başlarken önce kapak sayfasına, sonra da en arkadaki kaynakça listesine bakarlar ve ilk izlenimlerini böylece edinirler.

Buraya kadar yapılan açıklamalarla bilimsel bir tezin/raporun ana kısımlarının neler olduğu ve hangi öğeleri içerdiği ortaya konulmuştur. Bir fikir vermesi açısından, Ankara'daki Üniversitelerde hazırlanan master veya doktora tezlerinin kapak örnekleri önceki bölümlerde incelenmişti. Bu örnekler incelenirken görülmüş olduğu gibi, kaynak vb. bazı küçük farklılıklara rağmen bilimsel tezler büyük benzerlik göstermektedir.

Aşağıdaki tabloda, değişik üniversitelerimizdeki tez içeriği örnekleri verilmiştir.

Tablo 63: Değişik Üniversitelerde Tez İçeriği Örnekleri

GAZİ ÜNİVERSİTESİ	ORTA DOĞU TEKNİK ÜNİVERSİTESİ	BİLKENT ÜNİVERSİTESİ	ANKARA ÜNİVERSİTESİ	HACETTEPE ÜNİVERSİTESİ
OTEL İŞLETMELERİNDE STRATEJİK PAZARLAMA PLANLAMASI SÜRECİNDE ÜRÜN KONUMLARINDA VE ALGILAMA HARİTALARININ KULLANILMASI (ANKARA'DA 5 YILDIZLI OTEL İŞLETMELERİNE YÖNELİK BİR UYGULAMA)	BAŞKENT ÜNİVERSİTESİ SOSYAL BİLİMLER MESLEK YÜKSEK OKULU TURİZM VE OTELCİLİK PROGRAMININ TOPLAM KALİTE YÖNETİMİ İLKELERİNE GÖRE DEĞERLENDİRİLMESİ	SERMAYE SAHİPLİK YAPISI VE SONUÇLARI	STRATEJİK PAZARLAMA YÖNETİMİ VE TÜRK İLAÇ SEKTÖRÜNDE UYGULANMASI	AVRUPA TEK PAZARININ TÜRK FİRMALARININ STRATEJİK PAZARLAMA SÜREÇLERİNE ETKİLERİ (SERAMİK KAPLAMA MALZEMELERİ ÖRNEĞİ)
SELMA MEYDAN Doç. Dr. M. MİTHAT ÜNER 1999	FATMA MIZIKACI Prof. Dr. MERAL AKSU 2001	GÜNER GÜRSOY Prof. Dr. KÜRŞAT AYDOĞAN 2001	YAKUP AYKUT PEKCAN Prof. Dr. ERİŞ ASİL 1997	KAZIM BEKTAŞ Prof. Dr. DOĞAN YAŞAR AYHAN 2000
ŞEKİL SIRALAMASI Kapak Önsöz İçindekiler Tablolar Listesi Şekiller Listesi Giriş	ŞEKİL SIRALAMASI Kapak Kabul ve Onay Abstract Öz İthaf Acknowledgement Table of contents List of Tables	ŞEKİL SIRALAMASI Kapak Abstract Özet Acknowledgement Table of contents List of Tables List of Figures	ŞEKİL SIRALAMASI Kapak Kabul ve Onay Önsöz İçindekiler Şekiller Dizini Tablolar Dizini	ŞEKİL SIRALAMASI Kapak Özet Summary İçindekiler Çizelgeler Şekiller Kısaltmalar Giriş
Tez Metni (Bölümler)	Chapter (Bölüm), Tez Metni	Chapter (Bölüm), Tez Metni	Tez Metni (Bölümler)	Tez Metni (Bölümler)
1. Hizmet ve Otel İşletmeleri Tarafından Üretilen Konaklama Hizmeti Konularına Genel Bir Bakış 2. Stratejik Pazarlama Planlaması Elemanlarından Biri Olan Ürün Konumlandırma ve Ürün Konumlandırma Araçlarından Algılama Haritalarının İncelenmesi 3. Ankara'da Bulunan Beş Yıldızlı Otel İşletmelerinin Algılama Haritalarının Düzenlenmesi	1. Intraduction (Başlangıç) 2. Review of the literature 3. Methot 4. Results 5. Conclusions and Discussions	1. Intraduction (Başlangıç) 2. Conceptual Context 3. Ownership Structure in Turkey 4. Equity Ownership Structure, Risk – Taking and Performance 5. Conclusions (Sonuç)	1. Giriş 2. Dışsal Analizler 3. Alternatif İşletme Stratejileri 4. İlaç Endüstrisi 5. Gereç ve Yöntem 6. Bulgular 7. Tartışma 8. Sonuç	1. Çevreye Uyum Aracı Stratejik Pazarlama Süreci 2. Makro Ekonomik Güçleri ve Avrupa Tek Pazarının Stratejik Pazarlama sürecine Etkileri ve Türk Firmalarının Stratejik Pazarlama Süreci Üzerindeki Etkilerine Yönelik Model Önerisi 3. Türk Seramik Malzemeleri Sektöründe Bir Uygulama 4. Sonuç ve Öneriler
Sonuç ve Öneriler Kaynakça Ekler Özet Abstract	References (Kaynakça) Appendices (Ekler) Vita (Tez Yazarının özgeçmişinin anlatıldığı kısa bir bölüm)	References (Kaynakça)	Özet Summary Kaynaklar Ekler Anket Formu Anket Sonuçları	Kaynakça

14. KAYNAKLARIN TASNİFİ

Bilim Tasnif Demektir...

Tezin hangi kısımlardan oluştuğunu ortaya koyduktan sonra, tezi yazmaya geçmeden önce yapılması gereken çalışmaların başında yararlanılacak kaynakların ve eldeki bilgilerin tasnif edilmesi (gruplandırılması) gelmektedir. Elde edilen ve yararlanılması muhtemel olarak kaynakların gruplara ayrılarak gerekli ayrıntılı incelemeye ondan sonra geçmek daha yararlıdır.

Tablo 64'de bir araştırma için faydalanılması muhtemel olan kaynakların listesi, bu kaynaklarda hangi bilgilerin aranabileceği ve kaynakların bulunduğu yer/durum tasnif edilerek verilmiştir.

Araştırmacının kendisi veya araştırma ekibi tarafından doğrudan toplanan bilgilerin orjinal (birinci el) veriler olduğu, diğerlerinin ise ikinci el veriler olduğu unutulmamalıdır, ikinci el verilerden yararlanılabilmesi için sahiplerinden izin almak ya da kaynak göstererek kullanılabileceği hususu da unutulmamalıdır.

Tablodaki gibi bir gruplamanın yapılması düzenli çalışmayı sağlar, bilgilerin birbirine karışmasını önler ve ayrıca araştırma personelinin görevlendirilmesinde ve işin takvime bağlanmasında kolaylık sağlar.

OKUMA PARÇASI

"Bilim adamları kütüphane tembelidir" tezini kanıtlamak için uğraşan akademisyen, bir derginin içine "ödül olarak" 50 dolar koydu ama dergiye el süren olmadı...

Kocaeli Üniversitesi Tıp Fakültesi eski Halk Sağlığı Ana Bilim Dalı öğretim üyesi Yrd. Doç. Dr. Besim Şeref, üniversite kütüphanelerinin, öğretim üyeleri tarafından kullanılmadığını ilginç bir yöntemle ortaya çıkardı. Besim Şeref, Cumhuriyet Bilim Teknik Dergisi'nin 4 Mayıs tarihli sayısındaki akamedisyenlere karşı sert ifadeler kullandığı makalesinde kütüphanelere yönelik yok etme gayretlerinin ardında kişilerin aranmaması gerektiğini belirterek şunları söyledi: "Bunun altında, öğretim üyelerinin okumaya, düşünmeye ve üretmeye ihtiyaçlarının olmaması, hatta kimi durumlarda da bizzat bunlara karşı düşmanlıklarının olması yatmaktadır."

Kimse ödülü almadı!

Yaptığı kütüphane taramalarında özellikle süreli yayınların ya hiç incelenmediğini ya da çok az incelendiğini kanıtlarla anlatan Şeref, 1997'de başvurduğu ilginç yöntemi de şöyle aktardı:

"Çevre ve iş sağlığı yönünden çok önemli sorunlara sahip bir ildeki üniversitenin kütüphanesi, 'Scandinavian Journal of Work, Environment & Health' adlı dergiye abone oldu. Kütüphane müdürü görevini iyi yapmaya çalışan bir kütüphanecidir. Altı ayda bir kütüphaneye gelen süreli yayınlar listesini dekanlıklara yollamakta ve dekanlıklar da anabilim dalı başkanlıklarına birer kopyalarını göndermektedir. Ancak dergiyi okuyan bir kişi dahi çıkmadı. Dergiyi rafa yatık olarak koyuyorum, bir süre sonra gittiğimde derginin üzeri tozlanmış ve yatık olarak duruyor. Dik olarak koyuyorum dik olarak buluyorum, sonunda derginin son sayısının içersine 50 dolar koydum. Allah rızası için dergiyi karıştıran biri olur ise ödül olarak alsın diye. Para, koyduğum sayfa içinde 6 ay durdu, sonunda geri aldım, işçi ve çevre sağlığı sorunlarının had safhada olduğu bir ilin üniversitesinde bulunan 'işçi ve çevre sağlığı' konusundaki tek dergiyi, kerametleri kendilerinden menkul, birçok öğretim üyesi bulunmasına rağmen hiç okuyan çıkmadı. Dergi aboneliği, okuyan olmadığı için iptal edildi."

Milliyet, 6 Mayıs 2002

Tablo 64: Veri ve Bilgi Kaynaklarının Tasnifi

VERİ KAYNAĞI	**Adı**	**İncelenecek Konular**	**Kaynağın Bulunduğu Yer**
Kütüphaneler	Lügat ve Ansiklopediler	Tanımlar vb.	Üniversite Kütüphanesi
	Kitaplar	Teorik Bilgiler	Fakülte Kitaplığı
	Peryodikler	Güncel Veriler	Milli Kütüphane
	Gazeteler	Tarihsel Veriler	Halk Kütüphanesi
	Arşiv Belgeleri	Diğer Veriler	Şirket Kütüphanesi
	Diğerleri		Diğer Kütüphaneler
Kütüphane Dışı Kaynaklar		Muhtelif bilgi ve belgeler	İlgili Ortamlar
	Firmalar	"	"
	Aileler	"	"
	Kişiler Kamu Kuruluşları	"	"
	Kitapçılar/Yayınevleri	"	"
	Araştırma Kurumlan	"	"
İstihdam Edilen Araştırmacılar		Araştırma Konuları	Araştırma Evreni ve Örneği
	Gözlem	"	"
	Sayım	"	"
	Ölçme/Tartma	"	"
	Yüzyüze Görüşme	"	"
	Mektup	"	"
	Telefon	"	"
	Faks	"	"
	Diğerleri	"	"
Araştırmacının Kendisi		Araştırma Konuları	Araştırma Evreni ve Örneği
	Gözlem	"	"
	Sayım	"	"
	Ölçme/Tartma	"	"
	Yüzyüze Görüşme	"	"
	Mektup	"	"
	Telefon	"	"
	Faks	"	"
	Kişisel Arşiv ve Notlar	"	"

MİLLÎ KÜTÜPHANE

NATIONAL LIBRARY TÜRKİYE

Millî kütüphaneler, ait oldukları milletlerin kültürel ve bilimsel birikimlerini, bünyelerinde toplayıp kuşaktan kuşağa aktarmakla doğrudan doğruya görevlidirler.

Türkiye'de 23 Mayıs 1950'de kabul edilen 5632 sayılı kanunla kuruluşu yasallaşan MİLLÎ KÜTÜPHANE'nin, 1970 yılında açılan proje yarışması ile yeri ve nasıl yapılacağı belirlenmiştir.

1970'de Ankara-Bahçelievler'de inşasına başlanmış, 1983 yılında da hizmete açılmıştır.

39.000 metrekare kullanım alanı olan MİLLÎ KÜTÜPHANE, üç ana blok halinde inşa edilmiştir:

1. Blokta, değişik hizmetlere cevap veren beş okuma salonu, toplu çalışma odaları, özel çalışma bölmeleri, konferans ve toplantı salonları gibi faaliyet alanları bulunmaktadır.

2. Blokta, depolar, basımevi, cilthane, mikrofilm, müzik, görme özürlüleri, patoloji hizmetleri bulunmaktadır.

3. Blokta ise idarî hizmetler yer almaktadır.

Son yıllarda Millî Kütüphane'nin otomasyona geçirilmesi projesi planlanmış olup, kurulacak bu sistemle, bilginin kütüphaneye girişinden kullanıcıya ulaşımına kadar geçen bütün hizmetler bilgisayar yardımı ile sağlanacaktır.

Millî Kütüphane, Türk kültürü ile ilgili yurt dışından yayın satın almaktadır.

Millî Kütüphane'nin bugün sahip olduğu tüm imkanlarıyla, Ortadoğu'nun en büyük millî kütüphanesidir.

GAZİ ÜNİVERSİTESİ MERKEZ KÜTÜPHANESİ

VE

KÜTÜPHANEDEN YARARLANMA KOŞULLARI

GAZİ ÜNİVERSİTESİ
KÜTÜPHANE ve DOKÜMANTASYON
DAİRE BAŞKANLIĞI
Tel: 212 47 58 2126853/297
Telex: 44002 GUNİ tr.

Kütüphanenin Açık Olduğu Saatler

15 Eylül-30 Haziran

Pazarlesi-Cuma	8.30- 18.30
Cumartesi	12.00- 17.00

1 Temmuz - 14 Eylül

Pazartesi-Cuma	8.30- 18.00

Nasıl Ödünç Alabilirsiniz.

Gazi Üniversitesi mensupları üye olmak koşuluyla kütüphaneden ödünç kitap alabilirler. Üye kaydı için üniversite kimliği ve bir fotoğraf yeterlidir.

Master ve doktora öğrencilerinden ayrıca bir depozit ücreti istenir.

Üye kartlarının her kitap alınışında gösterilmesi zorunludur.

Neleri Ödünç Alabilirsiniz.

Danışma kaynakları, tezler, süreli yayınlar ve kütüphaneden çıkmaması gereken yayınlar dışında tüm kütüphane materyalini ödünç almanız mümkündür.

Kitaplara Nasıl Ulaşabilirsiniz.

Kütüphanemizde açık raf sistemi uygulanmaktadır. Bu sistemde salonlara girerek kitaplara doğrudan ulaşmanız mümkündür.

Kataloglar

Kütüphanede bulunan kitaplar için 1. Alfabetik yazar - kitap adı, 2. Alfabetik konu katalogu olmak üzere 2 katalog hazırlanmıştır. Bu kataloglar kütüphane ana girişinin karşısındadır.

Yazar adı veya kitap adını bildiğiniz kitapların kütüphanedeki yer numarasını belirlemek için alfabetik yazar kitap adı kataloguna, herhangi bir konuda kütüphanede mevcut olan kitapları seçmek istediğinizde konu kataloguna başvurunuz.

Kitapların raflardaki yerini belirleyen sınıflandırma numaraları katalogda yer alan kartların sol üst köşesinde bulunmaktadır.

Sağlık bilimleri ile ilgili konu başlıkları listesi giriş bankosu üzerindedir. Araştırmalarınızda bu listeden alacağınız konu başlıkları ile konu katalogunu sorgulayabilirsiniz.

Kütüphaneden Kaç Kitabı Ne Kadar Süreyle Ödünç Alabilirsiniz.

Öğretim Elemanı	20 kitap	2 ay
Doktora Öğrencisi	10 kitap	1 ay
Master Öğrencisi	5 kitap	15 gün
Öğrenci	3 kitap	10 gün

Kitaplar bir başka okuyucu tarafından istenmiyorsa ödünç süresi uzatılabilir.

Yukarıdaki bilgilere sahip olarak bir kütüphaneye girildiğinde ilk incelemeler şunlar olmalıdır:

- Alfabetik konu indeksinin incelenmesi,
- Alfabetik yazar indeksinin incelenmesi,
- Sürekli yayınlar (periyodikler) listesinin incelenmesi, Referans kitapları indeksinin incelenmesi,
- Karteksler in incelenmesi.
- Yukarıdaki bilgilerin bilgisayar ortamında izlenmesi.

Kütüphanelerde tüm eserlere hemen ulaşılacak gibi açıkta sergilenmesi mümkün olmamaktadır. Genel olarak sözlükler, ansiklopediler, referans kitapları, kitaplar, dergiler ve gazeteler için ayrı bölmeler ya da mekanlar ayrılmıştır. Mikrofişlere aktarılmış eserlerden yararlanmak için de gerekli aygıtlar bulundurulmaktadır. Bölmelerin veya rafların arasında okuyucuların serbestçe dolaşarak, istedikleri kitabı seçmeleri mümkün olduğu gibi, bazı kütüphanelerde, okuyucunun istediği kitaplar görevli personel tarafından bulunarak "OKUYUCU" mahallindeki kişiye verilmektedir.

Kütüphaneden alınan bir kitaptan nasıl yararlanılacağına geçmeden önce, bir kitabın kütüphane indekslerine nasıl kaydedildiğini incelemekte yarar vardır. Bir kitaba ait karteks 7.5 x 12.5 cm ebadında ince bir karton olup üzerindeki bilgiler şunlardır:

N	
7433.8	
B65	
1988	Bolognese, Don
	Mastering the computer for design
	and illustration. New York,
	Watson-Guptill, 1988.
	144 s.
	ISBN:0-8230-3023-7

Şekil 92: Bir Kitap Karteksi örneği

Bu kart üzerinde yer alan bilgilerin açıklaması şöyledir:

N	: Konu kodu. Burada güzel sanatlar dalını ifade etmektedir.
7433.8	: Bilim dalının kendi içerisindeki alt sınıflamasını göstermektedir.
B	: Eser sahibinin (yazarın) soyadının ilk harfi
65	: Bu ada ilişkin sınıflama numarası
Bolognese, Don	: Yazarın soyadı ve adı
Mastering the computer	: Kitabın adı
New York	: Kitabın yayınlandığı yer
Watson-Guptill	: Yayınevinin adı
1988	: Kitabın yayınlandığı yıl
144 s.	: Kitap 144 sayfadan ibarettir.
ISBN	: Uluslararası Standart Kitap Numarası (International Standart Book Number) kelimelerinin baş harfleri.
8230	: Ülke kodu
3023	: Yayıncı veya yazar kodu
7	: Yazarın yedinci kitabı

Kart üzerinde verilen bu bilgiler, bu kitabı sipariş etmek isteyen, aynı kütüphanede veya başka yerde bir daha aramak isteyen ya da kütüphane görevlisi için gereken tüm bilgileri kapsamaktadır. Peryodikler (dergiler) için hazırlanan karteksler üzerinde, yazarın adı, makalenin adı ve derginin adı ve sayısı gibi daha sınırlı bilgilerle yetinilmektedir.

Kütüphanedeki alfabetik indekslerden veya kartekslerden ya da bilgisayar ortamından yararlanarak seçtiğiniz kitapları ya da satın aldığınız kitap vb. kaynaklan nasıl incelemeli? Okuyup bir kenara mı bırakmalı? özetini mi çıkartmalı? Önemli kısımlarını alıntı halinde bir yere mi kaydetmeli? Önemli cümlelerin veya rakamların altını çizmeli mi? Kitabın veya derginin kenar boşluklarına bazı notlar alınmalı mı? Bu ve benzeri sorulara uygun cevap verebilmek için aşağıdaki hususlar gözönünde tutulmalıdır:

1. Eldeki kitabı incelemenin amacı unutulmamalıdır. Bir tek veri ya da formülden yararlandığımız kitap ile, konuya ilişkin bilgilenmeye yönelik temel bir kitabın okunuş amacı farklıdır.

2. Bir kitabı tekrar tekrar okumak mümkün değildir. O halde, kitapla ilgili bazı notlar yazmak ve satırları işaretlemek ya da çizmek uygun bir davranış değildir. Ancak kişisel kitaplarımızı serbestçe çizer veya işaretleyebilirsiniz.
4. Bir süre sonra bu kitapları tekrar nerede bulabileceğimizi ve bu kitabın hangi kısımlarının bizi daha çok ilgilendirdiğini bir kenara kaydetmekte yarar vardır.
5. Seyahatlerde veya konuşma platformlarında birçok sayıda kitabı bulundurmak mümkün değildır. Ancak bunlardan alınan notlan ya da kayıtları kolayca bulundurabiliriz.
6. Tez veya rapor hazırlayanlar için önemli olan, gerekli bilgilerin tekrar ulaşılabilecek tarzda açıklanması ve kaynakçada yer almak üzere kitabın künyesinin not edilmesidir.

O halde kaynaklar nasıl incelenmelidir, hangi yöntemi izlemelidir? İncelenen kaynaklara ilişkin muhtelif ayrıntılardaki notlar için üç ayrı yol söz konusudur: DEFTER, KARTEKS ve BİLGİSAYAR ORTAMI.

DEFTER: Çeşitli amaçlar için değişik ebatta ve boyutta defterler kullanılabilir. Defterler konulara veya yazarlara göre bölümlere ayrılabilir. Üniversite öğrencilerinin ve konuya yeni başlayanların kullandıkları anlama, öğrenme ve hatırlamaya yönelik bir yöntemdir.

KARTEKS: Çeşitli ebatlarda ve renklerde olabilen, kartondan yapılmış, üzerinde çizgileri olan kartlardır. Her kitap, dergi veya belge için ayrı bir kart hazırlanır. En standart ebat 10 x 15 cm olanıdır. Aşağıda, daha küçük ebatta bir karteks örneği ve bu karteksin kullanılışı gösterilmiştir. Bu kartın üzerinde iki grup bilgi yer almaktadır:

a) Daha sonra kitabı kütüphanede tekrar bulabilmek veya kitabı sipariş edebilmek ya da kaynakça listesine dahil edebilmek için kitabın künyesi.

b) Kitaptan almak istediğimiz önemli bilgi, rakam vb. hususlar.

N 7433.8 Bologneese, Don, Mastering the computer for design and illustration, New York, Watson-Guptill, 1988, 144.s.
Dizayn ve Şekil çiziminde
bilgisayarlardan nasıl
yararlanılacağı örneklerle
açıklanmış

Şekil 93: Bibliyografya Karteks Örneği ve Kullanılışı

Bunlardan birincisi, karteksin üst kısmına, bunun için ayrılmış yere yazılır. İkincisi ise, alt kısma arzu edildiği ayrıntıda, hatta sayfa numaraları da yazılmak suretiyle belirlenir. Yazılan notlar, kaynaktan aynen alıntı olabileceği gibi, okuyucunun yorumu şeklinde de olabilir.

BİLGİSAYAR ORTAMI: Yukarıda açıklanan gerek defter, gerekse kartekse geçirilen bilgilerin bilgisayara aktarılarak saklanmasıdır. Araştırıcı, kitabın künyesini konu ya da yazar adına göre alfabetik tarzda kaydedebileceği gibi, istenilen ayrıntıda bilgiler, rakamlar ve alıntılar da bilgisayar ortamında saklanabilir. Alman notlar, diskete kopyalanarak ya da kağıda basılarak taşınabilir hale gelmektedir.

14.1. Kaynakları İnceleme ve Not Alma Yöntemleri

Kaynakları amaca uygun şekilde incelemek, daha sonra işe yarayacak tarzda notlar tutarak ve bir zaman sonra da ihtiyaç duyularak arandığında yeniden bulunabilecek bir yöntem uygulamak çok önemlidir. Bunun için HANGİ BİLGİLERE ihtiyaç duyduğumuzu, bunları NEREDE bulabileceğimizi ve İŞE YARAYIŞLILIKRINI belirlemeliyiz. Önemli olan, incelenen ya da kaynakçada yer alan eser sayısı değil, bunları uygun tarzda değerlendirerek hazırlamış olduğunuz tezinizdir.

İncelenecek kitaptan notlar alırken bazı hususlara dikkat etmelidir:

a) Alelacele hemen not çıkartmaya başlamamalı, önce kitabı dikkatlice incelemeli, kitabın hangi düzen, sıralanış ve ayrıntıda olduğunu anlamalıdır. Kitabın size göre ağır ya da hafif olduğunu belirlemekte yarar vardır.

b) Elinizde aynı konuda birkaç kitap varsa, en uygun olanını daha ayrıntılı incelemek yolunu seçebilirsiniz.

c) Konu hakkında temel bilgileriniz zayıf ise, önce genel kitapları, daha sonra ileri düzeydeki kitapları ve araştırmaları incelemeye geçmelisiniz.

d) Bir sayfaya veya bir kartekse sadece bir kitapla ilgili notları yazınız. Yani **bir kitaba bir karteks** yolu izlenmelidir.

e) Her şeyi not etmeye çalışmak, fotokopi alır gibi davranmak doğru değildir. Önemli olan not tutmak değil, işe yarar not almaktır.

Hangi malzeme kullanılırsa kullanılsın, genel olarak bir kitap incelenirken dört çeşit yöntemden biri izlenmelidir:

FOTOKOPİ ALMAK
ÖZET ÇIKARTMAK
ALINTI YAPMAK
AÇIKLAMAK

Fotokopi Almak:

Eğer kitap, araştırıcının değil de kısıtlı bir süre için alınmışsa, bu kitabı daha uzun süre ve ayrıntılı olarak inceleyebilmek için fotokopi yoluna başvurulur. Bazen kitabın kendisini satın almak mümkün olmadığı için bu yola baş vurulur. Sayfalar ve satırlar serbestçe işaretlenerek üzerinde çalışılabilir. Ancak ayrıca da özet çıkartarak, alıntılar yapmak veya açıklamalar yapmak gerekebilir.

Özet Çıkartmak

Bir kitabın veya kitaptaki bir bölümün özetini çıkarabilmek, konuya yeni başlayanlar ve henüz temel bilgilere sahip olmayanlar için daha çok geçerlidir. Bu nedenle çok sık başvurulan bir yöntem değildir. Her konuyu veya her bilgiyi detaylarına inerek özetlemek mümkün değildir. Çıkartılan özetlerin yanlarına sayfa numaralan yazılarak, önemli bulunan kısımların tekrar incelenmesi yoluna gidilebilir. Özetler deftere, kartekse veya bilgisayara aktarılabilir. Özet çıkartmaya başlamadan önce, hangi detayda, kaç sayfa halinde ve hangi sürede tamamlanacağını planlamalıdır.

Alıntı Yapmak (Doğrudan Aktarmak)

Defter, karteks ya da bilgisayar kullanılarak alıntılar yapılabilir. Alıntı, hiçbir şeyi değiştirmeden aynen aktarma yapmak demektir. Aşağıdaki durumlarda alıntı yapmak doğru ve yerindedir:

a) Çok yeni, özgün veya çok aykırı görüşler,

b) Fen ve matematiksel formüller veya yazılımlar,

c) Yasa, tüzük, yönetmelik vb. belgeler,

d) Teori veya hipotezler,

e) Çok tanınmış ve kendi alanında otorite olan bir kişinin görüşleri,

f) İstatistiksel bilgiler ve tablolar.

Açıklamak

İncelenen parçanın veya kitabın, araştırıcının kendi kelimeleriyle yeniden kısaltılarak açıklanması ve "şerh" edilmesidir. Kitaptaki olaylar, fikirler ve görüşler, okuyucunun kendi anlatımıyla ve sayfa numaraları verilerek yeniden açıklamalı olarak kaydedilir.

Eski ifadeyle "şerhetmek" anlamına gelen açıklamalar yaparken her zaman bir tehlike sözkonusudur. Asıl anlamı değiştirmek ve yanlış anlamaya yol açmak. Bu durumda en iyisi, doğrudan alıntı yapmak veya daha geniş şekilde özetleme yoluna gitmelidir.

14.2. Kaynak Taramada Dikkat Edilmesi Gereken Hususlar

Doğru, güvenilir ve güncel verilere sahip olabilmek, araştırmacılar ve iş adamları için her zaman çok değerlidir, ihtiyaç duyulan verilerin nereden temin edilebileceğini bilmek veya bu mümkün değilse araştırma yoluyla bu verileri elde etmek gerekmektedir. İhtiyaç duyulan verilerin aşağıdaki şekilde görülen özellikleri, atılacak adımlar için önemlidir. Bu şekilde yapılan gruplandırmada üzerinde durulan özellikler aşağıda kısaca açıklanmıştır:

İnternal veriler (İç Veriler):

Kurumun veya firmanın kendisinin sahip olduğu, dışarıya başvurmasına gerek kalmadan elde edilen verilerdir. Firmada olan raporlar veya yayınlar gibi.

External Veriler (Dış Veriler):

Kurum veya firmanın dışarıdan temin etmesi gereken verilerdir. Bu iki gruptaki veriler bazen herkesin ulaşabileceği durumda açık ve serbest verilerdir. Bazen de, ancak izin alınarak veya yetkilinin görebileceği veriler olabilir.

Primer Veriler (İlk El Veriler):

İlgili araştırmacının veya kurumun elde etmiş olduğu verilerdir.

Seconder Veriler (İkinci El Veriler):

Başkasının elde ettiği (topladığı) verilerin kullanılması durumudur.

Tablo 65: Kaynak Taramaya İlişkin Gruplamalar

		Primer (ilk el)		**Seconder (ikinci el)**	
		Genel	**İhtisas**	**Genel**	**İhtisas**
Internal	Açık	Tanıtım Bülteni Kataloglar	Denetim raporları	- Satış Şubesi raporları	-
	Gizli	Firma Stratejisi raporları	- Hizmete özel dosyalar - Komisyon raporları	-	Soruşturma raporları
External	Açık	Dış Denetim raporları	- Bağlı olunan Dernek veya Meslek odası yayınları	- Dergiler - Kitaplar	- İhtisas Yayınları
	Gizli	İç soruşturma raporları	- Danışman Firma raporları	- Kredi Kurumu raporları	-

Kullanılmasına izin verilmeyen ya da gizli olanların dışındaki birçok kaynağa nasıl ulaşılacağını tüm araştırmacılar bilmeyebilirler. Ancak başvuru yapıldığında böyle bir veriyi size açarlar. Yıllık raporlar, hizmet içi veya kurum içi araştırmalar ve dosyalar bu gruba dahildir. Bilgi kaynağı olarak kişiler, aile reisleri, ev kadınları, firma-kurum veya kuruluş başkanları ya da sorumluları, dernekler, vakıflar vb. gönüllü kuruluşlar, sendikalar, kamu kuruluşları, siyasi partiler vb. örgütlerin önem taşıdığını biliyoruz. Nereden bilgi toplanırsa toplansın, izlenecek yolun uygun kademeler halinde olması gerekir. Aşağıdaki şekilde çalışmaya başladıktan sonra ilk aşama, konuya ilişkin "master veya doktora tez özetleri" veya Abstract'ları incelemektir. Bu yayınlar ülkemizde YÖK ve Üniversiteler tarafından yapılmaktadır. Tez özetlerinde, yapılan çalışmanın amacı, kullanılan yöntem ve başlıca bulgular birer ikişer cümle ile verilmektedir. Buradan seçilen bir tezin aslına ulaşmak için, ikinci kademeye geçilir ve tezin kendisi herhangi bir formda (kitap, makale, bilgisayar ortamı, mikrofiş, fotokopi veya yazarın kendisinden orjinal bir kopya) istenebilir. Birçok kitapçı, yayınevi ve kütüphaneler, yayınlanmamış bir tezin herhangi bir ortamdaki kopyasını temin etmektedirler. Üçüncü ve son kademede ise, tezin incelenmesi tamamlanarak literatür listesine dahil edilmesi yapılır.

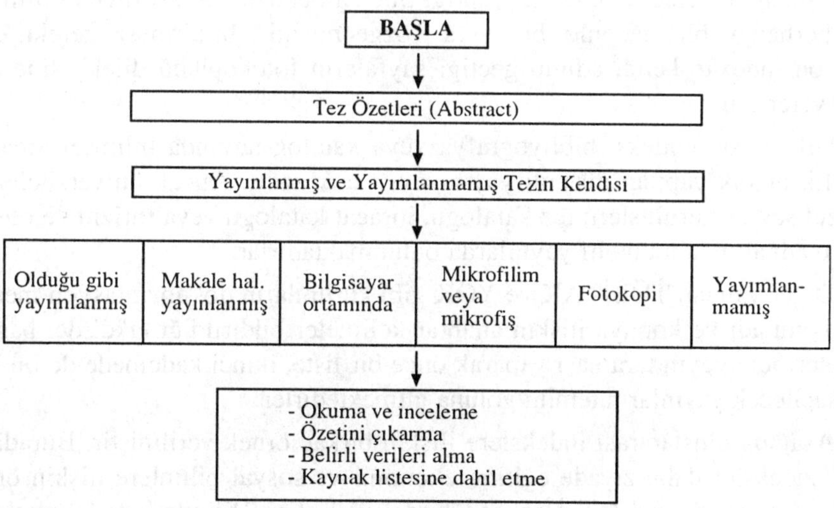

Şekil 94: Kaynak Taramada İzlenecek Sıra

Yukarıda verilen şekil, bilimsel tez konularının incelenmesinde izlenecek sırayı yansıtmaktadır. Eğer uluslararası nitelikte olan CITATION INDEX (Atıf Endeksi)'te yer alan araştırmacıların eserleri incelenmek isteniyorsa, aşağıdaki şekilde gösterilen yolun izlenmesi gerekir.

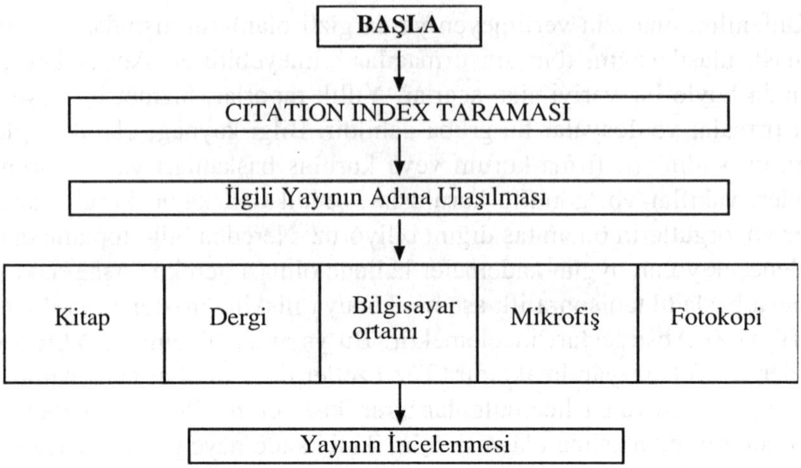

Şekil 95: Citation Index Yoluyla Bir Yayına Ulaşma

Çeşitli bilim dallarında (sosyal, fen vb.) düzenli olarak ciltler halinde yayınlanan ve telefon rehberlerini andıran Citation Index'te kimin, hangi araştırmanın hangi eserine nerede atıf yaptığı bildirilmektedir. Araştırmacı bilim adamı, herhangi bir nedenle bir yere "özgeçmişini" bildirmesi gerektiğinde, Citation Index'te kendi adının geçtiği sayfaların fotokopisini dilekçesine eklemesi yeterlidir.

Ülkemizde endeks, bibliyografya veya katalog tarzında bilimsel amaçlara yönelik olarak yapılan düzenli yayın sayısı çok azdır. Ancak üniversitelerimiz ve özel sektör kuruluşları; tez katalogu, ihracat katalogu veya turizm ve otel katalogu adı altında muhtelif yayınlarda bulunmaktadırlar.

Diğer yandan TÜBİTAK ve YÖK gibi kurumların dokümantasyon merkezleri, konu adı ve konuya ilişkin anahtar kelimeler bildirildiği takdirde, başvuru sahipleri için yayın taraması yaparak önce bir liste, ikinci kademede de bu listeden seçilecek yayınların temini yoluna gitmektedirler.

Aşağıda uluslararası indekslere ilişkin birkaç örnek verilmiştir. Burada verilen endeksler daha ziyade eğitim, ekonomi ve sosyal bilimlere ilişkin örneklerdir. Ayrıca, Sosyal Bilimler Atıf Endeksi ile Fen Bilimleri Atıf Endeksinin kapak sayfaları ve bunların iç sayfalarından da birer örnek verilmiştir. Bu endeksler konulara, yazarlara veya coğrafi bölgelere göre yayınlanmakta ve telefon rehberi gibi ciltler halinde olmaktadır. Kaynak tarama ve bilgilere ulaşmakta bilgisayar ortamlarının giderek daha yaygınlaştığını hatırlatmaya gerek yoktur.

Tablo 69: Uluslararası Endekslerden Bazı Örnekler

Eğitim (Ayrıca bkz. Sosyal Bitimler)

Current lndex to Journals in Education. 1969- (Aylık)

Education Index'ten daha fazla sayıda yayını tarar ve bazı makalelerin abstraktını verir.

Education lndex. 1932- (Aylık)

Eğitim alanındaki süreli yayınlan ve diğer yayınları indeksler. Önce yıllık kümeler gözden geçirilmelidir.

Foskett, D. J. How lo Find Out: Educational Research. New York: Pergamon Press, 1965.

Eğitim yayınlarının çeşitlerini ve bunların nasıl kullanılacağını açıklar.

Ekonomi (ayrıca bkz. İş ve Sosyal Bilimler)

Fletcher, John, ed. The Use of Economics Literature. Hamden, Conn. : Archon Books, 1971.

Ekonominin çeşitli dallarındaki yayınların nasıl kullanılacağını söyler.

International Bibliography of Economics. 1955- (Yıllık)

UNESCO tarafından desteklenen bu yayın bu alandaki resmi ve özel yazıların kapsamlı bir listesidir.

McGraw-Hill Dictionary of Modern Economics: A Handbook of Terms and organiıations. New York: McGraw-Hill, 1973.

Uzman olmayanlar içindir. Yaklaşık 1400 ekonomi terimini tanımlar.

Business Information, How to Find lt-How To Use lt (Second Edition) by M.K. Lavın, ORYX Presse 1992.

Bu yayın, iş ve ekonomi dünyası için Önemli bir kaynaktır.

Sosyal Bilimler

Journal of Social Issues. 1944- (Üç ayda bir)

Özellikle uzman olmayanlar için yararlı olun bu dergi genel okuyucuya yönelik bir dille güncel toplumsal problemleri analiz eder.

London Bibliography of the Social Sciences. 1931-

Bu geniş alandaki en kapsamlı kaynakçadır. Belirli bir konu ile ilgileniyorsanız bunu bir rehber olarak kullanınız.

Public Affairs Information Service. 1915- (15 günde bir)

Halkla ilişkiler genel kategorisi yanında ekonomi ve sosyal koşullar hakkındaki güncel yayınları indeksler. (Bu indeksle ilgili daha fazla bilgi ve bir örnek için 3. Bölüme bakınız.)

White, Cari M. Sources of Information in the Social Sciences. Chiago: American Library Association, 7973.

Bu, bilgi edinmek için nereye gidilmesi gerektiğini bulmada yol gösterici standart bir rehberdir. Şu alanlar için bir kaynakça kılavuzu içerir: Tarih, coğrafya, ekonomi, iş idaresi, sosyoloji, antropoloji, psikoloji, eğitim ve siyasi bilimler.

Sosyal Bilimler Atıf Endeksi Kapağı

SSCI®
SOCIAL SCIENCES CITATION INDEX®

1992 Annual

An International Multidisciplinary Index to Literature of the Social, Behavioral and Related Sciences

Part 4

Corporate Index

Geographic Organization

Source Index

A-KAHNEM

Institute for Scientific Information, Inc.®

3501 Market Street, Philadelphia, PA 19104 U.S.A.
Tel: (215) 386-0100, Cable: SCINFO, Telex: 84-5305, Telecopier: 215-386-6362
European Office
Brunel Science Park, Brunel University
Uxbridge, UB8 3PQ, Utted Kingdom
Tel: 44 - 895 - 270016, Telex: 933693 UKISI, Telefax: 44 - 895 - 256710

Fen Bilimleri Atıf Endeksi Kapağı

SCI®

SCIENCE CITATION INDEX®

1992

Annual

An International Interdisciplinary Index to the Literature of Science, Medicine, Agriculture, Technology, and the Behavioral Sciences

Part 14

Source Index

A-HAKALA

ISI®

Institute for Scientific Information, Inc.®

3501 Market Street, Philadelphia, PA 19104 U.S.A.
Tel: (215) 386-0100, Cable: SCINFO, Telex: 84-5305, Telecopier: 215-386-6362

European Office

Brunel Science Park, Brunel University
Uxbridge, UB8 3PQ, Utted Kingdom
Tel: 44 - 895 - 270016, Telex: 933693 UKISI, Telefax: 44 - 895 - 256710

SSCI'den Örnek

ARIMAH BC

ARIS S

CALL **IT A DAY (REPRINTED FROM NEW SOCIETY, OCTOBER, 1962) REPRINT**

NEW STATE S 5(213):52 92 IR JG158

ARIS S 62 NEW SOC

ARIYAN S

See HAVLIK RJ PLAS R SURG 90 57 92

ARIYO JA

OGBONNA DQ - THE EFFECTS OF LAND SPECULATION ON AGRICULTURAL PRODUCTION AMONG PEASANTS IN KACHIA LOCAL-GOVERNMENT AREA OF KADUNA STATE, NIGERIA

APPL GEOGR 12(I):31-46 92 39R HD323

AHMADU BELLO UNIV, DEPT GEOG, ZARRIA NIGERIA

(ANON) 78 FEDERAL REPUBLIC NIG. 65

490

SSCI'den Örnek

ARIHIRO K

ARIKAN A

EFFECTS OF NICKEL-CHROME DENTAL ALLOYS USED IN DENTİSTRY ON SALIVA AND SERUM NICKEL LEVELS, PERIPHERAL LYMPHOCYTE- T AND SOME OTHER BLOOD PARAMETERS JE409

J ORAL REH 19(4):343-352 92 34R

MARMARA UNIV FA DENT. DEPT PROSTHET

DENT BUYUK ÇIFTLIK SOKAK 6 ISTANBUL 30200, TURKEY

ARIKAN E

See RADOSAVL.B IEEE INFO T 38 1833 92

....

ARIKAN R

See MURPHY S WEAR 155 105 92

1124

14.3. Toplanan Kaynaklardan ve Kütüphanelerden Yararlanma

Kütüphanelerin durumu, çağdaşlık aynasıdır...

Etrafımızdaki kütüphanelerde hangi kaynakların bulunduğunu, bu kaynaklara nasıl ulaşılacağını ve kullanılacağını bilmek başarılı bir araştırmanın koşulları arasındadır. Kütüphanelerdeki imkânları keşfetmek, onları tasnif ederek değerlendirmek ve yorumlamak gerekir. Ancak, kütüphanelerden yararlanmak bilgi ve deneyim gerektirmektedir. Tüm araştırmacılar zamanlarını verimli kullanabilmek için kütüphanelerden etkin olarak yararlanmayı arzu ederler. Bu nedenle kütüphaneler konusunda bazı bilgilerin bilinmesi zorunludur. Bir kentteki kütüphanelere ilişkin aşağıdaki bilgiler araştırmacılar için önemlidir:

- Kütüphanenin adı ve adresi, telefon veya faks numarası, e-mail adresi
- Kütüphaneye kent otobüsü veya araba ile gidiş şekli, park yeri olup olmadığı
- Kütüphanenin ihtisas kütüphanesi olup olmadığı ya da belirli alanda isim yapmış olup olmadığı (tarım, tıp, çocuk kütüphanesi gibi)
- Kütüphanenin açık olduğu gün ve saatler
- Kitap ödünç alma şartları
- Kitap tasnif sistemi (Dewey sistemi, kongre kütüphanesi vb.)
- Salon ve raf sistemi
- Alfabetik katalogların (karteksleri̇n) yeri
- Bilgisayar ortamının bulunup bulunmadığı
- Kitap siparişi ve kitap ayırtma işlemleri
- Referans kitaplardan faydalanma işlemleri
- Dergilere ve gazetelere ulaşma
- Ödünç verme süresi ve bu süreyi uzatma
- Kütüphane danışma servisinin verdiği hizmetler
- Kütüphane tanıtım (oryantasyon) toplantıları
- Kütüphane yerleşim krokisi

Yukarıda sayılan bilgilere sahip olunduğu takdirde kütüphaneye ulaşmak ve ondan yararlanmak kolay olacaktır.

Bir fikir vermesi bakımından Ankara'da Milli Kütüphane ile Gazi Üniversitesi Merkez Kütüphanesinin tanıtım broşürleri aşağıda verilmiştir.

15. TEZ YAZIMININ PLANLANMASI

Son pişmanlık fayda etmez...

Tez konusu belirlendikten sonra gerekli tüm çalışmalar yapılarak kaynak taramaları, alan çalışmaları ve diğer görüşler tamamlanınca artık tez yazımına geçilebilir. Tez yazımı, gösterilen tüm gayretlerin ve sahip olunan birikimin bir yansıması olacağı için, araştırmanın en kritik kısmıdır. Bu aşamadan sonra araştırma, başkalarına hitabetmek üzere iletişim kademesine ulaşmış demektir. Bu nedenle, her bakımdan eksiksiz, amaca uygun ve yararlı bir çalışmanın ortaya konulması gerekir. Tez yazımının planlanmasında dikkat edilecek hususlar sırayla açıklanacaktır.

15.1. Zaman Planlaması

Tüm veriler ve belgeler toplandıktan sonra tez yazımına ayrılan sürenin iyi kullanılarak, raporun bu sürede bitirilmesine gayret etmelidir. Bilimsel araştırma raporları, bir oturuşta sayfalarca yazılan esinlere ve duygulara göre değişen bir şey değildir.

Hazırlanmış olan belgelerin, tabloların veya diğer malzemenin konulara göre tasnif edilmesi kolaylık sağlar. "Türkiye'de Ailelerin Turizme Katılımları ve Turizm Harcamaları" konulu bir araştırmada eldeki veriler aşağıdaki şekilde gruplandırılabilir:

- Genel Turizm
- Turizm ve Ekonomi ilişkileri
- Hane Halkı Sayısı ve Hane Yapıları
- Tüketim Harcamaları
- Tatil Harcamaları

Eldeki tüm bilgi ve belgeler, yukarıdaki sıraya göre gruplandığı takdirde, mevcut verileri değerlendirmek kolay olacaktır. Bu gruplama dahilinde kullanılacak veriler de önem derecelerine göre sınıflandırılabilir: Araştırmacının kendisinin elde ettiği özgün veriler, başka araştırmaların sonuçları, kitaplar, dergiler, kamu ve özel kurumlardan sağlanan veriler gibi. Burada asıl önemli ve öncelikli olan araştırıcının ürettiği orjinal (özgün) verilerdir. Bu veriler, alan araştırmasıyla veya deneysel çalışmalarla ortaya konulmuş olabilir.

Bu şekilde planlamalar yapılırken önemli olan diğer bir husus da, eldeki verilerin tezin hangi bölümünde değerlendirilmesi gerektiğidir. Bilindiği gibi, bilimsel bir raporun birbirini izleyen bölümleri vardır ve sadeleştirilerek aşağıda yeniden verilmiştir:

- Araştırmanın Amacı
- Araştırmanın Önemi
- Benzeri Araştırmaların Tanıtımı
- Araştırmanın Yöntemi
- Araştırma Bulguları
- Sonuç ve Öneriler

Bu bölümlerde hangi verilerin ve bilgilerin kullanılacağı belirlenmelidir. Yukarıdaki bölümlerin herbirinin yazımı eşit zamanlarda mümkün olmaz. Örneğin; rapor yazımına 6 hafta zaman ayrılmışsa, yukarıdaki bölümlerin herbirine birer hafta ayırmak gerekir düşüncesi doğru değildir. Tezin adı ve konusu kararlaştırılırken, amacı ve önemi netlik kazandığı için, bu kısımları kaleme almak uzun zaman almaz. Araştırma yönteminin kararlaştırılması ve bu konuda daha önce yapılmış olan benzer çalışmaların tanıtılması en uzun zamanı gerektirebilir. Gerekli istatistik analizler hazır ise, araştırma bulgularını da kısa sürede düzenlemek mümkündür. Ancak, hangi kısmın daha güçlükle kaleme alındığı kişiden kişiye çok değişir. Bazı araştırmacılar giriş kısmını yazarken, diğer bazıları ise önerileri yazarken zorluk çektiklerini ifade etmektedirler.

Yazım işlemini planlanan zamanda bitirmek için, yazma işine uzun süreli ara vermeden ve kazanılan zihinsel toparlamayı kaybetmeden İşi tamamlamalıdır.

15.2. Tez Hacminin Kararlaştırılması

Bilimsel bir raporun asgari ve azami sayfa sayısını belirtmek mümkün değildir. Araştırmanın konusu, amacı, eldeki malzemenin hacmi, ulaşılmak istenen ayrıntı durumu, sahip olunan zaman ve finansman olanakları raporun hacmini tayin eden hususlardır. O halde;

- Konunun yeterince araştırılmış, işlenmiş ve sunulmuş olması,
- Okumayı ve anlamayı gereksiz şekilde zorlaştıracak bir hacimde olmaması,
- Yazım ve baskı masraflarının karşılanabilir düzeyde makul olması,
- Zamanında tamamlanabilecek olması,

gibi hususlar, sayfa sayısı için alt ve üst limitleri belirlemekte dikkate alınacak göstergelerin başında gelmektedir. 25-30 sayfalık bir öğrenci bitirme tezi olabileceği gibi, birkaç cilt halinde yayınlanan projeler de olabilir.

Eğer rapor içerisinde çok miktarda tablo, şekil, grafik, resim vb. kısımlar var ise, bu durum tezin hacmini genişletebilir. Bu gibi materyalin tez metni içerisinde veya sonda ek halinde vermenin uygun olacağını da kararlaştırmalıdır. Metin içerisinde yer alacak tablo, şekil ve grafikler, ilgili bölüme konulmalıdır. Önce gerekli açıklama yapılarak tablo, şekil ya da grafik numarası belirtilmeli, bundan sonra söz konusu tablo vs. yerleştirilmelidir. Tablo, şekil ve grafiklerin bölünmesi, yarısının bir sayfaya, öbür yansının diğer sayfaya gelmesinden kaçınılmalıdır. Tablo numarası, başlığı, tablonun kendisi ve altında belirtilen kaynağı hep bir arada aynı sayfada bulunmalıdır.

Tablo, şekil, grafik ve resim gibi malzemelerin rapor içerisinde estetik açıdan iyi düzenlenmesi, ölçek ve adet bakımından uygun olması okuyucu üzerinde olumlu etki yapacaktır.

15.3. Giderlerin Tahmini ve Planlanması

Araştırmanın başından itibaren yapılan tüm çalışmalar az çok masraf gerektirmektedir. Raporun kaleme alınarak gerektiği kadar çoğaltılması İçin gerekli harcamaların önceden yaklaşık olarak tahmin edilmesi ve ona göre bir bütçenin ayrılması kolaylık sağlayacaktır. Giderlerin planlanmasının bir çok faydaları vardır:

- Yazım ve baskı için başkasından destek alınacak ise bunun miktarı belirlenmiş olur.
- Başkasına ücret ödeyerek, baskı veya çoğaltma işleri sipariş edilecekse, ödenecek miktarın pazarlığı daha isabetle yapılmış olur.
- Baskı ve çoğaltma işleri beklenenden fazla harcama gerektiriyorsa, tezin hacmini daraltmak yoluna gidilebilir.

Tablo 65: Öğrenci Tezleri İçin Gider Tahmini (1995 Yılı Fiyatlarıyla)

Gider Grubu	Gider Kalemleri	TUTARI (TL)
Seyahat ve Konaklama (6 gün)	Otobüs Bileti	3.000.000
	Konaklama	2.400.000
	Yemek	2.000.000
Kırtasiye	Kâğıt	500.000
	Fotokopi (100 sayfa)	200.000
	Diğer	50.000
Yazım	50 sayfa x 30.000 TL	1.500.000
Çoğaltma (Fotokopi)	50 Sayfa x2x2000 TL	2.000.000
Kapak ve Cilt	3x100.000 TL.	300.000
Diğer		100.000
TOPLAM		11.050.000

Üniversite son sınıf öğrencilerinin hazırladığı türden bir mezuniyet projesi için yaklaşık olarak gider tahmini yukarıda verilmiştir. Bu örnekte bir alan araştırması yapılmakta ve kent dışına bir kaç kez çıkarak seyahat ve konaklama masrafları yapılmaktadır. Tablo 65'de görüldüğü gibi 50 sayfalık bir öğrenci tezinin 11 milyon TL kadar bir gider gerektirdiği ortaya çıkmaktadır.

Burada yapılan tahmini gider miktarının öğrenci velisi, burs veren kurum, araştırmayı yaptıran kurum vb. gibi birilerince karşılanması gerekmektedir.

5.5.1995-ANKARA

Sevgili Babacık...

Gelecek ayın havalesini ön tablodaki meblağ kadar arttırmalısın...

...

...

...

Selam... Kelam... Vesselam

PUL

16. RAPORUN YAZILMASI

Nihai rapor, çalışmanın özü ve kanıtıdır....

Tezin yazılmasıyla ilgili olarak zaman, hacim ve gider planlaması yapıldıktan sonra artık sıra yazmaya gelmiştir. Tezin ana kısımları belirlenmiş, hangi sırayla yazılacağı ve mevcut malzemenin hangi bölümlerle ilgili olduğu ortaya konulmuştur. Makale tarzındaki kısa çalışmalarda önce, ortaya bir müsvette çıkartılması, sonra bu müsvette üzerinde düzeltmeler yaparak son şeklin verilmesi uygun olabilir. Ancak, bilimsel araştırma raporlarında bu yol mümkün değildir. Bu demek değildir ki bilimsel tezlerde müsvette hazırlanmaz. Müsvette hazırlanabilir ancak bu müsvedde dediğimiz ilk taslağın, çok titizlikle hazırlanması gerekir. Müsvettenin tümünü yeni baştan değiştirmek, kısa makalelerde mümkün olabilir. Ancak 50-120 sayfalık bir rapor müsvettesini tümden değiştirmek, işe yeni baştan başlamaktan daha zordur. Müsvette üzerinde üç şey yapılabilir:

- Unutulan hususlar varsa eklemek,
- Fazlalıkları çıkartmak,
- Bazı küçük yeni düzenlemeler yapmak.

Raporda yazılacak her bölümü sırayla ayrı ayrı ele alarak önce hangi ana noktaların üzerinde durulacağını, sonra da bununla ilgili kullanılabilecek mevcut malzemenin listesini yapmakta yarar vardır. Buna ilişkin yapılacak işlemler Tablo 68'de sırayla gösterilmiştir.

Tez dediğin böyle yazılır!...

Tablo'da görüldüğü gibi, ilk önce raporun ana bölümleri bakımından izlenecek başlıklar ilk sütunda yer almaktadır. Bunlar da amaç, önem, yöntem, bulgular, sonuç ve öneriler olarak sıralanmıştır. Bunların her biri için üzerinde durulacak ayrıntılar ve yararlanılacak belgeler saptanmalı ve sıraya konulmalıdır.

Tablo 66: Raporun Yazılmasına İlişkin İşlemlerin Planlanması

Raporun Ana Bölümleri	Üzerinde Durulacak Hususlar	Kullanılacak Belge ve Bilgiler
Araştırmanın Amacı	• Çözümlenecek sorun? • Üretilecek bilgiler? • Sağlanacak yararlar?	• Araştırma projesinin yeniden incelenmesi • Konu hakkında yayınlar • İlgili kişi ve kuruluşlardan alınan veriler
Araştırmanın Önemi	• Firmalara • Kurumlara • Bölgeye • Ülkeye • Tüm bilim dünyasına	• Araştırılacak konular • Elde edilen veriler • Uygulayıcı kuruluşlar
Yöntem	• Veri toplama yöntemi • Veri analiz yöntemi	• Takibedilen veri toplama yöntemlerinin açıklanması • Verileri analiz etmek ve değerlendirmekte kullanılan yöntem
Bulgular	• Ortaya konulan yeni bilgiler • Ortaya konulan yeni veriler • Değişik yöntemler	• Verilerin analizi ve değerlendirmesi • Başka araştırmacıların bulguları
Sonuç	• Hipotezin doğrulanması • Hipotezin reddi • Araştırmanın amacının sağlanıp sağlanmadığı • Uygulamada sağladığı fayda	• Araştırmanın bulguları • Amaç ile bulguların karşılaştırılması
Öneriler	• Konuya ilişkin önerilerin geliştirilmesi	• Analiz sonuçları

16.1. Anlatım ve Yazım Dili

Bilimsel araştırmalarda son aşamanın **İLETİŞİM** aşaması olduğu daha önce vurgulanmıştı. Yazılacak rapor iletişim amacını gerçekleştirmelidir. Bu açıdan raporun, karşılıklı bilgi alışverişine yol açacak yapıda olması beklenir. Bu nedenle tezde benimsenen hitap şekli ve anlatım dili özellik taşımalıdır. Tezde kullanılacak yazım dili seçilirken dikkate alınması gereken dört önemli nokta vardır:

a) Yazanın Amacı: Bu araştırmada yerine getirmek istediğiniz husus veya varmak istediğiniz hedef nedir? Gerçeklen **ortaya koymak ve rapor** etmek midir? Yoksa bir tezi ispat ederek karşıdakileri ikna etmek midir? Bu iki seçeneğe göre, kullanmaya karar vereceğimiz anlatım dili değişik olur. Tezi ispat etmek isteyen kişi, daha iddialı bir ifade tarzı seçmek durumundadır.

b) Yazanın Konumu: Yazar kendisini okuyucuya nasıl ve ne konumda bildirmelidir? Burada yazarın kendisini okuyucuya hangi kimlikle tanıtacağı önemlidir. Bilgili, konusuna hakim, tarafsız, bilime saygısı olan, samimi, dürüst, sabırlı ve karşıdakine saygılı bir kişilik etkisi oluşturabilmek çok önemlidir. Benimsenen dil ve üslup bu konuda en büyük yardımcıdır.

c) Muhatap Kitle: Raporda veya tezde kime hitap edeceksiniz? Dinleyiciniz veya okuyucunuz kimlerdir? Gazete makalesinin, master tezinin ve şirket raporunun okuyucuları birbirine benzemez. Bu açıdan, raporu kaleme alırken okuyucu dikkate alınmalıdır.

d) Raporun Konusu: Rapor yazımının asıl püf noktası konudur. Konunun işlenişi, ele alınan örnekler ve varılan sonuçlar, işlenen konu ile anlamlı bir bağlantı içerisinde olmalıdır.

Araştırma raporlarında başvurulan anlatım ve yazım dili çok önem taşımaktadır. Dikkatli bir seçim yapılmadığı takdirde bazı olumsuz durumlar ortaya çıkabilir:

- Raporu okuma ve anlamak zorlaşır,
- Kişisel fikir ve kanaatlerle, araştırma bulgularına ilişkin genellemeler birbirine karışır,

- Kesin bilgilerle kesin olmayan sonuçları birbirinden ayırmak güç olur,
- Kişisel ifadeler ve birinci tekil şahıs kullanımı, ekip çalışması sonucu hazırlanan araştırmalar için sorunlar yaratabilir,
- Okuyucuyu ikna etmek zorlaşır.

Bilimsel araştırma raporunun bir kongrede sözlü olarak sunulmasında serbest bir konuşma tarzı uygulanabilir. Ancak raporun yazılmasında cümlelerin ve kelimelerin özenle düzenlenmesi gerekmektedir, öncelikle açık, sade, kolay, anlaşılır ve kısa cümleler seçmek en iyisidir. Bilimsel raporlar gerçeklerin ortaya konulması ve bulguların net olarak aktarılmasını amaçlamaktadır. Bu tür yazımlarda fazla iddialı olmaya, ispat gayreti içerisinde olmaya gerek yoktur. Ancak, bazı makale ve tezlerde, ikna etmek veya ispat etmek üzere uygun bir dil ve üslup kararlaştırılmalıdır. "Ben kararlaştırdım, verileri hazırladım, sonucuna vardım" ifade tarzı bilimsel anlatıma uygun düşmemektedir. Herşeyi yüzde yüz kesin ve doğruymuş gibi aktarmak okuyucu için itici gelmekte, bilimin, eleştiriye açık ve doğruları arayan yapısına uymamaktadır. Anlatım ve yazım dilinde, üçüncü şahıs geniş zaman edilgen kipi kullanılması gelenek halini almıştır. Örnekler:

- "Araştırmanın İç Anadolu Bölgesi ile sınırlı kalması uygun bulunmuştur".
- "Veriler anket yöntemiyle toplanmıştır".
- "İşletmelerin dış pazarlar konusunda yeterli bilgiye sahip olmadıkları sonucuna varılmıştır".

Edebiyat alanında bir kompozisyon yazmak ile bilimsel bir rapor arasında her açıdan benzerlik yoktur. En önemli ortak nokta, her ikisinin de kolay anlaşılabilir olması gereğidir. Bir edebiyat kompozisyonunda uzun cümleler, devrik cümleler veya az kullanılan kelimeler rahatça kullanılabilir. Bilimsel raporlarda günlük anlatımın dışına çıkılmaması anlamayı zorlaştıracak uzun cümlelerden uzak durulması yeğlenmelidir.

Ancak, söz konusu bilim dalında herkesin bilgili ve başka karşılığı olmayan teknik (yabancı) sözcükleri doğru olarak ve yerinde kullanmak zorunluluğu vardır. Aksi takdirde konuya hakim olmadığınız sonucuna varılabilir.

Salt kısa cümleler yapmak pahasına, raporu çok sıkıcı hale getirmek de doğru değildir. Kısa cümleleri arka arkaya sıralamak okuyucuyu sıkar. Bu bakımda bazı bağlaçlarla, yardımcı kelimelerle cümleler arasındaki fikir akışını ve anlamları birbirine bağlamak yerinde olur. Her cümlede ÖZNE-FİİL-YÜKLEM sıralaması yerine daha akıcı bir üslup geliştirmelidir. Cümlelerin başına getirilecek "buna bağlı olarak", "bu verilerin ışığında", "diğer yandan" gibi yan cümleler anlatıma akıcılık ve bütünlük kazandırabilir

"Aynı kelimelerin çok sık tekrarlanması kaçınılması gereken bir husustur. Hele de aynı kelimenin bir cümlede birden fazla yer alması klasik bir kompozisyon hatasıdır.

Anlatım esnasında okuyuculara, başka meslek dallarına ve kurumlara karşı son derece saygılı bir üslup kullanmak gerekmektedir. Hiçbir açıdan başkalarını incitecek, küçük düşürecek ya da istismara yol açabilecek kelime, kavram ve simgelerden uzak durulmalıdır.

Tüm itinaya rağmen uygun bir anlatım ve yazım diline sahip olmak ancak zaman içerisinde mümkün olabilmektedir. Yine de bir yazım sitilini daha iyi hale getirmek için dikkat edilmesi gereken bazı hususlar vardır. Bunları aşağıdaki gibi sıralamak mümkündür:

- Olayları ve bilgileri kendinize ait kelimelerle anlatmaya gayret göstermek, aşırıya kadar giden aktarmalardan kaçınmak,
- Çok uzun cümlelerden, sık sık devrik cümlelerden çok nadiren yararlanmak,
- Anlatımda fiillerin zamanlarını uygun şekilde kullanmak, bir zamandan öbür zamana, ya da bir kişiden diğer kişiye geçerken hata yapmamak ve akıcılığı bozmamak,
- Acemi, sıkıcı, sevimsiz, yapmacık, açık ve net olmayan anlatım tarzından kaçınmak,
- Yazarın kendi durumuna uygun bir anlatım tarzı geliştirmesi gerekir. Bir öğrencinin, deneyimli bir öğretim üyesi havasında bir tarz benimsemesi yadırganır. Aynı şekilde, konusunda uzman bir öğretim üyesinin çekingen, güvensiz, şüpheci, iddiasız, işini benimsememiş bir yazım ve anlatım içerisinde olması, kendi uzmanlığına uygun kelimeler kullanmaması da yadırganır.
- Raporun başından itibaren hangi anlatım stili benimsemiş ise, sonuna kadar aynı stili korumak. Aksi takdirde, raporun ayrı kişiler tarafından kaleme alındığı izlenimi doğar.

16.2. Kelime Kısaltmaları ve Rakamların Yazılışı

İsim, unvan, yer adı gibi kelimelerin kısaltılmış halde kullanılması yabancı ülkelerde daha yaygındır. Kısaltmalar, belirli bir düzen dahilinde yapıldığı takdirde kolaylık ve ekonomi sağlar. Aşağıda, ülkemizde herkesin bildiği bazı kısaltma örnekleri yanında, daha ziyade akademik çevrelerin bildiği kısaltma türlerine bazı örnekler verilmiştir. Bunların dışında yazım kolaylığı sağladığı için raporda kullanılan kısaltmalar için, raporun kapak sayfalarının birinde "RAPORDA KULLANILAN KISALTMALAR" açıklaması yapılmalıdır.

ÜNVAN KISALTMALARI

Bn	: Bayan
B	: Bay
Sn	: Sayın
Uz	: Uzman
Dr	: Doktora
Yrd. Doç.	: Yardımcı Doçent
Doç	: Doçent
Prof	: Profesör

KURUM ADI KISALTMALARI

TBMM	: Türkiye Büyük Millet Meclisi
MEB	: Milli Eğitim Bakanlığı
DPT	: Devlet Planlama Teşkilatı
BM	: Birleşmiş Milletler
AB	: Avrupa Birliği
AŞ	: Anonim Şirket

YER VE ADRES KASILTMALARI

So.	: Sokak
Cad.	: Cadde
Apt	: Apartman
İST	: İstanbul
ABD	: Amerika Birleşik Devletleri (USA)

AKADEMİK KISALTMALAR

C	: Telif Hakları
Bkz.	: Bakınız
CP	: Diğer şartlar aynı kalmak kaydıyla
Çev	: Çeviren
İbid	: Aynı yerde
Op cit	: Yukarıda değinilen çalışma
s	: Sayfa

SAYILARIN KISALTMALARI

4.200.000 : 4,2 Milyon

s. 25-30 : 25'ten 30'a kadar sayfalar

BİRİMLERİN KISALTMALARI

Ağırlık, hacim ve alan ölçüleri için de bilinen kısaltmalar kullanılmaktadır.

16.3. Yazımda Başlıca Gramer Kuralları ve Noktalama İşaretleri

Doğru anlamaya yönelik olduğu için, bilimsel raporlarda da cümle kurulusu ve noktalama İşaretlerine azami dikkat göstermelidir. Bu konuda en fazla dikkat edilmesi gereken noktalar aşağıda kısaca belirtilmiştir:

Büyük Harflerin Kullanımı: Cümlelerin ilk harfi, özel isimler, üst üste iki noktadan sonra gelen kelimenin baş harfi, kurum ve kuruluşların ilk harfleri, unvanlar ile ay ve günlerin ilk harfleri büyük yazılmalıdır.

Yabancı kelimelerin yazılışı: Yabancı kelimelerin yazılışı dikkat ister, okunduğu gibi yazılmadığı unutulmamalıdır.

Sayıların yazılışı: istatistiksel sayılar kaynakta nasıl yer almış ise aynen aktarılmalıdır. Büyük rakamlı sayıları kısaltarak yazmakta yarar verdir. Küçük ve uzun olmayan sayılar da yazıyla yazılabilir. Sayı ile yapılmış özel isimler de yazıyla yazılır. Ondokuzmayıs Üniversitesi gibi.

Kelimelerin bitişik yazılışı: Yer adlan, ünvanlar, tek anlamlı kelimeler bitişik yazılır: Tuzluçayır, binbaşı, karatahta vb, gibi.

"de" ve "ki" yazılışı: Bağlaç olan "de" ve "ki" ayrı yazılır. "Ben de gördüm". "Fatma ki o çok çalışkandır".

Noktalama işaretlerinin hepsi çok önemli olmakla beraber rapor ve tez yazımında en çok dikkati çeken, ("..........") tırnak işareti ve (............) noktaların kullanılışıdır. Faydalanılan kaynaktan aynen aktarma yaparken, aktarılan kısım iki tırnak ".........." arasına yazılır. Örnek: "Ekonomide U dönüşü başladı".

Eğer alıntı yaparken ilgili kısmın tümü aktarılmadan bir kısmı atlanarak aktarılıyor ise, atlanan kısımlar (..............) halinde gösterilir. Örnek: "Ekonomide U dönüşü başladı.....................Yabancı sermaye yatırımlarında artış beklenebilir".

Noktalama işaretleri ve diğer gramer kuralları için dilbilgisi kitaplarına bakılmalıdır.

17. KAYNAK GÖSTERME YÖNTEMLERİ

Vefa bir erdemdir...

Bilimsel araştırmalarda ve her türlü proje çalışmalarında, değişik yoğunlukta, başkalarının daha önce yapmış oldukları çalışmalardan yararlanılmaktadır. Bu çok doğal ve faydalı bir uygulamadır. Daha önce başkalarınca yapılan çalışmalardan yararlanma, araştırma konusunu belirleme aşamasında başlanır. Bu konuda, "kim, nerede, hangi amaçla, nasıl bir araştırma yapmış ve hangi sonuçlara ulaşmış?" soruları en başta sorulması ve yanıtlarının araştırılması gereken hususlardır. Bu da kaynak taraması (literatür çalışması) ile mümkün olur. Böylelikle, hangi faydaların elde edileceği daha önce "Literatür Bildirimi" bölümünde açıklanmıştır. Bu yararların dışında araştırmacı ve okuyucu diyaloğu açısından kaynak göstermenin başlıca amaçları aşağıdaki gibi sıralanabilir:

a) **Dürüst davranmak:** Kendimize ait olmayan bilgi, belge ve verilerin asıl sahibini açıklamak.

b) **Denetime yardımcı olmak:** Bildirilen kaynağın gerçek olup olmadığını, alınan bilginin doğru olup olmadığını kontrol etmek isteyenlere kolaylık sağlamak.

c) **Yardımcı olmak:** Kaynağın aslına ulaşarak daha ayrıntılı inceleme yapmak isteyenlere yardımcı olmak.

d) **Destek sağlamak:** Savunduğumuz teze ya da görüşe destek sağlamak ve okuyucuları ikna etmek.

Bir araştırmacının başka kaynaktan yararlanmış olması hangi durumlarda söz konusudur? Veya ne gibi durumlarda kaynak bildirme zorunluluğu ortaya çıkmaktadır? Yukarıdaki amaçların işaret ettiği hallerde kaynak bildirmek zorunlu hale gelmektedir. Aşağıdaki durumlardan biri veya birkaçı gerçekleşirse, söz konusu kaynaktan yararlanılmış olur:

- Başkasının eserinden bir aktarma yapılmış ise,
- Başkasının bulduğu yöntem, sonuç veya amaçtan faydalanılmış ise,
- Başkasının eserinden rakam, katsayı, şekil, grafik, resim vb. alınarak kullanılmış ise,
- Az veya çok başkasının eserinden esinlenilmiş ise,
- Yukarıdakilerin dışında başkalarının eserlerinden doğrudan ve dolaylı olarak faydalanılmış ise.

Faydalanılan kaynakların nerede ve nasıl gösterileceğine geçmeden önce, bazı durumlar vardır ki, o tür yararlanmalar için kaynak bildirmeye gerek yoktur. Bunlar:

Genel kurallar, prensipler veya uygulamalar konusunda kaynak göstermeye gerek yoktur. "Yardım severlik bir fazilettir" veya "hava şartları piknik yapanların sayısını etkiler" gibi örnekler böyledir. Ayrıca herkesin bildiği, açık ve seçik olarak farkedilen bilgiler için de kaynak göstermek ihtiyacı yoktur. "Roma, İtalya'nın başkentidir". Ya da "Almanya, Avrupa Topluluğunda en güçlü ekonomiye sahip ülkedir" örneklerinde de durum aynıdır.

Bilimsel araştırmalarda kaynak bildirimi beş ayrı yerde yapılabilmektedir:

a) DİPNOTU şeklinde aynı sayfanın SONUNDA

b) Cümle içerisinde veya CÜMLE SONUNDA

c) KİTAP VEYA MAKALENİN SONUNDA (KAYNAK ÜSTESİ)

d) Bölüm sonlarında KAYNAKÇA LİSTESİ

e) Kitap veya makalenin sonunda (KAYNAKÇA LİSTESİ)

Kaynak bildirimi hangi bölümde ve nerede verilirse verilsin, burada bir önemli husus vardır. O da, eğer ilk defa kaynak bildiriliyorsa, kaynağı tam olarak vermek gerekmekte, ancak ilk değil de ikinci, üçüncü kez aynı kaynak bildiriliyorsa, kaynakla ilgili tüm bilgileri her defasında aynen tekrar etmeye gerek olmamasıdır, ilk defa kullanılan kaynağa ait tüm bilgiler denilince aşağıda yer alan bilgiler anlaşılmalıdır:

I. Yazar (lar) veya sorumlu ekip

II. Yayının veya kaynağın adı (başlığı, varsa alt başlığı)

III. Çeviren (ler)

IV. Editör

V. Baskı sayısı (kaçıncı baskı olduğu)

VI. Seri adı veya seri sayası

VII. Cilt numarası

VIII. Sayı numarası

IX. Yayıncı (yayınlayan firma veya kurum adı)

X. Yayın tarihi

XI. Toplam sayfa sayısı veya ilgili sayfa numaraları

Daha önce yapılan çalışmalardan yararlanmaksızın araştırma yapmak mümkün değildir. Çünkü bilim, mevcut bilgi birikimine dayanmak durumundadır. Önceki araştırmalardan haberdar olmak ve onları kaynak göstererek kullanmak TEKRARLARI önleyerek zaman ve kaynak tasarrufu sağlar. Faydalanılan kaynakların tam ve eksiksiz olarak bildirilmesi, bu işin belirli bir standart ve düzen içerisinde yapılması gerekmektedir. Bu şartlara uyulduğu takdirde aşağıda sıralanan yararlar elde edilir:

- Kaynağa kısa sürede ve hızla ulaşılabilir,
- Verilerin irdelenmesi ve mukayesesi yapılabilir.
- Araştırmanın kapsamı, tutarlılığı ve güvenirliği artar.
- Bilimsel yazındaki evrensel formata ve bilimsel ahlaka uygun davranılmış olur.

Kaynak gösterme şekilleri konusunda bütün dünyada kullanılan bazı sistemler geliştirilmiştir. Her bilim dalı/disiplin bu alanda kendine özgü sistemler geliştirmiştir. Bunlardan bazıları daha yaygın kullanım alanı bulmuş ve belirli kısaltmalarla ifade edilme yoluna gidilmiştir. Bu kaynak gösterme sistemlerinden bazıları aşağıda sırasıyla verilmiştir (Tablo:67). Listede yer verilmeyen başka yöntemler de vardır. Listedeki sistemler arasında en yaygın olarak bilinen ve kullanılanlar arasında; **ACS**, **AIO**, **APA**, **Chicago**, **MLA** ve **Turabian** sayılabilir. Sistemler arasındaki küçük biçimsel farklılaşmalara bir örnek olmak üzere aynı eserlerin MLA ve APA'da yer alışları şöyledir (Kurbanaoğlu, 2004: 165-167):

Tablo 67: Başlıca Kaynak Gösterme Sistemleri

Kaynak Gösterme Sisteminin Kısa Adı	Sistemi Hazırlayan veya Yayınlayan	Yayının Adı
AAA	Amerika Antropoloji Cemiyeti	AAA Style Guide
ACS	Amerika Kimya Cemiyeti	The ACS Style Guide (Ed: Dodd, I.S.)
AGPS	Avusturya Hükümeti Yayını	Style Manual for Authors, Editorsal And Pritners
AIP	Amerika Fizik Enstitüsü	AIP Style Manual
AMS	Amerika Matematik Cemiyeti	A Manual for Authors of Mathematical Papers
APA	Amerika Psikoloji Cemiyeti	Publication Manual of the American Psychological Assaciation
APSA	Amerika Siyasal Bilimler Cemiyeti	Style Manual for Political Science
ASA	Amerika Sosyoloji Cemiyeti	ASA Style Guide
BSI	İngiliz Standartlar Enstitüsü	Recommedations for Citing and Referencing Published Material
Chicago	Chicago Üniversitesi	The Chicago Manual of Style
ISO	Uluslararası Standart Örgütü	Documentation – Bibliographic References – Content, Form and Structure
MLA	Modern Dil Cemiyeti – New York	MLA Handbook for Writers of Research Papers (Yazan: Gibaldi, J.)
Müzik	California Üniversitesi	Writing abaout Music: A Style Sheet from the Editors of 19th Century Music (Ed: Holoman, D.K.)
Trabian	Chicago Üniversitesi	A Manual for Writers of Term Papers, Theses, and Dissertations (Yazan: Turabian, K.L.)

MLA Sistemi

Aekan, Nazlı. "Bilgi Taramalarında Temel Başarısızlık Nedenleri." **Türk Kütüphaneciliği** 9(1995): 91 – 102

Başar, Hüseyin. **Sınıf Yönetimi.** İstanbul: MEB, 1999. Milli Eğitim Bakanlığı. 10 Aralık 2003 <http://www. meb.gov.tr/index800.htm>

Redhouse Elsözlüğü: İngilizce – Türkçe, Türkçe – İngilizce. İstanbul: Redhouse Yayınevi, 1975.

APA Sistemi

Aekan, N. (1995). Bilgi tarmalarında temel başarısızlık nedenleri. Türk Kütüphaneciliği, 9, 91–102.

Başar, H.(1999). Sınıf Yönetimi. [Elektronik versiyon]. İstanbul: Milli Eğitim Bakanlığı.

Redhouse elsözlüğü: İngilizce – Türkçe, Türkçe – İngilizce. (1975). İstanbul: Redhouse Yayınevi.

17.1. Kaynakça Listesini Düzenleme

Kaynak bildirme şekillerinin başında, makalenin veya kitabın sonunda yer alan kaynakça listesi gelmektedir. Bu listede faydalanılan kaynakların tümüne ait bilgiler eksiksiz olarak yer almaktadır. Eğer bazı nadir hallerde olduğu gibi, yayın üzerinde tarih, yer, yazar adı vs. gibi yer almayan bilgiler istisna teşkil eder. Kullanılan kaynakla ilgili bilgiler tam ise, bunların XI adet kadar olabileceği daha önce belirtilmişti. Kaynakça listesi, yararlanılan eserlere ilişkin derli toplu bir arada bilgilendirmeyi sağlar. Bu liste soy ada göre alfabetik bir sıra izler. Soyadları aynı olan yazarlar için adlarına göre sıralama yapılır. Soyadındaki harflerin (A) 'dan (Z)'ye kadar sıralanışı kaynakça listesini belirler, örneğin; ABACI soyadı, ABADAN'dan önce yazılır. Aynı yazarın eserleri eskiden yeniye doğru sıralanır, aynı yıldaki yayınların a, b, c, harfleri eklenerek ayırt edilir.

Kaynakça listesinde yer alacak eserler konusunda iki görüş mevcuttur;

Birinci görüşe göre, daha önce metin içerisinde herhangi bir şekilde adı geçen, kendisine atıf yapılan, alıntı yapılan, yararlanıldığı dipnotu, numaralama, yazar adı, tarih vb. gibi yöntemlerle belirtilmiş olan eserler kaynakçada yer almalıdır. Bunun dışındaki eser adlarına kaynakçada yer vermeye gerek yoktur.

İkinci görüşe göre ise yukarıdaki eserlere ek olarak, konuyla ilgili tüm kaynakların listede yer almasında bir sakınca yoktur. Böylece arzu eden okuyucu ve araştırmacılara daha geniş bir kaynak listesi sunulmuş olmaktadır, ihtiyaç duyanlar bu kaynakları elde edebilirler. Yararlı kaynaklar konusunda bilgi aktarmak da faydalı bir eylemdir. Metin içerisinde nasıl yararlanıldığı belirtilmediği için, bu tür doğrudan ilgili kaynakları başkalarına duyurmaktan kaçınmak doğru değildir. Bazı durumlar olmaktadır ki, rapor tamamlandıktan sonra kendisine atıf yapılması unutulur, ya da gözden kaçan değerli bir esere, kaynakçada yer açabilmek için, yazar, yapay bir gayrete girmek zorunda kalmaktadır. Yani, sonradan geriye dönerek metin içerisinde söz konusu eserden faydalanmış gibi bir not düşme yeri aramaktadır.

Bu iki yoldan hangisinin benimseneceği, tez öğrencileri ile danışmanları arasında kararlaştırılacak bir husustur. Kapsamlı araştırmalarda ise zaten yeteri kadar kaynakça bulunacağı için, böyle bir sorun söz konusu olmayabilir.

Aşağıda yer alan örneklerde, çeşitli durumlarda farklı kaynakların nasıl sıralandığı gösterilmektedir. Kaynakça listesinde yer alan kaynaklar bazı nüans farklılıklarıyla birbirine benzemeyebilirler. Sözkonusu farklılıkların gruplandırılması Tablo 68'deki gibi yapılabilir. Tablodaki özelliklerin tümü için değil de, en çok kullanılan tek ve çok yazarlı kitap, dergi, gazete vb. kaynakların nasıl düzenlendiğine ilişkin örnekler de tablodan sonra verilmiştir.

Tablo 68: Kaynakça Listesinde Farklı Bilgilerin Sınıflandırılması

Yazar(lar)dan İleri Gelen Farklılıklar	Yayının Adından Gelen Farklılıklar	Yayının veya Belgenin Türünden Gelen Farklılıklar
- Tek yazarlı	-Kitap	- Araştırma
- İki ve daha çok yazarlı	- Dergi	- Derleme
- Komisyonca yazılan	- Mecmua	- Makale
- Yazan kurum, kuruluş, dernek vb. olan	- Resmi Gazete	- Roman
	- Günlük gazete	- Piyes
- Yazarı belirtilmeyen	- Bülten	- Şiir
- Yazarı bilinmeyen	- İstatistik	- Kritik (Eleştiri)
- Editoreyal kitap	- Yayınlanmamış	- Röportaj
	- Yasal doküman	- Mikrofilm
	- Müzik eseri	- Bilgisayar çıktısı
	- Ses bantı	- Bilgisayar programı
	- Video kaset	- Sanat eserleri
	- İkinci derece kaynak	- Arşiv
		- Kolleksiyon

Tablo 69: Kaynakça Düzenleme Örnekleri-1

FAYDALANILAN ESERİN ÖZELLİĞİ	KAYNAKÇADA YER ALIŞI
1. Tek yazarlı kitap	Hiç, Süreyya (1988), Türkiye Ekonomisi. Menteş Kitabevi, istanbul, 222 sayfa. Arıkan, Rauf (1995), Ekonomi, Ders Kitabı, Tutibay Yayınlan No: 10, Ankara, 126 sayfa.
2. İki ve daha çok yazarlı kitap	Arıkan, Rauf ve Odabaşı, Yavuz (1993), Tüketici Davranışları ve Tüketici Bilinci. Anadolu Üniversitesi Açıköğretim Fakültesi Yayın No: 321, Eskişehir, 219 sayfa.
3. Editoryal kitap	Burdet, Silver (Ed.), (1986), Biology. Silver Burdet Company, Morristown, USA, 839 page.
4. Yazarı kurum olan kitap	Hazine ve Dış Ticaret Müsteşarlığı (1993), Avrupa Topluluğu ve Türkiye. 2. Baskı, HDTM Avrupa Topluluğu Koordinasyon Genel Müdürlüğü Yayını, Ankara, 238 sayfa.
5. Yazarı dernek olan kitap	Tüsiad (l987), _ Avrupa Topluluğu ve Türkiye'nin Tam Üyeliği Sorunu, Makro Bir Değerlendirme. Türk Sanayicileri ve İş Adamları Derneği Yayın No: T/87.4.99, İstanbul, 176 sayfa.
6. Bir bölümünden yararlanılan editöryal kitap	Tuncer, Doğan (1992), "Dağıtım Kanalları Sistemi". Pazarlama, Editör: M. Üner, Gazi Yayınları, Ankara, s. 145-174.
7. Komisyon raporu olan kitap	TBMM Araştırma Komisyonu (1991), 10/15 Nolu Çevre Komisyonu Raporu. Ankara, 411 sayfa.
8. Tercüme edilmiş kitap	Illich, Ivan (1978), Tüketim Köleliği (Çev. Mesut Karaşahan). Pınar Yayınları: 48, İstanbul, 212 sayfa.

Tablo 69: (Devamı)

FAYDALANILAN ESERİN ÖZELLİĞİ	KAYNAKÇADA YER ALIŞI
9. Çok ciltli kitaplar	Devlet Planlama Teşkilatı (1993), Avrupa Topluluklarını Kuran Temel Antlaşmalar (AKGT, AET, AAET), Avrupa Topluluklarına İlişkin Temel Bilgiler, cilt: 1. Ankara, 449 sayfa.
10. Yazan ve yayınlayanı belirtilmemiş kitaplar	Kitap adıyla başlanır ve kitap tanıtılır.
11. Ansiklopediler (Madde yazarı belirli)	Tokgöz, E. (1984), Nüfus Teorileri. Ekonomi Ansiklopedisi, Cilt:3, Paymaş Yayınları, İstanbul.
12. Ansiklopediler (Madde yazarı belirsiz)	Teknokrasi. Ak iktisat Ansiklopedisi, Cilt: 2, Ate Yayınları, İstanbul, 1973.
13. Sözlükler (Lügatler)	Wahring, G. (1974), Deutsches Wörterbuch. Bertelsmann. Lexikon-Verlag, "Forshung" maddesi.
14. Yayınlanmış Kongre Tebliğleri	Ünal, Işıl (1993), "Eğitimin Ekonomik Rolü ve Türkiye ile İlgili Bulgular", 3. İzmir İktisat Kongresi: 4-7 Haziran 1992, Sosyal Değişme ve Sosyal Gelişme Stratejileri Tebliğleri, İzmir, s. 225-234.
15. Dergide tek yazarlı makale	Arıkan, Rauf (1994), "Soru Formu Düzenleme ve Soru Sorma Teknikleri", Pazarlama Dünyası dergisi, yıl: 8, Sayı: 42, Ocak 1994, s. 17-22.
16. Dergide çok yazarlı makale	Yazıcıoğlu, Y. ve Karaduman, F. (1993), "Piyasada Bulunan Bazı Makine Halılarının Yıpranma Dayanımları Üzerinde Bir Araştırma", Endüstriyel Sanatlar Eğitim Fakültesi Dergisi, cilt: l, Sayı: l, Haziran 1993, s. 159-169.
17. Günlük gazete makalesi	25 Temmuz 1995 Tarihli Milliyet Gazetesi, Ankara.

Tablo 69: (Devamı)

FAYDALANILAN ESERİN ÖZELLİĞİ	KAYNAKÇADA YER ALIŞI
18. Yayınlanmamış tez	Demirci, S. (l 994), Buğday Destekleme Sürecinde Borsa Uygulamaları: Polatlı Örneği. Ankara Üniversitesi Fen Bilimleri Enstitüsü Yayınlanmamış Mastır Tezi, Ankara, 121 sayfa (Teksir).
19. Yayınlanmamış konuşma	Konuşmayı yapan, yer ve tarih belirlenir.
20. Dolaylı atıf	Troelsrup, A. W. (1965), Consumer Problems and Personel Finance, Third Edition. Mc. Graw-Hill (Zikreden: R. Arıkan ve Y. Odabaşı, Tüketici Davranışları ve Tüketici Bilinci. Anadolu Üniversitesi Acıköğretim Fakültesi Yayın No: 321, Eskişehir, 1993, s. 192.)
21. Anayasa Maddeleri	1982 Tarihli T.C. Anayasası Maddeleri
22. Kanun Maddeleri	2709 Sayı ve 7.11.1982 Tarihli Kanun Maddeleri
23. Yönetmelik Maddeleri	Gazi Üniversitesi Yaz Okulu Yönetmeliği, l Şubat 1995 Tarih ve 22189 Sayılı T.C. Resmi Gazete.
24. T.C. Resmi Gazete	9 Kasım 1982 Tarih ve 17863 Mükerrer Sayılı Resmi Gazete.
25. Mikrofiş Yayınlar	Voelke, William (Ed.) (1980), Masterpieces of Medieval Painting. Pierpont Morgan Library: Chicago (Mikrofiş).
26. Bilgisayar Programları	Lotus 1-2-3 Rel. 2. Lotus Development Corporation, Cambridge, Mass. (USA).
27. Internet	www.die.gov.tr (12.6.2003) www.tubitak.gov. tr (7.12.1998)

Araştırma ve tez raporlarında kullanılan bir diğer kaynakça düzenleme şekli daha aşağıda verilmiştir. Bu şeklin başlıca özelliği, yazar(lar)'ın adlarının ve yayın tarihinin çok belirgin olarak öne çıkartılmış olmasıdır.

Tablo 70: Kaynakça Düzenleme Örnekleri-2

AYHAN, Doğan Yaşar

1992 "Pazarlama Açısından Tutundurma ve Tutundurma Politikaları"
M. ÜNER (Ed.),
Pazarlama, Ankara: Gazi Büro Kitabevi, 175-219.

B ALTACIOĞLU, Tunçtan

1980 **İşletmelerde Satış Artırma Çabaları,** Ankara:
Öz Anadolu Matbaası.

BAWA, K. ve R. W. SHOEMAKER

1989 "Analyzing Incremental Sales from a Direct Mail Coupon Promotion."
Journal of Marketing, July: 66-78.

BENNETT, Peter D.

1988 **Marketing,** New York: McGraw-Hill Book Company.

BIYIK, Ümren

1994 "Satış Promosyonu Teknikleri"
Satış Promosyonu Konferans Kitapçığı, İstanbul: 14-15.

BİR, A.A. ve F. MAVİŞ

1988 **Dünyada ve Türkiye'de Reklamcılık: Reklamın Gücü,**
İstanbul: Bilgi Dizisi.

BLATTBERG, G., C. ROBERT, G.D. EPPEN ve J. LIERBERMAN

1981 "A Theoretical and Emprical Evaluation of Price Deals for Consumer Nondurables."
Journal of Marketing, Winter: 116-129.

Kaynakça düzenlenmesinde en çok rastlanan şekilleri böylece tamamlamış bulunuyoruz. Güzel sanatlar, edebiyat, arkeoloji vb. dallarda daha değişik şekiller söz konusu olabilmektedir. Parlamentolar, uluslararası belgeler ve Birleşmiş Milletler vb. kurumların kendilerine özgü kısaltmaları ve yazım tarzları bulunmaktadır. Bunlar daha tali konular olduğu için üzerinde durulmamıştır.

17.2. Metin İçerisinde Kaynak Gösterme

Metin içerisinde kaynak gösterme, kitabın veya makalenin sonundaki KAYNAKÇA listesinden farklı **özellikler** taşımaktadır. Çok yer işgal etmeyecek şekilde kısa tutulması, aynı kaynağa tekrar işaret etmek için kısaltma yoluna gidilmesi, metnin uygun yerinde yer verilmesi, en sondaki kaynakça ile bir bağlantı kurulması ve bir defa benimsenen şeklin rapor boyunca aynen devam ettirilmesi gibi hususlar anılan özelliklerin başlıcalarıdır. Metin içerisinde veya sayfa düzeni içerisinde kaynak göstermede başvurulan yöntemler aşağıda sırayla verilmiştir:

DİPNOTU YÖNTEMİ,

SOYADI, TARİH VE SAYFA YÖNTEMİ,

SOYADI VE TARİH YÖNTEMİ,

NUMARALAMA YÖNTEMİ (Kaynakça listesindeki sıra numarasını kullanarak).

17.2.1. Dipnotu Halinde Kaynak Gösterme Yöntemi

Bir eser ilk defa dipnotu halinde kaynak gösterilecekse ilgili yere veya cümle sonuna parantez içerisinde bir rakam yazılır ve aşağıda sayfanın altında çizgi ile metinden ayrılmış yere kaynak adı belirtilir. Yazarın soyadı, adı, kitap adı, yayıncı, yayın yeri, yayın tarihi ve sayfa numarası gibi tüm bilgiler bir kaynaktan ilk defa bahsederken kullanılmalıdır.

Dipnotu yönteminde muhtelif seçenekler olabilmektedir. Aynı kaynağın arka arkaya kullanılması, araya başka bir kaynak adının konulması, bir yazarın birden çok eserinden söz edilmesi, kaynaklara ilişkin bilgilerin tümünü dipnotunda tekrar etmemek için Türkçe veya Latince kısaltmaların kullanılması, dipnotundaki sıra numarasının tüm rapor boyunca devam ettirilmesi ya da her sayfada dipnotu numarasının yeniden (1) sayısı ile başlatılması bu seçeneklerin başlıcalarıdır. Bu sıraya uygun olarak aşağıda dipnotu gerektiren örnekler verilecek ve sayfanın altında da numaralara göre kaynaklar ya olacaktır. Bu örnekte yer alan kısaltmalara ilişkin bilgiler daha sonra ayrı bir başlık altında verilecektir.

DİPNOTU ÖRNEKLERİ

Ülkemizde iç turizmin önem kazanmasının çok çeşitli nedenleri vardır (1)........ Halen ülkemizde ailelerin %25'inin tatil yapma olanaklarına sahip olmadığı bildirilmektedir (2).

Turizm sektöründe otel vs. işletmelerin tutmak zorunda kaldığı "Konaklama Muhasebesi", ihtisas muhasebesi olarak adlandırılmaktadır (3).

Ülke içinde tatil harcamalarında yeme-içme harcamaları en yüksek gider grubunu oluşturmaktadır (4). Dış ülkelerden, örneğin; Avrupa Topluluğu ülkelerinden gelen turistler için aynı hususu belirtmek mümkün değildir. Zira uzaklık nedeniyle harcama yapısı değişmektedir (5).

Araştırmanın sonuçlan aşağıdaki cümle ile özetlenebilir (6):

"Türkiye'nin sosyal ve ekonomik yapısındaki olumlu gelişmeler, iç turizmin boyutlarını genişletmektedir. Giderek daha çok sayıda kişi ve aile turizme katılmakta ve turistik tüketimin toplam tüketim içerisindeki payı artmaktadır."

---

(1) Arıkan, Rauf, 'Türkiye'de Ailelerin Turizme Katılımları ve Turizm Harcamaları", Türkiye Kalkınma Bankası Turizm Yıllığı 1994, s.17.

(2) A.e. s.26.

(3) Sevilengül, Orhan, Genel Muhasebe, 111. Baskı, Ankara, 1994, s.9.

(4) Arıkan, Rauf, a.g.e., s.24.

(5) Arıkan, Rauf, "Avrupa Topluluğunda Gelişmeler ve Türk Turizmi", I. Ulusal Turizm Kongresi Bildiriler, Kuşadası ,1990, s.221-228.

(6) Arıkan, Rauf, 'Türkiye'de Ailelerin..........", s.25.

Dipnotunun kullanılışında en çok rastlanan örnekler yukarıda görülmektedir. Çok yazarlı eserler, tercüme veya editörlü eserler, sözlük ve ansiklopediler için de KAYNAKÇA LİSTESİ'nde verilen bilgiler dipnotlarında da geçerlidir. Dolaylı kaynak gösteriminde ise, asıl kaynağı dipnotu verme kurallarına göre yazdıktan sonra parantez açarak **(Zikreden: yazar adı, yayın adı, yayıncı, yayın yeri, yayın tarihi ve sayla no)** bilgileri aktarılır.

Dipnotu ile kaynak gösterme yöntemini, dipnotu açıklamalarıyla karıştırmamalıdır. Rapor metni içerisinde bir konu, olay ve kişiye ilişkin ek bilgiler gerekirse, (x) işareti konularak dipnotunda aynı işaretle ayrılan yere gerekli açıklamalar yazılabilir.

17.2.2. Soyadı, Tarih ve Sayfa Yöntemi

Kolay, hızlı ve daha ucuz sloganlarıyla ifade edilebilecek yazım ekonomisi düşüncesi içerisinde, dipnotu yönteminin elverişli olmadığı kabul edilmektedir. Dipnotu için sayfa sonunda ne kadar yer ayrılacağının yazım devam ederken önceden tahmin edilmemesi, müteakip sayfaya aktarmanın hangi numara ile başlatılacağı, kısaltmalar olsa bile, her defasında kaynağa ait bilgilerin belirli oranlarda tekrar edilemesi, bu nedenlerden dolayı sayfa düzenlemesinin güçleşmesi gibi olgular dipnotu yönteminin giderek terkedilmesi ve diğer yöntemlerin kullanım alanı bulmasına yol açmıştır. Soyadı, tarih ve sayfa yönteminde parantez içerisinde (ARIKAN, 1994, s. 17) gibi gösterilmektedir. Parantez cümle ortasında veya cümle sonunda yer alabilmektedir. Burada, ARIKAN soyadlı yazarın 1994 tarihinde yayınlanmış eserinin 17. sayfasından yararlanılmıştır ya da önceki bilgi bu kaynaktan alınmıştır denilmek istenmektedir. Bu kaynakla ilgili tamamlayıcı bilgiler, raporun veya kitabın sonundaki kaynakça listesinden alınabilecektir.

Yazar adı yerine, kurum adı olabileceği, bazen de sayfa numarasının gerekmeyeceği aşağıdaki örneklerden anlaşılmaktadır.

ÖRNEKLER

Muhasebe, mali İşlemlerle ilgili bilim ve sanattır (Sevilengül, 1994, s.9-10).

Mali tablolardaki analizlere dayanılarak yapılan mali analiz, İç analiz ve dış analiz olmak üzere ikiye ayrılır (Çetiner, 1992, s.7 ve 12).

Türkiye'nin 500 büyük sanayi kuruluşu arasında kamu firmaları önemli bir yer tutmaktadır (İSO,1993 Eylül Sayısı, s.4-32).

Avrupa Parlamentosu, AT'nin dört temel kurumundan biridir (Avrupa Topluluğu Sözlüğü, 1984).

"......Kafası karışık insanlarla geleceği yakalamanın, bilimsel gelişmeye ayak uydurmanın olanaksızlığı çok açıktır." (Saylan, 1994, s.70).

17.2.3. Soyadı ve Tarih Yöntemi

Yukarıda açıklanmış olan yöntem ile aynıdır. Tek farkı, sayfa numarasına yer verilmeyişidir. Makaleler, referans kitapları, lügat ve ansiklopediler vb. birçok kaynak için sayfa numarası belirtmeye gerek görülmemektedir. Eserin tümü ya da ilgili bölümü konuyla tamamen ilgili olduğu için sayfa numarasını belirtmek gereği duyulmamaktadır. Kaynağı belirtmeye, yazarın soyadı ile de başlanarak, hemen parantezde tarih verilmektedir. Bununla ilgili Örnekler aşağıda verilmiştir.

ÖRNEK

Tatil harcamaları, tüketiciler için önemli bir gider haline gelmiştir (Arıkan, 1994).

Sevilengül (1994), muhasebeyi bir bilim ve sanat olarak tanımlamaktadır.

Arıkan ve Odabaşı (1993)'na göre bilinçli bir çevreci, aynı zamanda bilinçli bir tüketicidir.

Son istatistiklere göre ekonomide belirgin canlanma işaretleri yoktur (DPT, Şubat 1995).

17.2.4. Numaralama Yöntemi

Bu yöntem en kolay ve kısa şekildir. Cümlenin ortasında veya sonunda yer alan numara, faydalanılan kaynağın KAYNAKÇA LİSTESİ'ndeki numarasıdır. Aynı kaynak tekrar tekrar kullanılsa bile, değişmeyen aynı numara her defasında parantez içerisinde verilmektedir.

ÖRNEK

Konaklama işletmeleri muhasebesi, ihtisas muhasebesidir (34).

Anket sorularının düzenlenmesinde soru sayısı kadar soru sırası da önemlidir(2, a).

Türkiye'de ailelerin % 25'i yıllık tatil yapma olanağından yoksundur (2, b).

Her türlü araştırmanın tasarlanmasında ahlaksal sorunlar gözönüne alınmalıdır (29).

Yukarıdaki örneklerin ilkinde, parantez içerisindeki (34), buradaki fikir ya da görüş kaynakça listesinde (34) nolu kaynaktan alınmıştır demektir.

(2, a) ve (2, b) aynı yazarın, aynı yıl yayınlanmış iki eserini birbirinden ayırt edebilmek amacıyla başvurulan bir yöntemdir. Bu yöntem, KAYNAKÇA LİSTESİ'nde sıra numarası konulmadan yapılan düzenlemede daha da kolaylık sağlamaktadır. Buna ilişkin örnek aşağıda verilmiştir:

ÖRNEK

Arıkan, Rauf (1994, a), "Anket Sorularını Hazırlama ve Soru Sorma Tekniği", **Pazarlama Dünyası** dergisi,

Arıkan, Rauf (1994, b), "Türkiye'de Ailelerin Turizme Katılımları ve Turizm Harcamaları", Türkiye Kalkınma Bankası Turizm Yıllığı, 1994, Ankara, s. 16-25.

Yukarıda açıklanan NUMARALAMA YÖNTEMİ ile kaynak gösterme, ekonomi sağlayan kolay bir sistem olmasına rağmen bazı sakıncalar da içermektedir. Bunların başında kaynağa ilişkin sayfa numarasının gösterilmemiş olmasıdır, ikinci yetersizlik de, raporu incelerken her defasında numaranın hangi kaynağa işaret ettiğini, raporun sonuna (KAYNAKÇA LİSTESİ) bakarak görmeye çalışmak zahmetinden ibarettir.

Kısa makalelerde ve az hacimli yayınlarca neyin nerede yer aldığını bulmak zor değildir. Büyük hacimli yayınlarda da, içindekiler, kavram dizini ve yazar dizini gibi modern yayın teknolojisinin sağladığı kolaylıklar sayesinde, kaynak gösteriminde sayfa numarasını yazmak ihtiyacı kalmamış gibidir.

17.3. Tablo, Şekil ve Grafiklere Kaynak Gösterme

Eğer, tablo, şekil ve grafikler başka kaynaktan alınmış ise, hemen tablonun, şeklin ya da grafiğin altında kaynağın da belirtilmesi gerekmektedir. Çünkü bunlar kaynağı ile bütünlük teşkil etmektedir. Aşağıdaki örnekte görüldüğü gibi, kaynak, tablonun hemen altına ve metindeki yazılara göre daha sık aralıklı olarak belirtilmelidir. Metin iki aralıklı ise, dipnotu ve kaynaklara ilişkin yazılan bir buçuk aralıkla yazılmalıdır. Aşağıdaki tabloda kaynağa ilişkin bilgilerin nasıl yer aldığı, değişik kaynaklardan alınan sütun ve sıraların nasıl ayırt edilerek belirtildiği görülmektedir.

Tablo 71: İç Borçlanma Faiz Oranları (%)

VADE	1993 (a)	1994 (b)	1995 (b)
3 ay	70.7	102.4	112.0
6 ay	73.0	113.0	V.Y.
9 ay	79.9	100.0	V.Y.
12 ay	86.4	118.7	V.Y.
ORTALAMA (c)	79.3	105.9	V.Y.

Kaynak (a) : DPT, Temel Ekonomik Göstergeler, Ocak 1995, Ankara, s. 99
(b) : DPT, Temel Ekonomik Göstergeler, Şubat 1995, Ankara, s. 99. Sadece Şubat ayı ortalamasıdır. V.Y. = veri yok demektir.
(c) : Dört ayrı vadeye ilişkin ortalamadır.

17.4. Kaynakça Listesini Sıralama veya Gruplama

17.4.1. Yazarın Soyadına Göre Sıralama

Daha önce belirtildiği gibi, kaynakçayı düzenlerken başvurulan en yaygın yöntem yazar adlarının alfabetik olarak sıralanmasıdır. Önce soyadın baş harfine göre, bu harf aynı ise ikinci, üçüncü vs. harflerine göre sıralama yapılır. Soyadları aynı olan yazarların sıralanışı adlarına göre yapılır. Eğer bir yazarın birden çok eseri varsa, eserlerin yayın tarihine göre sıralaması eskiden yeniye doğru yapılır. Bu kitabın sonundaki kaynakça listesi açıklanan bu yönteme göre düzenlenmiştir.

17.4.2. Kaynak Türlerine Göre Sıralama

Kaynak türleri kendi içerisinde yukarıda açıklandığı üzere alfabetik tasnife tabi tutulur. Bu gruplamada en çok dikkate alınan kaynak türleri aşağıda verilmiştir. Bunların dışında Türkçe ve yabancı dildeki yayınlar ayrımı da yapılabilir. Bu şekilde yapılan gruplamadan amaç, kaynaklara daha kısa sürede göz atabilmek ve kaynak çeşitliliği konusunda fikir edinmektir, her bir gruptaki kaynaklara ilişkin verilerin (yazar, yayın adı, yayımcı, yer, tarih vb.) eksiksiz olması gerekir.

KAYNAKÇA

A. Kitaplar

....

....

B. Dergiler

....

....

C. Komisyon Raporları

....

....

D. Yayınlanmamış Tezler ve Bildiriler

....

....

E. Kanunlar, Tüzükler ve Yönetmelikler

....

....

F. Günlük Gazeteler

....

....

OKUMA PARÇASI: **BİLİMSEL MAKALE NASIL HAZIRLANIR?**

Bilimsel Makalenin Anlamı ve Özellikleri

Bilimsel araştırmaların yazılı olarak başkalarına aktarılması yollarından başlıcası makale haline getirmektir. Bilimsel makale kısa, öz, güncel ve net mesaj veren bir araştırma raporudur. Diğer bilimsel iletişim türleri arasında, bilimsel araştırmanın kitap veya rapor halinde yayınlanması bulunmaktadır. Bilimsel makalenin kitap ya da rapor ile benzerlikleri olduğu gibi, birçok farklılıkları da vardır. Bilimsel makalenin, kitap haline getirilmiş bir araştırma ile benzerlikleri aşağıdaki gibi sırayla belirtilebilir:

- Her ikisi de bir iletişim şeklidir.
- Her ikisi de araştırmaya ve ilgili kaynaklardan yararlanmaya dayanır.
- Temelde her ikisi de bilimsel araştırmanın gerektirdiği kademeleri (konu belirleme, kaynak taraması yapma, problem cümleleri oluşturma, hipotezleri teşkil etme, veri toplama ve analiz yöntemlerini kararlaştırma, verilerin analizi, yorumu, hipotezlerinin irdelenmesi ve sonuçların ortaya konulması gibi) içerir.
- Her ikisi de belirli amaçları hedefler. Bu amaçlar arasında bilgi üretmek, sorun çözmek, yenilik ortaya koymak, teknik ve ekonomik açıdan pratik yarar sağlamak olabilir.
- Gerek kitap, gerekse makale yazmak için başvurduğumuz kaynakların başında kütüphaneler ve dolayısıyla her türlü yayınlar gelmektedir.
- Verilerin üretilmesinde ve analizinde de aynı yollar izlenir.
- Başlık sayfası, **özet/abstract, içindekiler listesi, giriş, bulgular, sonuç ve öneriler, kaynakça listesi** gibi şekil esasları bilimsel rapor ve makaleden de aynen yer almalıdır.

Bilimsel makaleyi kitap ve rapor gibi diğerlerinden ayırt eden en önemli hususlar ise şöylece sıralanabilir:

a. Bilimsel makale daha kısa, özlü, derli toplu olmak durumundadır. Çünkü tüm şekil ve içerikle ilgili ayrıntılar sınırlı birkaç sayfada yer almak durumundadır.

b. Bilimsel makale yaygın şekilde dergilerde yayınlanmak üzere tasarlandığından her yönüyle güncel, konu, bilgi ve yöntem açısından geride kalmayan, en son gelişmeleri izleyen bir yapı ve içerikte olmalıdır.

c. Bilimsel makalenin okuyucusu veya muhatabı genelde konuyla ilgilenen uzmanlar veya bilgisi olan kişiler olduğundan, makaledeki eksiklikler ve hatalar için derhal eleştiri almak ve tepkiyle karşılaşmak olasılığı yüksektir. Bu açıdan kullanılan yöntem, veriler ve sonuçları bakımından çok dikkat gerektirmektedir.

d. Bu nedenlerle bilimsel makale yayınlamak zahmetli ve itina isteyen bir uğraş olmasına karşın, zaman kaybetmeden ön bulguların bilim camiasına aktarılması istenildiğinde ve bazı konuların anlatılması, açıklamaların yapılması, başka araştırmaların gündeme getirilerek teşvik edilmesi işlemlerini yerine getirmektedir. Bu nedenle bilimsel makaleler ve bunların yayınlandığı bilimsel dergiler (peryodrikler ya da süreli yayınlar), bilim dünyasında daha dinamik bir iletişim ortamı oluşturmaktadırlar.

Geçen yüzyıldan başlamak üzere, bilimsel makalenin başlıca kısımları denilince IMRAD sözcüğü hatırlanmaktaydı. İngilizce kelimelerin baş harflerinden oluşan IMRAD'nın açılımı aşağıdaki gibidir.

I : Introduction (Giriş)

M : Method (Yöntem)

R : Results (Bulgular)

A : And (bağlayıcı kelimenin okunuşunu kolaylaştırmak için "ve")

D : Discussions (Tartışmalar)

Günümüzde bilimsel makaleler, yukarıdakilere ek olarak Özet, Abstract, Önceki Araştırmalar / Yayınlar, Sonuç ve Öneriler, Kaynakça Listesi ve Teşekkür gibi kısımlara yer verilmektedir.

Bilimsel makaleler planlanırken aşağıda belirtilen üç özellik gözden uzak tutulmamalıdır:

a. **Makalenin amacı:** Makale araştırmanın ilk geçici sonuçlarını okuyuculara aktarmayı ana amaç olarak benimseyebilir. Böyle ise, bu durumu net olarak açıklamalıdır. Makalenin amacı, tasviri olarak bir durumu anlatmak olabilir. Ya da nedensel ilişkileri, sebep/sonuç ilişkilerini açıklamak hedeflenmiş olabilir. Başka araştırmaları teşvik etmek ve yönlendirmek de amaç olarak alınabilir.

b. **Bilimsel makalenin okuyucuları:** Makalenin okuyucuları normal, sıradan insanlar olabileceği gibi, uzman kişiler de olabilir. Asıl hedeflenen okuyucu grubu hangisi ise, makale planlanırken bu husus unutulmamalıdır.

c. **Makalenin anlatım dili:** Makaledeki üslup dikkatle seçilmelidir. Üslup kararlaştırılırken, okuyucu grubunun durumu yanında, makalenin konusu da önemlidir. Edebiyat ve sanat dallarında, sağlık alanında, eğitimde, ekonomide, mühendislikte yerleşmiş bazı terminoloji kuralları ve kalıpları yerinde ve doğru kullanılmalıdır. Alan dışından okuyucu veya dinleyiciler için önceden bazı temel açıklamalarda bulunmak gerekebilir.

Bilimsel makaleler ayrıca tebliğ olarak kongre ve diğer toplantılarda sözlü olarak sunulacaksa anlatımın yeniden yapılandırılması gerekebilir. Sunucu için ayrılan zaman uzunluğuna ve dinleyici kitlesine göre başlıkların yeniden düzenlenmesi, arada bir hitap cümlelerinin eklenmesi, ses tonunun ayarlanması, sunum araçlarının iyi planlanarak kullanılması zorunludur. Tablo ve grafikler diya, tepe göz, video görüntüler, data-show, film ve benzer görüntüler en çok kullanılan sunum araçlarıdır.

Makaleler Nerede ve Nasıl Yayınlanır?

Bilimsel makaleler çeşitli adlar altında karşılaştığımız süreli yayın veya periyodik dergilerde yayınlanmaktadır. Bazı dergiler makalenin yazarına ücret öderken, hiç ücret ödemeyen ya da yayın masrafını makalenin sahibinden alan dergiler de vardır. Dilimizde DERGİ, MECMUA, YILLIK gibi adlandırmalar, aynı anlamda olup süreli yayınlar için kullanılmaktadır. Bazen de dergiyi yayınlayan kurum ve kuruluşun adının sonuna dergi veya mecmua ibaresi eklenir. Bunlara ilişkin bazı örnekler aşağıda verilmiştir.

TİCARET VE TURİZM EĞİTİM FAKÜLTESİ DERGİSİ

İKTİSAT FAKÜLTESİ MECMUASI

GAZİ Ü. İKTİSADİ VE İDARİ BİLİMSEL DERGİSİ

ANKARA Ü. ZİRAAT FAKÜLTESİ YILLIĞI

ODTÜ DERGİSİ

PAZARLAMA DÜNYASI DERGİSİ

MALİ MUHASEBE DERGİSİ

Bilimsel dergilerin en önemli özelliği HAKEM HEYETİ'ne sahip olmalarıdır. Derginin yayın komisyonuna yayınlanmak üzere gönderilen yazılar, arzu edilen şekil kurallarına uygun ise hakeme gönderilir ve hakem görüşü doğrultusunda yayınlanmasına, düzeltilmesine veya reddine karar verilir. Bilim adamları ve araştırmacılar, gerek ulusal, gerekse uluslararası düzeylerde yabancı dergilerde yayın yaparak, ülkemizin ve kurumlarının prestijlerinin yükselmesine katkıda bulunurlar. En yaygın bilim dili olan İngilizcede dergi anlamında kullanılan, JOURNAL, REVIEW, ANNUAL, YEARBOOK, ANNALES, ANNALS, MAGAZINE, BULLETIN, ABSTRACT, WEEKLY vb. sözcükler bulunmaktadır. Bu sözcükleri adlarına ekleyen ve halen Dünya'da yayınlanmakta olan bazı dergilerden örnekler aşağıdadır:

- Abstracts in Anthropology	(1970 yılından bu yana üç ayda bir yayınlanır.)
- Computers Abstracts	(1960'dan itibaren aylık)
- Energy Index	(1971'den itibaren yıllık)
- Film Literature Index	(1973'den itibaren üç ayda bir)
- Journal of Home Economics	(1909'dan itibaren iki ayda bir)
- American Journal of Agricultural Economics	(1919'dan itibaren yılda baş sayı)
- Annals of Tourism Research	(1985'den itibaren yıllık)
- Journal of Education	(1985'den itibaren yıllık)
- Journal of Safety Research	(1991'den itibaren yıllık)
- Harvard Business	(1922'den itibaren iki ayda bir)
- Quarterly Review of Marketing	(1983'den itibaren yılda dört kez)
- Review of Educational Research	(1983'den itibaren yılda dört kez)
- Yale Review	(Yılda dört kez)
- Year Book of Higher Education	(1982'den itibaren yıllık)

Bu kitabın ilk bölümlerinde de belirtildiği gibi, ülkelerin bilimsel gelişmişlik düzeyi bilimsel yayın sayısı ile yakından ilgilidir. Çok değişik yayın türleri arasında hangileri bilimseldir, hangileri bilimsel değildir sorusunun en çok benimsenen yanıtı, uluslar arası kabul görmüş dergilerdeki makalelerdir. Uluslar arası kabul görmüş dergi ise, bu işle ilgili kuruluşun izleme listesine dahil olan dergi anlamını taşımaktadır. Bu kuruluşun yayınladığı değişik alanlardaki katalogların adları aşağıdadır.

Kataloğun İngilizce Adı	Kısatılmış Adı	Türkçe Adı
1. Science Citation Index	SCI	Bilimsel Atıf Endeksi
2. Social Science Citation Index	SSCI	Sosyal Bilimler Atıf Endeksi
3. Arts and Humanities Citation Index	AHCI	Sanat ve Beşeri Bilimler Atıf Endeksi

Yukarıda adı geçen kataloglarda (endekslerde) yer almak, ülkemiz bilim adamları için bir prestij vesilesidir. Ayrıca, birçok üniversitemizde, akademik yükselme ve atamalarda aranan özellikler arasında, sözkonusu endekslerde yer almak da bulunmaktadır. Yayın hayatını sürdüren bilimsel bir derginin yukarıdaki endekslerde yer alması için (derginin izlenmesi için) bazı koşullar vardır: Derginin yılda en az 3 kez yayınlanıyor olması, kesiksiz şekilde son üç yıldır yayınlanması ve derginin hakem heyetine sahip olması başlıca şartlardandır.

Endeksler, abstract'lar, dergiler vb. yayınlarda yer alan bilimsel yayınlar TUBİTAK bünyesinde on-line veya CD Rom halinde sağlanabilmektedir. Bu şekildeki veri kaynakları aşağıda ayrı ayrı gösterilmiştir.

On-Line Veri Bağlantıları

1. CIN: Conservation Information Network-Kanada
2. DATA-STAR – İsviçre
3. DIALOG: Information Services – ABD
4. ECHO: European Community – Belçika
5. ESA-IRS – İtalya
6. ORBİT Search Services ABD
7. QUESTEL: Fransa

CD Rom Veri Tabanları

1. ASFA Deniz Bilimleri, Su Ürünleri
2. Bilimsel Toplantılar Veri Tabanı
3. CAB: Tarım, Orman, Hayvancılık, Beslenme
4. MEDLINE: Tıp Bilimleri
5. Science Citation Index: Fen Bilimleri Dalları

1996 yılında dünyada yayınlanan ve SCI'de taranan toplam yayın sayısı 904893, bu sayı içerisinde Türkiye'nin yeri 3774 adet yayın olup, ülkemizde aynı yıl öğretim üyesi başına düşen yayın sayısı 0.238 kadardır. SSCI'de ve AHCI'de yer alan yayınlar, yukarıdaki rakamlara dahil değildir (Çok, 1999).

Bu açıklamalara ek olarak, gerek makale hazırlamada, gerekse diğer bilimsel araştırmalarda yapılan başlıca hatalar aşağıdaki Tablo 72'de özetlenmiştir.

100 AB'linin 44'ü bizi destekliyor

Avrupa Birliği (AB) üyesi ülkelerde yapılan bir anket çalışmasında, Türkiye'nin AB üyesi olmasına olumlu bakanların oranı yüzde 44.1 olarak gerçekleşirken, üyelikte en büyük engel olarak Türkiye'deki insan hakları standardı gösterildi.

İktisadi Kalkınma Vakfı (İKV) tarafından uluslararası araştırma kuruluşu INRA (International Research Associates) ve şirketin Türkiye temsilcisi Bileşim International Araştırma ve Danışmanlık firmasına geçen yıl Kasım ayında Helsinki Zirvesi öncesi düzenlettiği "Avrupalılar Türkiye'nin AB'ye tam üyeliğine nasıl bakıyorlar?" konulu anket sonuçları, bir basın toplantısıyla açıklandı.

Araştırmanın Türkiye ayağını gerçekleştiren Bileşim International'ın Yönetim Kurulu Başkanı Hayri Cem, anketin, İspanya, Portekiz, İngiltere, Yunanistan, Hollanda, İrlanda, Finlandiya, Fransa, Almanya, Avusturya ve Türkiye'de her ülkeden bin denek olmak üzere toplam 11 bin denek üzerinde yapıldığını söyledi.

6 TEMEL SORU

Cem'in verdiği bilgiye göre, katılımcılara 6 temel soru yöneltildi. "Avrupalılar Türkiye'yi AB üyesi olarak görmek istiyorlar mı?" sorusuna, AB üyesi halkların yüzde 44.1'i, uygun koşullar oluştuğu takdirde Türkiye'yi AB üyesi olarak görmek istediklerini belirtti. Yüzde 29.6'sı karşı çıkarken, 26.2'si "bilmiyorum" diyerek görüş belirtmedi. Türkiye'yi AB üyesi görmek isteyenler arasında yüksek oranlar Türklerin yoğun yaşadığı Avusturya ve Almanya'dan geldi. Avusturyalılar yüzde 41.9 ile ilk sırayı alırken, Almanya'da bu oran yüzde 19 oldu. Avusturyalıların yüzde 6.5'i, Almanlar'ın yüzde 9.2'si "evet" dedi. Türkiye'nin tam üyeliğine en büyük destek İspanyollardan geldi. Yüzde 32.2 ile "evet" diyen İspanyolları, yüzde 28.3 ile Portekizliler, yüzde 23.4 ile İngilizler izledi. Komşumuz Yunanlılarda yüzde 22.5 ile dördüncü sırayı aldı. Ankete katılan Türkler'den yüzde 88.3, AB üyeliğine olumlu yaklaşırken, karşı çıkanların oranı 6.8'de kaldı.

Hürriyet, 7 Haziran 2000

Tablo 72: Araştırmalarda Yapılan Başlıca Hatalar

ARAŞTIRMANIN BÖLÜMLERİ	BU AŞAMADA SIK RASTLANAN HATALAR
- Konu Belirleme	Amaca ve eldeki olanaklara uygun yapılabilir bir konu seçmemek.
- Kapak Sayfası	Düzenlenmesi (dizaynı) iyi olmaması ve eksik bilgiler içermesi.
- Özet ve Abstract	Çok uzun veya çok kısa yazılması. Amaç, yöntem ve bulguların dışına çıkılması. Abstract'a çevirisinin tam olmaması.
- Giriş	Çok uzun yazılması, konunun dışına çıkılması, gerektiği halde kaynak gösterilmemesi. Önsöz izlenimi vermesi.
- Literatür Bildirimi/Kaynak Taraması	Yeterli sayıda önemli kaynaklara yer vermemek, en yeni ve güncel kaynakları gözden kaçırmış olmak. İncelenen kaynakları hatalı veya eksik değerlendirmek.
- Yöntem	Araştırma konusuna ve amacına en uygun yöntemi seçmemek. Örnek seçimi, veri toplama, veri analizi ve sonuçların takdiminde en uygun yolu izlememek. Denek sayısının yetersizliği veya kümeyi temsil etmemesi.
- Bulgular ve Sonuç	Bulguların hatalı olması ve sonuçların yanlış yorumlanması. İstatistiksel analizlerin ve testlerin hatalı olması. Elde edilen bulgu ve sonuçların araştırmanın amacına ve kullanılan verilere uygunluk göstermemesi.
- Öneriler	Araştırmanın dikkate alınmayan, üzerinde durulmayan ya da yeterince araştırılmayan hususlarında öneri sunmak, önerilerin anlamlı ve uygulanabilir olmaması. Önerilerin çok uzun ya da çok kısa tutulması.
- Kaynakça Listesi	Listeyi geniş tutmak için metin kısmında geçmeyen kaynaklara listede yer vermek. Listenin sunumunda yaygın olan akademik bildirim kurallarına uymamak. Atama, yükselme ve iş başvurularında muhtemel juri üyelerini ya da tanıdık çevreyi duygusal nedenlerle kaynakçada göstermek.
- Araştırma Raporunda Kullanılan Anlatım Dili ve Uslubu	Anlatım dilinin ve üslubun, araştırmanın konusuna ve bilimsel derinliğine, okuyucu ya da yararlanıcı kitlenin seviyesine ve nihayet raporu kaleme alanın amacına ve düzeyine uygun seçilmemiş olması.

18. ARAŞTIRMALARDA AHLAKİ PRENSİPLER: SORUMLULUKLAR, KİŞİ VE KURUM HAKLARI (Bilimsel Etik)

Hak-hukuk, telif hakları ve dürüst rekabet...

Bir araştırmayı yapmaya karar verdikten sonra, bunun nasıl yapılacağı ve kimlerin ne şekilde etkileneceği konusunda birçok sorunlarla karşılaşırız. Eğer araştırmada canlılar, insanlar, çıkar grupları, birbiriyle çatışan topluluklar yer almakta ise ahlaksal sorunlar daha da karmaşık hale gelecektir.

Eğer deneysel araştırmalarda insanlar, kurumlar veya firmalar yer alacaksa aşağıdaki prensiplere uyulmalıdır:

a) Özel yaşamın gizliliği ve dokunulmazlığı korunmalıdır. İnsanların bu hakkına riayet edilmelidir. Her birey tüm bilgi, düşünce ve duygularını başkalarıyla paylaşmayı istemez.

b) Araştırmalarla insanların denek olarak kullanılması tamamen gönüllü ve onların rızalarını alarak yapılmalıdır. Kişi, katılacağı deney konusunda sürekli olarak ve doğru şekilde bilgilendirilmelidir. Deneyin amaç vs. konusunda hiçbirşey denek'ten gizlenmemelidir.

c) Denek kişinin rızasını önceden almak, deneyin amacına uygun düşmüyorsa, bu durumda deneke hiçbir zarar gelmemesine dikkat edilmelidir.

d) Deneysel koşullardan ortaya çıkan hiçbir etkinin denek için kalıcı bir zarar vermemesi gerekir.

e) Araştırma sonuçlarının tarafsız ve doğru şekilde yorumlanması gerekir, hiçbir kişiyi, kurumu ve grubu küçük düşürmeye yönelik olmamalıdır.

f) Toplumdaki din, ahlak ve kültürel varlıklara saldırıyı amaçlayan araştırmalar yapılmamalıdır.

g) Araştırmalarda bir çok konularda sorumluluk araştırmacıya bırakılmış ise de, üniversitelerde ve araştırma kurumlarında araştırmacıları denetleyen bir **ETİK KURUL** bulunmalıdır. Bu kurul, kendi alanındaki araştırmalarda uyulması gereken "Araştırmacılar İçin Etik Kurallar" rehberini geliştirmeli ve yayınlamalıdır.

h) Tüketicilere gerçek dışı, eksik ve maksatlı bilgiler vererek, tüketicilerin yanılmalarına, ekonomik, manevi ve sağlık açıdan zarar görmelerine yol açan bilgi üretimine katılmamalıdır.

k) Araştırma sonuçlarının, haksız rekabete yol açacak şekilde yanlış yorumlanmalarına alet olmamalıdır.

OKUMA PARÇASI: Bilimsel Etik

ÖĞRENCİ İNTİHALİ (FİKİR HIRSIZLIĞI) ÖNLENEBİLİR Mİ?

İngilizce bir makale (essay) yazan öğrenci, bunu hocasına vermeden önce bir İnternet sitesine yollamak zorunda. Site, makalede kullanılan dilin orijinal olup olmadığını kontrol edecek.

Başka bir kaynaktan kes-yapıştır alıntı varsa (yani referans göstermeden o alıntıyı kendine mal etmişse-intihal yapmışsa) bunu işaretleyecek. Öğrenci, işaretli kısmı değiştirmek zorunda. Orasını kes-yapıştıra göre değil, kendi ifade biçimiyle yazmazsa makalesini hocası kabul etmeyecek.

İntihal boyutları özellikle ABD'de çok büyüdüğü için bazı özel kuruluşlar, yukarıdaki denetim sistemini eğitim kurumları adına yapmaya başladı. **turnitin.com** ve **mydropbox.com** siteleri şimdilik bu konuda çalışan iki şirket. Kendilerine yollanan makaleleri 4.5 milyar sayfa kitap, dergi, makale sayfasına göre tarıyor ve intihal olup olmadığını kontrol ediyor. Bazı Amerikan üniversiteleri, öğrencilerin makalelerini önce bu şirketlere kontrol ettirip ondan sonra hocalarına vermesini kararlaştırdı. İleri teknolojiyi eğitim sistemine en başarılı uygulayan okullardan University of Southern California, Colorado ve Iowa üniversiteleri bu konuda öncü oldular.

Bu özgün hizmetin maliyeti yüksek. Her iki sitenin üniversiteye kestiği fatura yılda 3 bin-6 bin dolar arasında. Ayrıca hizmetin bir zayıf noktası var: Kontrol edilecek yazı sadece online sunulmak zorunda. Çünkü şirket sadece online yayınları tarayabiliyor.

Öğrenci intihali Türkiye'de İngilizce eğitim veren üniversitelerde de var. Türkiye'de, zaten üniversite öğrencilerinin Türkçe makale bile yazma geleneği (neredeyse) olmadığı gibi, ve zaten bunu yazacak yetenek, alışkanlık, sabır, bilgi de geliştirilmediği için "öğrenci düzeyinde intihal" yoğun olarak yaşanıyor. Hele öğrenciden makaleyi İngilizce yazması istenirse, devreye hemen kes-yapıştır giriyor. Normalde değil bu dilde yazı yazması, okuduğunu hemen anlaması bile zor olan öğrenciler, "gözleri yaşartacak" bir İngilizce dil zenginliği sergileyerek makale "döktürüyorlar".

Türkiye'de İngilizce eğitim yapan bazı üniversitelerde bu sorunu aşmanın sistemli bir çözümü henüz bulunamadı. Zaten her konuda olduğu gibi intihal konusunda da "kara piyasa" bir adım önde. Öyle İngilizce "hazırlop makale yazma" siteleri var ki, parayı bastırana bir makaleyi intihalsiz ve tertemiz bir sicille sunmaya hazır. Örnek: Lisans düzeyinde 5,000 kelimelik makul bir standartta makalenin 3 gün içinde teslim fiyatı 700 Euro! Veya, 3 gün içinde teslim edilmek üzere yazılan yüksek lisans düzeyinde 1.sınıf makalenin fiyatı 5,000 Euro! Bu fiyatlar Türkiye koşullarına göre yüksek. Türkiye'de bu işleri daha basit düzeyde yapan siteler çok daha mütevazi fiyatlarla çalışıyor.

Oysa öğrenciler keşke Romalılardan kalma şu sözün değerini anlayabilse: Non scholae sed vitae discimus. Yani: Okul için değil, yaşam için öğren.

Hürriyet Gazetesi Edip Emil Öymen

l) Araştırmalarda insanlar ve toplumlar arasındaki dostluğu, İşbirliğini ve barışı geliştirici amaçlar benimsenmelidir. Araştırma sonuçlarının, savaşa ve çatışmaya yol açmamasına özen göstermelidir.

m) Bilim adamları çalışkan, dürüst, tarafsız, sabırlı ve barışsever kişiler olmalıdır. Bilgi ve deneyimlerini başkalarıyla paylaşmaya hazır olmalıdırlar.

Eğer, araştırmalarda hayvanlar da yer almakta ise, hayvan haklarına da uymaya titizlik göstermelidir. Çeşitli nedenlere bağlı olarak ortaya çıkan toplumsal temayüller göstermektedir ki, hayvanlara işkence yapılması, acımasızca deney hayvanı olarak kullanılması, bu konularda hayvanseverlerin duyarlılığının tamamen gözardı edilmesi giderek daha büyük tepkilere yol açabilecektir.

Bu konularda araştırmacıların da duyarlı olduklarını yansıtmaları yararlıdır. Çünkü en sonunda araştırmaların finansman yükü halkın (toplumun) kendisine kalmaktadır.

EVRENSEL İNSAN GENİ VE HAKLARI DEKLARASYONU

Toplam 25 maddeden oluşan deklarasyon, insan hakları kadar gelişmiş ve az gelişmiş ülkeler arasındaki dengeleri de gözetiyor. İşte deklarasyonun bazı maddeleri:

Madde 1

İnsan genleri, insanlık ailesinin tüm bireylerinin birliğini, aynı zamanda tabiatında var olan değer ve farklılığını işaret eder. Sembolik olarak insanlığın kalıtımıdır.

Madde 2

a- Herkese -genetik karakterinden bağımsız olarak- saygı gösterilir.

b- Bireyler genetik karakterlere indirgenemez, birey olmalarına saygı gösterilir.

Madde 3

Doğası gereği insanlık geni, mutasyona uğrayabilir. Her bireyin sosyal çevresinden, sağlık durumundan, eğitiminden etkilenir.

Madde 6

Hiç kimse genetik özelliklerinden dolayı ayrımcılığa uğramamalıdır.

Madde 7

Araştırma amacıyla saklanan genetik bilgiler gizlidir.

Madde 10

Biyolojik, genetik, tıp alanındaki hiç bir gen araştırması insan özgürlüğünün üstünde olamaz.

Madde 11

İnsanlık değerlerine aykırı araştırmalar, insan kopyalaması yasaktır.

Madde 12

Herkes insan genlerini de içine alan biyoloji, genetik ve tıp alanındaki gelişmelerden yararlanma hakkına sahiptir.

29 Haz. 2000 tarihli günlük basından

19. RAPORLARIN BASIMI VE YAYINLANMASI

İletişim tezin son aşamasıdır....

Raporun veya tezin basılması bir iletişim aşamasıdır. Daha önce açıklanmış olduğu gibi, iletişim bilimsel araştırmalarda en son aşamadır. Raporun başkalarının incelemesine açılmasının birçok yararları olduğunu biliyoruz. Ancak raporların basılması ve yayınlanmasında birçok şekil kuralları olduğu gibi, güç, zaman alıcı ve masraflı bir işlemdir. Basıma geçmeden önce birçok şeyin önceden planlanması gerekmektedir. Bu amaçla aşağıdaki bilgilere ihtiyaç vardır:

- Raporun sayfa sayısı (yaklaşık olarak)
- Kaç nüsha (kopya) basılacağı
- Hangi kalite kağıt kullanılacağı
- Hangi ebatlarda basılacağı (yazılacağı)
- Hangi yöntemle çoğaltılacağı (basılacağı)
- Kapak türü (kağıt kapak/karton kapak, dosyalı/ciltli, renkli/renksiz)
- Yazım aracı (daktilo/bilgisayar)
- Yazım malzemesi (kağıt, mumlu kağıt, printer)
- Şekil ve grafik olanakları
- Renk olanakları
- Basım ve çoğaltma için gereken ve verilen süre
- Basım ve çoğaltma için finansman olanakları ve piyasa fiyatları
- İlgili yasa ve yönetmelikler gereği olan zorunluluklar (dizayn, baskı sayısı, cilt veya dosya şekli).

Bu bilgilerin herbiri baskı ve çoğaltma hususunda alınacak kararları belirleyici önemdedir. Sayfa sayısı ya da kopya sayısı az olan raporları daktilo ile yazarak fotokopi ile çoğaltmak mümkün olduğu halde, çok hacimli raporlarda farklı teknikler uygulanmalıdır.

Baskı tekniklerinin herbiri için en uygun kağıt kaliteleri söz konusudur. III. hamur teksir kağıdını bilgisayar çıktısında kullanma olanağı yoktur. Bazı baskı tekniklerinde kısa sürede çok sayıda nüsha elde edilebilir. Gazeteler, dergiler ve ilân broşürleri böyle yöntemlerle basılır. Burada hem "**zaman**" faktörü, hem de "**maliyet**" faktörü birlikte değerlendirilmelidir.

Laser Writer

Eğer bir sayfalık belgeyi sadece 5 adet çoğaltmak gerekiyorsa, 5 yaprak birinci hamur kağıt, 4 adet karbon tabaka ve iyi bir mekanik daktilo yeterlidir. Eğer sayfa sayısı ve gerekli nüsha adedi yüksek ise, o takdirde yeni çoğaltma teknikleri ve malzemeleri söz konusu edilmelidir.

Aşağıda, rapor hazırlayanlara yardımcı olacağını tahmin ettiğimiz iki konuda özet bilgilere yer verilecektir:

- Kağıt Çeşitleri ve Kağıt Ebatları
- Baskı Teknikleri (Çoğaltma)

19.1. Kağıt Çeşitleri ve Kağıt Ebatları

Ülkemizde kullanılmakta olan kağıtlar A, B, ve C normları (serileri) olmak üzere üç grupta toplanmaktadır.

A normu : Kağıtlar için

B normu : Kartonlar için

C normu : Zarflar için

kullanılmaktadır. Rapor yazımları için önemli olan A ve B normlarının ebatları aşağıdaki gibidir:

A_1 Normu : 594 x 841 mm

A_2 Normu : 420 x 594 mm

A_3 Normu : 297 x 420 mm

A_4 Normu : 210 x 297 mm

A_5 Normu : 148 x 210 mm

....

B_1 Normu : 707 x 1000 mm

B_2 Normu : 500 x 707 mm

B_3 Normu : 353 x 500 mm

B_4 Normu : 250 x 353 mm

B_5 Normu : 176 x 250 mm

Gerek kağıtlarda, gerekse kartonlarda 1 m^2 büyüklükte olan 841 x 1189 mm ebadına A_0 ve B_0 boyutları adı verilmektedir. A_0 boyutunun bir kez katlanmasıyla A_1, iki kez katlanmasıyla A_2 ve nihayet A_0 boyutunun 5 kez katlanmasıyla A_5 normu kağıt elde edilmektedir. Aynı işlem B normları için yapılırsa muhtelif boyuttaki kartonlar elde edilecektir. Aşağıdaki şekilde bu durum görülmektedir. A_4 normu, standart daktilo kağıt ebadı olup, A_0 boyutunun 16 da biri kadardır.

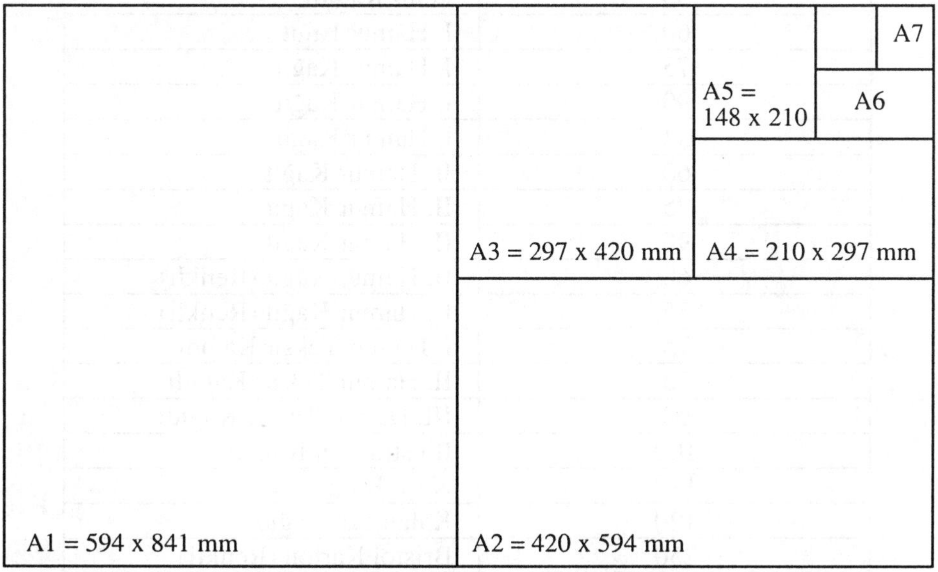

Şekil 96: Bir Metrekarelik A_0 Boyutlu Kağıdın Sırayla Katlanarak Muhtelif Normdaki Kâğıtların Elde Edilişi

Diğer bir deyişle, A_0 boyutu 4 kez katlanırsa, A_4 normundaki 16 yapraktan (32 sayfa) oluşan bir FORMA elde edilmektedir. Matbaacılık dilinde yapılacak işler ve maliyetleri, çoğu kez "bir forma" üzerinden planlanmaktadır.

Kağıt çeşitleri ise, her kağıt türünün l m sinin kaç gram ağırlığında (gramaj) olduğuna göre sınıflandırılmaktadır. Kartonlar için de aynı yöntem geçerlidir. Genelde kaliteli kağıtlar daha fazla ağırlıktadır. Kalın ve kalitesiz kağıt ve kartonlar ise gramaj bakımından değişebilir. Aşağıdaki tabloda kağıt ve kartonların 1 m^2 sinin gramajı ve buna karşılık gelen kalite ismi yer almıştır.

Tablo 73: Kağıt ve Karton Türlerinin Gramajları

Gramaj (1 m^2 kâğıdın Ağırlığı: Gr)	**Cinsi**
30	Pelür Kağıdı
60	I. Hamur kağıt
75	I. Hamur Kağıt
90	I. Hamur Kağıt
100	I. Hamur Kağıt
60	II. Hamur Kağıt
75	II. Hamur Kağıt
90	II. Hamur Kağıt
60	II. Hamur Kağıt (Renkli)
75	II. Hamur Kağıt (Renkli)
75	I. Hamur Teksir Kağıdı
75	II. Hamur Teksir Kağıdı
60	III. Hamur Teksir Kağıdı
100	İllüstrasyon Kağıdı
110	Kuşe Kağıdı
120	Kalamoza Kağıdı
250	Bristol Karton (Renkli)
300	Dosyalık Kartonlar (Renkli)

I. Hamur kağıtların yüksek gramajlı olanları faks ve fotokopi kağıdı olarak, diğerleri yazı kağıdı olarak kullanılır. Teksir için yaygın olarak III. hamur teksir kağıdı kullanılmaktadır. Bu kağıtlar piyasada kesilmiş olarak top halinde satılmaktadır. Bir topta 400 tabaka kağıt bulunur.

Türk standartlarını yansıtan yukarıdaki bilgilere ek olarak, matbaacılık sektöründe daha değişik sınıflamalar yapılmaktadır. Örneğin; kağıtlar, imalat yöntemlerine göre birinci, ikinci ve üçüncü hamur olarak gruplandırılmaktadır. Kağıdın kalitesi yükseldikçe selüloz miktarı artmakta, odun miktarı azalmaktadır.

Kağıtların, kullanıldıkları yerlere göre sınıflandırılması, matbaacılık sektöründe yaygındır. Buna ilişkin örnekler alfabetik sıraya göre aşağıda verilmiştir:

Ambalaj kağıdı : Kaba ve kalitesiz kağıt

Aydınger kağıdı : Yarı saydam özel bir kağıt

Banknot kağıdı : Kağıt para basımına elverişli özel kağıt

Canson kağıdı : Parlak resim kağıdı

Cilalı kağıt : Perdahlanarak parlatılmış kağıt

Karbon kağıdı	: Bir tarafı karbon boyalı ince ve siyah kağıt
Hassas ilaçlı kağıt	: Fotoğraf çekiminde kullanılan kağıt
El işi kağıt	: Bir yüzü renkli kağıt
Gazete kağıdı	: Gazete basımında kullanılan bobin kağıt
Harita kağıdı	: Dayanıklı hale getirilmiş kağıt
Hollanda kağıdı	: Filigranlı kağıt
İpek kağıt	: Üzeri kabarcıklı kaliteli fotoğraf kağıdı
Kasap kağıdı	: Yarı saydam ve yağ emmeyen kağıt
Japon kağıdı	: Hafif sarı renkte ve sedef görünüşlü ipek kağıt
Kablo kağıdı	: Yalıtım için kağıt
Kömür kağıdı	: Jelatinli kağıt
Kraft kağıdı	: Sağlam yapılı ambalaj kağıdı
Krepon kağıdı	: Kırışıklı el işi kağıdı
Makyaj kağıdı	: Cilt makyajını emen ince kağıt
Mulaj kağıt	: Terziler için patron kağıdı
Ozalit kağıdı	: Yüzeyi ışığa duyarlı kağıt
Pelür kağıdı	: Hafif ince kağıt
Saman kağıdı	: Saman hamurundan yapılmış kaba kağıt
Sigara kağıdı	: İçerisine tütün sarılarak içilen kağıt
Tutkallı kağıt	: Mürekkep bulaşmayan kaliteli kağıt
Tuvalet kağıdı	: Su emici yumuşak kağıt
Yazı kağıdı veya daktilo kağıdı: Birinci ve ikinci hamur kağıt	
Zamklı kağıt	: Bir yüzüne tutkal sürülmüş kağıt
Zımpara kağıdı	: Zımpara maddesi kaplanmış kağıt

19.2. Çoğaltma (Teksir) ve Baskı Teknikleri

Daha önce de belirtildiği üzere müsvettesi tamamlanan raporun temiz şekilde yazılarak çoğaltılması araştırmacının pek yabancı olduğu, ancak çok önemli teknik bir aşamadır. Bir raporun müsvette halinde iletişime sunulması mümkün değildir. Çünkü el yazılarını okumak her zaman mümkün değildir. Ayrıca bir raporun aynı anda birçok kişiye ulaşması gerekmektedir. Ya da; yasa, yönetmelik, imzalanan sözleşme veya gelenek gereği bir raporu belirli sayıda çoğaltmak zorunluluğu vardır. Örneğin; bir master (yüksek lisans) tezinin en az 5 adet çoğaltılması, ya da Türkiye'de basılan bir kitabın 18 kopyasının yasaların belirttiği yerlere teslim edilmesi gerektiği gibi (*). Bir araştırma projesi üstlenen firma ise, son raporun kaç adet çoğaltılacağını, sözleşmedeki ilgili maddeye göre belirleyecektir.

Bir fikir vermek amacıyla Tablo 74'de en basit yöntemden, daha karmaşık yöntemlere doğru bir belgeyi veya raporu çoğaltma ya da basma teknikleri hakkında çok genel özet bilgiler verilmiştir.

Lisans ve yüksek lisans öğrencilerinin hazırladıkları tezler için söz konusu olan çoğaltma teknikleri **daktilo, fotokopi** ve **bilgisayar printeri'dir.** Bu tekniklerden hangisinin seçileceği, kopya sayısı ve maliyet yanında, işin kalitesi de göz önünde tutularak belirlenir.

Tablo 74: Çoğaltma ve Baskı Teknikleri Özet Tablosu

Çoğaltma veya Baskı Yöntemi	En Uygun Kopya Sayısı	Avantajlı Yönleri	Yetersiz Yönleri	Cihaz ve Malzeme
1 Daktilo Yazımı	1-5	Kolay ve Kullanımı Yaygın	Çok sayıda çoğaltılamaz yavaş ve eski teknoloji	Daktilo Makinesi yazı kağıdı ve karbon
2. Fotokopi	Serbest	Pratik	Maliyeti yüksek	Fotokopi makinesi
3 Bilgisayar printeri	10-100	Büroda masa üstü kolaylığı	Maliyeti yüksek	Bilgisayar ve printer
4 Mumlu kağıtla teksir	200-500	Ucuz	Yavaş ve eski teknoloji	Teksir makinesi mumlu kağıt ve mürekkep
5. Mini Otomatik Ofset	500-10000	Kullanımı basit ve süratli	Maliyeti yüksek	Makine, mastar kalıbı ve boya
6. Tipo baskı	Serbest	Matbaacılıkta kullanılır	Büyük sayıdaki işler içindir	Matbaa işletmesi
7. Tifdruk baskı	Serbest	Matbaacılıkta kullanılır	Büyük sayıdaki işler içindir	Matbaa işletmesi
8. Elek baskı	Serbest	Matbaacılıkta kullanılır	Büyük sayıdaki işler içindir	Matbaa işletmesi
9 Büyük ofset	Serbest	Matbaacılıkla kullanılır	Büyük sayıdaki işler içindir	Matbaa isletmesi

Bilgisayar ve masa üstü yayıncılık olanakları sayfaların mizanpajında, şekil ve grafiklerin çizilmesinde büyük kolaylık, sürat ve kalite sağlamaktadırlar.

* Ankara Matbaacılar Demeği Başkanlığından 1 Mayıs 1995 günü alınan bilgilere göre, bir Matbaanın sorumlusu olan kişi, Matbaasında basmış olduğu kitaptan, işi sahiplerine teslim etmeden önce, Cumhuriyet Basın Savcılığının talimatına uygun olarak; Emniyet Müdürlüğü Basın bölümüne 4 adet, Valilik Basın Bürosuna 2 adet, İl Halk Kütüphanesine 6 adet, Başbakanlık Basın Yayın Genel Müdürlüğüne 4 adet, Başbakanlık Küçükleri Muzır Neşriyattan Koruma Kuruluna 2 adet olmak üzere toplam 18 adet kitabın, imza karşılığı elden teslim ve bu iş için her matbaada tam zamanlı bir personelin çalıştırıldığı saptanmıştır.

19.3. Raporlarda Sayfa Mizanpajı

Bilimsel raporlarda ve benzeri diğer yazımlarda kullanılan kağıt standardı A_4 normudur.

A_4 normunun 210 x 297 mm ebadında normal bir daktilo kağıdı olduğunu biliyoruz.

Kenar Boşlukları (Kenar marjları): Bu konuda uyulan standartlar arasında küçük farklılıklar vardır. Aşağıdaki örnekte görüldüğü gibi üst, sağ ve alt boşlukların 2,5 cm, sol boşluğun 3,5 cm olarak uygulanması ve hatırlanması kolay normlardır. Zira, üst, sağ ve alt marjlar 1 inç, sol marj 1.5 inç olarak düşünülmektedir, 1 inç yaklaşık olarak 2.5 cm, 1.5 inç de 3.5 cm olarak kabul edilmekte ve akılda kolay kalmaktadır. Sol kenar boşluğu, cilt payı nedeniyle daha yüksek tutulmaktadır. Sayfa numaraları ve dip notlan dahil, bu marjlara hiçbirşey yazılmamalıdır.

Üst ve sol kenar boşluğunu 3,8 cm, sağ ve alt boşluğu 2,5 cm kabul edenler de vardır.

Sayfa Numaralama: Daha önce sözünü etmiş olduğumuz kapak sayfaları romen rakamı ile I, II, III, IV vb. tarzında numaralandırılır. Giriş sayfası (1) sayılmak üzere diğer sayfalar Arap sayıları ile 2, 3, 4, vb. şekilde numaralandırılır. (1) nolu sayfa sayılır, ancak bunun üzerine rakam yazılmaz.

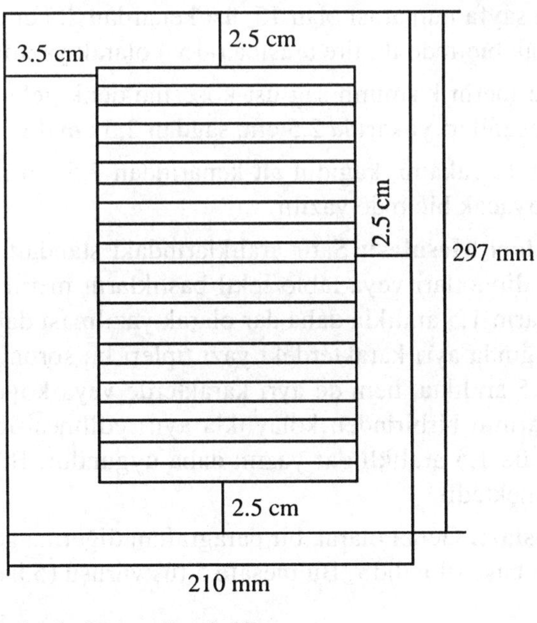

Şekil 97: A_4 Kağıdında Kenar Boşluklar

Sayfa Numarası Yazma Yeri: Sayfa numaralarının sayfanın neresine yazılacağı hususunda en çok kullanılan 3 farklı yöntem vardır ve bunlar aşağıdaki şekillerde gösterilmiştir.

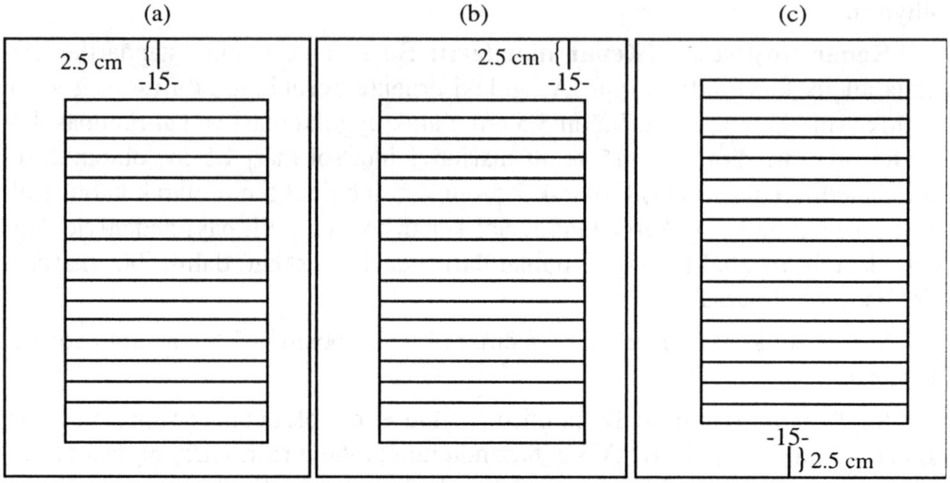

Şekil 98: Sayfa Numaralamada Uygulanan Üç Değişik Şekil

Şekil 98-a'da sayfa numarası olan 15, üst kenardan 2,5 cm aşağıya ve metin kısmını ortalayacak biçimde iki tire arasına (-15-) olarak yazılır.

Şekil b'de ise metin kısmının sağ üst köşesine denk gelecek tarzda yazılır. Burada boşluk mesafeleri yukarıda 2,5 cm, sağdan 2,5 cm dir.

Şekil c'de ise 15 rakamı, kağıdın alt kenarından 2,5 cm mesafeli ve ancak metin kısmı ortalayacak biçimde yazılır.

Satır Aralıkları Mesafesi: Satır aralıklarındaki standart mesafe 2 daktilo aralığıdır. Ancak dipnotları veya tablo/şekil başlıkların metin yazılarıyla karışmaması için bunların 1,5 aralıkla daha dar olarak yazılması daha uygundur. Bilgisayar kullanıldığında ayrı karakterdeki yazı tipleri bu sorunu daha kolay çözmektedir. Hem 1,5 aralıkta, hem de ayrı karakterde veya koyu renkli yazılarak metin ile dipnotlarının birbirinden kolaylıkla ayırt edilmesi mümkün olmaktadır. Alıntılar için de 1,5 aralıklı dar yazım daha uygundur. Böylece asıl metinden ayırt edilebilmektedir.

Paragraf Başları: Genel olarak bir paragraftan diğerine geçerken yeni satır bir miktar içerden başlatılmalıdır. Bu mesafe 5 tuş vuruşu (5 harf) kadardır.

OKUMA PARÇASI

RAPOR YAZMA TEKNİKLERİ*

1. Raporun Bölümleri Hangi Oranlarda Okunur?

İş dünyasındaki yöneticiler raporları polis romanı gibi baştan sona okumazlar. Rapor bölümlerinin okunma oranları aşağıdaki gibidir:

ÖZET Bölümü % 100 okunmaktadır.

GİRİŞ Bölümü % 65 okunmaktadır.

İÇ Bölümler % 22 okunmaktadır.

DİĞER Bölümler daha az oranda okunmaktadır.

2. Rapor Türleri

Raporlar üç grupta toplanabilir: Peryodik raporlar, düzenli aralıklarla (günlük, haftalık, aylık vb.) hazırlanan dönemsel raporlardır. Gelişme raporları, üstlenilen projenin nasıl ilerlediğini göstermeyi amaçlar, inceleme raporları ise, belirli bir konuyu ele alıp inceler.

3. Raporu Yazanın Sorunları ve Yakınmaları

a) Amirin ne istediğini anlayamamak veya bilememek,

b) Çok kısa sürede rapor istenmesi,

c) Gramer kuralları ve yazım stili konusunda deneyimsizlik,

d) Raporun amacının ve ayrıntılarının yeterince tanımlanmamış olması.

4. Raporu Okuyanın Yakınmaları

a) Yazarın konuya hemen girmemesi ve karışık bir sunum yapılması,

b) Yazarın mesajını net ortaya koymaması,

c) Raporda tekrarların çokluğu, uzun cümleler ve resmi bir dil kullanılması.

5. Etkili Rapor Yazımında Beş Aşama

a) Raporu okuyacak kişi göz önüne alınarak, raporun kime ve niçin yazıldığı iyice belirlenmelidir.

b) Okuyucunun (raporun sunulduğu yöneticinin) tepkileri önceden tahmin edilerek rapor kaleme alınmalıdır.

c) Raporun vermek istediği mesaj net olmalıdır.

d) Raporun müsvettesi veya kabaca bir taslağı önceden yazılmalıdır.

e) Rapora son şekil verilerek nihai şekil ortaya konulmazdır.

---

* NASAŞ'ın RAPOR **YAZMA** TEKNİKLERİ adlı altı sayfalık broşüründen özetlenmiştir.

Ek Tablo 1:

Standart Normal Dağılımda Kümülatif Değerler (z Tablosu)

$P(Z \leq z) = A$

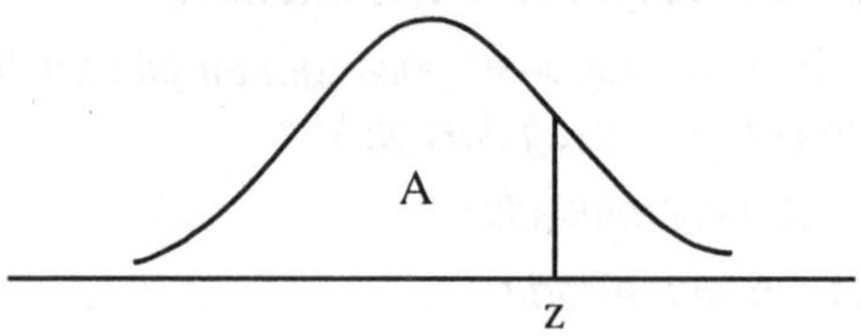

z	.00	.01	.02	.03	.04	.05	.06	.07	.08	.09
.0	.5000	.5040	.5080	.5120	.5160	.5199	.5239	.5279	.5319	.5359
.1	.5398	.5438	.5478	.5517	.5557	.5596	.5636	.5675	.5714	.5753
.2	.5793	.5832	.5871	.5910	.5948	.5987	.6026	.6064	.6103	.6141
.3	.6179	.6217	.6255	.6293	.6331	.6368	.6406	.6443	.6480	.6517
.4	.6554	.6591	.6628	.6664	.6700	.6736	.6772	.6808	.6844	.6879
.5	.6915	.6950	.6985	.7019	.7054	.7088	.7125	.7157	.7190	.7224
.6	.7257	.7291	.7324	.7357	.7389	.7422	.7454	.7486	.7517	.7549
.7	.7580	.7611	.7642	.7673	.7703	.7734	.7764	.7794	.7823	.7852
.8	.7881	.7910	.7939	.7967	.7995	.8023	.8051	.8078	.8106	.8133
.9	.8159	.8186	.8212	.8238	.8264	.8289	.8315	.8340	.8365	.8389
1.0	.8413	.8438	.8461	.8485	.8508	.8531	.8554	.8577	.8599	.8621
1.1	.8643	.8665	.8686	.8708	.8729	.8749	.8770	.8790	.8810	.8830
1.2	.8849	.8869	.8888	.8907	.8925	.8944	.8962	.8980	.8997	.9015
1.3	.9032	.9049	.9066	.9082	.9099	.9115	.9131	.9147	.9162	.9177
1.4	.9192	.9207	.9222	.9236	.9251	.9265	.9279	.9292	.9306	.9319
1.5	.9332	.9345	.9357	.9370	.9382	.9394	.9406	.9418	.9429	.9441
1.6	.9452	.9463	.9474	.9484	.9495	.9505	.9515	.9525	.9535	.9545
1.7	.9554	.9564	.9573	.9582	.9591	.9599	.9608	.9616	.9625	.9633
1.8	.9641	.9649	.9656	.9664	.9671	.9678	.9686	.9693	.9699	.9706
1.9	.9713	.9719	.9726	.9732	.9738	.9744	.9750	.9756	.9761	.9767
2.0	.9772	.9778	.9783	.9788	.9793	.9798	.9803	.9808	.9812	.9817
2.1	.9821	.9826	.9830	.9834	.9838	.9842	.9846	.9850	.9854	.9857
2.2	9861	.9864	.9868	.9871	.9875	.9878	.9881	.9884	.9887	.9890
2.3	.9893	.9896	.9898	.9901	.9904	.9906	.9909	.9911	.9913	.9916
2.4	.9918	.9920	.9922	.9925	.9927	.9929	.9931	.9932	.9934	.9936
2.5	.9938	.9940	.9941	.9943	.9945	.9946	.9948	.9949	.9951	.9952
2.6	.9953	.9955	.9956	.9957	.9959	.9960	.9961	.9962	.9963	.9964
2.7	.9965	.9966	.9967	.9968	.9969	.9970	.9971	.9972	.9973	.9974
2.8	.9974	.9975	.9976	.9977	.9977	.9978	.9979	.9979	.9980	.9981
2.9	.9981	.9982	.9982	.9983	.9984	.9984	.9985	.9985	.9986	.9986
3.0	.9987	.9987	.9987	.9088	.9988	.9989	.9989	.9989	.9990	.9990
3.1	.9990	.9991	.9991	.9991	.9992	.9992	.9992	.9992	.9993	.9993
3.2	.9993	.9993	.9994	.9994	.9994	.9994	.9994	.9995	.9995	.9995
3.3	.9995	.9995	.9995	.9996	.9996	.9996	.9996	.9996	.9996	.9997
3.4	.9997	.9997	.9997	.9997	.9997	.9997	.9997	.9997	.9997	.9998
3.5	.9998	.9998	.9998	.9998	.9998	9998	.9998	.9998	.9998	.9998

Ek Tablo 2:

t Dağılımı Kümülatif Değerleri (t Tablosu)

$P(T \leq t) = A$

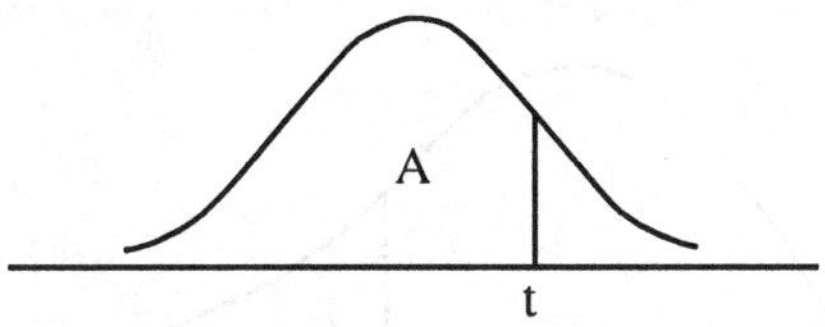

v	$t_{.800}$	$t_{.900}$	$t_{.950}$	$t_{.975}$	$t_{.990}$	$t_{.995}$	$t_{.999}$
1	1.376	3.078	6.314	12.706	31.820	63.656	318.294
2	1.061	1.886	2.920	4.303	6.965	9.925	22.327
3	.978	1.638	2.353	3.182	4.541	5.841	10.214
4	.941	1.533	2.132	2.776	3.747	4.604	7.173
5	.920	1.476	2.015	2.571	3.365	4.032	5.893
6	.906	1.440	1.943	2.447	3.143	3.707	5.208
7	.896	1.415	1.895	2.365	2.998	3.499	4.785
8	.889	1.397	1.860	2.306	2.896	3.355	4.501
9	.883	1.383	1.833	2.262	2.821	3.250	4297
10	.879	1.372	1.812	2.228	2.764	3.169	4.144
11	.876	1.363	1.796	2.201	2.718	3.106	4.025
12	.873	1.356	1.782	2.179	2.681	3.055	3.930
13	.870	1.350	1.771	2.160	2.650	3.012	3.852
14	.868	1.345	1.761	2.145	2.624	2.977	3.787
15	.866	1.341	1.753	2.131	2.602	2.947	3.733
16	.865	1.337	1.746	2.120	2.583	2.921	3.686
17	.863	1.333	1.740	2.110	2.567	2.898	3.646
18	.862	1.330	1.734	2.101	2.552	2.878	3.610
19	.861	1.328	1.729	2.093	2.539	2.861	3.579
20	.860	1.325	1.725	2.086	2.528	2.845	3.552
21	.859	1.323	1.721	2.080	2.518	2.831	3.527
22	.858	1.321	1.717	2.074	2.508	2.819	3.505
23	.858	1.319	1.714	2.069	2.500	2.807	3.485
24	.857	1.318	1.711	2.064	2492	2.797	3.467
25	.856	1.316	1.708	2.060	2.485	2.787	3.450
26	.856	1.315	1.706	2.056	2.479	2.779	3.435
27	.855	1.314	1.703	2.052	2.473	2.771	3.421
28	.855	1.313	1.701	2.048	2.467	2.763	3.408
29	.854	1.311	1.699	2.045	2.462	2.756	3.396
30	.854	1.310	1.697	2.042	2.457	2.750	3.385
35	.852	1.306	1.690	2.030	2.438	2.724	3.340
40	.851	1.303	1.684	2.021	2.423	2.704	3.307
45	.850	1.301	1.679	2.014	2.412	2.690	3.281
50	.849	1.299	1.676	2.009	2.403	2.678	3.261
60	.848	1.296	1.671	2.000	2.390	2.660	3.232
70	847	1.294	1.667	1.994	2.381	2.648	3.211
80	.846	1.292	1.664	1.990	2.374	2.639	3.195
90	.846	1.291	1.662	1.987	2.368	2.632	3.183
100	.845	1.290	1.660	1.984	2.364	2.626	3.174
200	.843	1.286	1.652	1.972	2.345	2.601	3131
500	.842	1.283	1.648	1.965	2.334	2.586	3.107
1.000	.842	1.282	1.646	1.962	2.330	2.581	3.098
∞	.842	1.282	1.645	1.960	2.326	2.576	3.100

Ek Tablo 3:

Kritik Ki-Kare χ^2(SD, α) Değerleri (χ^2 Tablosu)
(Kısaltılmış Tablo)

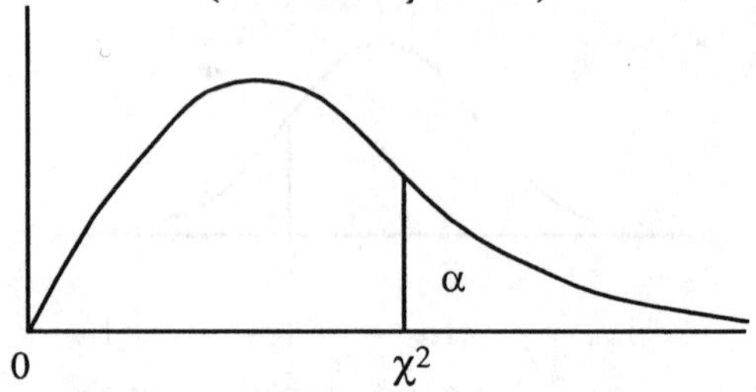

SD	0.990	0.950	0.900	0.100	0.050	0.010
1	0.000157	0.00393	0.0158	2.71	3.84	6.64
2	0.0201	0.103	0.211	4.61	6.00	9.21
3	0.115	0.352	0.584	6.25	7.82	11.4
4	0.297	0.711	1.064	7.78	9.50	13.3
5	0.554	1.15	1.61	9.24	11.1	15.1
6	0.872	1.64	2.20	10.6	12.6	16.8
7	1.24	2.17	2.83	12.0	14.1	18.5
8	1.65	2.73	3.49	13.4	15.5	20.1
9	2.09	3.33	4.17	14.7	17.0	21.7
10	2.56	3.94	4.87	16.0	18.3	23.2
11	3.05	4.58	5.58	17.2	19.7	24.7
12	3.57	5.23	6.30	18.6	21.0	26.2
13	4.11	5.90	7.04	19.8	22.4	27.7
14	4.66	6.57	7.79	21.1	23.7	29.1
15	5.23	7.26	8.55	22.3	25.0	30.6
16	5.81	7.96	9.31	23.5	26.3	32.0
17	6.41	8.67	10.1	24.8	27.6	33.4
18	7.01	9.39	10.9	26.0	28.9	34.8
19	7.63	10.1	11.7	27.2	30.1	36.2
20	8.26	10.9	12.4	28.4	31.4	37.6
21	8.90	11.6	13.2	29.6	32.7	39.0
22	9.54	12.3	14.0	30.8	33.9	40.3
23	10.2	13.1	14.9	32.0	35.2	41.6
24	10.9	13.9	15.7	33.2	36.4	43.0
25	11.5	14.6	16.5	34.4	37.7	44.3
26	12.2	15.4	17.3	35.6	38.9	45.6
27	12.9	16.2	18.1	36.7	40.1	47.0
28	13.6	16.9	18.9	37.9	41.3	48.3
29	14.3	17.7	19.8	39.1	42.6	49.6
30	15.0	18.5	20.6	40.3	43.8	50.9
40	22.2	26.5	29.1	51.8	55.8	63.7
50	29.7	34.8	37.7	63.2	67.5	76.2
60	37.5	43.2	46.5	74.4	79.1	88.4
70	45.4	51.8	55.3	85.5	90.5	100.0
80	53.5	60.4	64.3	96.6	102.0	112.0
90	61.8	69.1	73.3	108.0	113.0	124.0
100	70.1	77.9	82.4	114.0	124.0	136.0

Ek Tablo 4:
F Dağılımı Tablosu ($\alpha = 0.05$)

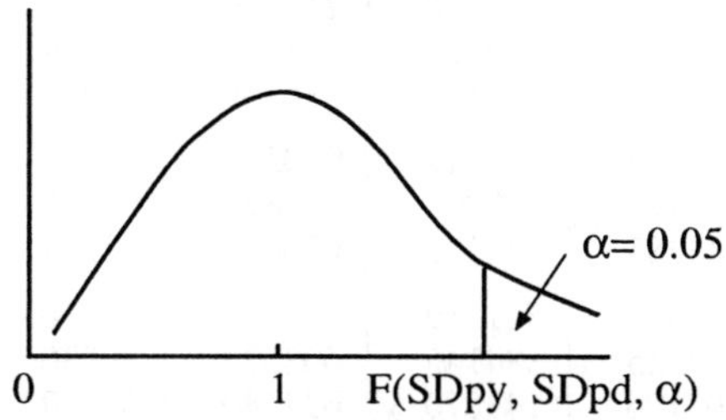

Paydanın Serbestlik Derecesi (SDpd)	Payın Serbestlik Derecesi (SD py)									
	1	2	3	4	5	6	7	8	9	10
1	161	200	216	225	230	234	237	239	241	242
2	18.5	19.0	19.2	19.2	19.3	19.3	19.4	19.4	19.4	19.4
3	10.1	9.55	9.28	9.12	9.01	8.94	8.89	8.85	8.81	8.79
4	7.71	6.94	6.59	6.39	6.26	6.16	6.09	6.04	6.00	5.96
5	6.61	5.79	5.41	5.19	5.05	4.95	4.88	4.82	4.77	4.74
6	5.99	5.14	4.76	4.53	4.39	4.20	4.21	4.15	4.10	4.06
7	5.59	4.74	4.35	4.12	3.97	3.87	3.79	3.73	3.68	3.64
8	5.32	4.46	4.07	3.84	3.69	3.58	3.50	3.44	3.39	3.35
9	5.12	4.26	3.86	3.63	3.48	3.37	3.29	3.23	3.18	3.14
10	4.96	4.10	3.71	3.48	3.33	3.22	3.14	3.07	3.02	2.98
11	4.84	3.98	3.59	3.36	3.20	3.09	3.01	2.95	2.90	2.85
12	4.75	3.89	3.49	3.26	3.11	3.00	2.91	2.85	2.80	2.75
13	4.67	3.81	3.41	3.18	3.03	2.92	2.83	2.77	2.71	2.67
14	4.60	3.74	3.34	3.11	2.96	2.85	2.76	2.70	2.65	2.60
15	4.54	3.68	3.29	3.06	2.90	2.79	2.71	2.64	2.59	2.54
16	4.49	3.63	3.24	3.01	2.85	2.74	2.66	2.59	2.54	2.49
17	4.45	3.59	3.20	2.96	2.81	2.70	2.61	2.55	2.49	2.45
18	4.41	3.55	3.16	2.93	2.77	2.66	2.58	2.51	2.46	2.41
19	4.38	3.52	3.13	2.90	2.74	2.63	2.54	2.48	2.42	2.38
20	4.35	3.49	3.10	2.87	2.71	2.60	2.51	2.45	2.39	2.35
21	4.32	3.47	3.07	2.84	2.68	2.57	2.49	2.42	2.37	2.32
22	4.30	3.44	3.05	2.82	2.66	2.55	2.46	2.40	2.34	2.30
23	4.28	3.42	3.03	2.80	2.64	2.53	2.44	2.37	2.32	2.27
24	4.26	3.40	3.01	2.78	2.62	2.51	2.42	2.36	2.30	2.25
25	4.24	3.39	2.99	2.76	2.60	2.49	2.40	2.34	2.28	2.24
30	4.17	3.32	2.92	2.69	2.53	2.42	2.33	2.27	2.21	2.16
40	4.08	3.23	2.84	2.61	2.45	2.34	2.25	2.18	2.12	2.08
60	4.00	3.15	2.76	2.53	2.37	2.25	2.17	2.10	2.04	1.99
120	3.92	3.07	2.68	2.45	2.29	2.18	2.09	2.02	1.96	1.91
∞	3.04	3.00	2.60	2.37	2.21	2.10	2.01	1.94	1.88	1.83

Ek Tablo 5:

Tesadüfi Sayılar Tablosu

251630	188970	014150	214129	067312	718571
597768	971114	036525	107629	372393	329505
870011	199278	426340	184776	562236	815436
251863	737509	824449	900504	921737	011470
793997	643971	169205	327821	622024	781759
451972	533283	745225	670451	525624	950966
794648	460855	581519	118782	169303	336183
461608	734325	384145	608332	598301	291413
492036	807126	143870	634580	854092	794352
906318	383847	476141	196374	805132	192246
800887	707488	722567	366616	494316	691931
678724	720000	880890	180029	481331	900541
558343	635352	541310	546655	306931	281846
474457	905617	284811	834799	826841	639528
724848	247425	593485	453524	718619	136741
861119	241816	161871	153342	442767	512211
724746	277370	758319	159970	758616	120826
412282	092904	131413	239219	763611	996794
090767	042351	357417	200699	026374	278464
225011	862790	872401	882819	329593	886279
497211	598620	953678	700441	589973	441482
157868	875508	719152	000231	230280	783326
246869	163439	753634	498916	822360	240086
776378	416056	596173	488670	490907	093399
455479	445874	284050	414980	720288	340607
949504	146521	629028	654158	342434	697835
482593	629593	891704	305520	473721	031750
519302	947665	643829	978293	478940	154687
432444	482775	982096	163646	542584	341145
428207	410888	222885	707401	525704	910350
175514	750489	683860	362880	878739	516059
221223	049031	472877	173343	928304	149117
481210	280580	418671	771059	621065	540785
073950	795521	794405	600604	780334	325852
589055	721639	618498	569932	666067	427929
504352	680467	805648	709971	594813	700622
186542	449103	045547	708185	984996	169614
592164	787417	171983	094557	589317	325726
047670	076544	637625	366947	464958	069170
374038	699590	307943	047180	326825	055111
245991	314083	458897	535841	857710	810559
987871	122147	614713	711812	776743	584853

OKUMA PARÇASI

KAMUOYU YOKLAMALARININ CİDDİYETİNE İLİŞKİN SORULMASI GEREKEN 20 SORU

(Gawiser S.R. ve Witt G.E.'den aktaran: Babbie E., s. A139-144'den kısaltılarak özetlenmiştir.)

1. Kamuoyu Anketini Kim Yapmıştır?

Kamuoyu anketinin firma, parti, araştırma grubu, holding veya başkaları tarafından yapıldığının bilinmesi sonuçları isabetli yorumlamada önemlidir. Anket sonuçlarını size sunan kişi veya kurum bu sorunun cevabını veremiyorsa, sonuçların güvenilirliği hususunda kuşkular doğar. Ciddi kamuoyu şirketleri, bu soruların cevabını önceden fazlasıyla vermektedir.

2. Kamuoyu Anketini Kim Finanse Etmiştir ve Niçin?

Kamuoyu araştırmasını kimin finanse ettiğini ve anket konusunun araştırılmasının para ödemeye değer görenin kim olduğunu bilmek gerekir. Kamuoyu anketleri Tanrının rızası için yapılmaz. Asıl amaç faydalı bilgiler elde etmek veya bir konuya destek sağlamaktır. Tekrar seçilmek isteyen politikacı, yeni bir ürünün satışının araştırılması, çıkar gruplarının taraftar toplaması gözetilen amaçlara örnek olarak verilebilir.

3. Anket İçin Kaç Kişiyle Görüşme Yapılmıştır?

Kamuoyu anketleri gerçeği tahmin etmeye çalışırlar. Ne kadar çok kişinin görüşüne başvurulmuşsa, sonuç o derecede doğruya yakın olur. Görüşülen kişi sayısı az ise yanılma olasılığı artar.

4. Görüşülen İnsanlar Nasıl Seçilmiştir?

Seçilen insanların halkın fikrini yansıtması için, seçimin bilimsel yöntemle yapılması gerekir. Bilimsel yöntemle değil de keyfi olarak ve bir temele dayanmadan seçilen kişiler, halkın görüşünü yansıtmazlar. Seçim için geliştirilen birçok bilimsel yöntemin esası, olasılıklı (ihtimali) seçimdir. Araştırılan insan yığınının her ferdinin seçilme olasılığı aynı ise buna olasılıklı seçim denir.

5. Seçilen Kişiler Hangi Milletten, Bölgeden, İlden, Meslek Grubundan, Hangi Parti veya Azınlık Grubundan Seçilmiştir?

Olasılıklı olarak seçilen kimseler kendilerinin temsil ettiği grubu yansıtırlar. Seçilen kişilerin bir ili mi yoksa tüm ülkeyi mi temsil ettiklerini bilmek şarttır. Telefonla yapılan bir ankette, telefonu ve evi olanlar kapsanmış olabilir. Ancak, tesisler, telefonu olmayanlar, sokakta yaşayanlar ve göçebeler kapsanmaz. Yapılan anketin gençleri, kadınları, çocukları veya sadece oy verme çağındakileri temsil edip etmediklerine bakılarak sonuçlar yorumlanabilir.

6. Sonuçlar, Görüşülen Tüm İnsanların Yanıtlarını Kapsıyor Mu?

Araştırmanın konusu olan kümeyi de alt kümeyi yansıtan görüş, geneli temsil etmez. Liberallerden oluşan kişilerin görüşü, tüm ülkeyi temsil ediyor denemez. Kentlerde yapılan bir anket, kırsal kesimi kapsamadığı için tüm ülkeyi yansıtamaz.

7. Görüşme Yapılması Gereken Kimlerdi ve Kimlerle Görüşülmedi?

Görüşme yapılması gereken yığının fertlerinden hangileri görüşmeyi reddetti veya kendileriyle temas kurulamayan kimlerdir sorusunun yanıtları bilinmelidir. Kendileriyle görüşülmesi gerekirken, görüşülemeyenlerin oranına "cevap alamama oranı" adı verilir. Cevap alamama oranı ne kadar düşük ise, sonuçlar daha güvenilir olur. 1000 kişiden ibaret bir yığından olasılıklı seçilen 100 kişiyle görüşmenin sonuçları, gönüllü olarak görüşmeye katılan 100 kişiden alınan sonuçlardan daha güvenilirdir.

8. Kamuoyu Anketi Ne Zaman Yapılmıştır?

Güncel olaylar, kamuoyu anketinin sonuçlarını çok etkiler. Toplamda önder kişilerin beyanatları, terör olayları, doğal afetler, borsa haberleri insanların yorum ve değerlendirmelerini değiştirebilir.

9. Anket Görüşmeleri Nasıl Yapılmıştır?

Yüzyüze görüşmek, telefonla konuşmak veya mektupla yanıt istemek şeklinde başlıca üç anket yöntemi vardır. Evde, işimizde veya sokakta yüzyüze görüşmek yapmak mümkündür. Ancak sokakta ve cadde kenarında yapılan görüşmelerin kamuoyu görüşünü yansıtmaları inandırıcı olmayabilir. Posta yoluyla yapılan anketlerde, katılımın düşük olması ve çok uzun zaman alması gibi sakıncaları vardır. Telefonla yapılan anketlerde kısa sürede sonuç alınmakta ve çok sayıda denekle görüşebilmektedir.

10. Kamuoyu Anketi Dışardan Her İsteyenin Telefonla, Mektupla veya Abonelere Yayınla Birlikte Gönderilen Anket Kuponlarıyla Katılınan Bir Yöntemle mi Yapılmıştır?

Kamuoyu anketini yürüten merkeze telefon veya mektupla her isteyen serbestçe katılabiliyorsa, kimlerin kaçar kez katıldıkları bilinmediğinden, yanıt veren kümeyi bilmemize olanak olmadığı gibi, denek sayısının (katılım sayısının) yüksek olması da bir anlam ifade etmeyebilir. Dergi veya gazete içerisinde aboneye ulaştırılan anket kuponu için de aynı endişeler dile getirilebilir. Aynı kişi birçok sayıda kupon doldurup yollayabilir. Ya da, kupon doldurup yollayan kişinin araştırılan kümeden olmaması olasıdır.

11. Kamuoyu Yoklama Sonuçlarının Örnekleme Hatası Ne Kadardır?

Bilimsel örnekleme yöntemleriyle 1000 kişiden elde edilen sonuçlar, ayrı ayrı milyonlarca kişi ile görüşülerek elde edilen sonuçlara çok yakın doğrulukta olabilir. Ancak, her defasında 1000 kişiden oluşan farklı denek gruplarıyla görüşme yapılsa dahi, sonuçlar birbirinden farklı olur. Kaçınılmaz olan bu farklılığa "örnekleme hatası" adı verilir. Bu hata, bir eksiklik ve yanlışlıktan ileri gelmeyip, örnekleme yapmış olmaktan ileri gelen yaklaşık bir değer almaktan ibarettir. Bu sonuçla güvenirlik düzeyi ve hata düzeyinden bahsedilir. Örneğin, bir kamuoyu araştırmasında % 3 hata düzeyi (hata payı) % 95 güvenirlik düzeyi sözkonusu ise, bunun anlamı şöyledir: Araştırılan kümenin (nüfusun) tüm bireylerine tek tek sorularak alınan sonuç gerçek parametre ise: 1000 kişi ile defalarca kamuoyu anketi yapılarak elde edilen sonuçlar % 95 kez, gerçeksel parametrenin ± % 3 sınırları içerisinde olacaktır. Ankete katılmayı reddetmek, soruları yanlış sormak veya yanlış cevaplandırmak gibi hususların örnekleme hatası ile ilgisi yoktur. Örnekleme hatası, tam sayım yerine örnek seçmekten kaynaklanan bir olgudur.

12. Kamuoyu Anketleri Başka Hangi Tür Hataları İçerir?

Soruların düzenlenişi ve sıralanışı da hatalı sonuç almasına yol açabilir. Ağırlıklı ortalama yönteminin kullanılışı da dikkatle irdelenmelidir. Anketi uygulayan anketörlerin yeterince eğitimli olmaması veya denetimlerinin iyi yapılmaması, ya da hesaplama işlemlerinde hata yapılması da yanlışlara yol açar.

13. Hangi Sorular Sorulmuştur?

Sorulacak soruların ve kelimelerin seçimi yanıtları etkiler. Duruma uygun, yönlendirme amacı gütmeyen, seçenekleri arasında denge gözeten sorular olmalıdır. Bazı hassas sorulara ve kavramlara muhtemel tepkiler test anketlerle (pilot uygulama) ortaya konulabilir.

14. Soruların Sıralanışı Nasıldır?

Kasıtlı olsun olmasın, soruların sıralanışı sonuç üzerinde etkili olur. Ekonominin ve piyasanın çok kötü olduğu bir dönemde önce bu alandaki soruları sorduktan sonra, hükümetle ilgili sorulara geçtiğinizde, hükümetin prestijini düşük gösterecek sonuçlar alınır.

15. Başka Kamuoyu Anketleri Bu Konuda Ne Yapmışlardır? Sonuçlarımız Aynı Değilse Bunun Sebebi Nedir?

Kendi araştırmanızın sonuçlarını diğer kamuoyu anketlerinin ve rakiplerinizin anketleriyle mukayese ederek denetleme yoluna gidilebilir. Her iki anketin aynı dönemde yapılıp yapılmadığı incelenmeli, ortaya çıkan farklı sonucun kamuoyundaki gerek bir dönüşümü yansıtıp yansıtmadığı irdelenmelidir. Anketi yürüten veya destekleyen şirkete kadar ulaşarak, farklılıkların nedeni sorulabilir.

16. Kamuoyu Anketi Sonucu Kesin Olarak Bildirmekte İse ve Yarış Şimdiden Bitmiştir Diyorsa Ne Yapmalı?

Anket ne kadar bilimsel ve sonuçları ne kadar güvenli olursa olsun, yarış bitmiştir denilse dahi, her şeyin değişebileceğini, politikada her şeyin mümkün olduğunu unutmamalıdır.

17. Kamuoyu Anketi, Yardım Toplama Kampanyasının Bir Parçası Mıdır?

Böyle ise anket sahte ve aldatıcı demektir. Çok sayıda insanlara anket formu gönderilerek hem görüşleri sorulmakta, hem de sonucun kendilerine yollanmasını isteyip istemedikleri sorulmaktadır. Bunun için de maddi destek talep edilmektedir. Sorular kişinin hoşuna gidecek tarzda sorulduğu için, sonuçlar da bilimsel değildir.

18. Böylece Akla Gelebilecek Tüm Sorular Bunlardır. Yanıtları ise Makul Gözüküyor. O Halde Kamuoyu Anketi Doğru ve Geçerli midir?

Genel olarak evet. Ancak unutmamalıdır ki olasılık kuralları gereği, her 20 kamuoyu yoklamasından biri, halkın görüşünün tersiyle sonuçlanmaktadır. Bu örnekleme hatasından ileri gelmektedir.

19. Bu Potansiyel Sorulara Rağmen, Kamuoyu Anket Sonuçları Asla Yayınlanmamalı mı?

Hayır, yayınlanmalıdır. Çünkü tanınmış kamuoyu kuruluşları çok iyi çalışmaktadırlar. İyi düzenlenmiş kamuoyu anketleri halkın görüşlerini objektif olarak yansıtabilen ölçümlerdir.

20. Bu Anketi Yayınlamaya Değer Mi?

Doğru yürütülmüşse ve birçok bilgiye ulaşmayı sağlıyorsa, sizin veya editörünüzün başka bir tutum takınmanıza, başka haberlerden ayrı ele almanıza gerek yoktur.

BİR ANEKTOD

Kamuoyu anketine yanıt veren bir yaşlı adam anket bitince düşüncesini söylemeden edememiş:

- Yalnızca Evet ve Hayır diyerek insan önemli bir konuda düşüncelerini nasıl tam ifade edebilir?

Anketçi muzip:

- Evlilik kararını da bu iki sözcükten biriyle vermiyor musunuz?

YAYGIN OLARAK KULLANILAN BAZI ENDEKSLER, ÖZETLER VE INTERNET ADRESLERİ

*THE ACM ELECTRONIC GUIDE TO COMPUTING LITERATURE (1998-1)

İÇERİĞİ: Bilgisayar sistemleri alanında yayınlanmakta olan makaleler, kitap tanıtımları, doktora tezleri, teknik raporlar ve konferanslar...

ARTS & HUMANITIES CITATION INDEX (1980-)

İÇERİĞİ: Felsefe, teoloji, edebiyat, güzel sanatlar, arkeoloji, müzik, film, folklor, gazetecilik, tiyatro, vb. alanlarda yayınlanmakta olan makaleler, kitap tanıtımları, toplantı özetleri...

CHEMDISC (1980-1985)

İÇERİĞİ: Kimya alanında yayınlanmakta olan makaleler, kitaplar, teknik raporlar...

*CNSDATA FOR WIDOWS (June 1997-)

İÇERİĞİ: Nükleer, roket, silahsızlanma, nükleer teknoloji vb. konularla ilgili özetler, raporlar, kronolojiler...

*COMPENDEX PLUS (1991-)

İÇERİĞİ: Mühendislik ve teknoloji alanında yayınlanmakta olan makaleler, hükümet raporlan, kitaplar, toplantı tutanakları, teknik konferanslar...

COMPUMATH CITATION INDEX (1994-)

İÇERİĞİ: Bilgisayar ve matematik alanında yayınlanmakta olan makaleler, kitap tanıtımları, toplantı özetleri...

*CORPUS DES OEUVRES DE PHILOSOPHIE EN LANGUAGE FRANCAISE (1995)

İÇERİĞİ: Rönesans'tan 1914 yılına kadar bütün filozofların Fransızca olarak yaptığı çalışmaları içerir.

*CURRENT CONTENTS (Life Sciences 1994-1996)

İÇERİĞİ: Anatomi, biyoloji, biyokimya, vb. konularda yayınlanan ve yayınlanacak olan dergilerin içindekiler sayfasını listeler.

*CURRENT CONTENTS (Physical, Chemical & Earth Sciences 1997-)

İÇERİĞİ: Analitik kimya,uygulamalı fizik, yer bilimleri, vb. konularda yayınlanan ve yayınlanacak olan dergilerin içindekiler sayfasını listeler.

DISSERTATION ABSTRACTS (1975-)

İÇERİĞİ: Dünya genelinde yapılan yüksek lisans ve doktora tezleri özetleri.

ERIC (1966-)

İÇERİĞİ: ABD Eğitim Bakanlığına bağlı, Eğitim Kaynakları Bilgi Merkezi tarafından toplanmış eğitime ilişkin araştırma, teknik raporlar, konferans bildirileri, program tanımlan, bibliyografyalar, tezler vb. gibi farklı türdeki belge kayıtlarını ve makaleleri içerir.

HISTORICAL ABSTRACTS (1971-)

İÇERİĞİ: Tarih alanında yayınlanmakta olan makalelerinin, kitapların ve tezlerin bibliyografik künyeleri ve özetleri.

*INDEX 95: Periyodik Yayınlar Veritabanı

İÇERİĞİ: Türkiye'de Sosyal ve Fen Bilimleri konularında yayınlanan dergileri indeksleyen bir veri tabanıdır.

*JUSTIS

İÇERİĞİ: Avrupa topluluğu ile ilgili parlamento toplantı tutanakları, yasalar, antlaşmalar, yasa önerileri, hukuk davaları, parlamento sorulan vb. alanlardaki toplantı tutanakları, makaleler, bibliyografyalar...

PAIS International (1972-)

İÇERİĞİ: Ekonomi, uluslararası ilişkiler, politika, kamu yönetimi, halkla ilişkiler, vb. alanlarda yayınlanmakta olan makaleler, kitaplar, araştırma raporlan, hükümet dökümanları, rehberler, istatistiki yıllıklar ve konferans bildirilerine ait bibliyografik künyeler.

SCIENCE CITATION INDEX with ABSTRACTS (1980-)

İÇERİĞİ: Fen bilimleri, mühendislik ve tıp alanında yayınlanmakta olan makaleler, kitap tanıtımları, toplantı özetleri...

SOCIAL SCIENCES CITATION INDEX with ABSTRACTS (1981-)

İÇERİĞİ: Sosyal bilimler alanında yayınlanmakta olan makaleler, kitap tanıtımları, toplantı özetleri...

SPORT DISCUS (1975-)

İÇERİĞİ: Dünya genelinde spor ve beden eğitim vb. konularda araştırma ve makaleler.

*TESIL Quarterly (1967-1996)

İÇERİĞİ: Tesol Quarterly dergisinin digital ortama aktarılmış şeklidir.

THOMAS REGISTER (1995)

İÇERİĞİ: Dünya genelinde özel ve kamu şirketlerine ait bilgiler.

ON-LINE TARAMA1AR

ACADEMIC DIALOG

DATASTREAM

EBSCO HOST

ECONLIT (Journal of Economic Literature)

REUTERS BUSINESS BRIEFING

KİTAP ve DERGİLER HAKKINDA YAYIN BİLGİLERİ

BOOK VAULT

İÇERİĞİ: 15. yy.'dan günümüze kadar basımı tükenmiş eserlere ait bibliyografik künyeler.

BOOKS in PRINT PLUS

İÇERİĞİ: Amerika'da basımı yapılmış ve yapılacak olan kitaplara ait bibliyografik künyeler.

BOOKS out of PRINT

İÇERİĞİ: Amerika'da basımı tükenmiş kitaplara ait bibliyografik künyeler.

GLOBAL BOOKS in PRINT PLUS

İÇERİĞİ: Dünya genelinde bütün konularda basımı yapılmış ve yapılacak olan kitaplara ait bibliyografik künyeler.

*JOURNAL CITATİON REPORTS ON CD-ROM (The Science Edition 1996)

İÇERİĞİ: Social Sciences Citation Index'e giren dergilerin kullanım oranlarını, en sık kullanılanların sıralanmaları v.b. gibi ayrıntılı raporlarını verir.

*OXFORD UNIVERSITY PRESS COMPLETE CATALOGUE

İÇERİĞİ: Oxford Üniversitesi yayınevinin çıkarmış olduğu yayınlara ait bibliyografik bilgiler.

The SERIALS DIRECTORY

İÇERİĞİ: Dünya genelinde yayınlanan süreli yayınlara ait bibliyografik künyeler.

*SPRINGER CATALOGUE

İÇERİĞİ: Springer yayınevinin çıkarmış olduğu yayınlara ait bibliyografik künyeler.

*SPRINGER in PRINT

İÇERİĞİ: Springer yayınevinin çıkarmış olduğu yayınlara ait bibliyografik künyeler.

GAZİ ÜNİVERSİTESİ KÜTÜPHANESİ'NDE BULUNAN SOSYAL BİLİMLER ALANINDAKİ BİR KISIM SÜRELİ YAYINLAR

İKTİSAT - EKONOMİ ALANINDAKİ SÜRELİ YAYINLAR

Yayın Adı	**Format**
BANKA VE **EKONOMİK** YORUMLAR	BASILI
BOĞAZİÇİ ÜNİVERSİTESİ **EKONOMİ** VE İDARİ BİLİMLER DERGİSİ	BASILI
CAPITAL AYLIK **EKONOMİ** DERGİSİ	BASILI
DİE AYLIK **EKONOMİK** GÖSTERGELER	BASILI
DPT TEMEL **EKONOMİK** GÖSTERGELER = TURKEY MAIN ECONOMIC INDICATORS)	BASILI
DTM DÜNYA **EKONOMİKLERİ BULTENİ**	BASILI
DTM BAŞLICA **EKONOMİLERİ** BÜLTENİ	BASILI
DTM DÜNYADA VE TÜRKİYE'DE **EKONOMİK** GELİŞMELER	BASILI
E P **EKONOMİ** POLİTİKA	BASILI
E-AKADEMİ HUKUK SİYASAL SOSYAL VE **EKONOMİK** BİLİMLER AYLIK İNTERNET DERGİSİ	ONLINE
EKONOMİK YAKLAŞIM (Gazi Üniversitesi İktisadi ve İdari Bilimler Fakültesi)	BASILI
HAZİNE MÜSTEŞARLIĞI **EKONOMİK** KAVRAMLARI VE GÖSTERGELER	BASILI
JOURNAL OF ECONOMICS AND ADMINISTRATIVE STUDIES = BOĞAZİÇİ ÜNİVERSİTESİ **EKONOMİ** VE İDARİ BİLİMLER DERGİSİ	BASILI
MALİYE BAKANLIĞI, YILLIK **EKONOMİK** RAPOR	BASILI
TUSİAD TÜRK **EKONOMİSİ**	BASILI
YAKLAŞIM	BASILI
YÖNETİM VE **EKONOMİ** (Celal Bayar Üniversitesi)	BASILI
EGE ÜNİVERSİTESİ **İKTİSAT** FAKÜLTESİ DERGİSİ	BASILI
İKTİSAT DERGİSİ	BASILI
İKTİSAT VE MALİYE	BASILI
İKTİSAT, İŞLETME VE FİNANS	BASILI
İSTANBUL ÜNİVERSİTESİ **İKTİSAT** FAKÜLTESİ BANKACILIK ENSTİTÜSÜ DERGİSİ	BASILI
İSTANBUL ÜNİVERSİTESİ **İKTİSAT** FAKÜLTESİ MECMUASI	BASILI
İSTANBUL ÜNİVERSİTESİ **İKTİSAT** FAKÜLTESİ TURİZM KONFERANSLARI	BASILI
MUHASEBE İŞLETME VE FİNANS	BASILI
ÖZEL GALATASARAY YÜKSEK **İKTİSAT** VE TİCARET OKULU DERGİSİ	BASILI
TUHİS İŞ HUKUK VE **İKTİSAT** DERGİSİ	BASILI
TÜRK KAMU-SEN İŞ HUKUK VE **İKTİSAT** DERGİSİ	BASILI
TÜRKİYE **İKTİSAT** (TOBB)	BASILI

ECONOMY - İNGİLİZCE DERGİLER

Yayın Adı	**Format**
ANNALS OF PUBLIC AND CO-OPERATIVE **ECONOMY**	ONLINE
ECONOMY AND SOCIETY	ONLINE
EUROPEAN JOURNAL OF POLITICAL **ECONOMY**	ONLINE
JAPAN AND THE WORLD **ECONOMY**	ONLINE
THE JOURNAL OF POLITICAL **ECONOMY**	BASILI
JOURNAL OF POLITICAL **ECONOMY**	ONLINE
JOURNAL OF THE ASIA PACIFIC **ECONOMY**	ONLINE
NBER INNOVATION POLICY & THE **ECONOMY**	ONLINE
NEW **ECONOMY**	ONLINE
NEW POLITICAL **ECONOMY**	ONLINE

REVIEW OF AFRICAN POLITICAL **ECONOMY**	ONLINE
REVIEW OF INTERNATIONAL POLITICAL **ECONOMY**: RIPE	ONLINE
REVIEW OF POLITICAL **ECONOMY**	ONLINE
REVIEW OF SOCIAL **ECONOMY**	ONLINE
THE WORLD **ECONOMY**	ONLINE
İŞLETME ALANINDAKİ SÜRELİ YAYINLAR	
Yayın Adı	**Format**
ANKARA İKTİSADİ VE TİCARİ İLİMLER AKADEMİSİ MUĞLA **İŞLETME**CİLİK YÜKSEK OKULU DERGİSİ	BASILI
DOKUZ EYLÜL ÜNİVERSİTESİ **İŞLETME** FAKÜLTESİ DERGİSİ	BASILI
EGE ÜNİVERSİTESİ **İŞLETME** FAKÜLTESİ DERGİSİ	BASILI
ERCİYES ÜNİVERSİTESİ İKTİSADİ VE İDARİ BİLİMLER FAKÜLTESİ DERGİSİ	BASILI
E.A. KAYSERİ ÜNİVERSİTESİ **İŞLETME** FAKÜLTESİ DERGİSİ	BASILI
İKTİSAT, **İŞLETME** VE FİNANS	BASILI
İSTANBUL ÜNİVERSİTE **İŞLETME** FAKÜLTESİ DERGİSİ	BASILI
İSTANBUL ÜNİVERSİTESİ **İŞLETME** FAKÜLTESİ İŞLETME İKTİSADİ ENSTİTÜSÜ DERGİSİ, YÖNETİM	BASILI
KARADENİZ ÜNİVERSİTESİ **İŞLETME** FAKÜLTESİ DERGİSİ	BASILI
KAYSERİ ÜNİVERSİTESİ **İŞLETME** FAKÜLTESİ DERGİSİ	BASILI
Y.A. ERCİYES ÜNİVERSİTESİ İKTİSADİ VE İDARİ BİLİMLER FAKÜLTESİ DERGİSİ	BASILI
TURİZM BAKANLIĞI, BELGELİ TURİZM **İŞLETME**LERİ İSTATİSTİK YILLIĞI	BASILI
BUSINESS İNGİLİZCE DERGİLER	
Yayın Adı	**Format**
ACCOINTING AND **BUSINESS** RESEARCH	BASILI
ADVERTISING AGE'S **BUSINESS** MARKETING	ONLINE
AFRICAN **BUSINESS**	ONLINE
AFTERMARKET **BUSINESS**	ONLINE
AMERICAN **BUSINESS** REVIEW / UNIVERSITY OF NEW HAVEN, CONNECTICUT	ONLINE
AMERICAN JOURNAL OF SMALL **BUSINESS**	ONLINE
BUSINESS AFRICA / ECONOMIST INTELLIGENCE UNIT	ONLINE
BUSINESS CHINA	ONLINE
BUSINESS ETHICS: A EUROPEAN REVIEW	ONLINE
BUSINESS HORIZONS	ONLINE
BUSINESS SERVICES INDUSTRY YEARBOOK	ONLINE
BUSINESS STRATEGY REVIEW	ONLINE
BUSINESS WEEK ONLINE	ONLINE
BUSINESS WEEK INTERNATIONAL	BASILI
THE CANADIAN **BUSINESS** REVIEW	ONLINE
THE CHINA **BUSINESS** REVIEW	ONLINE
COLUMBIA JOURNAL OF WORLD **BUSINESS**	BASILI
FSB: FORTUNE SMALL **BUSINESS**	ONLINE
HARVARD **BUSINESS** REVIEW	ONLINE
HARVARD **BUSINESS** REVIEW	BASILI
INTERNATIONAL **BUSINESS**	ONLINE
INTERNATIONAL **BUSINESS** REVIEW	ONLINE
INTERNATIONAL JOURNAL OF THE ECONOMICS OF **BUSINESS**	ONLINE
INTERNATIONAL SMALL **BUSINESS** JOURNAL	ONLINE
JOURNAL OF APPLIED **BUSINESS** RESEARCH	ONLINE

THE JOURNAL OF **BUSINESS** & INDUSTRIAL MARKETING	ONLINE
JOURNAL OF **BUSINESS** AND PSYCHOLOGY	ONLINE
JOURNAL OF **BUSINESS** ETHICS	ONLINE
THE JOURNAL OF **BUSINESS** FORECASTING METHODS & SYSTEMS	ONLINE
JOURNAL OF **BUSINESS** LOGISTICS	ONLINE
JOURNAL OF **BUSINESS** RESEARCH	ONLINE
THE JOURNAL OF **BUSINESS** STRATEGY	ONLINE
JOURNAL OF EDUCATION FOR **BUSINESS**	ONLINE
JOURNAL OF INTERNATIONAL **BUSINESS** STUDIES	ONLINE
JOURNAL OF SMALL **BUSINESS** MANAGEMENT	ONLINE
RESTAURANT **BUSINESS**	ONLINE
SMALL **BUSINESS** ECONOMICS	ONLINE
TURİZM ALANINDAKİ SÜRELİ YAYINLAR	
Yayın Adı	**Format**
ADNAN MENDERES ÜNİVERSİTESİ SEYAHAT VE **TURİZM** ARAŞTIRMALARI DERGİSİ	ONLINE
DOĞU AKDENİZ ÜNİVERSİTESİ **TURİZM** ARAŞTIRMALARI MERKEZİ, TURİZM ARAŞTIRMALARI DERGİSİ	BASILI
GAZİ ÜNİVERSİTESİ TİCARET VE **TURİZM** FAKÜLTESİ DERGİSİ	BASILI
İPEK YOLU (TC **TURİZM** BAKANLIĞI)	BASILI
İSTANBUL ÜNİVERSİTESİ İKTİSAT FAKÜLTESİ **TURİZM** KONFERANSLARI	BASILI
KÜLTÜR VE **TURİZM** BAKANLIĞI KONAKLAMA İSTATİSTİKLERİ BÜLTENİ	BASILI
KÜLTÜR VE **TURİZM** BAKANLIĞI, TURİZM İSTATİSTİKLERİ BÜLTENİ	BASILI
TURİZM AKADEMİK	BASILI
TURİZM BAKANLIĞI KONAKLAMA İSTATİSTİKLERİ BÜLTENİ: BELEDİYE BELGELİ	BASILI
TURİZM BAKANLIĞI KONAKLAMA İSTATİSTİKLERİ BÜLTENİ: TURİZM İŞLETME BELGELİ	BASILI
TURİZM BAKANLIĞI TURİZM İSTATİSTİKLERİ BÜLTENİ	BASILI
TURİZM BANKASI TURİZM YILLIĞI	BASILI
TOURISM İNGİLİZCE DERGİLERİ	
Yayın Adı	**Format**
ANALLS OF **TOURISM** RESEARCH	ONLINE
EDUCATION QUARTERLY REVIEW / STATISTICS CANADA, EDUCATION, CULTURE, AND **TOURISM** DIVISION = REVUE TRIMESTRIELLE DE L'ÂEDUCATION / STATISTIQUE CANADA, DIVISION DE L'ÂEDUCATION, DE LA CULTURE ET DU TOURISME	ONLINE
INTERNATIONAL JOURNAL OF **TOURISM** RESEARCH	ONLINE
INTERNATIONAL **TOURISM** QUARTERLY	BASILI
INTERNATIONAL **TOURISM** REPORTS	BASILI
OECD **TOURISM** POLICY AND INTERNATIONAL TOURISM IN OECD MEMBER COUNTRIES	BASILI
PROGRESS IN **TOURISM** AND HOSPITALITY RESEARCH	ONLINE
TOURISM GEOGRAPHIES: AN INTERNATIONAL JOURNAL OF TOURISM SPACE, PLACE AND ENVIRONMENT	ONLINE
TOURISM MANAGEMENT	ONLINE
YEARBOOK OF **TOURISM** STATISTICS	BASILI
MUHASEBE ALANINDAKİ SÜRELİ YAYINLAR	
Yayın Adı	**Format**
İKTİSAT, İŞLETME VE FİNANS	BASILI
MALİ **MUHASEBE** DERGİSİ	BASILI
MUHASEBE BİLİM DÜNYASI DERGİSİ	BASILI

MUHASEBE BÜLTENİ	BASILI
MUHASEBE ENSTİTÜSÜ DERGİSİ (İstanbul Üniversitesi)	BASILI
MUHASEBE İŞLETME VE FİNANS	BASILI
MUHASEBE VE DENETİME BAKIŞ	BASILI
MUHASEBE VE MALİYE DERGİSİ	BASILI
ACCOUNTING İNGİLİZCE DERGİLER	
Yayın Adı	**Format**
ACCOUNTING AND BUSINESS RESEARCH	BASILI
ACCOUNTING EDUCATION	ONLINE
ACCOUNTING EDUCATION: A JOURNAL OF THEORY, PRACTICE AND RESEARCH	ONLINE
ACCOUNTING, ORGANIZATIONS AND SOCIETY	ONLINE
JOURNAL OF **ACCOUNTING** AND ECONOMICS	ONLINE
JOURNAL OF **ACCOUNTING** EDUCATION	ONLINE
JOURNAL OF **ACCOUNTING** RESEARCH	ONLINE
JOURNAL OF MANAGEMENT **ACCOUNTING** RESEARCH	ONLINE
EĞİTİM ALANINDAKİ SÜRELİ YAYINLAR	
Yayın Adı	**Format**
AKDENİZ ÜNİVERSİTESİ **EĞİTİM** FAKÜLTESİ BÜLTENİ	ONLINE
ANADOLU ÜNİVERSİTESİ **EĞİTİM** FAKÜLTESİ DERGİSİ	BASILI
ANKARA ÜNİVERSİTESİ **EĞİTİM** BİLİMLERİ FAKÜLTESİ DERGİSİ	BASILI
BOĞAZİÇİ ÜNİVERSİTESİ DERGİSİ: **EĞİTİM** BİLİMLERİ	BASILI
BOĞAZİÇİ ÜNİVERSİTESİ **EĞİTİM** DERGİSİ	BASILI
BOĞAZİÇİ ÜNİVERSİTESİ **EĞİTİM** DERGİSİ	ONLINE
ÇUKUROVA ÜNİVERSİTESİ **EĞİTİM** FAKÜLTESİ DERGİSİ	BASILI
DOKUZ EYLÜL ÜNİVERSİTESİ, **EĞİTİM** BİLİMLERİ DERGİSİ	BASILI
EĞİTİM VE BİLİM (TÜRK EĞİTİM DERNEĞİ)	BASILI
EĞİTİM VE DENETİM	BASILI
EĞİTİM VE TEKNOLOJİ	ONLINE
ESKİŞEHİR ANADOLU ÜNİVERSİTESİ **EĞİTİM** FAKÜLTESİ DERGİSİ	BASILI
GAZİ ÜNİVERSİTESİ **EĞİTİM** FAKÜLTESİ DERGİSİ	BASILI
GAZİ ÜNİVERSİTESİ ENDÜSTRİYEL SANATLAR **EĞİTİM** FAKÜLTESİ	BASILI
GAZİ ÜNİVERSİTESİ KASTAMONU **EĞİTİM** DERGİSİ	BASILI
GAZİ ÜNİVERSİTESİ KIRŞEHİR **EĞİTİM** FAKÜLTESİ DERGİSİ	BASILI
GAZİ ÜNİVERSİTESİ MESLEKİ **EĞİTİM** FAKÜLTESİ MESLEKİ EĞİTİM DERGİSİ	ONLINE
GAZİ ÜNİVERSİTESİ MESLEKİ **EĞİTİM** FAKÜLTESİ, MESLEKİ EĞİTİM DERGİSİ	BASILI
GAZİ ÜNİVERSİTESİ TEKNİK **EĞİTİM** FAKÜLTESİ DERGİSİ	BASILI
GAZİ ÜNİVERSİTESİ BEDEN **EĞİTİMİ** VE SPOR BİLİMLERİ DERGİSİ	BASILI
HACETTEPE ÜNİVERSİTESİ **EĞİTİM** FAKÜLTESİ DERGİSİ	BASILI
İNÖNÜ ÜNİVERSİTESİ **EĞİTİM** FAKÜLTESİ DERGİSİ	BASILI
KURAM VE UYGULAMADA **EĞİTİM** BİLİMLERİ	BASILI
ONDOKUZ MAYIS ÜNİVERSİTESİ **EĞİTİM** FAKÜLTESİ DERGİSİ	BASILI
ÖZGÜN **EĞİTİM**	BASILI
POLİTEKNİK DERGİSİ (GAZİ ÜNİVERSİTESİ TEKNİK **EĞİTİM** FAKÜLTESİ)	BASILI
SÜLEYMAN DEMİREL ÜNİVERSİTESİ BURDUR **EĞİTİM** FAKÜLTESİ DERGİSİ	BASILI
TÜRK **EĞİTİM** BİLİMLERİ	BASILI
TÜRK **EĞİTİM** BİLİMLERİ	ONLINE
ULUDAĞ ÜNİVERSİTESİ **EĞİTİM** FAKÜLTESİ DERGİSİ	BASILI

ULUDAĞ ÜNİVERSİTESİ **EĞİTİM** FAKÜLTESİ DERGİSİ	ONLINE
YÜZÜNCÜ YIL ÜNİVERSİTESİ **EĞİTİM** FAKÜLTESİ DERGİSİ	BASILI
EDUCATION İNGİLİZCE DERGİLER	
Yayın Adı	**Format**
ADULT **EDUCATION** QUARTERLY	ONLINE
AMERİCAN JOURNAL OF **EDUCATION**	ONLINE
AMERİCAN SECONDARY **EDUCATION**	ONLINE
APPLIED MEASUREMENT IN **EDUCATION**	ONLINE
ARTS **EDUCATION** POLİCY REVIEW	ONLINE
ASIA – PACIFIC JOURNAL OF TEACHER **EDUCATION**	ONLINE
ASSESMENT AND EVALUATION IN HIGHER **EDUCATION**	ONLINE
ASSESMENT IN **EDUCATION**: PRINCIPLES, POLICY & PRACTICE	ONLINE
BRITISH **EDUCATION**AL RESEARCH JOURNAL	ONLINE
BRITISH JOURNAL OF **EDUCATION**AL PSYCHOLOGY	ONLINE
BRITISH JOURNAL OF **EDUCATION**AL STUDIES	ONLINE
BRITISH JOURNAL OF **EDUCATION**AL TECHNOLOGY	ONLINE
BULLETIN OF GOOD PRACTICE IN POYULAR **EDUCATION**	ONLINE
CAMBRIDGE JOURNAL OF **EDUCATION**	ONLINE
COMPARATIVE **EDUCATION**	ONLINE
COMPARATIVE **EDUCATION** REVIEW	ONLINE
COMPARE: A JOURNAL OF COMPARATIVE **EDUCATION**	ONLINE
COMPUTER ALPPLICATIONS IN ENGINEERING **EDUCATION**	ONLINE

BAZI INTERNET ADRESLERİ

http://www.gazi.lib.edu.tr : Gazi Üniversitesi Kütüphanesi

http://www.metu.edu.tr : ODTÜ Kütüphanesi

http://www.mbb.com.tr : Ticari Web Sitesi

http://www.die.gov.tr : Devlet İstatistik Enstitüsü

http://www.tubitak.gov.tr : TÜBİTAK

KAYNAKÇA

1. AKGÜL, A. ve ÇELİK, O.: **İstatistik Analiz Teknikleri, "SPSS'te İşletme Yönetimi Uygulamaları"**, Ankara, 2003.
2. AKIN, Erkan: **Bilim ve Siyasal Sistem,** Gazi Büro Kitabevi Tic. Ltd. Şti. Ankara, 1997.
3. AKYOL, Taha: **Bilim ve Yanılgı,** Doğan Kitapçılık A.Ş. istanbul, 1999.
4. ALTUNIŞIK, R., COŞKUN, R., YILDIRIM, E. ve BAYRAKTAROĞLU, S.: **Sosyal Bilimlerde Araştırma Yöntemleri**, SPSS Uygulamalı, Geliştirilmiş 2. Baskı, Sakarya Kitabevi, Sakarya, 2002.
5. ANTUNAL, Emel, AKIN, Gülgün: **Araştırmalarda Rapor Hazırlama Teknikleri,** T.C. Başbakanlık Devlet Planlama Teşkilatı Eğitim Yayınları Serisi No: 12. Ankara, 1992.
6. ARIKAN, Rauf ve ODABAŞI, Y.: **Tüketici Davranışları ve Tüketici Bilinci,** Anadolu Üniversitesi, Açıköğretim Fakültesi, Eskişehir, 1992.
7. ARIKAN, Rauf: **Araştırma Teknikleri ve Rapor Yazma,** Tutibay Ltd. Şti., Ankara, 1995.
8. ARIKAN Rauf: **a. "Anket Soruları Hazırlama ve Soru Sorma Tekniği",** Pazarlama Dünyası Dergisi, Sayı 19, 1994, s. 15-18.
9. ARIKAN, Rauf: **b. "Türkiye'de Ailelerin Turizme Katılmaları ve Turizm Harcamaları",** Türkiye Kalkınma Bankası Yıllığı, Ankara, 1994, s. 16-25.
10. ARSEVEN, Ali D.: **Alan Araştırma Yöntemi,** Gül Yayınevi, Ankara, 1994.
11. AZİZ, Aysel: **Araştırma Yöntemleri - Teknikleri ve İletişim,** Turhan Kitabevi, Ankara, 1994.
12. BABBIE, Earl: **The Practice of Social Research,** Eighth Edition, Wadsworth Publishing Company, 1998.
13. BALCI, Ali: **Sosyal Bilimlerde Araştırma Yöntem, Teknik ve İlkeleri,** Bilgisayar Yayıncılık San. Ltd. Şti., Ankara, 1997.
14. BAILEY, Edward P., POWFIL, Philip A. (Çev.: EDİS, Kaan, ERYÜREK, İ. Barlas, DERBENTLİ, Taner): **Bilimsel Makaleleri Hazırlama ve Yazma Tekniği,** Birsen Yayınevi, İstanbul, 1994.
15. BARZUN, Jacques, GRAFT, H. Henry: **The Modern Researcher,** Fifth Edition.
16. BAYRAKTAR, Mehmet: **Tasavvuf ve Modern Bilim,** Seha Neşriyat, İstanbul, 1989.
17. BAYRAKTAR, Mehmet: **İslam Felsefesine Giriş,** Ankara Üniversitesi İlahiyat Fakültesi Yayınları 179., Ankara 1988.

18. BİLGİN, N., **Sosyal Bilimlerde İçerik Analizi**, 2. Baskı, Ankara, 2006.
19. BOOTH, W.C., COLOMB, G.G. ve WILLIAMS J.M.: **The Craft of Research,** by the University of Chicago, 1995.
20. BURDET, Silver (ED): **Biology,** Silver Burdet Company, Morristown, USA, 1986.
21. CRAIG, R.S., **"The Effect of Tclcvision Day Part on Gender Partroyals in Television Commercials: A Content Analysis"**, Sex Roles, 26, 5/6.
22. ÇETİNER, Ertuğrul: **İşletmelerde Mali Analiz,** Ankara, 1992.
23. ÇOK, İ: **"Bilimsel Araştırmalarda Gazi Üniversitesi'nin Dünü ve Bu Günü"**, Gazi Uluslararası Yayınlar 1997-1998, Ankara, 1999, s. 3-17.
24. DAY, Robert A.: (Çev.: GÜLAY Aşkar Altsay): **Bilimsel Bir Makale Nasıl Yazılır ve Yayınlanır?** TÜBİTAK, Ankara, 1997.
25. DEMİRCİ, Sevinç: **Buğday Destekleme Sürecinde Borsa Uygulamaları (Polatlı Örneği),** Ankara Üniversitesi Yüksek Lisans Tezi, Ankara, 1994 (yayınlanmamış).
26. DEVLET BAKANLIĞI: **Türk Bilim Politikası, 1983-2003,** Ankara, 1983.
27. DİE: **Araştırma ve Geliştirme İstatistikleri 1990-1995,** TC. Başbakanlık Devlet İstatistikleri Enstitüsü, Ankara, 1997.
28. DPT: **Bilimsel ve Teknik Çalışmaların Ölçülmesi,** "Frascati El Kitabı-1980" Ankara, 1990.
29. DPT: **Temel Ekonomik Göstergeler,** Ankara, 1995.
30. DPT: **Avrupa Topluluklarını Kuran Temel Anlaşmalar,** C.1, Ankara, 1993.
31. ERKUT, İhsan: **Araştırma Raporlarında Tertip ve Şekil Meselesi,** İstanbul, 1989.
32. FREEDMAN, Jonathan L., SEARS, David O. Ve CARLSMITH J. Merrill (Çev.: DÖNMEZ, Ali): **Sosyal Psikoloji,** Ana Yayıncılık, İstanbul, 1978.
33. GAZİ ÜNİVERSİTESİ: **Sosyal Bilimler Enstitüsü Sınav Yönergesi,** Ankara 1993.
34. GÖKÇE, Birsen: **Toplumsal Bilimlerde Araştırma,** Savaş Yayınları, Ankara, 1992.
35. GRAZIANO, A.M. ve RAULIN, M.L.: **Research Methods,** Harper and Row, New York, 1989.
36. GÜLEÇ, Kemal: **Türkiye'de ve Dünyada Teknolojik Gelişmeler,** T.C. Başbakanlık Devlet Planlama Teşkilatı, Ankara, 1994.
37. GÜNEŞ, T. ve ARIKAN, Rauf: **Tarım Ekonomisi İstatistiği,** Ankara Üniversitesi Ziraat Fakültesi Yayınları: 1049, Ankara, 1993.

38. GÜRAKAN, Tulu: **Topluluğun Tarımsal Ürünlerdeki Ortak Piyasa Düzenleri, Fiyat Politikaları ve Destekleme Sistemleri,** HDTM Araştırma - İnceleme Dizisi: 16, Ankara, 1993.
39. HDTM: **Avrupa Topluluğu ve Türkiye,** Ankara, 1993.
40. HİÇ, Süreyya: **Türkiye Ekonomisi,** Menteş Kitabevi, İstanbul, 1988.
41. HOLTSI, O.R.: **Content Analysis For The Social Sciences and Humanities,** Reading, Ma.: Addison-Weeley, 1969.
42. HULT, Christine A.: **Researching and Writing,** Wadsworth Publishing Company, California, USA- 1986.
43. ILLJCH, Ivan (Çev.: KARAŞAHAN, Mesut): **Tüketim Köleliği,** Pınar Yayınları, İstanbul, 1990.
44. KARAKAYA, Mevlüt: **"Muhasebede Bilgisayar Grafiklerinin Kullanılması",** Gazi Üniversitesi Endüstriyel Sanatlar Eğitim Fakültesi Dergisi Cilt 2, Sayı 2, Ankara, 1994.
45. İNAM, Ahmet: **Bilimin Binbir Yüzü,** Vadi Yayınları, Ankara, 1999.
46. KARASAR, Niyazi: **Araştırmalarda Rapor Hazırlama,** Sanem Matbaası, Ankara, 1991.
47. KARASAR, Niyazi: **Bilimsel Araştırma Yöntemi,** Ankara, 1991.
48. KURBANOĞLU, Ş.S., **Kaynak Gösterme El Kitabı,** Üniversite Araştırma Kütüphanecileri Derneği, Ankara, 2004.
49. LANSING, John B. ve MORGAN James N.: **Economic Survey Methods,** Survey Reserach Center of The Institute For Social Research, Michigan, USA- 1980.
50. LAVIN, M.R.: **Business Information:** How to Find It, How to Use It, USA, 1980.
51. MARTIN, Gordon P. ve BERRY D.M.: A **Guide To Writing Research Papers,** USA, 1982.
52. NARESH, K.M.: **"Some Methodological Issues in Consumer Reserach",** Advances in Consumer Research, Vol 18. 1991.
53. NASR, Seyyid Hüseyin (Çev.: KUTLUER, İhsan): **İslam ve İnsan,** İnsan Yayınları, İstanbul 1989.
54. ÖZÇELİK, Durmuş Ali: **Araştırma Teknikleri Düzenleme ve Analizi,** ÖSYM Eğitim Yayınları 4., Ankara, 1982.
55. ROBERTSON, B., **How To Draw Charts and Diagrams,** Nort Light Boks, Ohio, USA, 1988.
56. SEVİLENGÜL, Orhan: **Genel Muhasebe,** Ankara, 1994.
57. SEYİDOĞLU, Halil: **Bilimsel Araştırma ve Yazma El Kitabı,** Güzem Yayınları No: 5, İstanbul, 1992.
58. SEYLER, D. ve LESTER, J.D.: **Research Paper Writing,** USA, 1986.

59. SKWIRE, David: **Writing With A Thesis,** USA, 1979.
60. SMITH, Bret H. ve GASTON, T.E.: **The Research Paper,** USA- 1988.
61. STERN, P.C. ve KALOF, L., **Evaluating Social Science Research**, Second Edition, Oxford University Pres, 1996.
62. STEVENS, Michael: **Sunum Yapma,** Timaş Yayınlan, İstanbul, 1998.
63. SUGDEN, Virginia M.: **The Graduate Thesis,** England 1973.
64. SÜMBÜLOĞLU, Vildan ve SÜMBÜLOĞLU, Kadir: **Sağlık Bilimlerinde Araştırma Yöntemleri,** Hatiboğlu Yayınevi, Ankara, 1988.
65. ŞAHİN, Mehmet: **İşletmecilik Araştırması Ders Notları,** Anadolu Üniversitesi İ.İ.B.F. Yayınları, Eskişehir, 1992.
66. ŞENATALAR, F: **Rapor Yazma Teknikleri,** Nasaş Yayınlan-6 İstanbul, 1988.
67. TMBB: **Çevre Komisyonu Raporu,** Ankara, 1991.
68. TKB: **Turizm Yıllığı** Ankara, 1994.
69. TÜTİBAK: **Türkiye'de Bilim ve Teknoloji İle İlgili Mevzuat,** TÜTİBAK Yayınları, Ankara, 1993.
70. TUNCER, Doğan: **Dağıtım Kanalları Sistemi,** Gazi Yayınları, Ankara, 1992.
71. TURABIAN, Kate L.: **A Manual For Writers,** USA 1987.
72. TURGUT, M.F. ve BAYKUL, Y: **Ölçekleme Teknikleri,** ÖSYM Yayınları, Ankara 1992.
73. TÜRK STANDARTLARI ENSTİTÜSÜ: **Düzeltme İşaretleri,** Baskıya Verilecek veya Görüş Bildirilecek Metinler için TS 6485, UDk 665.255.1 Ankara, 1989.
74. TÜSİAD: **Avrupa Topluluğu ve Türkiye'nin Tam Üyeliği Sorunu,** İstanbul, 1987.
75. TÜSİAD: **Türkiye'de Modernleşme, Sanayileşme ve Gelişme Göstergeleri,** TÜSİAD Yayını No: TÜSİAD-T/88.3.112 İstanbul 1988.
76. TÜSİAD: **Türkiye'de ve Dünyada Yükseköğretim, Bilim ve Teknoloji,** TÜBİTAK Yayınları No: TÜSİAD-T/88.3.112 İstanbul, 1994.
77. ÜNAL, Işıl: **Eğitimin Ekonomik Rolü ve Türkiye İle İlgili Bulgular,** DTP 3. İzmir İktisat Kongresi Tebliğ Metinleri, 1992.
78. WATSON, George: **Writing A Thesis, Longman,** USA, 1989.
79. YAZICIOĞLU, Y. ve KARADUMAN, F.: **Piyasada Bulunan Bazı Makine Halılarının Yıpranma Dayanımları Üzerinde Bir Araştırma,** Endüstriyel Sanatlar Eğitim Fakültesi Dergisi, Ankara, 1993.
80. T.C. Resmi Gazete, 21 Kasım 1999 ve 23883 Sayılı.
81. URAL, Şafak: **Bilim Tarihi,** Kırkambar Yayınları, İstanbul. 1998.

82. WINVH, Peter (Çev: DEMİR, Ömer): **Sosyal Bilim Düşüncesi ve Felsefe,** Vadi Yayınları, Ankara, 1994.

83. YAZICI, Sedat: **Felsefeye Giriş**, Alfa Basım Yayım Dağıtım, İstanbul, 1998.

84. YILDIRIM, Ali, ŞİMŞEK Hasan: **Sosyal Bilimlerde Nitel Araştırma Yöntemleri**, Seçkin Yayınevi, Ankara. 1999.

85. YILDIRIM, Cemal: **Bilim Felsefesi**, Remzi Kitabevi, Ankara 1973.

YAZARIN KISA ÖZGEÇMİŞİ

Prof. Dr. Rauf ARIKAN, 1947 Kahramanmaraş/Göksün doğumludur. Lisans ve Doktora eğitimini Ankara Üniversitesi Tarım Ekonomisi dalında tamamlamıştır. Ayrıca aynı üniversitenin İngiliz Filolojisi bölümünden de mezun olmuştur.

Doktora ve Doçentlik tezlerini pazarlama ve piyasa analizleri konusunda tamamlayan Arıkan, iki yıl süre ile Almanya'nın Göttingen üniversitesinde, dört ay süre ile İngiltere Loughborough Koleji'nde ve bir yıl süre ile de Fulbright bursu ile Purdue (ABD) Üniversitesinde eğitim ve araştırma faaliyetlerinde bulunmuş, Kazakistan'daki Ahmet Yesevi Üniversitesi'nde de bir dönem çalışmıştır.

Birçok bilimsel makalelerin dışında, yazarın **Genel Ekonomi, Tüketicinin Korunması, Tarım Ekonomisi İstatistiği ve Pazarlama** konularında ders kitapları yayınlanmıştır.

Halen Gazi Üniversitesi Ticaret ve Turizm Eğitim Fakültesinde **İşletme Eğitimi Bölümü** öğretim üyesi olan Arıkan, İngilizce ve Almanca bilmektedir.